AF493642

ANATOMIE

ET

PHYSIOLOGIE ANIMALES

DU MÊME AUTEUR :

Éléments de l'Histoire naturelle des Animaux. 1re partie — Programmes de la classe de Cinquième — *Zoologie méthodique et descriptive*. 1 vol. in-18 avec 487 figures. Cart. 3 fr. 50

Précis d'histoire naturelle. *Zoologie, Botanique, Géologie*. 1 vol. in-18 avec 391 figures. Cartonné.............. .. 3 fr. 25

ÉLÉMENTS DE L'HISTOIRE NATURELLE
DES ANIMAUX

DEUXIÈME PARTIE

ANATOMIE

ET

PHYSIOLOGIE ANIMALES

PAR

M. A. MILNE-EDWARDS

Membre de l'Institut
Professeur-administrateur au Muséum d'histoire naturelle.

OUVRAGE RÉDIGÉ
CONFORMÉMENT
AUX PROGRAMMES DU 2 AOUT 1880
POUR LA CLASSE DE PHILOSOPHIE

PARIS

G. MASSON, ÉDITEUR

LIBRAIRE DE L'ACADÉMIE DE MÉDECINE

120, Boulevard Saint-Germain, en face de l'École de Médecine

1882

PROGRAMME DU COURS

D'ANATOMIE ET DE PHYSIOLOGIE ANIMALES

POUR LA CLASSE DE PHILOSOPHIE

(Arrêté ministériel du 2 août 1880)

Avec l'indication des pages où sont traités dans ce volume les divers articles du programme.

ÉTUDE SPÉCIALE DE L'HOMME

FONCTIONS DES CENTRES NERVEUX CÉRÉBRO-SPINAUX

HISTOIRE NATURELLE

DES ANIMAUX

DEUXIÈME PARTIE

ANATOMIE ET PHYSIOLOGIE ANIMALES

(Programmes de la Classe de Philosophie)

AVANT-PROPOS

Dans la première partie de ce livre (1), je me suis occupé principalement de la conformation extérieure des Êtres très divers dont se compose le Règne animal, des caractères à l'aide desquels on peut les distinguer entre eux et des groupes naturels qu'ils constituent. Je dois traiter maintenant de leur structure intérieure, des phénomènes par lesquels leur activité vitale se manifeste, et de plusieurs autres points de leur histoire naturelle, dont l'examen nécessite la comparaison de tous ces êtres entre eux.

Pour faciliter cette étude et pour mettre de l'ordre dans la distribution des matières dont j'aurai à parler, je m'occuperai successivement, dans cette seconde partie, de l'anatomie et de la physiologie en prenant pour exemple principal l'espèce humaine, et, dans une troisième partie, de diverses questions de zoologie générale et de physiologie comparée, qui ne peuvent être abordées utilement par des personnes qui ne possèdent pas des connaissances précises sur les sujets que je viens d'indiquer.

(1) Éléments de l'Histoire naturelle des animaux. *Classe de cinquième.* Zoologie méthodique et descriptive. 1 vol. in-18, avec 485 figures dans le texte, 3 fr. 50.

ANATOMIE ANIMALE.

NOTIONS PRÉLIMINAIRES.

§ 1. On appelle **anatomie** la branche des sciences biologiques (ou Histoire des Êtres vivants) qui a pour objet la connaissance de la structure des matériaux dont la réunion constitue le corps d'un animal, des relations que ces matériaux ont entre eux et des instruments vitaux qui résultent de leur assemblage.

On désigne d'une manière générale ces instruments sous le nom d'*organes*, et lorsque plusieurs organes sont associés pour concourir à l'obtention d'un même résultat, ils constituent un *appareil*. On appelle *organisme* l'ensemble des organes et des appareils dont l'association forme l'*individu zoologique*, l'animal tout entier.

Enfin on distingue sous les noms d'*anatomie générale*, d'*anatomie analytique* ou d'*histologie*, l'étude des parties élémentaires ou matériaux constitutifs des organes, tandis qu'on appelle communément *anatomie descriptive*, l'étude de la conformation des organes ou des appareils chez un animal, et *anatomie comparée*, celle des ressemblances et des différences qu'un organe ou appareil peut présenter chez divers animaux.

§ 2. L'anatomiste considère toutes ces parties à l'état de repos et c'est principalement sur le cadavre, au moyen de la dissection, qu'il apprend à les connaître. Le physiologiste les étudie lorsqu'elles sont en action; il cherche à constater tout ce qui se passe dans l'organisme de l'Être vivant, à se rendre compte des moyens par lesquels les phénomènes biologiques sont produits et du rôle accompli par les divers instruments ou agents quelconques en action dans l'économie animale.

C'est à ce double point de vue que nous devons étudier maintenant les Êtres animés et je prendrai pour exemple principal l'espèce humaine ; mais, afin de ne pas avoir à revenir plus tard sur les mêmes questions, je choisirai, dans d'autres parties du Règne animal, les termes de comparaison nécessaires pour donner une idée des différences les plus importantes que les animaux présentent entre eux, soit sous le rapport de leur organisation intérieure, soit relativement à leur histoire physiologique.

ÉTUDE DE LA STRUCTURE INTIME DU CORPS DES ANIMAUX.

§ 3. Lorsqu'on veut approfondir l'étude anatomique des Êtres animés, il faut chercher à se rendre compte de la nature des matériaux constitutifs de leurs divers organes et, dans ce but, examiner comparativement les parties élémentaires dont ils se composent ; on en fait, pour ainsi dire, l'analyse microscopique.

On appelle *anatomie générale* ou *histologie*, cette étude de la structure intime des diverses substances ou tissus qui entrent dans la composition des instruments physiologiques à l'aide desquels les fonctions vitales s'accomplissent.

§ 4. Le corps de tout Être vivant est constitué par une association de parties solides et de parties liquides.

Ces dernières consistent essentiellement en eau ; mais cette substance n'est jamais pure ; elle tient toujours en dissolution diverses matières dont la plupart existent aussi dans les parties solides de l'organisme, et les liquides ainsi constitués sont désignés sous le nom de *sucs* chez les plantes et sous le nom d'*humeurs* chez les animaux.

Enfin on range communément ces liquides en deux classes suivant qu'ils restent dans l'économie animale et y servent à l'accomplissement du travail physiologique dont les organismes sont le siège, ou qu'ils sont déstinés à être expulsés au dehors; on appelle communément les premiers, humeurs récrémentitielles, les seconds, humeurs excrémentitielles. Le sang, la lymphe et la sérosité appartiennent à cette première catégorie; l'urine, à la dernière.

Les solides de l'économie animale sont formés essentiellement par des substances vivantes qui constituent les matériaux organiques appelés *tissus* parce qu'en général ils ont l'apparence d'une sorte de trame. Leurs éléments anatomiques sont disposés de manière à ce que les liquides puissent pénétrer dans leur profondeur et à ce qu'ils puissent retenir de l'eau dans les espaces compris entre ces éléments.

PROTOPLASME. ÉLÉMENTS ANATOMIQUES.

§ 5. La substance animale vivante peut être amorphe, c'est-à-dire sans structure visible et sans limites constantes ou disposée de manière à constituer des matériaux organiques élémentaires réalisant une forme déterminée.

Le *sarcode* ou *protoplasme* affecte la première de ces dispositions. C'est une matière d'apparence gélatineuse qui exécute avec une lenteur extrême des mouvements d'expansion ou de rétraction de façon à changer sans cesse de forme et qui se soude à elle-même dans les points où elle vient à se rencontrer. Elle constitue la partie principale de l'organisme des Rhizopodes, des Éponges et de beaucoup d'autres êtres des plus inférieurs (fig. 1).

Elle remplit un rôle important dans la plupart des organites élémentaires, et elle forme la première ébauche du corps de l'embryon de tous les animaux.

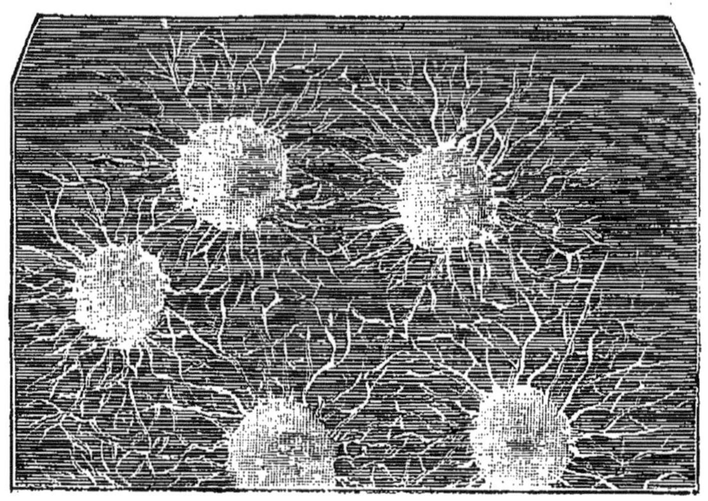

Fig. 1. — Organismes formés par du protoplasma.

§ 6. Les éléments anatomiques à forme déterminée sont d'une petitesse extrême et consistent en glomérules, en utricules, en lamelles ou en filaments. Chacun d'eux est un corps vivant et constitue une individualité physiologique capable d'exécuter un certain travail vital; ils sont comparables aux ouvriers qui sont réunis dans une même fabrique pour concourir à la confection de certains produits, mais qui agissent chacun en vertu des aptitudes qu'il possède.

La vitalité propre de ces matériaux constitutifs de l'organisme est mise en évidence par un grand nombre de faits; par exemple, la persistance de la vie dans chacun des fragments du corps de divers animaux que l'on peut couper en morceaux sans les faire périr, et par les résultats obtenus lorsqu'on greffe sur le corps d'un Être vivant un fragment détaché du corps d'un autre individu et que ce fragment, trouvant sur celui-ci la nourriture dont il a besoin, continue à exister. Des opérations de ce genre qui sont pratiquées journellement sur des plantes par les cultivateurs et peuvent dans certains cas être faites avec le même succès sur des animaux, montrent que la vie des diverses parties du corps d'un animal ou d'une plante n'est pas nécessairement dépendante de la vie générale de l'individu zoologique ou botanique constitué par l'assemblage de ces individus physiologiques.

§ 7. Les individualités physiologiques et anatomiques qui, associées plus ou moins intimement entre elles, constituent la machine vivante représentée par le corps d'un animal, sont désignées, tantôt sous le nom d'*organites* élémentaires, tantôt sous celui de *cellules*; mais cette dernière expression tend à donner une idée fausse des choses auxquelles on l'applique, car en français comme dans les autres langues latines le mot « cellule » a un sens particulier qui ne permet pas de l'appliquer à un objet qui ne serait pas creux et qui ne contiendrait pas une cavité susceptible de loger des matières étrangères ; or, dans un grand nombre de cas, les organites élémentaires, ainsi que je l'ai dit précédemment, sont des glomérules, des filaments ou des lamelles dépourvus d'une cavité intérieure, et le nom de cellule organique ne devrait être donné qu'à ceux des organites qui ont la forme d'une utricule ou qui en dérivent directement.

Le vice de langage, d'origine allemande, que je viens de signaler a été la conséquence de la généralisation théorique des résultats fournis par l'observation microscopique des tissus végétaux et de divers tissus animaux qui effectivement ont une structure essentiellement cellulaire. On supposait il y a cinquante ans que tous les matériaux constitutifs des tissus vivants étaient des utricules formées par une paroi membraneuse distincte de la substance sous-jacente et contenant un noyau ; mais le perfectionnement des microscopes a permis de constater que souvent les éléments anatomiques, dont il est ici question, sont des glomérules analogues à des noyaux sans revêtement capsulaire, ni cavité centrale, c'est-à-dire de simples agrégats de matière vivante ou ayant vécu, plus ou moins distincts des objets circonvoisins et aptes à fonctionner comme autant d'agents physiologiques. Ce que beaucoup d'auteurs disent de la vie cellulaire est en vérité applicable à la vitalité individuelle des diverses parties constitutives des tissus, des appareils et de l'organisme des Êtres animés, quelle que soit la conformation de ces parties intégrantes de ces corps.

ÉLÉMENTS ANATOMIQUES AGRÉGÉS EN TISSUS. PRINCIPAUX TISSUS.

§ 8. Les organites élémentaires (cellules proprement dites, ou utricules, glomérules nucléiformes ou filaments) peuvent être isolés et libres dans un liquide ou réunis entre eux par une sorte de soudure de façon à former des tissus solides membraniformes ou massifs.

Lorsque nous étudierons le sang, nous verrons que cette humeur tient en suspension une multitude de ces organites élémentaires, libres et isolés les uns des autres. La plupart d'entre eux sont des cellules proprement dites ou corpuscules utriculaires que l'on retrouve dans beaucoup d'autres tissus (fig. 2).

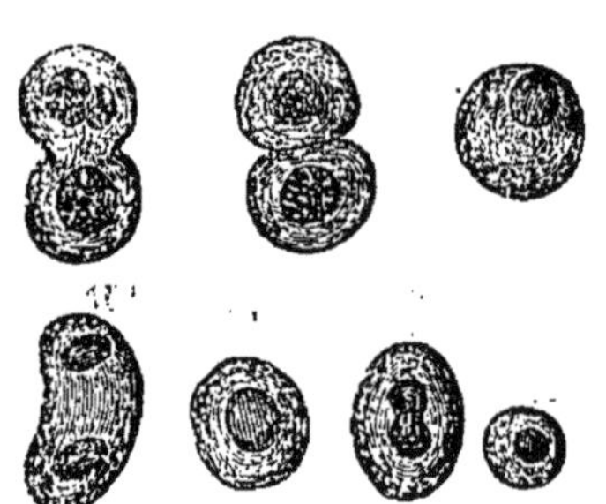

Fig. 2. — Cellules pourvues d'un noyau.

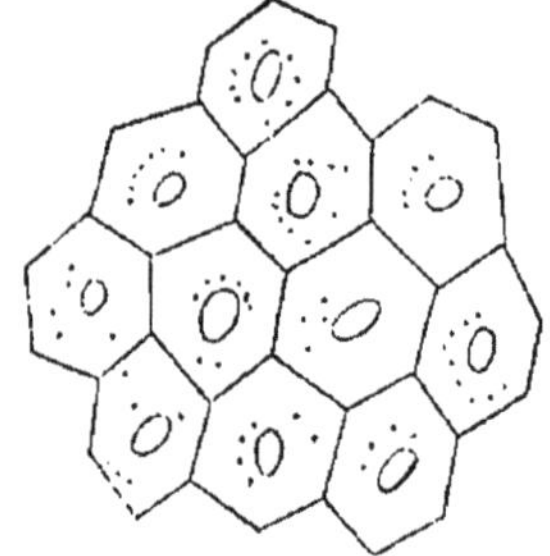

Fig. 3. — Cellules d'épiderme en voie de formation.

Une couche plus ou moins épaisse de cellules garnit la surface extérieure de l'organisme, ainsi que la surface libre des grandes cavités qui sont situées dans son intérieur et qui communiquent au dehors, par exemple la cavité digestive, les voies respiratoires, les voies urinaires, etc. Ces cellules sont unies directement entre elles dans leurs points de contact et elles constituent, d'une part, **l'épiderme** qui occupe la surface de la peau (fig. 3), d'autre part, un revêtement analogue appelé **épithélium** (fig. 4) qui tapisse les parois des cavités susmentionnées. Elles se multiplient à la face interne de la cou-

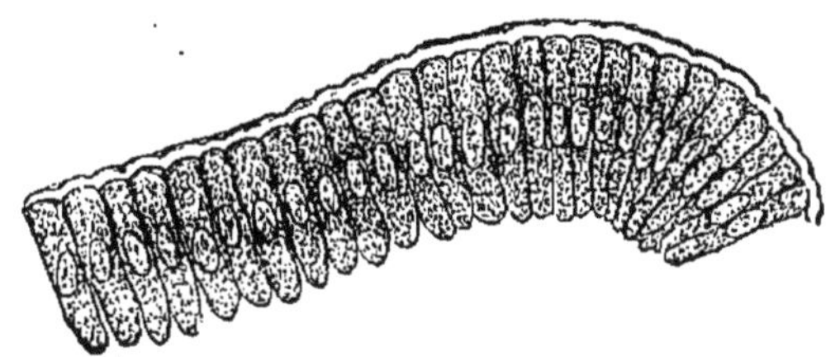

Fig. 4. — Épithélium de l'intestin.

che ainsi constituée et, en grandissant, repoussent vers l'extérieur leurs prédécesseurs qui, au bout d'un certain temps, se déforment, cessent de vivre et se séparent de l'organisme.

§ 9. Une autre substance vivante dont le rôle est également très important dans la constitution des divers organes de l'économie animale, est appelée le **tissu conjonctif** (fig. 5). Elle est formée principalement de glomérules analogues aux noyaux des cellules et de filaments disposés de manière à circonscrire des espaces occupés par des fluides et en communication les uns avec les autres. Elle constitue ainsi un tissu aréolaire, plus ou moins spongieux, qui est interposé entre les différents organes, qui les réunit entre eux et qui souvent se comporte de la même manière dans leur profondeur entre les matériaux dont ceux-ci sont composés. Souvent aussi cette substance conjonctive se condense de façon à constituer des expansions lamelleuses et donne ainsi naissance à des membranes de différentes sortes.

§ 10. Les anatomistes désignent, sous le nom de **tissu fibreux**, un autre élément constitutif des organes de l'économie animale qui ressemble beaucoup à certains dérivés secondaires du tissu conjonctif ; mais qui est constitué par une

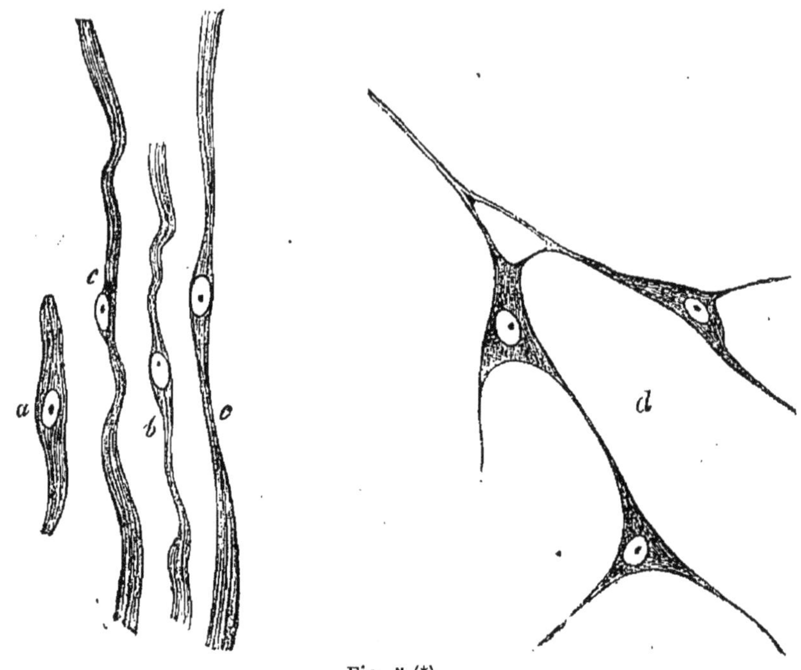

Fig. 5 (*).

substance très élastique et qui forme souvent des expansions lamelleuses appelées *aponévroses* ou des espèces de cordes appelées ligaments, etc.

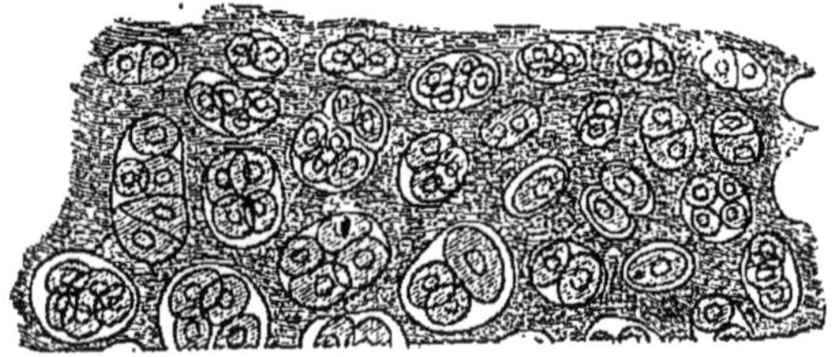

Fig. 6. — Coupe d'un cartilage (Grossiss. 350/1).

§ 11. Des utricules analogues à celles des tissus épithéliques,

(*) Parties élémentaires du tissu connectif vues au microscope. — *a*, *b*, *c*, cellules dont la substance enveloppante s'allonge en filaments et se subdivise ensuite en fibrilles ; — *d*, trame aréolaire formée par la jonction de prolongements fibrillaires de cette espèce.

1.

au lieu d'être unies directement entre elles, sont parfois empâtées dans une substance amorphe de manière à constituer un solide massif et élastique appelé **cartilage** (fig. 6), et d'autres fois la substance intercellulaire associée à des matières minérales principalement à du phosphate de chaux, devient rigide, spongieuse, fibroïde ou lamelleuse et constitue le **tissu osseux** (fig. 7).

§ 12. Deux autres éléments anatomiques très différents des précédents par leurs propriétés physiologiques doivent être rangés aussi au nombre des matériaux primaires de l'organisme des animaux, ce sont : le **tissu musculaire** (fig. 8) et le **tissu nerveux** (fig. 9). Le premier est le principal agent

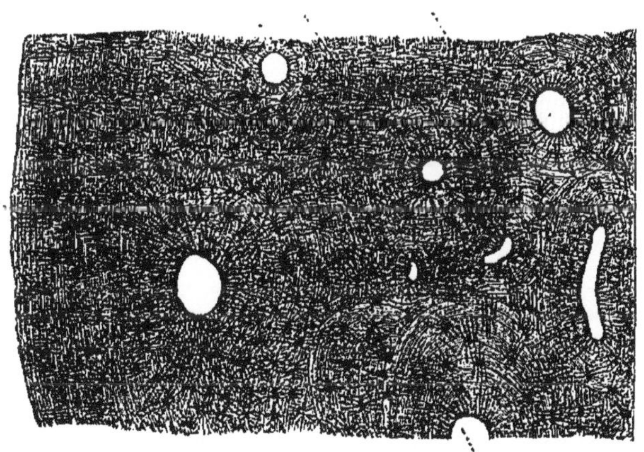

Fig. 7. — Coupe horizontale d'os, grossie.

moteur de ces machines vivantes et se compose de fibres susceptibles de se raccourcir et de s'allonger alternativement. En se contractant, il déplace les parties auxquelles il est attaché et il constitue, tantôt des expansions membraniformes, tantôt des faisceaux de filaments appelés *muscles*. La chair des animaux est formée essentiellement par ce tissu musculaire.

La substance nerveuse n'est pas contractile comme la substance musculaire ; elle affecte deux formes : celle d'utricules

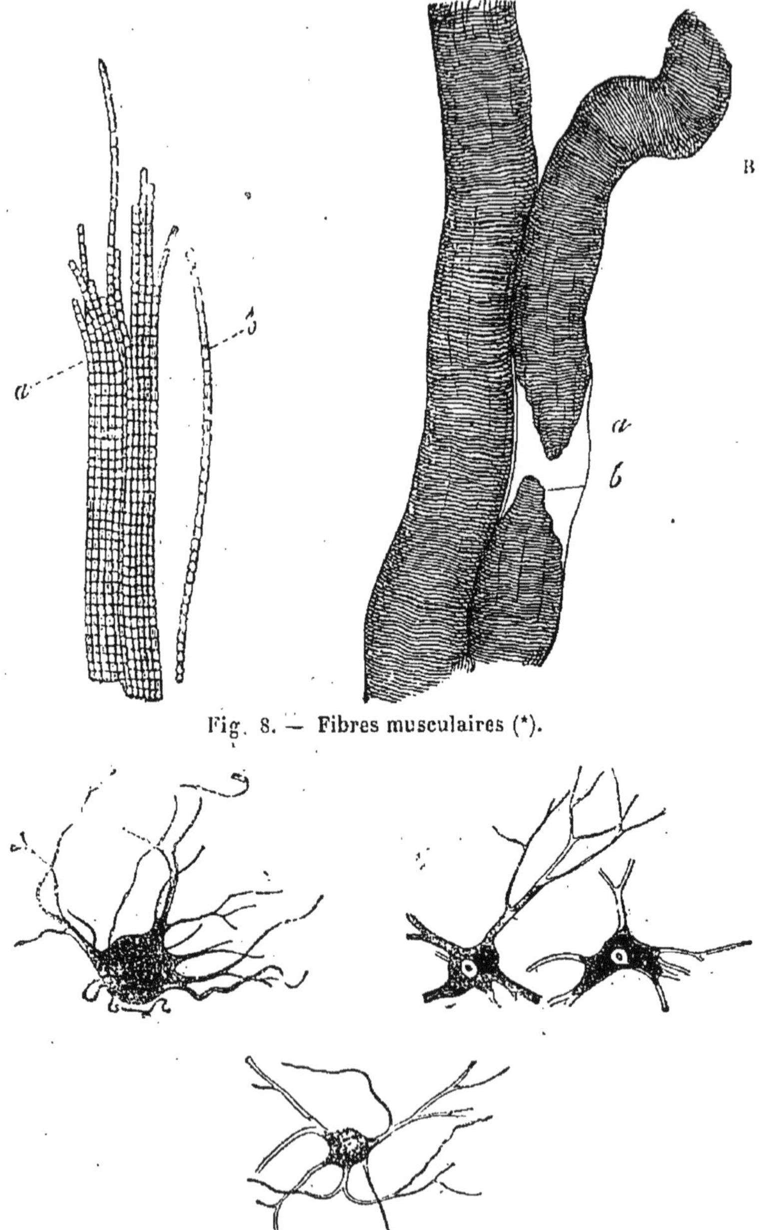

Fig. 8. — Fibres musculaires (*).

Fig. 9. — Diverses formes de cellules nerveuses (Grossiss. 100 diam.).

(*) A, Fibrilles élémentaires de muscle : *a*, faisceau de fibrilles accolées ; *b*, fibrille isolée (Grossissement de 600 diamètres). B, deux fibres musculaires, grossies 350 fois; l'une d'elles *b* est rompue.

ou cellules (fig. 9) et celle de prolongements filiformes dépendant de ces cellules et s'avançant au loin de façon à relier ces utricules entre elles ou à les mettre en connexion avec d'autres organes (fig. 10). Ce sont des agents physiologiques d'une nature très particulière, car c'est de leur fonctionnement que dépendent la sensibilité, le développement de la force volitionnelle et les manifestations de toutes les facultés mentales.

Fig. 10. — Fibres nerveuses.

§ 13. Les divers matériaux organiques que je viens d'énumérer peuvent être associés entre eux de manières très variées, et, suivant le mode de conformation des organes résultant de ces combinaisons anatomiques, la nature obtient des instruments capables de remplir des fonctions diverses. La structure des animaux varie ainsi beaucoup suivant les espèces, mais ce sont à peu de chose près les mêmes matériaux qui se retrouvent chez tous ces êtres. Ainsi le corps humain, le corps d'un Oiseau, d'un Poisson, d'un Insecte et d'un Colimaçon sont constitués essentiellement à l'aide d'éléments anatomiques et de tissus analogues sinon identiques ; presque toujours on peut, en l'analysant mécaniquement y reconnaître, comme parties intégrantes, le tissu nerveux, le tissu musculaire, le tissu conjonctif, le tissu utriculaire et même du sarcode ou protoplasme.

SUBSTANCE VIVANTE. ÉLÉMENTS CONSTITUTIFS. PRINCIPES IMMÉDIATS. SUBSTANCES ALBUMINOIDES.

§ 14. Considérée sous le rapport de la nature chimique, la **substance vivante** qui entre dans la composition du corps de tous les Êtres animés, présente aussi des caractères communs qu'il nous importe de connaître.

L'eau est toujours un de ses matériaux constitutifs et sa partie solide est formée essentiellement par des substances composées très complexes appelées les **principes immédiats** des animaux et résultant de l'union de plusieurs éléments chimiques au nombre desquels le carbone, l'hydrogène, l'azote et l'oxygène jouent constamment le principal rôle; d'autres corps simples, notamment du soufre et du phosphore, et même des métaux peuvent contribuer à la formation de la matière viable ; mais ce sont les quatre substances primaires énumérées ci-dessus qui en sont les éléments essentiels ; toujours aussi ces éléments sont faiblement unis entre eux de façon que les composés résultant de leur association sont facilement modifiables. Enfin toujours aussi ces principes immédiats sont susceptibles de remplir le rôle de combustible en se combinant à l'oxygène.

Les principes immédiats les plus importants et les plus généralement répandus, soit dans les différentes parties de l'organisme d'un même individu, soit dans l'ensemble du règne animal, sont l'*albumine* et des substances d'une nature analogue que l'on désigne sous le nom commun de **matières albuminoïdes** ou **protéiques** ; la *fibrine* par exemple. Ces corps ont toujours une composition très complexe ; ils sont neutres ; ils ne sont pas cristallisables, bien que leurs dérivés le soient quelquefois et ils appartiennent au groupe des substances que les chimistes appellent des *colloïdes*. D'autres principes immédiats non azotés tels que les corps gras et le sucre peuvent exister aussi dans l'économie animale et y remplir même des rôles importants, mais ils ne suffisent jamais pour constituer une substance animale vivante.

Souvent il y a aussi dans le corps des animaux des matériaux constitutifs qui ne vivent pas, qui n'ont jamais vécu et qui sont incapables de devenir de la matière vivante, mais qui n'y sont pas inutiles, et qui parfois y remplissent même un rôle mécanique dont l'importance est considérable, de la silice et du carbonate ou du phosphate de chaux par exemple. Ces matières minérales peuvent même être combinées chimiquement avec les principes immédiats, dont se compose la substance vivante et en modifier les propriétés ; c'est le cas pour le phosphate de chaux qui contribue à la formation du tissu osseux et pour le carbonate calcaire qui donne au squelette extérieur de l'Écrevisse et de beaucoup d'autres Crustacés une consistance presque pierreuse. Mais jamais de la matière minérale ne forme à elle seule une substance vivante.

§ 15. Ces notions préliminaires d'anatomie générale ou histologie sont nécessaires pour l'étude du mode de constitution des divers organes ou instruments physiologiques, dont nous aurons à examiner maintenant la structure et les fonctions dans le jeu des machines vivantes.

Dans la première partie de ce livre j'ai fait connaître d'une manière sommaire, les principaux organes et appareils dont se compose le corps humain ainsi que le corps des autres animaux dont l'étude nous occupera maintenant (Voy. 1re partie, p. 11 et suivantes). Je ne reviendrai donc pas sur ce sujet et passerai immédiatement à un examen plus approfondi de la structure de ces parties et de leur mode de fonctionnement.

PHYSIOLOGIE ANIMALE ET ANATOMIE DESCRIPTIVE.

§ 16. Les phénomènes par lesquels l'activité vitale se manifeste sont de deux sortes : les uns sont la conséquence d'un travail physiologique dont l'accomplissement est nécessaire à l'existence de tous les êtres vivants, des végétaux aussi bien que des animaux et a pour résultat principal la nutrition, c'est-à-dire l'établissement de certains échanges de matière entre ces corps organisés et le monde extérieur ; d'autres dépendent de propriétés particulières aux animaux et en vertu desquelles ceux-ci ont la facilité de sentir, de vouloir et de se mouvoir. Les premiers caractérisent ce que l'on appelle communément la **vie végétative** ou la **vie organique** ; les seconds caractérisent la **vie animale.**

Dans la première partie de cet ouvrage, j'ai indiqué brièvement le mode de constitution des principaux appareils de la vie de relation. Je m'occuperai ici en premier lieu du travail nutritif et de l'étude des organes par l'action desquels ce travail s'effectue.

FONCTIONS DE NUTRITION.

§ 17. La matière constitutive du corps humain, de même que celle dont est formé le corps d'un animal quelconque ou d'une plante, n'est pas dans un état de repos ; elle est le siège d'un travail intérieur, dont la réalisation est liée à toute manifestation de la vie, et dont les conséquences sont, d'une part, la substitution de matériaux nouveaux à une partie de ceux dont ce corps est composé ; d'autre part, le développement de certaines forces par suite de réactions chimiques effectuées dans l'espèce de laboratoire représenté par l'organisme. Tout Être vivant, pour entretenir ce travail physiologique, a sans cesse besoin de s'approprier des matières étrangères aptes à l'alimenter, et en dernière analyse les éléments chimiques qui contribuent à le former lui sont fournis directement ou indirectement par le règne minéral, mais n'y restent que pendant un temps et font plus ou moins promptement retour au monde extérieur.

Il y a entre l'économie animale et le milieu ambiant un système d'échanges, dont la réalisation est une condition pour toutes les manifestations de la puissance vitale. La totalité des éléments chimiques contenus dans le corps vivant lui vient du dehors, et ces éléments, ainsi que je l'ai déjà dit, sont nécessairement en majeure partie du carbone, de l'hydrogène, de l'oxygène et de l'azote ; mais ce n'est pas à l'état de liberté que les molécules de ce carbone et des autres corps dont je viens de faire mention, peuvent être utilisés par l'animal pour la fabrication de la substance organisable qu'il a besoin de s'assimiler ; il faut que préalablement à tout emploi ces éléments soient combinés entre eux de manière à constituer certains composés que nous avons désignés précédemment sous le nom de principes immédiats.

Les végétaux peuvent former de toutes pièces des matières organisables de cet ordre ; les animaux ne le peuvent pas ; pour se nourrir, ils ont par conséquent besoin d'aliments d'origine organique, tels que la substance constitutive du corps d'un autre animal ou d'une plante, et en résumé les végétaux sont directement ou indirectement les fournisseurs des animaux.

Le règne végétal est donc un intermédiaire nécessaire entre le règne animal et le règne minéral. Diverses substances minérales peuvent être utiles pour l'alimentation de l'Être animé, mais ne lui suffisent jamais, et ses aliments doivent toujours être en partie sinon en totalité des produits d'un organisme vivant.

DE LA DIGESTION.

§ 18. L'emploi de ces matières élémentaires doit avoir lieu partout où l'activité vitale se manifeste dans la profondeur de la substance constitutive de l'organisme aussi bien que dans le voisinage de sa surface. Par conséquent les aliments dont l'animal fait usage doivent être dans un état tel qu'ils puissent pénétrer ainsi dans sa substance ; or cette condition n'est presque jamais réalisée par les matières nécessaires à la nutrition, d'ordinaire ce sont des solides dont la division n'est pas suffisante pour que l'animal puisse les absorber et par conséquent, pour les utiliser, il a besoin de leur faire subir des modifications préalables, de les liquéfier et ce

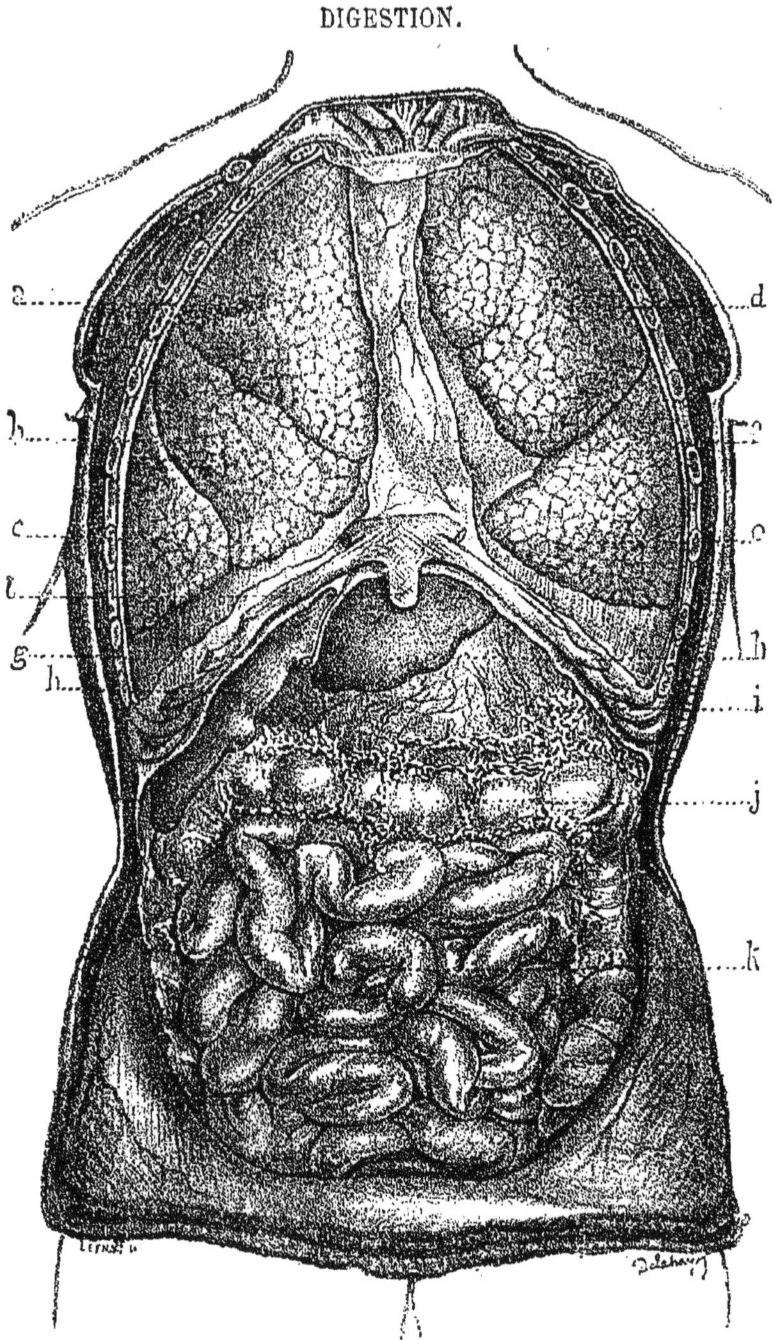

Fig. 11. — Disposition des viscères de l'homme (*).

(*) La cavité viscérale a été ouverte pour montrer la disposition et les rap-

résultat est obtenu au moyen d'un travail spécial de nature chimique appelé digestion et s'effectuant dans une cavité particulière, dont la partie principale a reçu le nom d'estomac.

§ 19. Dans l'espèce humaine, de même que chez presque tous les autres animaux, la cavité stomacale n'est pas le seul instrument physiologique qui serve à la digestion ; beaucoup d'autres organes contribuent à effectuer le travail préparatoire nécessaire pour l'utilisation des aliments, et ils sont coordonnés de façon à constituer un appareil fort compliqué, dont la partie principale est un tube communiquant au dehors par ses deux extrémités, et disposé de manière à admettre facilement dans son intérieur les aliments, à les y retenir pendant que certains liquides digestifs les attaquent et les rendent solubles ; puis à évacuer au dehors les résidus non absorbables qu'ils laissent ; enfin à laisser passer, vers les parties circonvoisines de l'organisme, les liquides nutritifs préparés de la sorte. L'ouverture servant à l'entrée des aliments est la bouche ; l'orifice anal situé à l'extrémité opposée du tube digestif est affecté à l'évacuation du résidu non utilisable laissé par les aliments, et sur le trajet parcouru par ces substances, le tube digestif s'est élargi en manière de réservoir pour permettre à celles-ci d'y rester emmagasinées pendant le temps nécessaire à l'accomplissement du travail modificateur dont elles doivent être l'objet (fig. 11).

La digestion est déterminée principalement par l'action de certains liquides appelés *salive*, *suc gastrique*, *bile*, *suc pancréatique*, etc., et produits par des dépendances de l'appareil digestif, savoir : les *glandes salivaires*, les *glandules gastriques*, le *foie*, le *pancréas*, etc.

L'ingurgitation des aliments nécessite le concours d'organes préhenseurs qui sont constitués en partie par les bords de

ports des viscères. — *a*, *b*, *c*, poumon droit divisé en trois lobes ; *d*, *e*, poumon gauche divisé en deux lobes ; *f*, les plèvres coupées pour laisser à nu les poumons et cachant le cœur ; *l*, extrémité du sternum ; *g*, muscle diaphragme ; *i*, estomac caché sous un repli du péritoine, *j*, portion du gros intestin (*côlon*) ; *k*, intestin grêle.

l'orifice buccal, souvent aussi par des instruments spéciaux. Elle est souvent facilitée par l'intervention d'organes sécateurs ou broyeurs, qui, en divisant les matières alimentaires, en accélèrent aussi l'attaque par les sucs digestifs.

Enfin le passage des produits de la digestion de la cavité alimentaire dans les profondeurs de l'organisme nécessite à son tour le concours d'organes absorbants et d'organes distributeurs particuliers.

Chez l'Homme et chez les animaux supérieurs l'appareil digestif est donc très complexe ; mais chez les animaux inférieurs il est plus ou moins simplifié, et dans les rangs les plus inférieurs du Règne animal il n'est représenté que par une cavité terminée en cul-de-sac et ne communiquant au dehors que par un seul orifice, tenant lieu de bouche et d'anus, mode d'organisation dont j'ai eu l'occasion de citer des exemples dans la première partie de ce livre ; nous y reviendrons d'ailleurs en parlant des Anémones de mer dans un prochain chapitre.

Je dois ajouter que le travail digestif n'a pas seulement pour effet de rendre les aliments solides absorbables ; souvent il en modifie la constitution chimique de façon à les mieux approprier aux besoins physiologiques de l'organisme, et il est aussi à noter que toutes les matières alimentaires n'ont pas besoin d'être digérées pour être utilisables dans l'économie animale. Ainsi l'eau est un aliment aussi bien que la chair musculaire ou les fruits et, pour être absorbée par les parois de l'estomac, elle n'a besoin de subir aucune préparation.

§ 20. En résumé, la digestion est une *fonction à l'aide de laquelle les animaux tirent des substances alimentaires les principes nutritifs susceptibles d'être absorbés, élaborent ces matières et les absorbent, puis rejettent le résidu qu'ils ne peuvent utiliser.*

§ 21. Pour procéder méthodiquement dans l'étude de cette fonction importante, je traiterai successivement :

1° De la **préhension des aliments** ou introduction de ces

corps dans la bouche ou portion vestibulaire du tube digestif.

2° De la **mastication** ou division mécanique des aliments.

3° De l'**insalivation** ou mélange des aliments avec un premier liquide digestif, la salive.

4° De la **déglutition** ou passage des aliments de la bouche dans l'estomac.

5° De la **chymification** ou digestion stomacale.

6° Du passage des produits de cette digestion dans une portion suivante du tube alimentaire appelée intestin et de la **digestion intestinale** qui a lieu dans cet organe.

7° De l'**absorption** des produits utilisables de la digestion.

8° De l'**expulsion des fèces** ou résidu du travail digestif.

PRÉHENSION DES ALIMENTS.

§ 22. La préhension peut s'effectuer de diverses manières : tantôt à l'aide des dents seulement (Carnassiers, Ruminants, etc.); tantôt à l'aide des mains (Homme, Singes, etc.); tantôt à l'aide de la langue (Tamanoir, fig. 41), (Caméléon, fig. 12) ; tantôt à l'aide d'une trompe constituée par le prolongement du nez (Éléphant, fig. 13) ; chez d'autres, les aliments sont saisis par

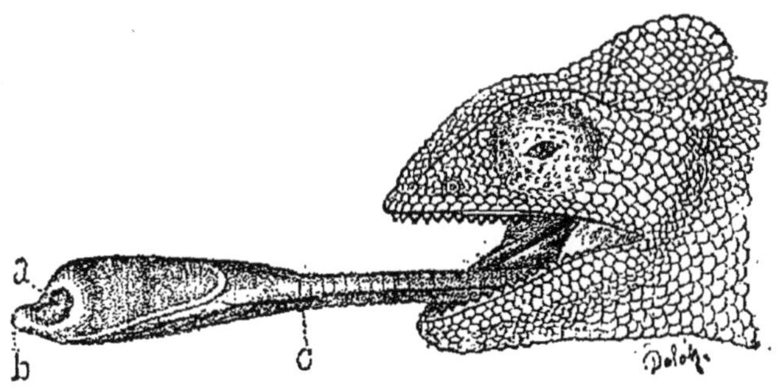

Fig. 12. — Langue de Caméléon (*).

(*) Langue de Caméléon projetée hors de la bouche. — *a*, fossette terminale ; *b*, bouton charnu situé à l'extrémité ; *c*, point où la langue commence à se renfler.

des palpes qui entourent la bouche (Insectes) (1) ou par des bras ou tentacules (Mollusques céphalopodes, Poulpes, etc). (2). Quoi qu'il en soit, les aliments sont ainsi portés dans la bouche.

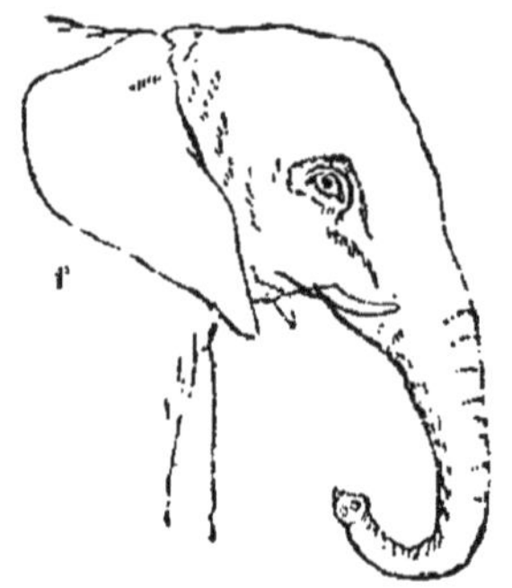

Fig. 13. — Trompe d'Éléphant.

Chez l'Homme et les autres mammifères, cette cavité a une forme ovalaire et est limitée en avant par les lèvres, sur les côtés par les joues et les mâchoires, en haut par le palais, en dessous, par la langue, en arrière par le voile du palais qui la sépare de l'arrière-bouche ou pharynx. L'espèce de chambre vestibulaire constituée par la bouche est tapissée par une membrane dite muqueuse qui ressemble beaucoup à la peau. Les aliments liquides ne séjournent pas dans la bouche ; ils sont avalés immédiatement ; mais les aliments solides doivent, dans la plupart des cas, y être broyés et mêlés à la salive. D'ordinaire cette opération commence aussitôt après leur introduction dans cette cavité ; mais chez quelques animaux, notamment chez quelques Singes de l'ancien continent et chez quelques Rongeurs tels que les Hamsters, les aliments peuvent être préalablement emmagasinés dans des poches creusées dans l'épaisseur des joues et appelées **abajoues** (fig. 14).

La langue, qui occupe la partie inférieure de la cavité buccale, est constituée principalement par des faisceaux de fibres musculaires disposés d'une manière très compliquée (fig. 15). Par sa base, elle est fixée à une petite traverse osseuse appelée *hyoïde*, à laquelle est suspendu, d'autre part, le *larynx* ou appareil vocal ; quand je traiterai des organes des sens, je reviendrai d'ailleurs sur la structure de la langue.

(1) Voyez première partie, pages 270 et suiv.

(2) Voyez première partie, page 357.

Fig. 14. — Abajoues de Hamster (*).

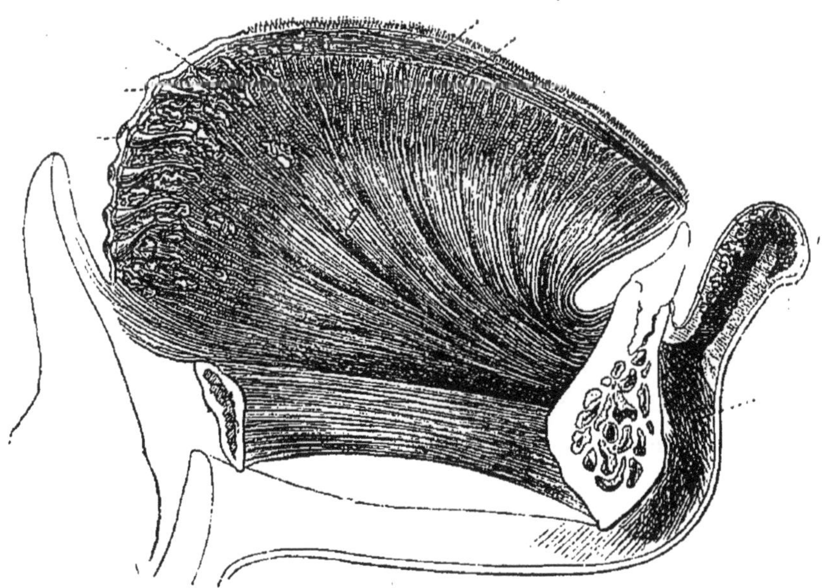

Fig. 15. — Coupe longitudinale de la langue de l'Homme.

(*) L'animal est renversé sur le dos et la peau des joues a été fendue pour montrer à gauche l'abajoue *a* intacte et à droite l'abajoue *b* fendue dans le sens de la longueur.

MASTICATION. DENTS.

§ 23. La division mécanique des aliments se fait surtout au moyen des mâchoires et des dents, dont le bord libre de ces organes est ordinairement garni.

Les mâchoires, au nombre de deux, sont osseuses, placées l'une au-dessus de l'autre et susceptibles de s'écarter l'une de

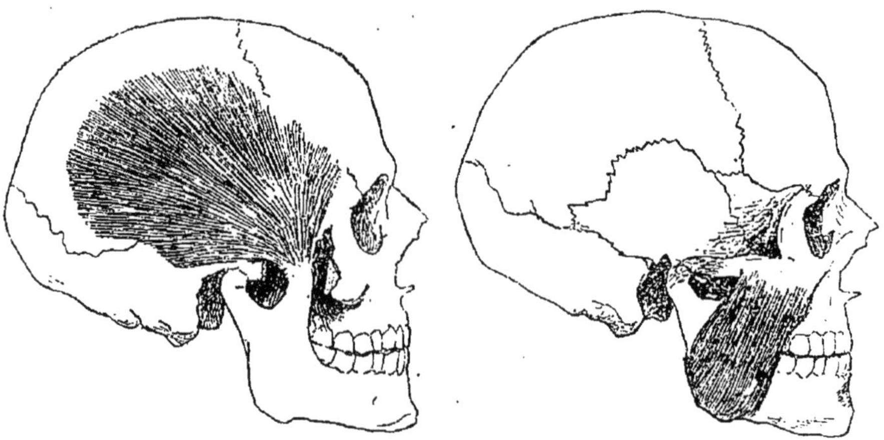

Fig. 16. — Muscle temporal.

Fig. 17. — Muscle masséter.

l'autre ou de se rapprocher à la manière des deux branches d'une pince ou d'une paire de ciseaux. La mâchoire supérieure est très solidement fixée au crâne, mais la mâchoire inférieure est très mobile ; elle est articulée de chaque côté de la tête par son extrémité postérieure, et elle est mise en mouvement par des muscles, dont les principaux sont, en dehors de la mâchoire le *temporal* qui s'attache en bas à la branche montante de la mâchoire et en haut sur les côtés de la tête (fig. 16), et le *masséter* situé plus superficiellement que le précédent (fig. 17) ; en dedans de l'os de la mâchoire les muscles *ptérygoïdiens* jouent un rôle analogue.

§ 24. Les dents sont de petits instrúments très durs qui sont constitués par des substances minérales de consistance pierreuse (du phosphate de chaux et du carbonate de chaux) associées à des matières organiques. Elles sont implantées dans des cavités nommées alvéoles et elles présentent ainsi deux portions bien distinctes, dont l'une servant à la fixer est appelée *racine* de la dent, et l'autre faisant saillie au dehors est désignée sous le nom de *couronne*. Leur corps ou partie prinpale est constitué par un tissu particulier appelé **ivoire** ou

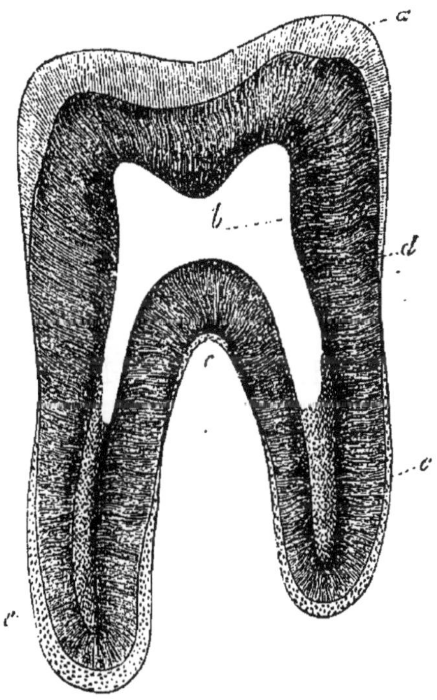

Fig. 18. — Coupe d'une dent grossie (*).

dentine et creusé d'une multitude de canalicules dirigés du centre vers la périphérie (fig. 18). Un autre tissu dentaire dont la structure est différente et la dureté plus grande les recouvre en dessus et sur les côtés ; il porte le nom d'**émail**, et se compose de prismes microscopiques solides et soudés entre eux latéralement. Enfin un troisième tissu appelé **cément** ou

(*) Coupe d'une molaire d'homme. *a*, émail ; *b*, ivoire ; *c*, cément.

substance corticale qui ressemble davantage au tissu osseux occupe la partie la plus superficielle de la plupart des dents et joue un rôle important dans la constitution de ces organes chez les mammifères herbivores; cette couche n'est que peu développée chez les carnassiers, les frugivores et les omnivores, l'Homme par exemple.

§ 25. Chacune des dents se développe dans l'intérieur d'un petit sac membraneux ou *capsule* logé profondément sous la

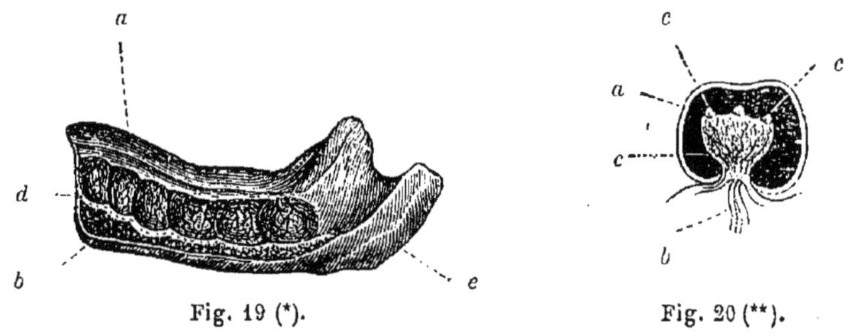

Fig. 19 (*). Fig. 20 (**).

gencive dans la portion de la mâchoire destinée à devenir un alvéole (fig. 19). Le corps de la dent est produit par une sorte de bourgeon (fig. 20 et 21) qui adhère à la base de cette capsule et qui en reçoit des vaisseaux sanguins ainsi que des nerfs et qui se transforme en ivoire du sommet vers la base et de la périphérie vers le centre, de façon à être bientôt encapuchonné par ce revêtement solide qui s'allonge graduellement et, en perçant la gencive, se montre au dehors. Lorsque le bulbe adhère au fond de la capsule par une large base l'accroissement de la dent peut continuer pendant presque toute la durée de la vie, ainsi que cela a lieu chez divers rongeurs. Mais chez

(*) Mâchoire inférieure d'un très jeune enfant; la majeure partie de la surface extérieuree de l'os a été enlevée pour mettre à nu les capsules des dents renfermées dans son intérieur : *a*, gencive; *b*, bord inférieur de la mâchoire; *d*, capsules dentaires; *e*, condyle de la mâchoire.

(**) Coupe d'une capsule dentaire : *a*, parois de ce sac; *b*, bulbe ou germe de la dent; *c*, faisceau de vaisseaux sanguins et de filaments nerveux qui pénètrent dans ce bulbe; *c,c*, premiers rudiments de la dentine qui, en se développant, recouvrira partout le germe.

l'homme ainsi que chez la plupart des autres mammifères où le bulbe est pédonculé, ce travail s'arrête bientôt parce que les vaisseaux sanguins nourriciers de cet organe étant comprimés par les couches circonvoisines de dentine s'oblitèrent,

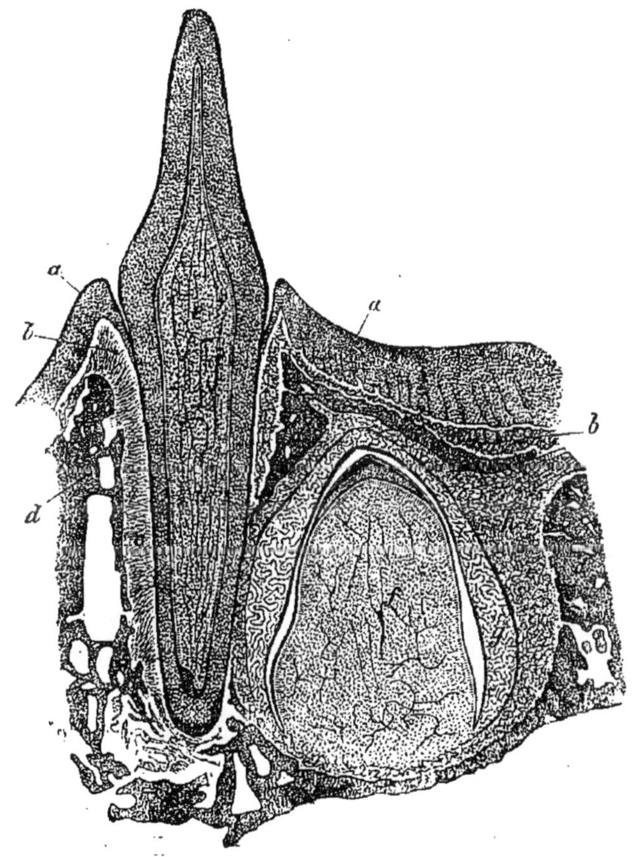

Fig. 21 (*).

laissant alors une cavité centrale dans l'axe de la dent et celle-ci cesse de croître. Enfin la racine constituée autour de ce pédoncule est simple lorsque le bulbe ne reçoit de la capsule qu'un seul faisceau de vaisseaux nourriciers, mais elle est

(*) Incisive de la première dentition et germe de l'incisive de la seconde dentition : coupe transversale chez le chat (grossis. 14) : *e*, pulpe de la dent de lait; *f*, pulpe de la dent de remplacement; *g*, organe de l'émail de celle-ci.

double ou multiple lorsque ces racines vasculaires sont plus nombreuses.

L'émail ne provient pas de la même source, au lieu d'être produit par le bulbe il est produit par une membrane qui tapisse intérieurement le sommet de la capsule, aussi cette espèce de couverte ou vernis pierreux n'existe que sur la couronne de la dent et ne s'étend pas sur la racine. Enfin le cément résulte d'une sorte d'encroûtement des parois de la capsule qui, tantôt s'arrête près de la base de celle-ci, tandis que d'autres fois elle s'étend partout. Dans l'espèce humaine le cément est peu développé et n'existe qu'à la racine de la dent et ne s'étend pas sur la couronne; mais chez beaucoup d'herbivores cette substance corticale prend un très grand développement, et souvent s'enfonce profondément dans des sillons de la couronne. Le revêtement extérieur des molaires

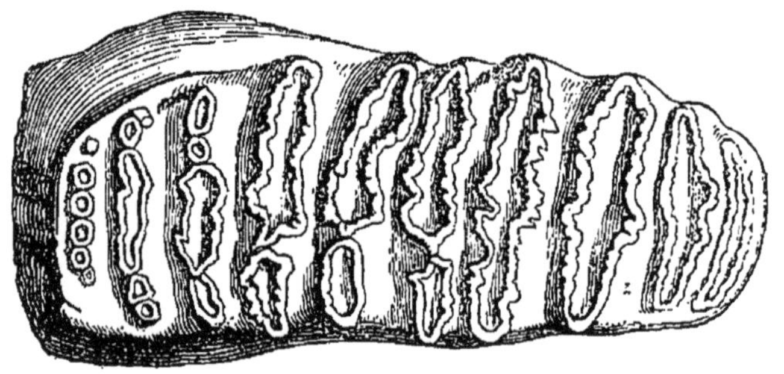

Fig. 22. — Dent d'Éléphant.

de l'Éléphant est exclusivement formé par du cément (fig. 22).

§ 26. Quelques mammifères sont dépourvus de dents, les Echidnés (fig. 23), les Fourmiliers et les Baleines, par exemple, et chez d'autres animaux de la même classe elles manquent complètement sur le devant de la bouche; mais en général elles forment à chaque mâchoire et de chaque côté, une rangée très longue, et suivant les usages auxquels elles sont destinées, elles ont des formes différentes. Chez l'homme, par exemple, celles qui occupent le devant de la bouche et sont appelées **dents incisives** (fig. 24 et 25) sont terminées par un

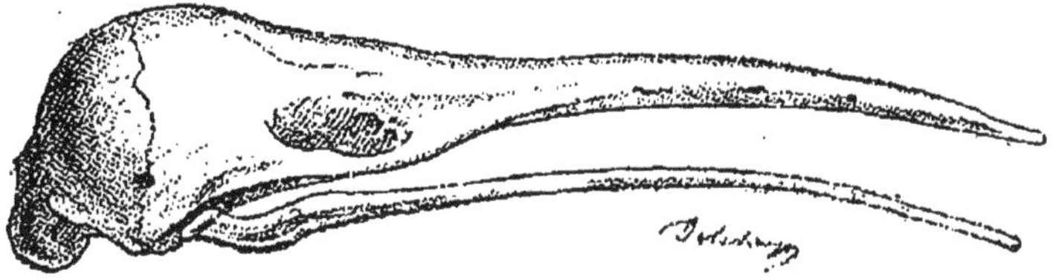

Fig. 23. — Tête d'Échidné de la Nouvelle-Guinée.

seul bord tranchant dirigé transversalement ; elles n'ont qu'une racine conique peu allongée et elles sont au nombre de deux paires à chaque mâchoire. Plus en dehors se trouve de chaque côté, en haut aussi bien qu'en bas, une dent plus longue et pointue qu'on appelle *dent œillère* ou **dent canine** (fig. 24)

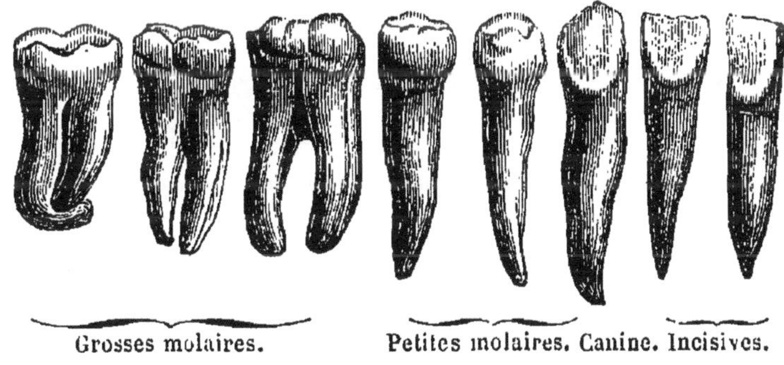

Fig. 24. — Dents de l'Homme.

enfin sur les côtés et plus en arrière se trouvent des dents dont la couronne est terminée par une surface large et bossuée et dont les racines sont doubles ou multiples ; elles servent principalement à broyer ou à hacher les aliments et on les appelle *dents mâchelières* ou **dents molaires** (fig. 24). Chez les enfants en bas âge il y a de chaque côté et à chaque mâchoire deux de ces dents broyeuses ; par conséquent le nombre total des dents est alors de vingt (fig. 25) ; mais vers l'âge de sept ans, ces dents appelées *dents de lait* commencent à tomber et à être remplacées par une autre série de dents dont le nombre est plus élevé.

Chacune des incisives et des canines est remplacée par une dent correspondante; mais à la place des molaires et plus en arrière, une série de cinq dents se substitue aux deux mâchelières préexistantes, et ces nouvelles dents broyeuses sont de deux sortes : les unes appelées *fausses molaires* ou *prémolaires*

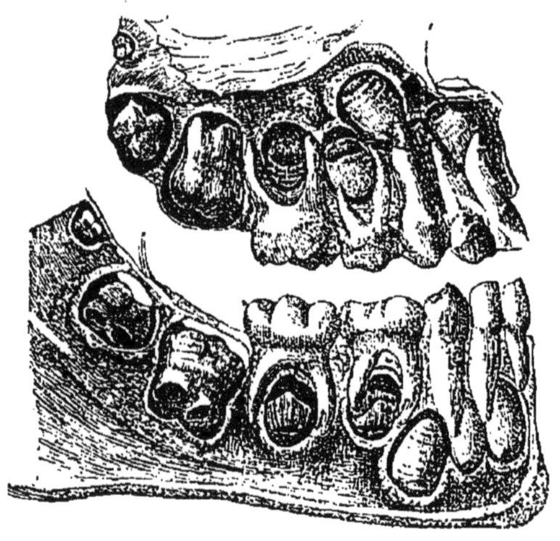

Fig. 25. — Dents de lait et dent de remplacement (*).

font suite aux canines ; elles sont moins grosses que les autres, ont une double racine, et elles sont en même nombre que les molaires de première dentition ; les autres appelées *grosses molaires* ou *vraies molaires* sont beaucoup plus grandes et sont fixées dans leurs alvéoles respectifs par trois ou quatre racines. Il en résulte qu'à l'âge adulte le système dentaire est composé de trente-deux dents, savoir : de chaque côté de la ligne médiane et à chaque mâchoire, deux incisives, une canine, deux fausses molaires et trois grosses molaires dont la

(*) Mâchoire humaine dont la surface externe a été enlevée pour montrer le mode d'implantation des dents de lait et la position des capsules dans lesquelles se développent les dents de la seconde dentition. Le germe de la dernière molaire ou dent de sagesse est à peine développé et se voit en arrière.

dernière ne se montre que très tardivement et a été désignée à raison de cette circonstance sous le nom de *dent de sagesse.* Toutes ces dents de remplacement se forment dans autant de capsules logées dans l'épaisseur des mâchoires, à la base des dents de lait ou en arrière de celles-ci (voyez fig. 25).

§ 27. Le régime des mammifères varie beaucoup, et la conformation de leur système dentaire, ainsi que celle de l'articulation de la mâchoire sont en rapport avec ces différences. Chez les Carnivores, par exemple, les dents canines sont développées de façon à constituer des crocs propres à s'enfoncer profondément dans les chairs des animaux dont ces quadru-

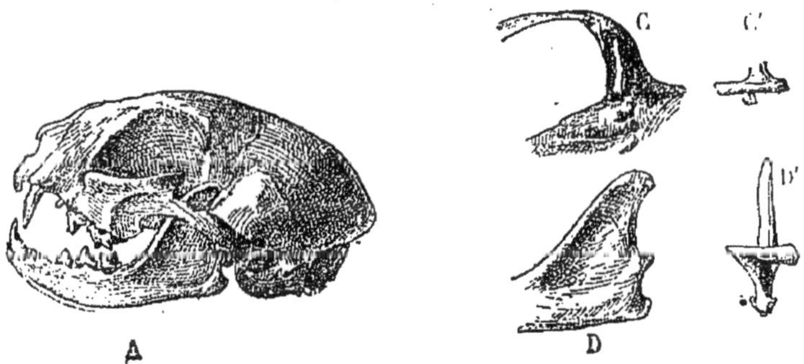

Fig. 26. — Crâne de Carnassier (*).

pèdes font leur proie; et les grosses molaires, au lieu d'avoir une couronne large et bossuée comme chez les frugivores (voyez fig. 27), sont terminées par une crête tranchante (voyez fig. 26), et au lieu de se mouvoir transversalement aussi bien que verticalement les unes contre les autres à la façon des nôtres, elles se rencontrent très exactement par leurs bords sécateurs, et ce résultat est une conséquence de la disposition de l'articulation de la mâchoire inférieure. En effet, la protubérance appelée *condyle* (fig. 26) par laquelle cette articulation est constituée, au lieu d'être arrondie et emboîtée dans une

(*) Crâne de Carnassier : A, vu de profil; C, forme de l'articulation et de la cavité glénoïdale de la mâchoire supérieure; D,D',C', formes du condyle articulaire de la mâchoire inférieure.

cavité superficielle est très élargie transversalement et insérée dans une fosse profonde de façon à jouer à la manière d'une charnière très parfaite (fig. 26, D).

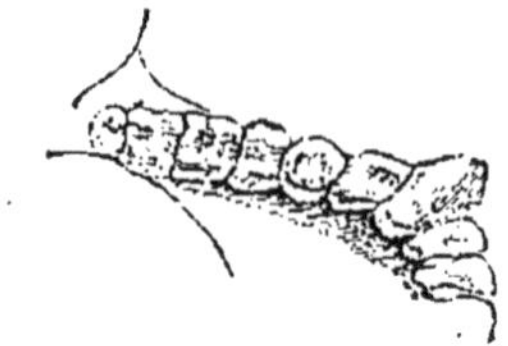

Fig. 27 Dents de Singe.

Chez les Rongeurs qui se nourrissent d'écorces, de racines et d'autres substances végétales très résistantes, l'appareil masticateur présente des caractères très différents (fig. 28). Les dents canines n'existent pas ; mais les incisives en général au nombre de deux seulement à chaque mâchoire sont extrêmement développées et disposées de façon à permettre à ces animaux de grignoter la surface de ces corps durs; elles se terminent en biseau et leur bord tranchant s'affûte par l'effet

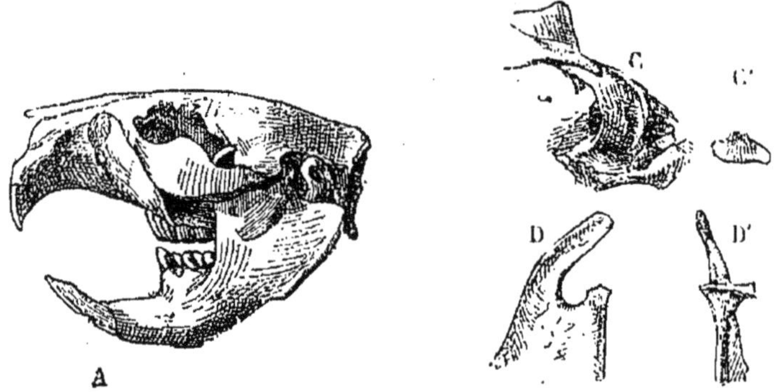

Fig. 28. — Crâne de Rongeur (*).

même de leur usure, car la lame d'émail qui revêt leur surface antérieure résiste plus à cette usure que ne le fait la dentine, dont se compose principalement le corps de la dent, et par conséquent le biseau est toujours conservé (1); enfin, malgré cette usure continuelle, ces incisives en forme de rabots conservent leur longueur, car elles s'accroissent sans cesse par leur base.

(*) A, crâne de Rongeur vu de profil ; C, forme de la cavité glénoïdale articulaire de la mâchoire supérieure ; D,D,'C', formes et condyle articulaire de la mâchoire inférieure.

(1) Voyez 1re partie, page 64.

Les dents molaires présentent aussi des particularités de structure en rapport avec leurs usages ; la surface triturante de leur surface est plate, très large et hérissée de crêtes transversales formées par des replis de l'émail (fig. 29) ; elles constituent ainsi des espèces de râpes qui se maintiennent en bon état de la même manière que le font les incisives, et la conformation de l'articulation de la mâchoire est également appropriée à ce mode

Fig. 29. — Dents molaires d'un Rongeur.

Fig. 30. — Dents molaires du cheval.

de fonctionnement, car les condyles, au lieu d'être élargis et emboîtés comme chez les carnassiers, sont étroits, al-

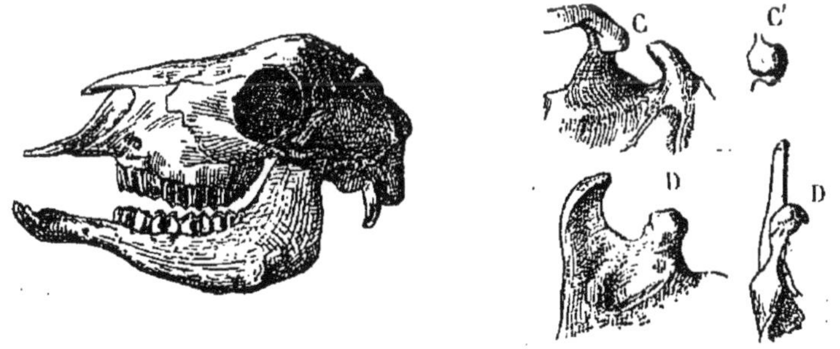

Fig. 31. — Crâne du mouton (*).

longés et reçus dans une sorte de gouttière longitudinale qui permet à la mâchoire de glisser d'avant en arrière comme le ferait une râpe (fig. 28). Chez les Ruminants, les Chevaux et

(*) A, crâne de Mouton vu de profil et montrant qu'il n'existe à la mâchoire supérieure ni incisives ni canines ; C, forme de la cavité glénoïdale de la mâchoire supérieure ; D,D',C', formes du condyle articulaire de la mâchoire inférieure.

d'autres herbivores, les dents mâchelières sont conformées à peu près de la même manière, mais les plis d'émail qui hérissent la surface triturale de ces organes sont dirigés longitudinalement (fig. 30) et l'articulation de la mâchoire est disposée de façon à permettre des mouvements transversaux (fig. 31).

Un cinquième mode de conformation des mâchelières existe chez les Insectivores; la couronne de ces dents est hérissée de tubercules coniques qui s'emboîtent entre ceux de la dent correspondante et empêchent les insectes à téguments durs de s'échapper lorsque les mâchoires se rapprochent pour les écraser (fig. 32).

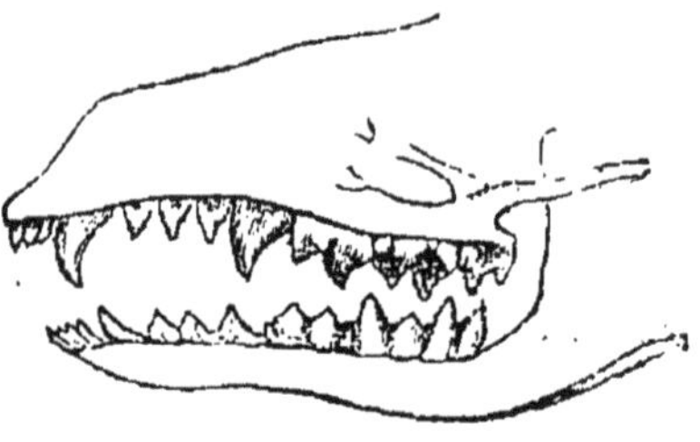
Fig. 32. — Dents d'un Insectivore.

Enfin chez beaucoup de mammifères marins qui avalent sans les mâcher les poissons dont ils se nourrissent, les dents sont toutes coniques et particulièrement propres à retenir une proie glissante. Les dents du Dauphin présentent toutes ce caractère (fig. 33).

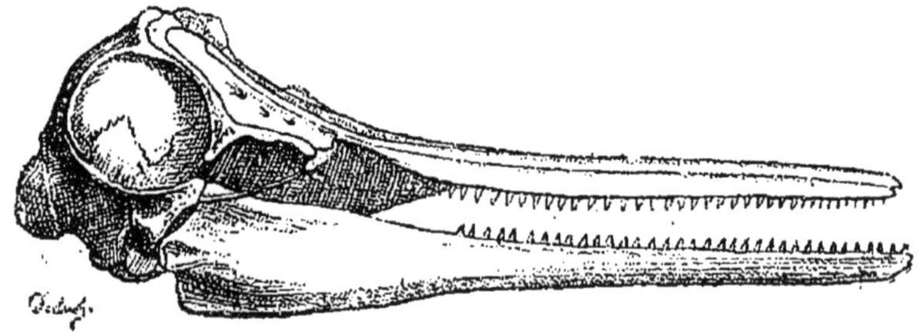
Fig. 33. — Crâne de Dauphin.

Il y a aussi dans la classe des mammifères des différences considérables dans le nombre des dents, et il en résulte que ces organes fournissent d'excellents caractères pour la classification de ces animaux.

Il est à noter que chez les Baleines les dents sont remplacées par de grandes lames cornées à bords frangés appelés *fanons* (fig. 35), qui n'existent qu'à la mâchoire supérieure mais

Fig. 34. — Fanon.

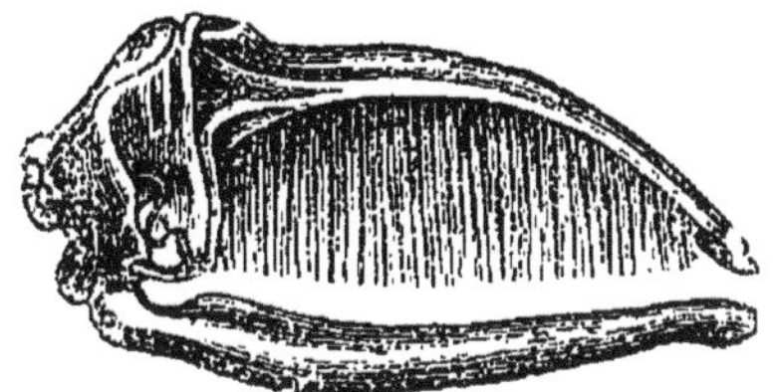

Fig. 35. — Tête osseuse de la Baleine garnie de ses fanons.

sont serrées les unes contre les autres et frangées sur leur bord interne (fig. 34) de façon à constituer sur les côtés de la bouche une sorte de filtre destiné à retenir les petits animaux dont ces grands cétacés se nourrissent.

§ 28. Nous ajouterons que tout grand allongement du bras de levier de la résistance constitué par la portion préhensile de la mâchoire inférieure est défavorable à l'utilisation de la force développée par les muscles élévateurs de cet organe et

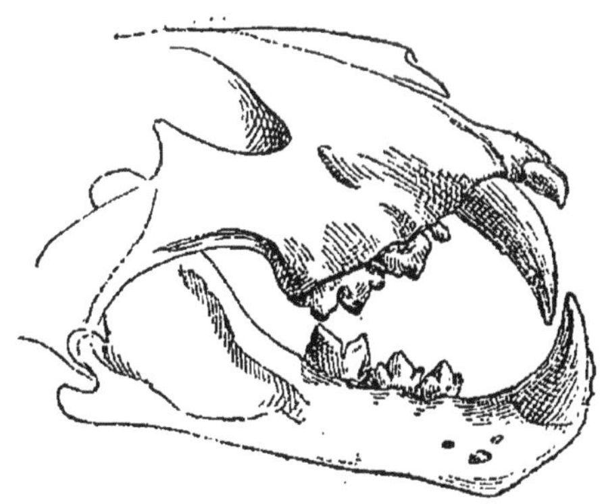

Fig. 36. — Mâchoire de Tigre.

que par conséquent l'existence de dents très nombreuses n'est pas une condition de puissance pour l'appareil buccal. Ainsi chez les grandes Bêtes de proie, telles que les Tigres, les mâchoires sont très courtes, et le Lion, au lieu d'avoir quarante dents comme le supposent quelques poètes, en a moins que l'Homme; il n'a, comme le Tigre, de chaque côté à la mâchoire inférieure que trois molaires et à la mâchoire supérieure que quatre molaires dont la dernière est rudimentaire (fig. 36), tandis que nous avons en haut comme en bas cinq paires de ces dents broyeuses.

Enfin la puissance de l'appareil masticateur est en rapport avec le volume des principaux muscles élévateurs de la mâchoire inférieure, notamment des muscles temporaux, et c'est ainsi que chez l'Homme ces organes sont minces et peu étendus, tandis que chez les Bêtes de proie ils recouvrent presque tout le dessus du crâne et vont même se fixer sur une grande crête médiane dont cette boîte osseuse est surmontée (fig. 26).

INSALIVATION ET APPAREIL SALIVAIRE.

§ 29. Pendant que la division mécanique des aliments solides est effectuée par les moyens dont nous venons de parler, ces substances sont imbibées par les sucs salivaires qui servent, d'une part, à en faciliter la déglutition, d'autre part, à dissoudre ou même à modifier les propriétés chimiques de quelquelques-unes d'entre elles et à déterminer ainsi une sorte de digestion préliminaire.

La salive est fournie en partie par des petites cavités creusées dans l'épaisseur de la tunique muqueuse de la bouche et appelées follicules ou cryptes (fig. 37) ; mais elles proviennent principalement de certains organes sécréteurs qui sont groupés autour de cette cavité vestibulaire, qui sont désignés sous le nom commun de **glandes salivaires** et qui ressemblent

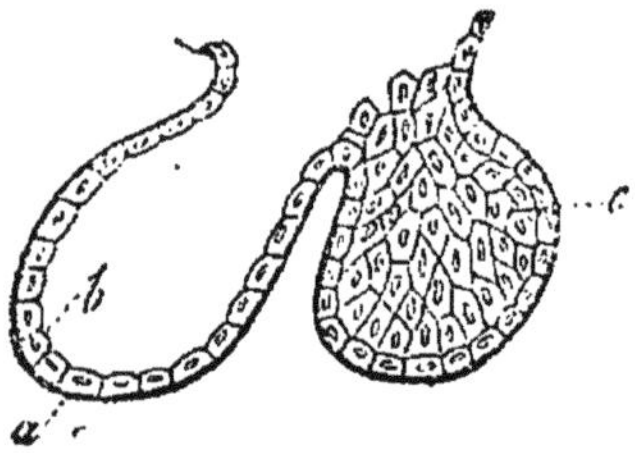

Fig. 37 (*).

(*) Deux cryptes muqueuses très grossies ; *a*, membrane externe ; *b*, épithélium sur une coupe de crypte ; *c*, épithélium vu de face.

par leur structure intime à une grappe de raisin (fig. 38). Chez l'Homme et la plupart des Mammifères il y a trois paires de ces organes sécréteurs savoir : les glandes parotides ; les glandes sous-maxillaires et les glandes sublinguales.

Dans l'espèce humaine les **glandes parotides** sont les plus volumineuses (fig. 39, *a*), elles sont placées au-devant du trou auditif, en arrière de la branche montante de la mâchoire ; le

Fig. 38. — Structure intime d'une glande composée (la parotide).

produit de leur sécrétion est versé dans la bouche par un conduit appelé *canal de Sténon* (fig. 39, *b*), qui s'ouvre à la face interne de la joue vis-à-vis de la deuxième grosse molaire supérieure.

Les **glandes sous-maxillaires** (fig. 39, *d*), moins grosses que les précédentes, sont situées sous le plancher de la bouche en dedans de l'angle de la mâchoire. Leur conduit, appelé *canal de Warthon*, s'ouvre de chaque côté du frein de la langue (fig. 39, *e-f*).

Les **glandes sublinguales** (fig. 39, *g*), moins développées que les précédentes, sont situées également sous le plancher de la bouche, de chaque côté du frein de la langue. Elles donnent naissance à un assez grand nombre de conduits excréteurs ou *conduits de Rivinus* ; l'un d'eux, plus gros que les autres, s'ouvre obliquement dans le canal de Warthon ; les anatomistes désignent ce canal sous le nom de *conduit de Bartholin*.

§ 30. La **salive** est un liquide aqueux et faiblement alcalinisé ; mais ses propriétés varient un peu suivant les sources dont elle provient ; fournie par ces différentes glandes, elle ne jouit pas

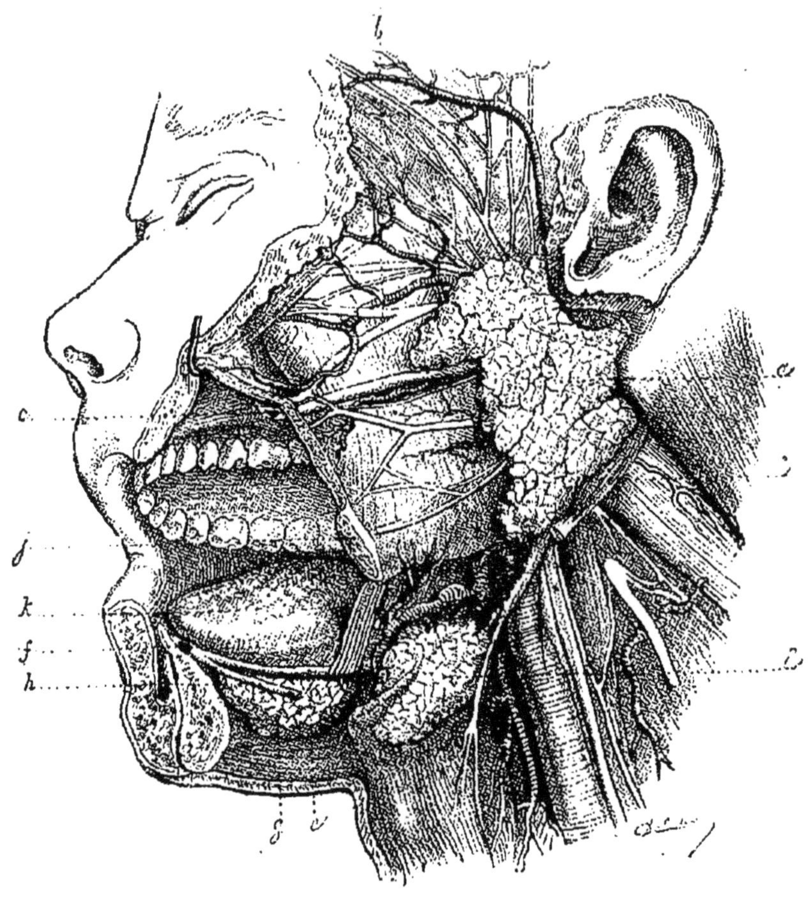

Fig. 39. — Glandes salivaires de l'homme (*).

toujours des mêmes propriétés. Celle des glandes parotides est composée principalement par de l'eau chargée d'un peu de

(*) Figure montrant la disposition et les rapports des glandes salivaires de l'Homme ; *a*, glande parotide ; — *b*, canal de Sténon ; — *c*, son orifice dans la bouche ; — *d*, glande sous-maxillaire ; — *e*, canal de Warthon ; — *f*, orifice de ce canal sur les côtés du frein de la langue ; — *g*, glande sublinguale ; — *h*, l'un de ses conduits, plus gros que les autres, ou conduit de Bartholin ; — *i*, muscle masseter ; — *j*, mâchoire inférieure coupée ; — *k*, langue.

matières salines; celle des sous-maxillaires et des sublinguales est très gluante ; enfin la salive mixte qui résulte du mélange de ces diverses espèces de salive avec les produits fournis par les glandules muqueuses de la bouche contient une substance particulière appelée *Ptyaline* ou *Diastase salivaire*, qui agit chimiquement sur certains aliments.

Le développement des différentes glandes salivaires est en rapport avec le régime des animaux ; chez les Mammifères qui se nourrissent principalement de matières alimentaires sèches, telles que du foin, les parotides sont très grosses parce que la

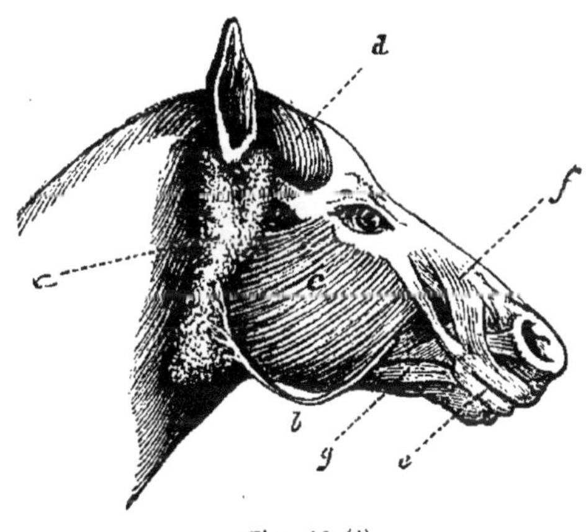

Fig. 40 (*).

salive parotidienne sert essentiellement à humecter les aliments et à en faciliter ainsi la déglutition, mais chez d'autres animaux de la même classe qui vivent d'insectes et s'en emparent en les accolant à leur langue, c'est surtout la salive gluante des glandes sous-maxillaires et sublinguales qui est utile, et par conséquent ces organes ont un grand développement.

§ 31. Comme exemple de Mammifères qui sous ce rapport

(*) Tête de Cheval montrant la glande parotide *a*, avec le canal de Sténon *b*, qui côtoie en dessous le muscle masséter *c*, pour aller s'ouvrir sur le côté de la bouche ; la glande sous-maxillaire, beaucoup plus petite, est cachée par la mâchoire. — *d*, muscle temporal ; — *e*, muscle orbiculaire des lèvres ; — *f*, muscles rétracteurs de la lèvre supérieure ; — *g*, muscle abaisseur et rétracteur de la lèvre inférieure.

diffèrent considérablement entre eux, nous citerons d'une part le Cheval et d'autre part le Fourmilier. Chez le Cheval les parotides sont fort grandes et les glandes sous-maxillaires fort réduites (Voy. fig. 40), tandis que chez le Fourmilier ces derniers organes au lieu d'être, comme chez l'Homme, cachés sous la mâchoire, s'étendent sur tout le devant de la gorge et la partie adjacente de la poitrine (fig. 41). Enfin chez la plupart des mammifères qui vivent complètement dans l'eau l'appareil salivaire tout entier fait défaut; chez les Marsouins et les Baleines, par exemple, on ne trouve ni parotides ni glandes sous-maxillaires, ni glandes sublinguales ; il en est de même

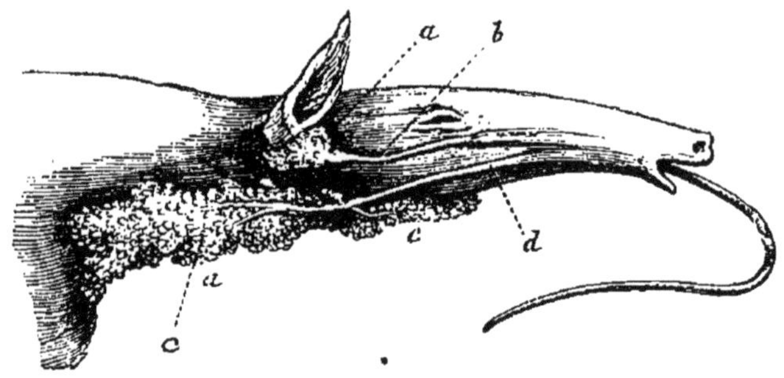

Fig. 41 (*).

chez les Poissons. Ces glandes sont rudimentaires dans la classe des Batraciens et dans celle des Reptiles. Chez quelques-uns de ces animaux cet appareil se complique davantage et est détourné de ses fonctions pour sécréter une matière toxique et constituer les glandes à venin (1).

Chez les mammifères supérieurs la quantité de salive qui arrive dans la bouche est très considérable, surtout pendant le travail masticatoire ; elle imbibe les aliments, en dissout quelques-uns et facilite le glissement des corps durs ou rugueux.

(*) Appareil salivaire et langue du Fourmilier ; — *a*, glande parotide ; — *b*, canal de Sténon ; — *c,c*, glande sous-maxillaire ; — *d*, canal de Warthon.

(1) Voyez 1re partie, page 237.

DÉGLUTITION.

§ 32. Pendant la durée du travail masticatoire la cavité buccale est fermée en arrière par une espèce de rideau vertical appelé **voile du palais** (fig. 42 et 43) qui est attaché au bord postérieur de la voûte palatine et qui peut s'appliquer contre la base de la langue ou se retirer de façon à laisser libre le pas-

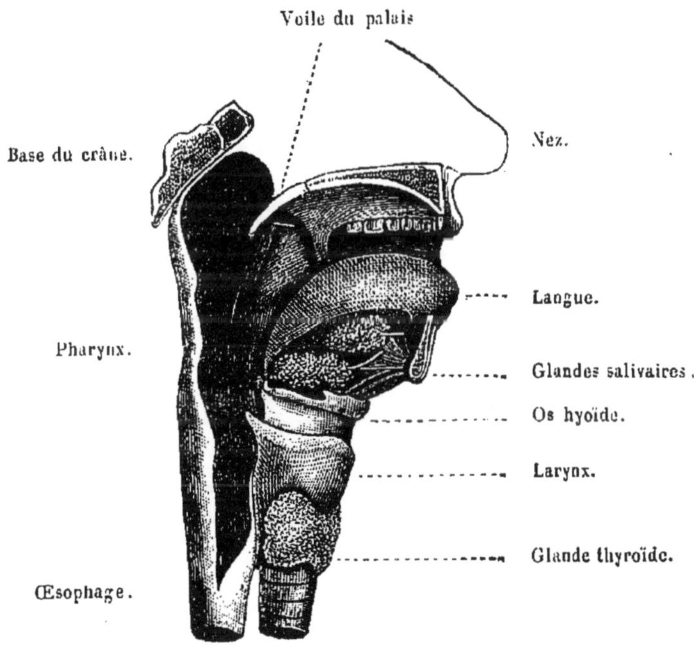

Fig. 42.

sage entre la bouche et le **pharynx** ou arrière-bouche ; on appelle *isthme du gosier* un rétrécissement qui sépare l'une de l'autre ces deux cavités et on y remarque de chaque côté un amas de glandules nommées **amygdales**, qui lubréfient ce détroit de façon à y faciliter le glissement des aliments (fig. 42).

Ceux-ci étant suffisamment divisés et imbibés de salive sont réunis sur le dos de la langue, où ils forment un paquet appelé *bol alimentaire*, et lorsque ce bol poussé par les mouvements de cet organe presse contre le voile du palais, ce rideau s'élève

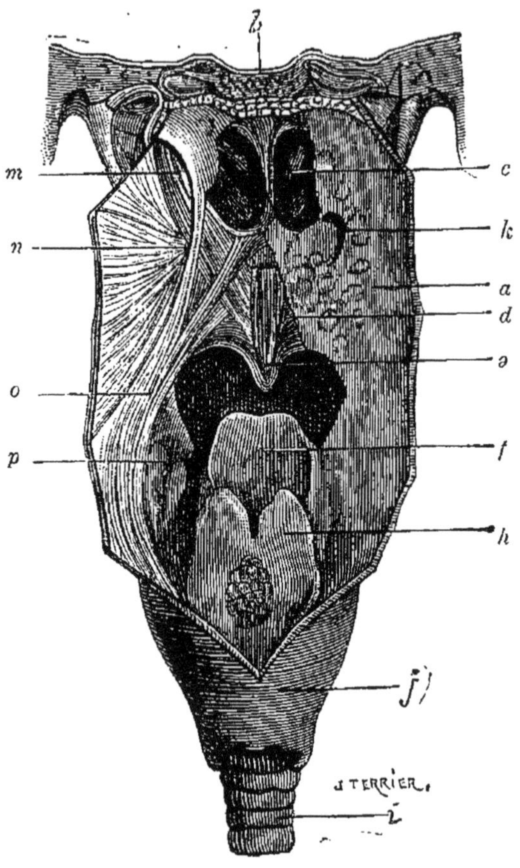

Fig. 43. — Pharynx ouvert par sa face postérieure et vu d'arrière en avant (*).

brusquement en s'inclinant en arrière et la déglutition s'effectue, c'est-à-dire que la petite boule qui doit être introduite dans

(*) *a*, cavité du pharynx dont la tunique muqueuse est en place du côté droit et a été enlevée de l'autre côté pour montrer les muscles du voile du palais, etc. ; — *b*, base du crâne ; — *c*, arrière-narines ; — *d*, voile du palais ; — *e*, la luette, prolongement médian de ce voile ; *f*, épiglotte relevée pour laisser ouverte l'entrée du larynx *h*, qui est situé en avant du pharynx et surmonte la trachée-artère *i*, laquelle conduit aux poumons ; — *j*, œsophage ; — *k*, embouchure de la trompe d'Eustache qui va à l'oreille moyenne ; — *m*, muscles du voile du palais ; — *n*, *o*, muscles constricteurs du pharynx ; — *p*, l'une des amygdales.

l'estomac passe de la bouche dans cet organe en traversant successivement l'arrière-bouche et un long canal appelé **œsophage.**

§ 33. L'arrière-bouche ou **pharynx** communique avec les fosses nasales par les arrière-narines, qui sont situées à sa partie supérieure, et avec la *glotte* (ou entrée du larynx) ainsi qu'avec l'œsophage par sa partie inférieure (fig. 42 et 43). C'est donc une espèce de carrefour où la route suivie par l'air pour passer des arrière-narines à l'entrée du larynx, puis aux poumons, croise la route que doivent suivre les aliments pour aller de la bouche à l'œsophage. Il faut par conséquent que les aliments passent sous les arrière-narines et derrière la glotte sans y entrer, et que ce passage s'effectue très rapidement pour que la respiration ne soit pas interrompue pendant trop longtemps par la présence des substances dans le pharynx. Or ce résultat est obtenu par des mouvements automatiques provoqués par la présence même du bol alimentaire dans cette partie du tube digestif. Le voile du palais en se contractant s'incline vers la face postérieure du pharynx de façon à cacher les arrière-narines, une contraction brusque et involontaire des muscles dont les parois de cette cavité sont garnis oblige en même temps le larynx à s'élever, mouvement par suite duquel la glotte va se placer sous la base de la langue, et une soupape, appelée l'*épiglotte*, s'abaisse de manière à recouvrir l'entrée des voies aérifères. Le pharynx se resserre en même temps au-dessus du bol alimentaire, et pousse celui-ci jusque dans l'œsophage, tube qui fait suite à l'arrière-bouche et qui traverse la chambre thoracique (ou cavité de la poitrine) en passant entre les poumons et derrière le cœur, pour aller aboutir à l'estomac.

DIGESTION STOMACALE.

§ 34. L'**estomac** ainsi que tout le reste de l'appareil digestif est logé dans le ventre ou cavité abdominale (fig. 11 et 44) dont les parois sont revêtues à l'intérieur par une membrane séreuse fine et très lisse appelée *péritoine* qui tapisse aussi les diverses parties constitutives de cet appareil et les tient suspendues à l'aide d'expansions lamelliformes que les anatomistes désignent sous les noms de *mésentères* et d'*épiploons*.

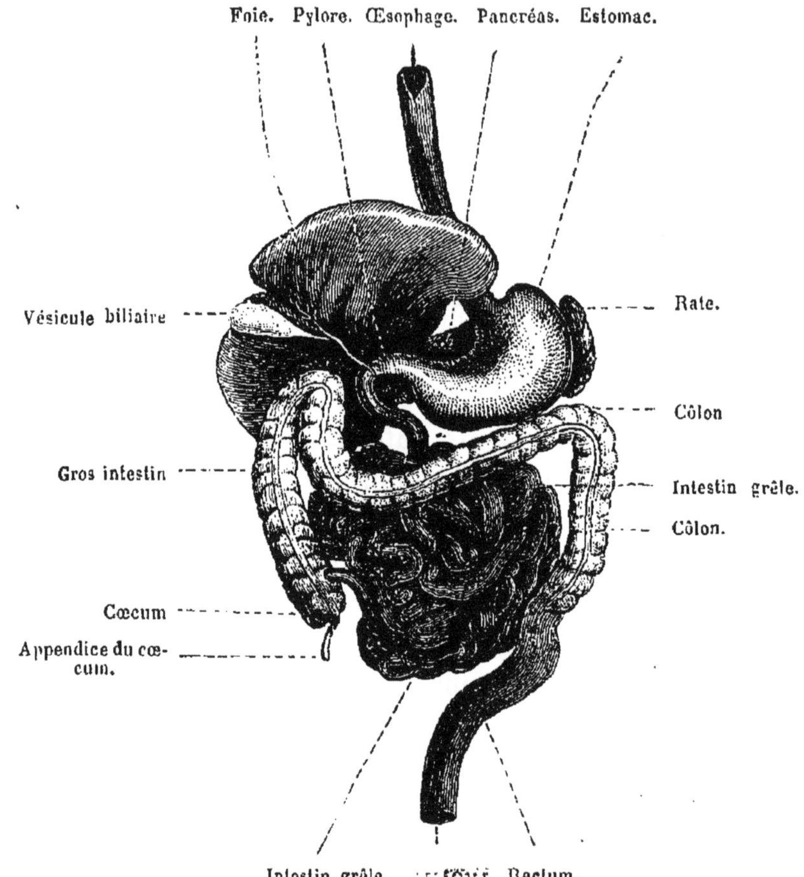

Fig. 44. — Appareil digestif de l'Homme.

Cet organe est une poche constituée par un élargissement du tube digestif, dans lequel les aliments sont emmagasinés pendant un certain temps et soumis à l'action du suc gastrique, liquide particulier qui est l'un des principaux agents à l'aide desquels la digestion s'effectue (fig. 44).

Dans l'espèce humaine de même que chez la plupart des autres Mammifères, ce réservoir est un sac simple ; mais chez quelques-uns de ces animaux, il est divisé, comme nous le verrons, en plusieurs compartiments.

L'orifice par lequel l'œsophage débouche dans l'estomac est appelé *cardia*, et l'orifice opposé par lequel ce dernier organe communique avec l'intestin a été nommé *pylore* parce qu'il reste fermé jusqu'à ce que la digestion soit assez avancée pour que les aliments puissent passer utilement dans la portion suivante du tube digestif, et qu'à raison de ses fonctions il a été comparé à un portier (1).

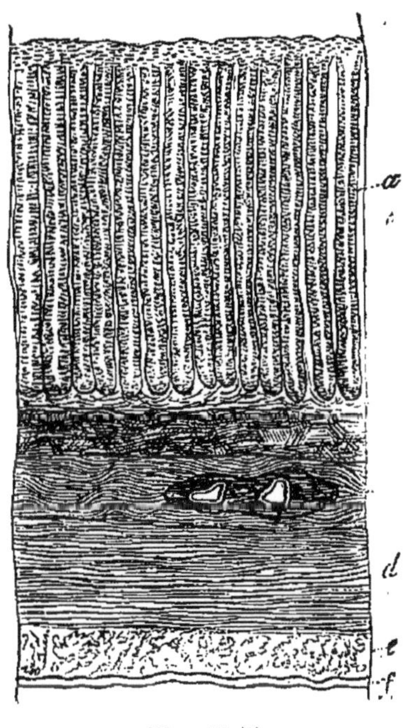

Fig. 45 (*).

Les parois de l'estomac sont minces, cependant elles sont formées de trois tuniques ; une membrane muqueuse les tapisse intérieurement et renferme dans sa substance un grand nombre de petits follicules sécréteurs qui s'ouvrent à sa surface et produisent le suc gastrique (fig. 45) ; une tunique séreuse formée par le péritoine recouvre la précédente et, entre ces deux membranes, se trouve une couche charnue composée de fibres musculaires, dont les plus importantes sont disposées circulairement. Au commencement de la digestion les fibres charnues qui entourent les deux orifices restent contractées de

(*) Coupe des tuniques de l'estomac (grossiss., 30) ; — *a*, glandes de la muqueuse ; — *d*, couche des fibres musculeuses transversales ; — *e*, couche des fibres musculeuses longitudinales ; — *f*, tunique séreuse.

(1) Le mot *Pylore* est tiré du grec et signifie gardien du passage.

façon à empêcher les aliments de remonter dans l'œsophage ou de traverser le pylore, tandis que les fibres des autres parties de la poche stomacale restent en repos ; mais, lorsque ce travail est plus avancé, elles se mettent successivement en action de façon à produire des mouvements comparables à ceux d'un ver qui rampe, et ces mouvements vermiculaires ou *péristaltiques*, en agitant les aliments, facilitent l'action dissolvante exercée sur eux par le suc gastrique. Ce réactif n'agit pas de la même manière sur toutes les substances alimentaires, mais il attaque fortement la viande et la transforme en une matière pulpaire appelée **chyme**. Enfin lorsque la chymification est bien établie, le muscle constricteur ou *sphincter* du pylore se relâche, les mouvements péristaltiques se propagent au delà et poussent peu à peu la pâte chymeuse dans l'intestin où la digestion s'achève.

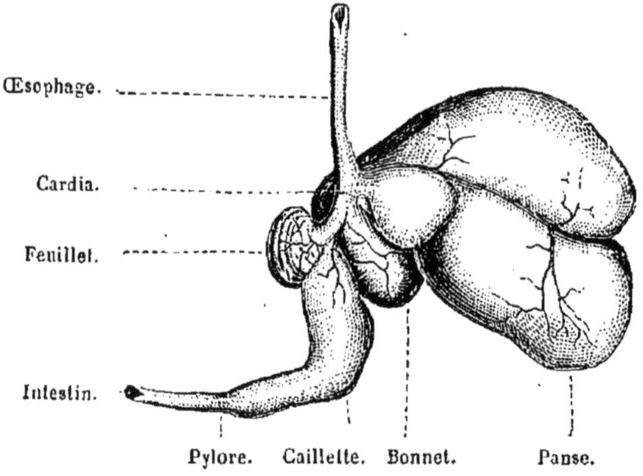

Fig. 46. — Estomac de Ruminant.

§ 35. Chez les Ruminants, l'estomac présente une beaucoup plus grande complication et se divise en quatre poches, désignées sous les noms de *panse*, de *bonnet*, de *feuillet* et de *caillette* (fig. 46 et 47).

La panse offre un très grand développement et sert de magasin pour l'herbe et le fourrage que l'animal vient de manger. Le bonnet communique largement avec la panse; le feuillet se continue avec la caillette. C'est dans ce dernier estomac que se dirigent les aliments que l'animal a ruminés. Les animaux qui présentent ce mode d'organisation commencent par broyer incomplètement les végétaux qu'ils mangent et qui se rendent dans la panse. Au bout de quelques heures, ce réservoir se contracte et force les matières qu'il contient à remonter dans la bouche sous forme de petites pelotes qui sont alors complè-

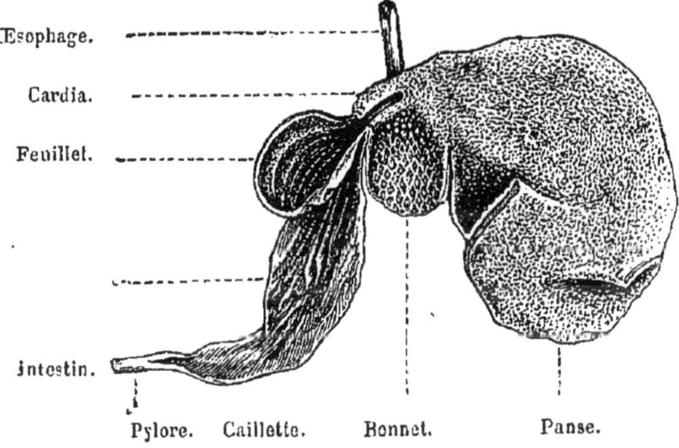

Fig. 47. — Estomac de Ruminant (ouvert).

tement triturées, mêlées à la salive, et descendent dans le feuillet et dans la caillette, sans s'arrêter dans la panse. Ce phénomène est dû au mode de terminaison de l'œsophage; en effet, ce conduit s'ouvre dans l'estomac par une sorte de gouttière qui se prolonge jusqu'au feuillet. Lorsque des matières solides et incomplètement mâchées arrivent dans l'estomac, elles dilatent l'ouverture laissée entre les lèvres de cette gouttière et tombent dans la panse; si elles sont, au contraire, plus liquides et mieux divisées, elles coulent sans écarter ces lèvres et tombent dans le feuillet (fig. 47).

§ 36. D'autres mammifères qui ne ruminent pas ont aussi l'estomac pluriloculaire. Ainsi on observe cette disposition, parmi les Singes; chez les Colobes et les Semnopithèques. Dans le

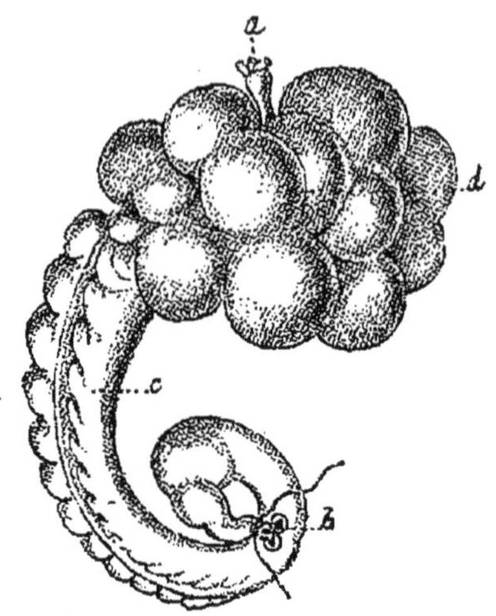

Fig. 48. — Estomac de Semnopithèque (*).

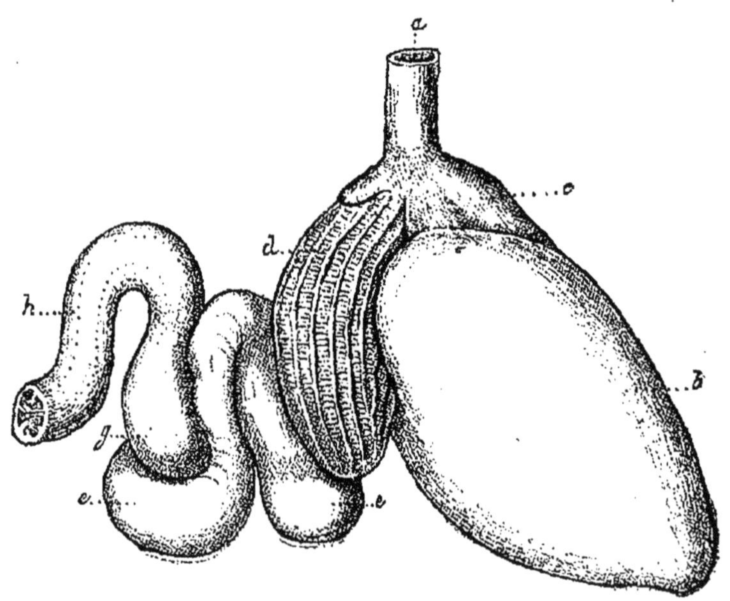

Fig. 49. — Estomac de Marsouin (**).

(*) Estomac de Semnopithèque; — *a*, cardia; — *b*, pylore; — *c*, portion pylorique de l'estomac; — *d*, poches stomacales.

(**) Estomac de Marsouin; — *a*, œsophage; — *b*, poche principale; — *c*, poche cardiaque; — *d*, poche sacculée; — *e*, portion pylorique; — *g*, pylore; — *h*, intestin.

groupe des Cétacés la complication de l'estomac est poussée très loin (fig. 49), et chez certaines espèces on compte dans ce viscère sept poches distinctes.

§ 37. Chez les oiseaux qui ne mâchent pas leurs aliments et

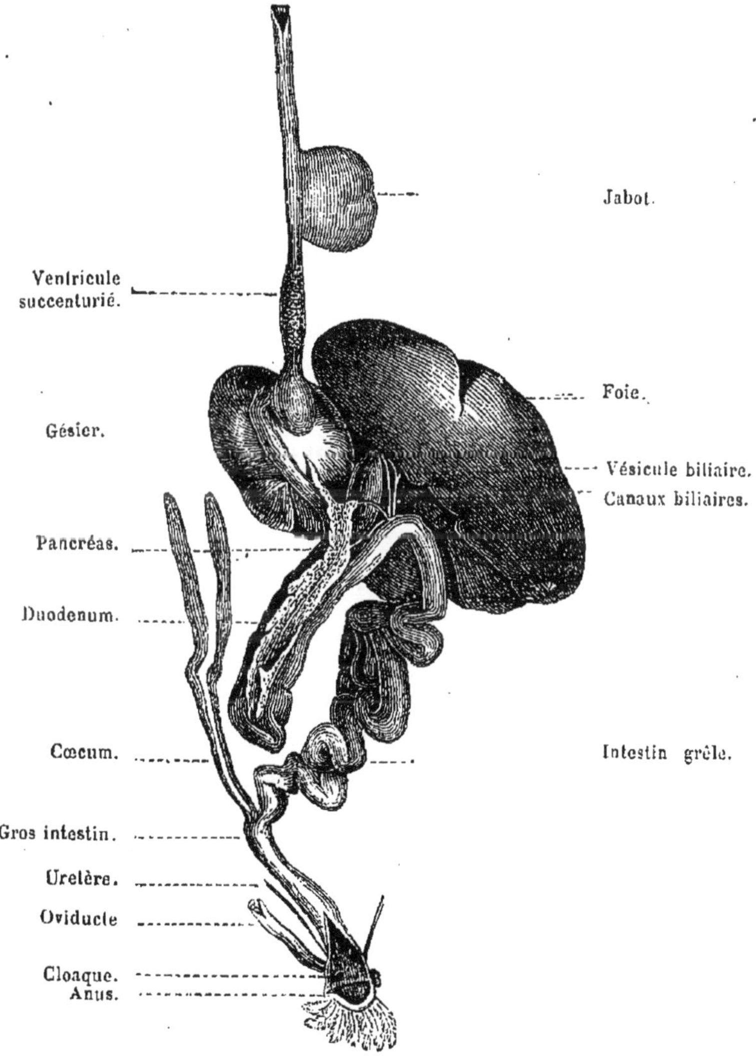

Fig. 50. — Appareil digestif de la Poule.

particulièrement chez ceux qui se nourrissent de substances dures, telles que des graines, l'estomac, au lieu d'être sim le et de n'avoir que des parois minces et membraniformes, se complique davantage et constitue, d'une part, un appareil broyeur d'une grande puissance, d'autre part une poche ou une sorte de récipient pour le suc gastrique, et à cet effet il présente dans sa portion triturante appelée *gésier* des parois charnues très épaisses (fig. 50).

Chez quelques-uns de ces animaux on voit aussi, à la partie inférieure du cou, une poche servant de réservoir aux matières alimentaires et désignée sous le nom de *jabot*.

Un véritable gésier se voit aussi chez quelques Insectes et chez les Crustacés supérieurs, l'Ecrevisse par exemple ; l'estomac est muni d'un appareil triturant très remarquable qui entoure le pylore et qui est constitué principalement par des pièces solides faisant saillie dans l'intérieur de ce viscère, et y jouant le rôle de mâchoires armées de dents. Des muscles variés mettent ces pièces en mouvement et leur permettent de broyer les aliments.

DIGESTION INTESTINALE. — INTESTINS.

§ 38. L'intestin est un long tube contourné maintes fois sur lui-même et formé de deux portions distinctes par leur mode de conformation ainsi que par leurs fonctions, et appelées l'une l'*intestin grêle*, l'autre le *gros intestin*. Sa longueur varie et est en rapport avec le régime des animaux. Chez les mammifères qui se nourrissent de chair il est beaucoup moins développé que chez les omnivores, et c'est chez les herbivores que sa longueur est la plus grande. Ainsi chez le Lion et les autres Félins il n'a que trois ou quatre fois la longueur du corps; chez l'homme il a environ sept fois la longueur du corps, tandis que chez les herbivores il a souvent plus de vingt-huit fois cette longueur, et comme nous le verrons bientôt la raison de ces différences dépend de son rôle dans le travail de la digestion.

§ 39. L'**intestin grêle** est un tube étroit et cylindrique dont les parois ont à peu près la même structure que celle des parois de l'estomac ; mais dont la tunique muqueuse est garnie d'un grand nombre de replis et de petits prolongements appelés *villosités* qui contribuent beaucoup à augmenter sa puissance comme organe absorbant ; de nombreuses glandules existent dans son épaisseur. Les anatomistes désignent par des noms particuliers sa portion antérieure, sa portion moyenne et sa portion postérieure ; la première a reçu le nom de *duodenum*, la se-

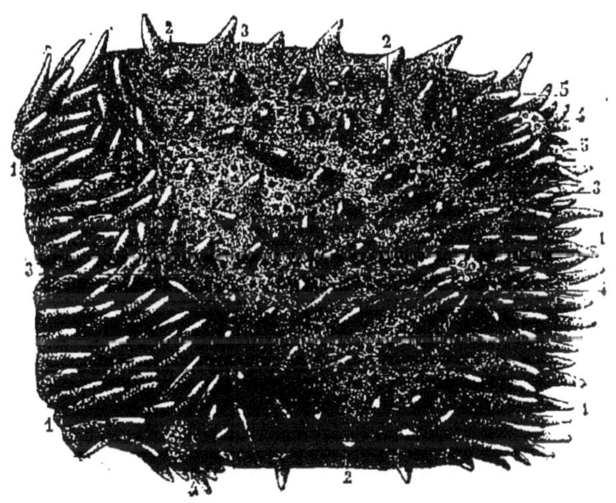

Fig. 51. — Villosités de l'intestin (*).

conde celui de *jéjunum* et la troisième celui d'*iléon* ; mais ces distinctions n'ont que peu d'importance ; enfin c'est dans son intérieur que débouchent l'appareil sécréteur de la bile et les conduits excréteurs d'une autre glande appelée le *pancréas* (fig. 55).

§ 40. **Le gros intestin**, qui fait suite à l'intestin grêle, présente un aspect très différent ; il est boursouflé d'espace en espace et ce mode de conformation dépend de ce que sa tunique musculaire, au lieu d'être d'une épaisseur uniforme

(*) 1 et 2, villosités de la membrane muqueuse intestinale ; — 3, orifices des glandes ; — 4 et 5, follicules clos. (Cette figure est très grossie.)

comme dans l'intestin grêle, s'affaiblit beaucoup et disparaît presque sur beaucoup de points et ne constitue que des bandes étroites qui séparent entre eux les renflements formés par les parties intermédiaires des autres tuniques. On y distingue trois parties appelées : le *cæcum*, le *côlon* et le *rectum* (fig. 44).

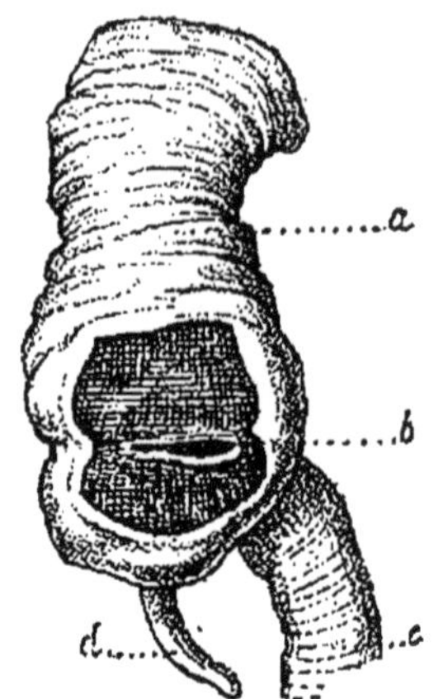

Fig. 52. — Valvule iléo-cæcale (*).

Il est séparé de l'intestin grêle par un sphincter appelé *valvule iléo-cæcale* qui s'oppose au retour des matières venues de l'intestin grêle (fig. 52), et il sert principalement à l'emmagasinage temporaire de ces matières constituées essentiellement par les résidus du travail digestif destinés à être évacués au dehors par l'orifice anal.

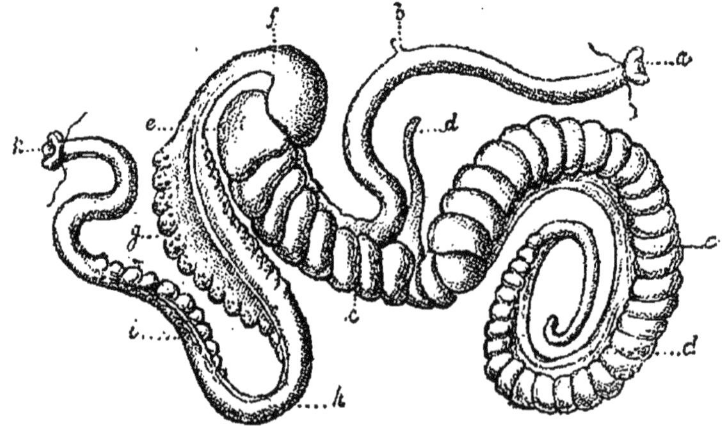

Fig. 53. — Cæcum de Rongeur (*).

Le cæcum est remarquable par l'existence d'un appendice étroit en forme de cul-de-sac, désigné sous le nom d'appendice

(*) *a*, gros intestin ; — *b*, valvule iléo-cæcale ; — *c*, intestin grêle ; — *d*, appendice cæcal ou appendice vermiforme du cæcum.

(**) Réservoirs intestinaux d'un Rongeur ; — *a*, intestin grêle ; — *c*, *d*, cæcum — *e*, *f*, *g*, dilatations successives du côlon, qui en *k* devient intestiniforme.

cœcal, qui s'ouvre dans cette partie du gros intestin. Chez les animaux herbivores, le cœcum forme souvent une énorme poche servant de réservoir pour les matières alimentaires ; beaucoup de Rongeurs présentent cette disposition (fig. 53).

C'est dans l'intestin grêle que le travail digestif s'achève et que la majeure partie des produits nutritifs ainsi obtenus est absorbée. L'un de ces produits est un liquide blanchâtre appelé *chyme*, et à raison de cette circonstance les anciens physiologistes, qui ne s'étaient pas bien rendu compte de ce phénomène, ont désigné sous le nom de *chymification* l'ensemble des opérations effectuées dans cette partie de l'appareil digestif ; mais aujourd'hui cette expression est peu employée.

GLANDES ANNEXES DE L'INTESTIN.

§ 41. La digestion intestinale, comme nous le verrons bientôt, est déterminée par l'action exercée sur le chyme par les liquides que cette substance pultacée rencontre dans l'intestin grêle, et ces liquides sont principalement la bile, le suc pancréatique et des humeurs fournies par les follicules, les cryptes et d'autres petites cavités sécrétoires logées dans l'épaisseur de la tunique muqueuse de cette portion du tube digestif et désignées sous les noms de Glandes de Brunner, de Payer et de Lieberkhun.

La **bile** est un liquide alcalin très amer et de couleur jaune verdâtre qui est produit par le **foie**, glande très volumineuse, d'un brun rouge, située du côté droit près de l'estomac, à la partie supérieure de la cavité abdominale (fig. 11). Cet organe reçoit beaucoup de sang et se compose d'une multitude de petits organites qui ont la propriété de séparer de ce fluide nourricier les différentes matières constitutives de la bile et donnent chacun naissance à un canal excréteur servant à l'évacuation de leurs produits. Ces tubes se réunissent successivement entre eux, comme les racines d'une plante, et finissent par constituer un conduit évacuateur nommé *canal biliaire* qui se dirige vers le duodénum, mais qui chez la plupart des

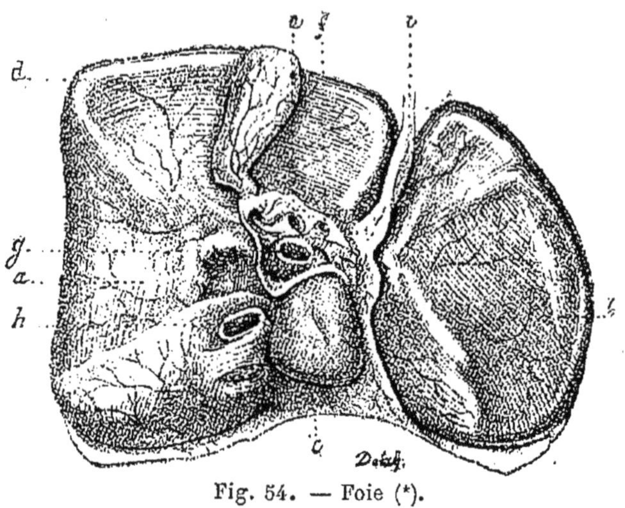

Fig. 54. — Foie (*).

Mammifères, avant d'y arriver, s'unit au col d'un sac suspen-

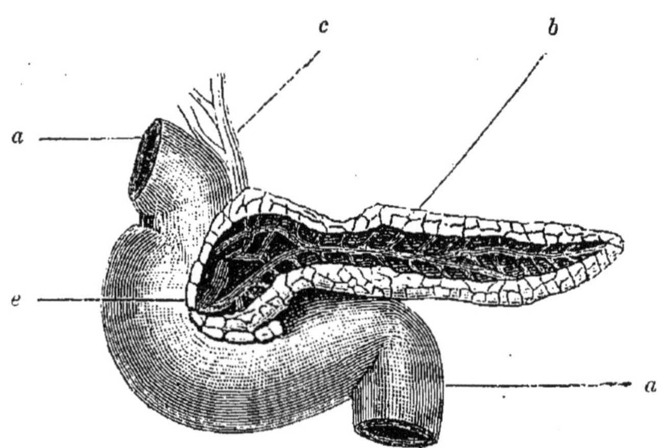

Fig. 55. — Pancréas (**).

du sous le foie et appelé *vésicule du fiel* (fig. 54, *d*). Ce sac sert

(*) Foie vu par sa face inférieure ; — *a*, lobe droit ou grand lobe ; — *b*, lobe gauche ou lobe moyen ; — *c*, petit lobe ou lobe de Spiegel ; — *d*, vésicule biliaire ; — *e*, canal cholédoque coupé ; — *f*, artère hépatique à son entrée dans le foie ; — *g*, veine-porte ; — *h*, veine-cave inférieure ; — *i*, ligament suspenseur du foie.

(**) *a*, duodénum ; — *b*, pancréas fendu pour montrer son canal excréteur et la portion terminale du canal cholédoque *c*, qui débouchent à côté l'un de l'autre (*e*).

de réservoir pour la bile qui y reflue, et le conduit qui en part et qui a reçu le nom de *canal cystique* s'unit bientôt au canal biliaire pour constituer avec celui-ci un tronc terminal appelé *canal cholédoque*, lequel va déboucher dans l'intestin grêle à peu de distance du pylore. Il est aussi à noter qu'en général le foie est divisé en deux ou en plusieurs lobes (fig. 54) ; que sa forme varie considérablement chez les divers mammifères, mais que ses caractères généraux sont à peu près les mêmes chez tous les Vertébrés.

Le **pancréas** ressemble beaucoup aux glandes salivaires, tant par sa structure que par ses fonctions. Il est situé derrière l'estomac, près de la colonne vertébrale, et il communique avec le duodénum au moyen d'un petit conduit appelé *le canal de Wirsung* (fig. 55). Le liquide que cette glande sécrète est aqueux et alcalin. Cet organe est peu développé dans la classe des Poissons et manque chez la plupart des Invertébrés.

TUBE DIGESTIF DES INVERTÉBRÉS.

§ 42. Le tube intestinal des articulés est en général court souvent même il s'étend en ligne droite du pylore à l'anus. L'appareil biliaire varie beaucoup dans sa forme. Chez les Crustacés, tels que l'Écrevisse et les Crabes, le foie est très volumineux et constitué par un grand nombre de petits sacs en forme de doigts de gant, communiquant avec l'intestin par l'intermédiaire d'une paire de canaux excréteurs ramifiés (fig. 56).

Chez les Insectes ces glandes sont remplacées par des tubes très allongés servant à la fois à la production des matières biliaires et des matières urinaires, débouchant dans l'intestin grêle et désignées sous le nom de *tubes de Malpighi* ou de *vaisseaux biliaires*. Tantôt ils sont simples et en très petit nombre, tantôt ils sont plus nombreux, quelquefois même ils sont groupés en une sorte de houppe sur un canal excréteur commun. Dans la plupart des cas cette extrémité au lieu d'être libre est accolée aux parois de l'intestin de manière à simuler une anse. Les pièces de la bouche de ces animaux sont de forme très variée et nous en avons déjà indiqué la disposition (1).

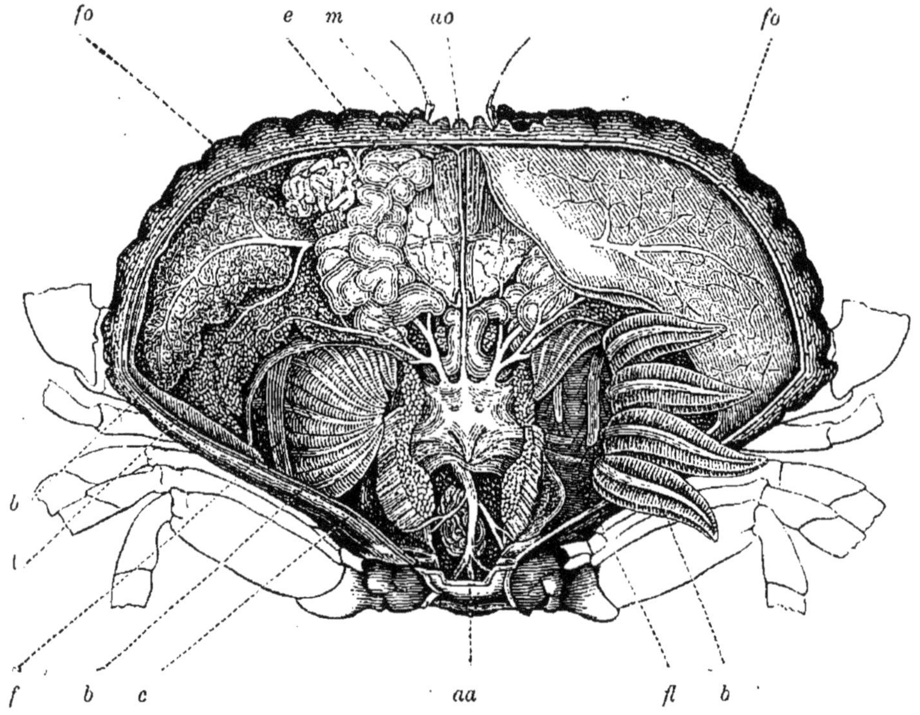

Fig. 56. — Anatomie d'un Crabe tourteau (*).

Chez les Mollusques le foie est en général très volumineux et d'une structure peu compliquée (2). Les canaux biliaires

(*) La majeure partie de la carapace a été enlevée : — *t*, portion de la membrane cutanée qui tapisse la carapace ; — *c*, cœur ; — *ao*, artère ophthalmique ; — *aa*, artère abdominale ; — *b*, branchies dans leur position naturelle ; — *b'*, branchies renversées en dehors pour montrer leurs vaisseaux afférents ; — *fl*, voûte des flancs ; — *f*, appendice flabelliforme (ou *epignathe*) des pattes-mâchoires ; — *e*, estomac ; — *m*, muscles de l'estomac ; — *fo*, foie.

(1) Voyez 1re partie, page 270.
(2) Voyez 1re partie, fig. 460, *f*.

sont parfois très larges et reçoivent dans leur intérieur les matières alimentaires non digérées, de façon à constituer une

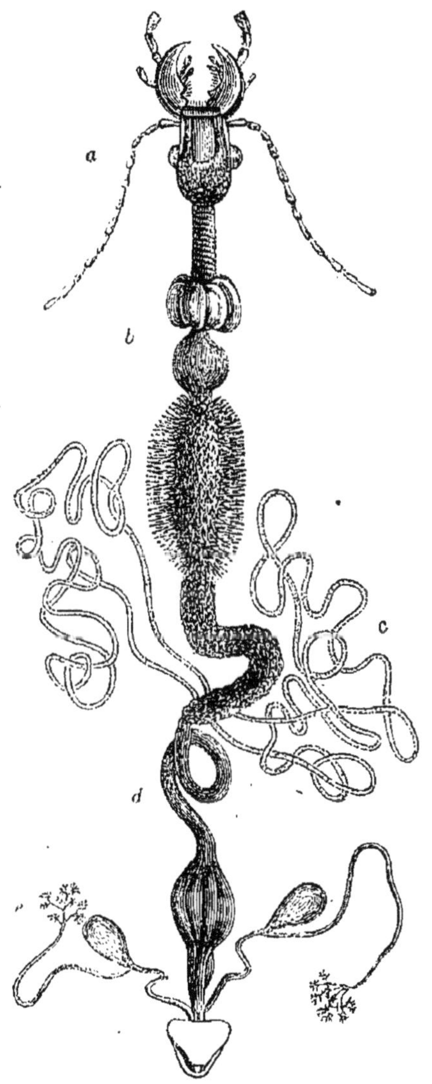

Fig. 57. — Appareil digestif d'un Insecte (*).

sorte d'arbre appelé *système gastro-vasculaire*. Cette disposition

(*) *a*, tête portant les antennes, les mandibules, etc. ; — *b*, jabot et gésier suivis du ventricule chylifique ; — *c*, vaisseaux biliaires ; — *d*, intestin ; — *e*, organes sécréteurs ; — *f*, anus.

est très remarquable chez les Eolides (1). Dans quelques-uns des groupes des Crustacés et des Arachnides il existe des cœcums analogues qui se prolongent jusque dans les pattes. Je rappellerai que chez les Sangsues il existe de chaque côté du tube digestif une série de poches servant de réservoir pour le sang dont ces animaux se nourrissent (2).

§ 43. L'appareil digestif peut être beaucoup plus simple et n'être constitué que par un sac s'ouvrant pour recevoir les aliments, se fermant pendant la digestion et se rouvrant pour l'élimination du résidu que les sucs digestifs n'ont pu attaquer.

Fig. 58. — Hydre d'eau douce.

Chez les êtres les plus inférieurs nous trouvons ce mode d'organisation. Chez la plupart des Polypes radiaires (Zoophytes), le tube digestif ne se compose que d'une cavité occupant presque tout le corps de l'animal, se terminant en cul-de-sac et ne communiquant avec l'extérieur que par un seul orifice remplissant tour à tour les fonctions d'une bouche et d'un anus. Un des exemples les plus curieux de cette disposition est fourni par les hydres d'eau douce, ou polypes à bras.

Chez les hydres, on voit à la partie antérieure du corps une ouverture entourée d'un certain nombre de bras que l'animal agite sans cesse pour saisir au passage les corpuscules qui flottent autour de lui et qui peuvent servir à sa nourriture. Cette ouverture *c* débouche dans une vaste cavité en forme de sac, dans lequel s'effectue le travail digestif (fig. 58). Tremblay a vu

(1) Voyez 1re partie, fig. 458.
(2) Voyez 1re partie, page 271 et suiv.

que si l'on retourne ces petits êtres comme un doigt de gant, de sorte que la surface digestive devienne extérieure, et que ce qui était primitivement la peau forme les parois de la cavité stomacale, l'animal ne meurt pas et que la digestion continue à s'effectuer avec autant de facilité qu'auparavant. Cette expérience curieuse prouve que chez ces êtres inférieurs toutes les parties de l'organisme jouissent des mêmes propriétés digestives et que les fonctions ne sont pas encore localisées dans des appareils spéciaux.

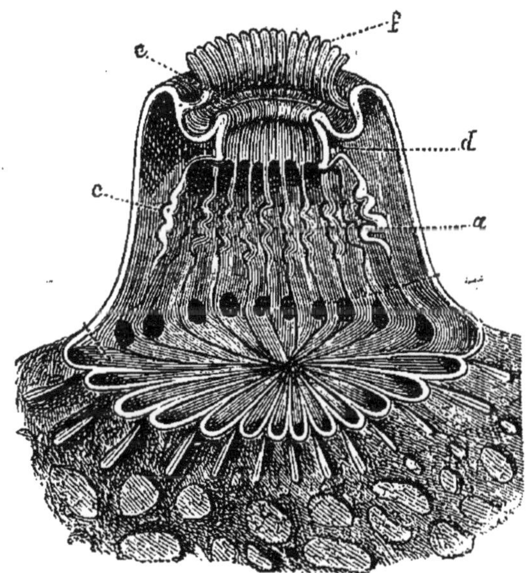

Fig. 59. — Coupe d'un Coralliaire (*).

Chez les Acalèphes ou Méduses, la poche stomacale se complique par l'adjonction de loges ou de canaux trop étroits pour livrer passage aux aliments, et dans lesquels les matières élaborées peuvent seules pénétrer ; il y a dans ce cas une sorte de circulation des principes devenus absorbables. Mais ici encore

(*) Un Coralliaire, la *Gerardia* coupée longitudinalement et montrant : *f* les tentacules ; — *e*, la bouche ; — *d*, la portion vestibulaire de la cavité digestive ; — *a*, *c*, l'estomac et se

il n'existe qu'une seule ouverture pour l'introduction et la sortie des matières.

Chez d'autres zoophytes, tels que le Corail et les espèces du même groupe, la portion stomacale tend à se séparer de plus en plus de la portion irrigatoire du système digestif; en effet, le sac destiné à recevoir les aliments est étranglé vers sa partie médiane, et au moyen de la contraction de fibres musculaires, peut même se fermer complètement (fig. 59), de façon que c'est dans cette première cavité que s'effectue la digestion et que la seconde ne sert qu'à recevoir les produits élaborés. Les parois de cette première cavité présentent de petites glandules destinées à sécréter un suc digestif.

Enfin, sans quitter l'embranchement des Zoophytes, nous trouvons un perfectionnement de plus. Il consiste dans l'adjonction d'un orifice servant à l'expulsion du résidu qui n'a pu être utilisé dans la digestion. C'est ainsi que chez les Oursins, ou châtaignes de mer, si communs sur nos côtes, l'appareil digestif peut prendre le nom de tube, car il traverse le corps de l'animal.

PHÉNOMÈNES CHIMIQUES DE LA DIGESTION, ALIMENTS, LEURS TRANSFORMATIONS.

§ 44. Les actions mécaniques dont nous venons de rendre compte contribuent à faciliter la digestion ; mais ne suffisent pas pour l'effectuer, et elle dépend essentiellement de l'action chimique exercée sur les aliments par les divers sucs que ces substances rencontrent dans le tube digestif. Les matières alimentaires de nature minérale, telles que l'eau, le sel de cuisine ou chlorure de sodium, peuvent être absorbées directement ou après avoir été simplement dissous par la salive ou autres liquides aqueux ; pour servir à la nutrition elles n'ont pas besoin d'être digérées ; mais les aliments organiques, pour être utilisables de la sorte, doivent subir préalablement certains changements qui d'ordinaire ne consistent pas seulement en leur transformation de l'état solide à l'état liquide, mais aussi en certaines modifications chimiques, et les agents au moyen desquels ces résultats sont produits varient suivant la nature des matières qui doivent être digérées.

Considérés sous le rapport de leur digestibilité, les aliments doivent être classés en trois groupes, savoir :

1° Les *matières azotées neutres*, qui consistent principalement en albumine ou en fibrine ou en d'autres principes immédiats analogues et qui sont fournies principalement par la chair des animaux ;

2° Les *matières amylacées*, telles que la fécule qui est formée par les végétaux ;

3° Les *matières grasses*, telles que les huiles, le beurre et la graisse des animaux.

Or les premiers sont digérés presque uniquement par le suc gastrique ; les seconds par le suc pancréatique et par la salive ; les troisièmes par la bile et le suc pancréatique. Les sucs intestinaux ne sont pas sans action sur ces divers aliments, mais leur rôle chimique est peu important.

§ 45. Réaumur, naturaliste français du commencement du XVIIIe siècle, et l'abbé Spallanzani, célèbre physiologiste de Modène, firent connaître les premiers l'action du suc gastrique. Avant eux on croyait que les aliments étaient simplement broyés dans l'estomac. Réaumur démontra que de la viande renfermée dans de petits tubes rigides percés de trous était aussi bien digérée que dans les circonstances ordinaires. Spallanzani fit plus : à l'aide de petites éponges, attachées à un fil et qu'il fit avaler à des oiseaux, il alla puiser du suc gastrique dans l'estomac. Il put ensuite, à l'aide de ce liquide et en dehors du corps de l'animal, faire des *digestions artificielles* de viande.

L'action dissolvante du suc gastrique est due à un principe particulier nommé *pepsine*, qui, combiné à un acide tel que l'acide chlorhydrique ou l'acide lactique, jouit de la propriété de dissoudre l'albumine, la fibrine, le caséum, le gluten et les autres matières azotées, et de transformer ces matières en des produits particuliers que les physiologistes appellent des *peptones*. C'est dans l'estomac que les aliments sont soumis à l'action de la pepsine, et c'est par suite de la désagrégation des parties constitutives des tissus d'origine animale, tels que la viande, ainsi effectuée, que ces substances solides sont transformées en chyme. Mais le suc gastrique n'attaque ni les aliments féculents ni les corps gras.

§ 46. La digestion des aliments amylacés, substances fournies presque exclusivement par les plantes, peut être effectuée par la salive ainsi que par le suc pancréatique, et elle a pour résultat la transformation de la fécule (qui est insoluble) en dextrine et de la dextrine en glucose, espèce de sucre qui, de même que la dextrine, est soluble dans l'eau et par conséquent facilement absorbable. Elle peut commencer dans la bouche : pour s'assurer de ce fait il suffit de mâcher pendant quelque temps de l'amidon ou du pain azyme, qui acquiert ainsi un goût sucré dû à la production d'un peu de glucose ; mais elle a lieu principalement dans l'intestin grêle, sous l'influence du suc pancréatique et par conséquent c'est presque exclusivement dans cette portion du tube alimentaire que s'opère la digestion des matières végétales ; cela nous explique en partie l'utilité du grand développement de l'intestin chez les herbivores.

§ 47. On croyait anciennement que la digestion des matières grasses était due exclusivement à la bile : liquide qui en effet est apte à dissoudre divers corps gras (1) : mais depuis, on a vu que l'on pouvait, dans certains cas, oblitérer le canal cholédoque et empêcher la bile d'arriver dans l'intestin, sans pour cela entraver la digestion des graisses. Cl. Bernard découvrit que

(1) C'est de la sorte que la bile, ou fiel, a été employée pour enlever les taches de graisse ; ce liquide alcalin agit à la façon d'un savon soluble et doit ses propriétés non seulement à la soude qu'il contient, mais aussi à certains acides organiques qui s'y trouvent en combinaison avec cet alcali.

le suc pancréatique jouit de la propriété d'émulsionner les matières grasses, c'est-à-dire de les diviser en particules d'une ténuité extrême, et de les dédoubler en acides gras et en glycérine ; il vit que l'absorption des graisses se fait dans l'intestin à partir du point où le canal de Wirsung y verse le suc pancréatique, et que si l'on détruit le pancréas, les animaux ne tardent pas à mourir dans un état d'amaigrissement extrême.

La digestion des matières grasses est donc due à l'action de la bile aussi bien qu'à celle du suc pancréatique. Le premier de ces liquides non seulement peut en dissoudre une certaine proportion, mais encore, en mouillant les parois de l'intestin, il permet aux matières huileuses de les traverser plus facilement.

Le *suc intestinal*, c'est-à-dire celui que sécrètent les follicules contenus dans les parois de l'intestin grêle, agit aussi dans le travail digestif ; il vient en aide au suc gastrique et dissout les matières azotées qui ont échappé à l'action de ce dernier liquide.

Les produits solubles du travail digestif sont absorbés par la tunique muqueuse de l'estomac et de l'intestin, pour être introduits dans le sang. C'est principalement dans l'intestin grêle que cette absorption a lieu, et nous en étudierons bientôt le mécanisme.

Les matières qui ont échappé à l'action des sucs digestifs se réunissent dans la partie terminale du gros intestin appelée *rectum* (fig. 44) et sont expulsées par l'ouverture anale. Chez les Monotrêmes et les Oiseaux l'intestin ne débouche pas directement au dehors, il s'ouvre à côté des canaux urinifères et reproducteurs dans une cavité ou vestibule commun nommé le *cloaque*.

IRRIGATION PHYSIOLOGIQUE.

§ 48. Le travail nutritif qui est nécessaire à l'entretien de la vie s'effectue dans toutes les parties de l'organisme et les matières qui doivent y être employées ne peuvent y arriver que si elles sont à l'état fluide ou tout au moins très divisées et tenues en suspension dans un liquide.

Chez l'homme et chez presque tous les animaux un liquide spécial sert de la sorte au développement de l'activité physiologique, et ce liquide est le **sang**. En ce moment nous ne nous occuperons pas de son étude chez les animaux invertébrés ; nous ne prendrons en considération que le sang des Vertébrés et plus particulièrement le sang de l'homme ou des Mammifères.

SANG, GLOBULES, COAGULATION, ETC.

§ 49. Chez tous ces animaux le sang est d'un rouge intense (1) et il doit cette couleur à la présence d'une multitude de corpuscules solides qui s'y trouvent en suspension et qui sont désignés sous les noms de **hématies** ou de **globules rouges**.

Ces corpuscules microscopiques sont autant d'organismes vivants, dont la forme et les dimensions sont bien déterminées pour chaque espèce zoologique ; chez l'homme et chez presque tous les Mammifères ce sont de petits disques circulaires concaves sur l'une et l'autre face et ne dépassant guère en diamètre la 130e partie d'un millimètre (fig. 60). Chez l'Homme ils ont environ $\frac{1}{125}$ de millimètre, et chez quelques Quadrupèdes tels que les Chèvres et les Chevrotains ils sont beaucoup plus petits ; chez les Vertébrés inférieurs ils sont au contraire beaucoup plus grands, surtout chez les Batraciens ; ainsi chez la Grenouille ils ont 1/45e de millimètre, chez le Triton ou

(1) On rattache au type vertébré un animal marin nommé *Amphioxus*, dont le sang, comme celui de presque tous les invertébrés, est à peu près incolore ; mais cet animal n'est pas un véritable vertébré. On appelle communément animaux à sang blanc, les Invertébrés dont le sang au lieu d'être rouge est légèrement jaunâtre ou faiblement teinté soit en rouge, soit en vert, soit en violet, soit de quelque autre couleur.

Salamandre aquatique leur grand diamètre égale 1/28e de millimètre, et chez la Sirène lacertine ils mesurent 1/16e de millimètre, de façon à être presque visibles à l'œil nu.

Les globules d'un petit nombre de Mammifères (des Chameaux et des Lamas), ainsi que ceux des Oiseaux (fig. 61), des Reptiles (fig. 62), des Batraciens et des Poissons (fig. 63), au lieu d'être circulaires comme chez l'Homme et les Mammifères, sont de forme ovalaire, et chez tous les Vertébrés des quatre classes inférieures, au lieu d'être biconcaves ces

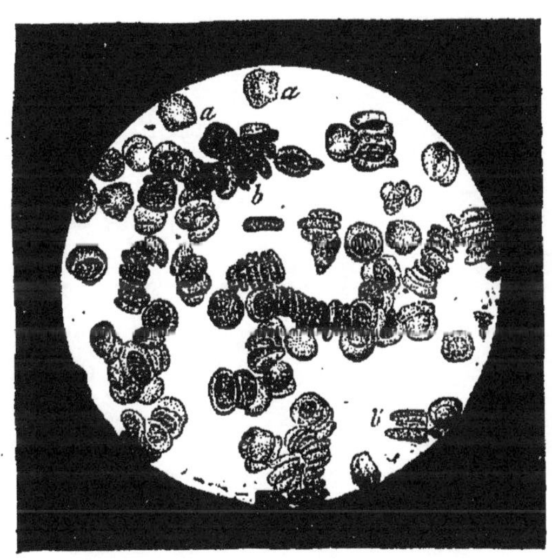

Fig. 60. — Globules du sang de l'Homme, très grossis (*).

hématies sont renflées au centre par suite de l'existence d'un noyau central (fig. 61 à 63) qui ne se trouve pas chez les Mammifères, à moins que ceux-ci ne soient encore à l'état d'embryon.

La structure interne de ces corpuscules est très difficile à étudier à cause de leur petitesse ; quelques observateurs pensent que dans l'espèce humaine ils ne sont pas délimités par

(*) *a*, Globules plasmiques ; — *b*, hématies.

une membrane; mais chez beaucoup d'animaux on a pu constater que ce sont autant d'utricules, ou cellules à parois membraniformes renfermant une substance molle ou rougeâtre avec ou sans noyau central plus solide, et probablement il en est toujours ainsi. Du reste les hématies sont très faciles à altérer; en présence de l'eau elles se gonflent beaucoup; elles se racornissent lorsque le liquide ambiant est fortement chargé de matières salines. Leur nombre est immense: ainsi

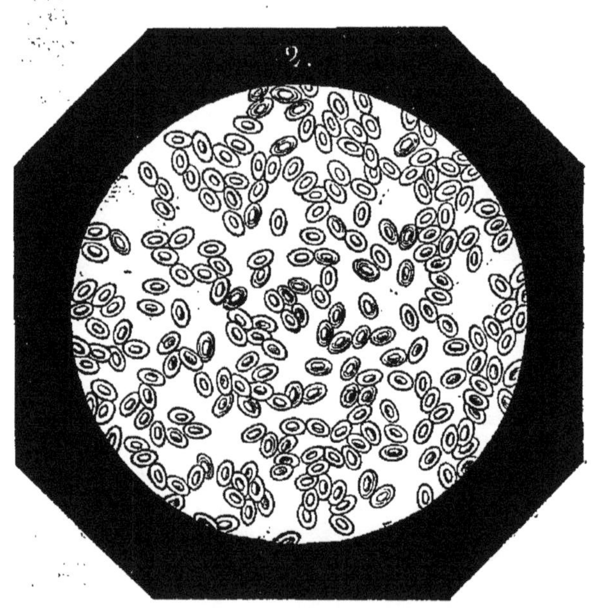

Fig. 61. — Globules du sang des Oiseaux.

on évalue à plus de cinq millions celles qui se trouvent dans un centimètre cube de sang humain.

§ 50. Le microscope permet aussi de distinguer dans le sang de tous les Vertébrés d'autres corpuscules qui sont incolores et de forme presque sphérique. Les uns, appelés **globulins** ou **hématoblastes**, sont d'une petitesse extrême, et il y a quelque raison de croire que ce sont des hématies à l'état de germe. Les autres, plus gros que les globules et d'un aspect granuleux,

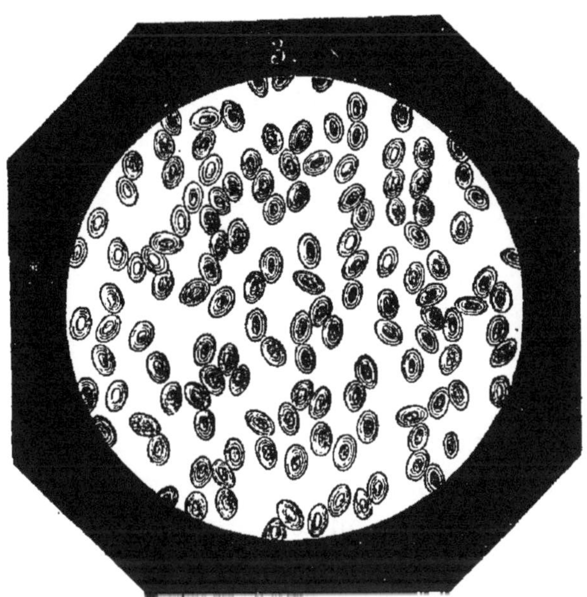

Fig. 62. — Globules du sang des Reptiles.

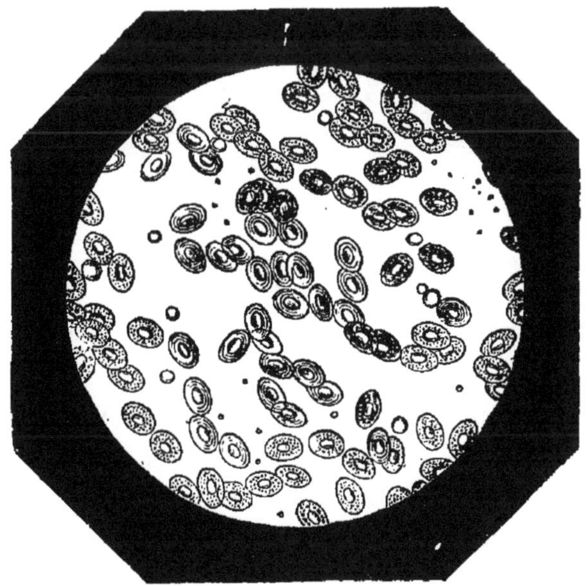

Fig. 63. — Globules du sang des Poissons.

sont désignés sous les noms de **globules blancs**, de *globules plasmiques* ou de *leucocystes* (fig. 64). Dans l'état normal ils sont peu nombreux; mais dans certains états maladifs ils deviennent extrêmement abondants.

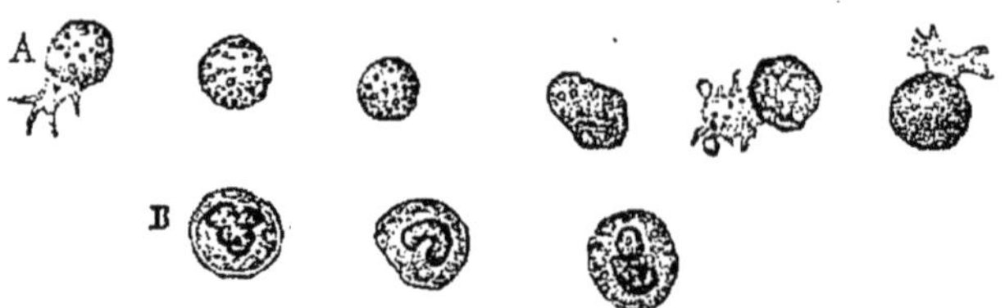

Fig. 64. — Globules blancs (*).

Chez les animaux invertébrés le sang ne contient pas d'hématies, et en général il est à peu près incolore. Il ne consiste qu'en un liquide jaunâtre ou verdâtre, quelquefois rougeâtre,

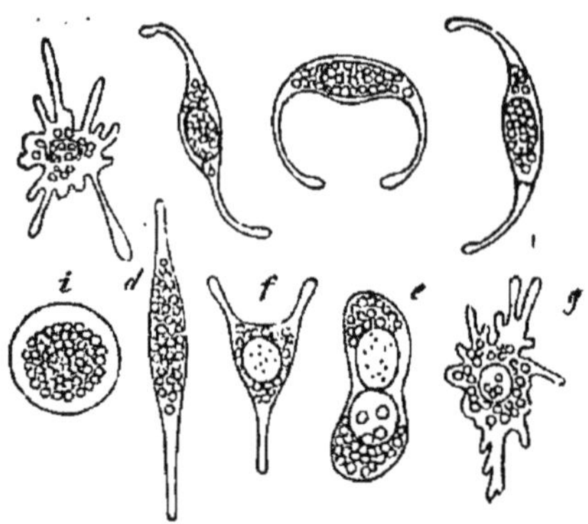

Fig. 65. — Corpuscules sanguins de l'Écrevisse.

tenant en suspension des corpuscules de forme très variable (fig. 65).

§ 51. Le sang de l'Homme et des autres Vertébrés doit sa couleur rouge et son opacité aux hématies, et le liquide dans lequel ces corpuscules flottent librement est jaunâtre. Dans l'intérieur du corps vivant, ce liquide nourricier conserve sa

(*) Globules blancs émettant des prolongements rétractés et immobiles ; — B, globules traités par l'acide acétique.

fluidité, mais lorsqu'il vient à s'épancher au dehors ou quand il se trouve en contact avec un corps étranger, il se solidifie rapidement et se transforme en une masse gélatineuse qui emprisonne dans sa substance les globules et constitue ainsi un caillot rouge dont suinte peu à peu un liquide jaunâtre et translucide appelé *sérum*.

Cette **coagulation** spontanée du sang est déterminée par la solidification d'une matière particulière nommée *fibrine* que l'on peut séparer sous la forme de filaments blanchâtres au

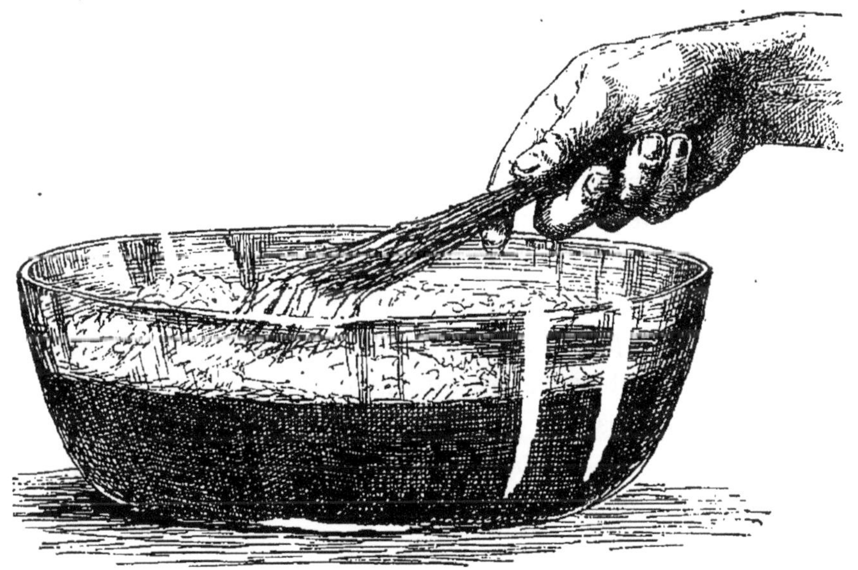

Fig 66. — Coagulation du sang à l'aide d'un balai.

moyen d'une opération très simple. Si l'on bat avec une poignée de petites baguettes le sang prêt à se coaguler, la fibrine en se solidifiant s'attache à ces verges et, ne se réunissant plus en masse, laisse les hématies en liberté (fig. 66). Le sang ainsi défibriné reste par conséquent liquide et rouge, comme le sang normal.

En prenant certaines précautions de nature à retarder la coagulation spontanée du sang et en filtrant ce liquide, on peut aussi en séparer les hématies tout en y laissant la fibrine, et alors le caillot formé par cette substance, au lieu d'être rouge, est incolore.

Enfin il est aussi à noter que dans quelques circonstances les hématies se déposent au fond du vase contenant le sang avant que la solidification de la fibrine ne se soit effectuée ; alors le caillot n'est rouge que dans sa partie inférieure et présente à sa partie supérieure une couche légèrement jaunâtre appelée *Covenne;* particularité qui s'observe principalement dans le sang provenant de malades atteints d'affections dites inflammatoires. Les physiologistes ne sont pas d'accord relativement à l'état dans lequel la fibrine se trouve dans le liquide du sang; les uns pensent qu'elle y est en dissolution et ils désignent sous le nom de *plasma* le sérum qui en serait chargé; d'autres pensent qu'elle est contenue dans les leucocystes et qu'elle s'en échappe pour constituer au moment de la coagulation une sorte de réseau filamenteux. Chez les animaux à sang blanc la coagulation spontanée de ce liquide s'effectue à peu près de la même manière et donne naissance à une masse gélatineuse presque incolore.

§ 52. La composition chimique du sang est fort complexe et très variable parce que la plupart des substances qui pénètrent dans l'économie animale ou qui doivent être excrétées y passent et s'y mêlent aux matières qui en forment les matériaux constitutifs essentiels. Ceux-ci sont : 1° de l'eau en proportion très considérable (plus de 7 dixièmes de son poids); 2° des principes immédiats albuminoïdes qui sont en dissolution dans le sérum; 3° de la fibrine; 4° des composés azotés de même ordre qui entrent dans la composition des globules et qui se trouvent ainsi que la fibrine dans le caillot; 5° des matières grasses; 6° des sels et autres composés minéraux.

L'**Albumine** du sérum ou la *Sérine* ne diffère que peu de l'albumine du blanc d'œuf ; elle est soluble dans l'eau et elle peut être solidifiée par la dessiccation à froid sans perdre cette solubilité ; mais sous l'influence d'une température d'environ

60 ou 70 degrés elle se modifie profondément ; elle se coagule et devient insoluble, comme le blanc d'œuf cuit. Elle se coagule également par l'action de quelques agents chimiques avides d'eau, l'alcool par exemple, ou en se combinant avec diverses matières minérales telles que le sublimé corrosif ou deutochlorure de mercure ; enfin elle est susceptible de former avec les alcalis des composés qui sont au contraire très solubles dans l'eau. Elle est très riche en azote et elle joue dans le sang un rôle des plus importants ; elle s'y trouve en plus grande proportion que toute autre matière organique, et cette proportion varie beaucoup parce que journellement de nouvelles quantités d'albumine formées par les produits de la digestion y sont introduites et que, d'autre part, elle est employée par l'organisme pour l'entretien du travail nutritif. Dans le sang humain elle constitue d'ordinaire environ 7/100e du poids de ce liquide, et il est à noter qu'elle se trouve dans presque tous les autres liquides de l'économie animale.

La **fibrine** est une matière albuminoïde qui ressemble beaucoup à l'albumine par sa composition ainsi que par ses principales propriétés chimiques, mais qui ne se trouve qu'en très petite quantité dans le sang normal. Chez l'Homme en temps de santé elle ne représente qu'environ 2 ou 3 millièmes du poids de ce liquide, et elle n'atteint 5 ou 6 millièmes que sous l'influence d'états pathologiques tels que des inflammations locales.

Ce sont aussi des matières abuminoïdes qui jouent le principal rôle dans la constitution des globules du sang. Elles varient un peu dans leurs propriétés suivant qu'elles contribuent à former les parois membraniformes des hématies, la substance molle ou *stroma* qui est logée dans ces utricules, ou le noyau qui chez les plus jeunes mammifères, ainsi que chez tous les Vertébrés des classes inférieures, occupe le centre de ces globules, et les chimistes désignent ces diverses substances protéiques sous des noms différents : *globuline*, *nucléine*, etc.

La plus remarquable est celle qui constitue la matière colorante des globules rouges et qui est appelée *hémoglobuline*. Le fer en petite proportion est un de ses éléments constitutifs ; elle s'associe facilement à l'oxygène, ainsi qu'à d'autres gaz tels que l'oxyde de carbone ; elle est susceptible de cristalliser et elle peut donner naissance à divers produits qui en diffèrent par des caractères chimiques plus ou moins importants.

§ 53. Les matières minérales qui, associées à l'eau et aux principes immédiats dont je viens de parler, entrent dans la composition du sang sont principalement du sel marin ou chlorure de sodium, du phosphate de soude, du phosphate de potasse et du carbonate de soude. Le phosphate de potasse paraît être nécessaire à la constitution des hématies et s'y trouve en proportion beaucoup plus considérable que dans le sérum. Le phosphate et le carbonate de soude, à raison de leur action sur l'acide carbonique, ont un rôle important dans le travail respiratoire, phénomène dont nous aurons à nous occuper bientôt ; enfin le chlorure de sodium est nécessaire à l'existence des hématies, car l'eau qui ne contient pas une proportion suffisante de ce corps détériore rapidement et désorganise même les hématies.

Le sang contient aussi beaucoup d'autres substances qui pour la plupart ne sont pas nécessaires à sa constitution, mais qui s'y trouvent parce que ce liquide est un véhicule par l'intermédiaire duquel les matières étrangères sont introduites dans les profondeurs de l'organisme, et d'autres matières produites par le travail chimico-physiologique dont l'économie animale est le siège sont transportées vers le dehors pour être ensuite expulsées de la machine vivante.

Le sang au contact de l'oxygène absorbe ce gaz qui paraît se fixer sur les globules et il prend alors une teinte plus claire et d'un rouge vermeil; au contraire quand il est privé d'oxygène et chargé d'acide carbonique il devient d'un brun foncé.

Enfin dans certains cas des Végétaux microscopiques ou des animalcules d'une petitesse extrême, que l'on désigne d'une manière générale sous le nom de *Microbes*, pénètrent dans le sang, vivent à ses dépens, et s'y multiplient avec une grande rapidité en produisant dans l'économie des désordres d'une extrême gravité. Beaucoup de maladies infectieuses sont dues à la présence de corpuscules de ce genre dans le liquide nourricier. Ainsi les êtres microscopiques appelés *Bactéridies* (fig. 67), lorsqu'ils ont été introduits dans l'organisme par une plaie, pénètrent dans le torrent de la circulation et y pullulent en déterminant dans le tissu conjonctif la formation de tumeurs gangréneuses connues sous le nom de *Charbon*.

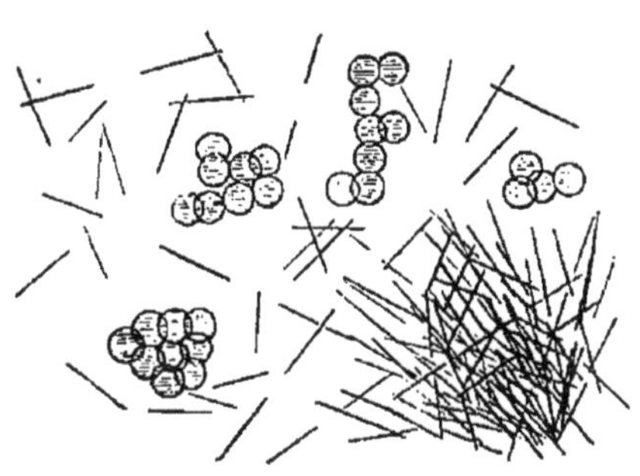

Fig. 67. — Sang charbonneux.

§ 54. En somme le sang est un mélange qui d'une part s'appauvrit sans cesse en fournissant aux diverses parties de l'économie animale les matières nécessaires à l'accomplissement du travail physiologique dont ces parties sont le siège et d'autre part s'enrichit en même temps, soit par l'arrivée de matériaux nouveaux fournis par les produits de la digestion ou absorbés directement du dehors, soit par le développement de nouvelles hématies dans l'intérieur de l'organisme. Sa richesse varie suivant les rapports qui existent entre la recette et la dépense ; l'organisme ne fonctionne d'une manière normale qu'à la condition du maintien d'un certain équilibre entre ces deux facteurs, et lorsque la recette est insuffisante il y a affaiblissement physiologique ou même cessation de la vie.

§ 55. Chez les animaux les plus inférieurs, tels que les Méduses et les Polypes, il n'y a pas de sang et cet agent a ordinairement comme substitut du *séro-chyme*, liquide résultant du mélange de l'eau arrivant directement du dehors et des produits du travail digestif. Chez les Êtres vivants les plus simples, les Éponges par exemple, ce n'est même que de l'eau chargée accidentellement de matières nutritives.

PROPRIÉTÉS PHYSIOLOGIQUES ET USAGES DU SANG.

§ 56. Le sang est l'agent indispensable de l'activité vitale. Sans lui aucune fonction ne peut s'exécuter, et s'il vient à faire défaut, l'animal tombe dans un état de faiblesse extrême, puis meurt.

C'est ainsi que si l'on ouvre une artère, et que l'on laisse le sang s'écouler, l'animal s'affaiblit peu à peu, perd le sentiment et le mouvement, et si l'on n'arrête pas l'écoulement de ce liquide, la mort arrive par **hémorrhagie**, quand l'animal a perdu environ $\frac{1}{20}$ de son poids. Mais si, après avoir oblitéré l'artère, on fait rentrer dans les vaisseaux, à l'aide d'une seringue, le sang qui vient de s'écouler, on verra l'animal se relever, et au bout de quelques instants ses fonctions se rétabliront, comme si rien ne s'était passé. Cette expérience avait donné aux médecins du dix-septième siècle la pensée de guérir les maladies par la **transfusion**, c'est-à-dire en substituant au sang d'un malade, le sang d'un animal bien portant. Le plus souvent ils choisissaient du sang de bœuf ou de mouton, pour l'injecter dans les veines de l'homme, et toujours leurs expériences étaient suivies de la mort du patient. Enfin, un arrêt du Parlement défendit ces expériences. Il y a près de cinquante ans ce sujet a été repris, et l'on a vu que la transfusion pouvait réussir, lorsque l'on employait le sang d'un animal de la même espèce que celui sur lequel on expérimentait; que, dans le cas contraire, la mort était la conséquence infaillible de l'opération. On a constaté également que du sang privé de globules n'agissait pas, et que du sang dépouillé de fibrine ranimait l'animal, mais ne le rétablissait jamais complètement.

Quand le sang, par une cause quelconque, ne peut plus se rendre dans un organe, cet organe ne tarde pas à s'atrophier et à périr ; si, pendant un instant seulement, le cerveau ne reçoit plus de sang, l'animal tombe en syncope. Au contraire, lorsqu'un organe ou une partie quelconque du corps reçoit beaucoup de sang, quand la circulation y est rapide, cette partie prend un grand développement; c'est pour cette raison que l'exercice musculaire qui active la circulation a, en général, pour résultat, l'augmentation de volume des membres qui en sont le siège.

CIRCULATION.

§ 57. Le liquide nourricier n'est pas en repos dans l'économie animale, une sorte d'irrigation physiologique est partout nécessaire à l'entretien du travail vital et, chez l'Homme ainsi que chez tous les animaux qui sont pourvus de sang, cet agent circule sans cesse dans l'intérieur de l'organisme. Presque toujours aussi les courants formés par le sang sont dirigés de façon à passer alternativement dans la profondeur des parties où le travail nutritif s'accomplit et dans des parties plus ou moins superficielles de l'organisme où ce liquide peut se mettre en rapport avec le milieu ambiant, par exemple avec l'air atmosphérique, de manière à y puiser l'oxygène et y verser les produits d'une sorte de combustion intérieure. Les organes affectés à l'établissement de ces relations entre le sang et le monde extérieur sont appelés d'une manière générale les *organes respiratoires* ; chez l'Homme et la plupart des animaux terrestres, ce sont les poumons qui remplissent cette fonction, et l'irrigation physiologique s'opère à l'aide de deux systèmes de conduits tubulaires, contenant le sang et en communication avec un organe moteur qui est le cœur. L'un de ces systèmes est constitué par les vaisseaux appelés *veines;* l'autre par des vaisseaux analogues, appelés *artères*.

Les physiologistes de l'antiquité et du moyen âge ne connaissaient pas les relations fonctionnelles qui existent entre ces différents organes et pensaient que le sang n'exécutait dans ces vaisseaux que des mouvements de va-et-vient comparables au flux et au reflux de la mer à l'embouchure de certains fleuves. La découverte du phénomène de la circulation ne date que du commencement du XVIIe siècle et elle est due presque entièrement à des recherches de physiologie expérimentale faites par un médecin anglais, nommé Harvey. Un des précurseurs de ce physiologiste illustre, Michel Servet, avait vu que dans le corps humain le sang doit passer alternativement du cœur aux poumons et des poumons au cœur, mais la circulation générale lui était complètement inconnue, et lorsqu'en 1816, Harvey en annonça l'existence il ne rencontra guère que des incrédules et il fallut bien des années pour que cette découverte fût acceptée par tous les médecins et les naturalistes.

COEUR.

§ 58. Le cœur est un organe charnu qui fonctionne à la manière d'une pompe foulante; il est creux et reçoit le sang dans son intérieur par l'intermédiaire des veines qui y débouchent et ses parois, en se contractant, poussent ensuite ce liquide dans le système artériel avec lequel sa cavité est également en communication.

Dans l'espèce humaine ainsi que chez tous les autres Vertébrés à respiration aérienne le cœur est placé entre les poumons à la partie supérieure (ou antérieure) du tronc (fig. 11) et chez les Mammifères la portion des cavités viscérales que loge cet organe est nettement séparée de l'abdomen ou ventre et a reçu le nom de *thorax* (fig. 114).

Le cœur y est suspendu librement dans l'intérieur d'une sorte de sac membraneux de nature séreuse appelé *péricarde*, et sa disposition est la même que chez les autres vertébrés où la cavité thoracique est plus ou moins complètement confondue avec la cavité abdominale.

Chez l'Homme ainsi que chez tous les autres Mammifères, le cœur est divisé en quatre cavités dont les deux principales

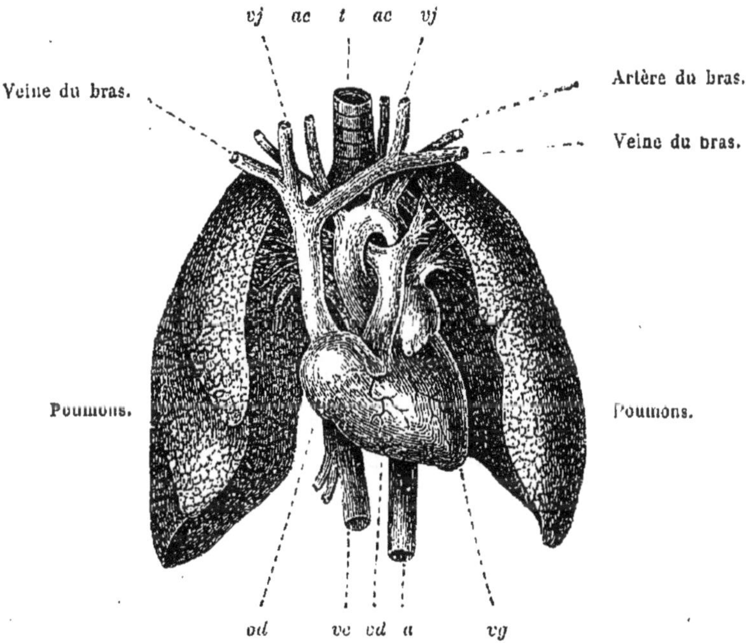

Fig. 68. — Poumons, cœur et principaux vaisseaux de l'Homme (*).

placées l'une à côté de l'autre sont appelées *ventricules* et dont les autres situées au-dessus des précédentes sont désignées sous le nom d'*oreillettes* (fig. 69). La moitié droite du cœur de même que la moitié gauche est donc divisée en deux étages constitués l'un par le ventricule, l'autre par l'oreillette et ces deux cavités communiquent entre elles par un large orifice

(*) *od*, *vd*, oreillette et ventricule droits ; — *vg*, ventricule gauche ; — *a*, artère aorte ; — *ac*, artères carotides ; — *vc*, veine cave inférieure ; — *vj*, veines jugulaires ou veines du cou ; — *t*, trachée.

appelé *ouverture auriculo-ventriculaire* (fig. 78) ; mais à l'état parfait elles sont complètement séparées l'une de l'autre par

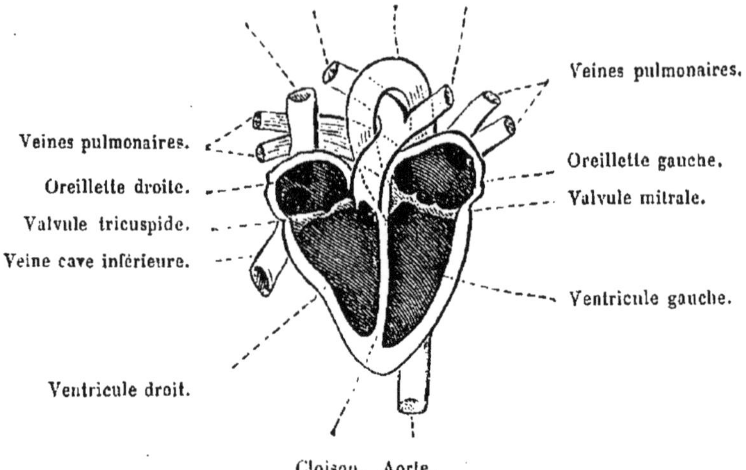

Fig. 69. — Coupe théorique du cœur de l'Homme.

une cloison médiane. Les parois musculaires du cœur sont très épaisses, surtout dans la partie inférieure qui constitue les ventricules. Chez la plupart des Mammifères les fibres musculaires se continuent sans interruption d'un ventricule à l'autre, de façon à les unir d'une manière intime. Chez le Dugong ils sont en grande partie séparés ainsi que les oreillettes, de sorte qu'il semble y avoir deux cœurs simples (fig. 70). Les parois du ventricule gauche sont plus puissantes que celles du ventricule droit. Car, comme nous le verrons, elles doivent déployer plus de force que celles de ce dernier ventricule. Le système veineux débouche dans les oreillettes ; les ventricules communiquent directement avec le système artériel et les deux étages car-

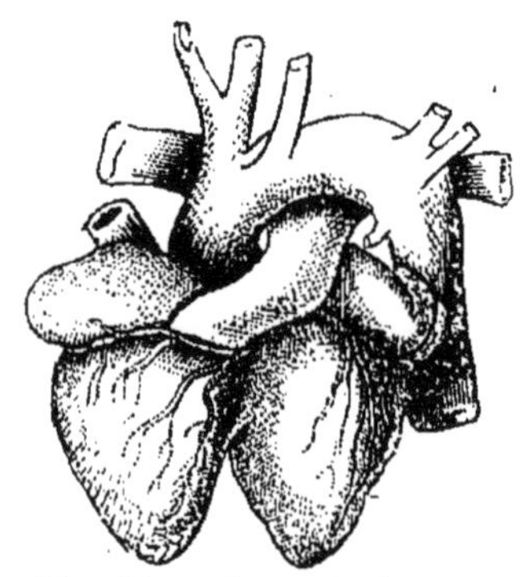
Fig. 70. — Cœur du Dugong.

diaques fonctionnent alternativement en exécutant des mouvements de contraction appelés *systoles* et des mouvements de dilatation ou de *diastole* qui résultent d'un état de relâchement ou de repos de leurs parois.

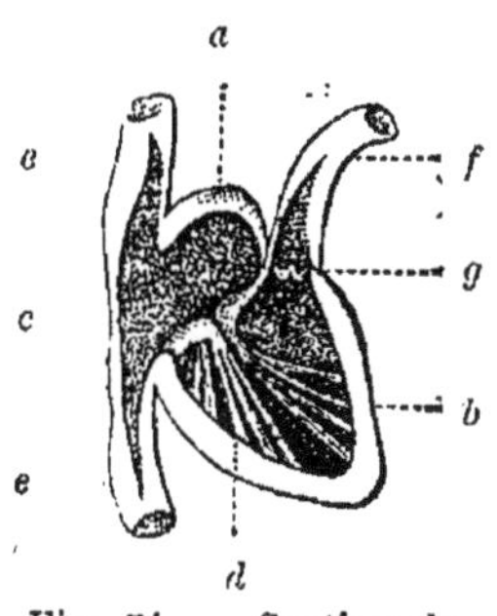

Fig. 71. — Section du cœur (*).

Lors de la contraction des oreillettes le sang contenu dans ces organes passe dans les ventricules et, lorsque ceux-ci se contractent à leur tour, ce liquide est lancé dans le système artériel ; car son retour dans les oreillettes est empêché par le jeu de valvules disposées autour des ouvertures auriculo-ventriculaires, comme des soupapes

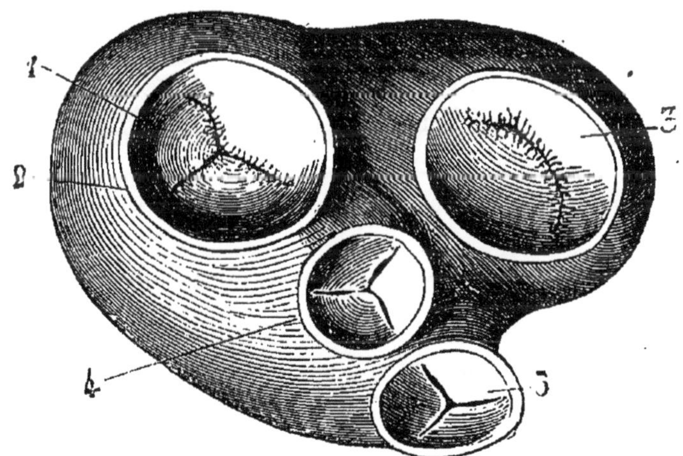

Fig. 72. — Valvules du cœur (**).

ou des portes d'une écluse et pouvant s'écarter facilement entre elles lorsqu'elles sont poussées de haut en bas, mais se rencon-

(*) Figure théorique de l'intérieur du cœur pour montrer le mécanisme du jeu des valvules : — *a*, oreillette recevant les veines (*e*,*e*) ; — *b*, ventricule séparé de l'oreillette par les valvules (*c*) : — *d*, freins charnus de ces valvules ; — *f*, artère naissant du ventricule ; — *g*, valvules situées à l'entrée de ce vaisseau.

(**) Face supérieure du cœur dont on a enlevé les oreillettes pour montrer la disposition des valvules qui garnissent les orifices auriculo-ventriculaires et l'origine des artères ; — 1, orifice auriculo-ventriculaire droit oblitéré par la valvule

trant et fermant le passage lorsqu'elles sont poussées de bas en haut.

En effet, ces *valvules* sont des espèces de voiles membraneux qui s'abaissent facilement, mais qui ne peuvent se renverser dans l'intérieur des oreillettes parce que des brides fixées d'une part à leur bord libre, d'autre part à la face interne des ventricules sous-jacents, les empêchent de dépasser la position horizontale sous l'influence de la poussée du sang contenu dans ces dernières cavités, et quand elles sont relevées de la sorte elles se rencontrent de manière à fermer complètement le passage (fig. 72).

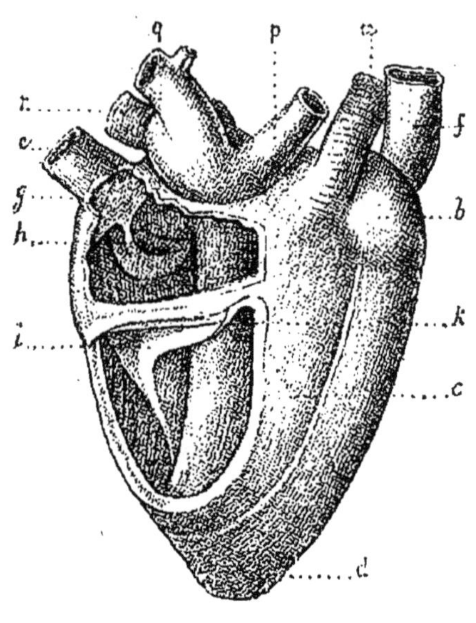

Fig. 73. — Cœur d'un Oiseau (*).

Chez les oiseaux, où la circulation du sang se fait comme chez les mammifères, la valvule auriculo-ventriculaire droite, au lieu d'être membraneuse, est charnue et elle se contracte par elle-même de façon à clore complètement l'orifice dont elle protège l'entrée (fig. 73).

§ 59. Le sang qui a servi à la nutrition de toutes les par-

tricuspide; — 2, anneau fibreux circonscrivant cet orifice; — 3, orifice auriculo ventriculaire gauche entouré par un anneau fibreux et fermé par la valvule mitrale; — 4, orifice conduisant du ventricule gauche dans l'artère aorte et bouché par les trois valvules sigmoïdes; — 5, orifice conduisant du ventricule droit dans l'artère pulmonaire et garni de ses valvules sigmoïdes.

(*) Cœur d'un Oiseau dont la paroi ventriculaire droite a été en partie enlevée pour montrer dans l'intérieur du ventricule la valvule charnue *i* qui ferme l'orifice auriculo-ventriculaire ; — *k*, orifice des artères pulmonaires qui se divisent en deux branches *p*,*q* ; — *c*, cloison interventriculaire; — *d*, pointe du cœur ; — *h*, orifice des veines caves ; — *e*, *g*, veine cave ; — *b*, oreillette gauche ; — *f*, veine pulmonaire ; — *m*, artère aorte.

ties du corps arrive dans l'oreillette droite du cœur par les *veines*, vaisseaux dont les branches se réunissent successivement entre elles pour constituer enfin trois gros troncs terminaux appelés *veines caves*. De l'oreillette droite il passe dans le ventricule droit, qui le pousse ensuite dans des vaisseaux qui le conduisent aux poumons et qui sont appelés *artères pulmonaires*. L'entrée de ce système de vaisseaux centrifuges est garnie de valvules qui empêchent le retour du sang dans le

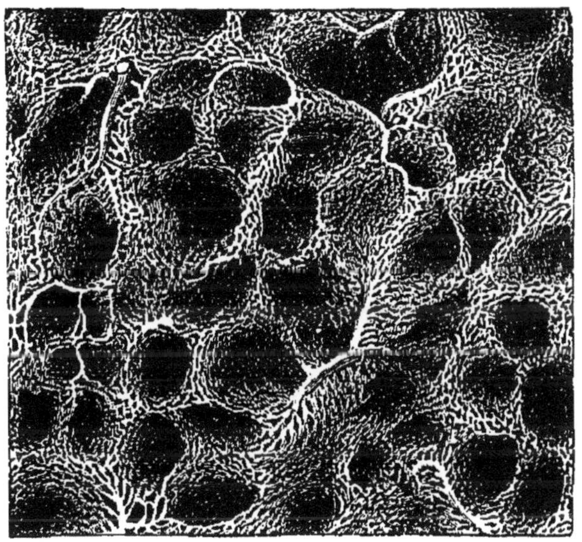

Fig. 74. — Capillaires du poumon (grossis., 60).

ventricule droit et de là dans l'intérieur du poumon. Les artères pulmonaires se divisent en une multitude incalculable de branches de plus en plus fines et qui, à raison de leur ténuité, sont désignées sous le nom de **vaisseaux capillaires** (fig. 74); elles communiquent fréquemment entre elles et elles forment une sorte de réseau dont partent d'autres branches qui se comportent d'une manière inverse; elles se réunissent entre elles progressivement de façon à former des branches de plus en plus grosses et elles se dirigent toutes vers le cœur. On les appelle alors les *veines pulmonaires*, et le système vasculaire ainsi constitué va déboucher dans l'oreillette gauche.

C'est donc du sang qui a respiré, du sang vermeil ou sang artériel qui coule dans les veines pulmonaires, et c'est du sang noir ou du sang veineux qui se trouve dans les artères pulmonaires.

Le sang vermeil, arrivant des poumons, pénètre ainsi dans l'oreillette gauche du cœur et passe de cette cavité dans le ventricule gauche qui, en se contractant, le lance dans le système artériel aortique, lequel distribue ce liquide dans toutes les parties de l'organisme ; il s'y comporte à peu près de la même manière que le système des artères pulmonaires ; c'est-à-dire il constitue des réseaux de vaisseaux capillaires dont partent des branches centripètes appelées veines ; celles-ci en se rapprochant du cœur forment, en se réunissant, des troncs de plus en plus gros ; les troncs terminaux ainsi constitués sont appelés veines caves et débouchent dans l'oreillette droite, ainsi que nous l'avons vu précédemment.

§ 60. En résumé l'appareil circulatoire des Mammifères se compose d'un propulseur qui est le cœur et de deux sortes de vaisseaux sanguinifères : les artères et les veines, qui communiquent d'une part avec cet organe, et d'autre entre elles de façon à constituer un cercle irrigatoire continu. Mais ce cercle n'est pas simple, il est disposé de façon que le courant sanguin pour achever une révolution ou, en d'autres mots, pour revenir à son point de départ, passe deux fois dans le cœur, d'où il se rend d'une part aux poumons, d'autre part dans toutes les autres parties de l'organisme.

L'appareil circulatoire de ces êtres se compose par conséquent de deux systèmes irrigateurs que l'on distingue sous les dénominations de système de la *grande circulation* ou de la circulation générale et de système de la *petite circulation* ou système de la circulation pulmonaire (fig. 75). L'organe moteur du premier est la moitié gauche du cœur ; l'organe moteur du second est la moitié droite du cœur. Sous ce rapport les oiseaux ne diffèrent pas des mammifères, et pour indiquer

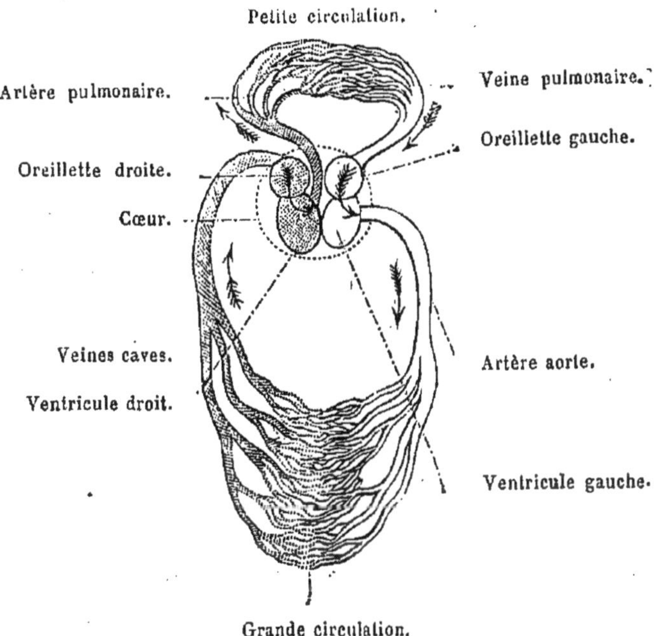

Fig. 75. — Figure théorique de la circulation chez les Mammifères et les Oiseaux (*).

en peu de mots ce mode d'irrigation physiologique, on dit que chez tous ces animaux la *circulation est double*.

Il est aussi à noter que chez tous ces animaux la *circulation du sang est complète*, c'est-à-dire que la totalité de ce liquide, après avoir servi à la nutrition des diverses parties de l'organisme, passe dans l'appareil de la respiration avant de retourner à ces mêmes parties.

(*) Dans cette figure théorique et les suivantes, les parties ombrées indiquent les cavités où se trouve le sang veineux ; et les parties dessinées au trait, la portion de l'appareil circulatoire qui contient le sang artériel. Le cœur est représenté par un cercle ponctué.

CIRCULATION CHEZ LES POISSONS, LES REPTILES ET LES BATRACIENS.

§ 61. Chez les autres vertébrés le mode de circulation du sang est moins parfait. Ainsi chez les Poissons la circulation du sang est complète, mais simple (fig. 76) ; c'est-à-dire que ce liquide parcourant le circuit irrigatoire ne passe qu'une seule fois dans le cœur.

En effet, cet organe placé sur le trajet du sang veineux et

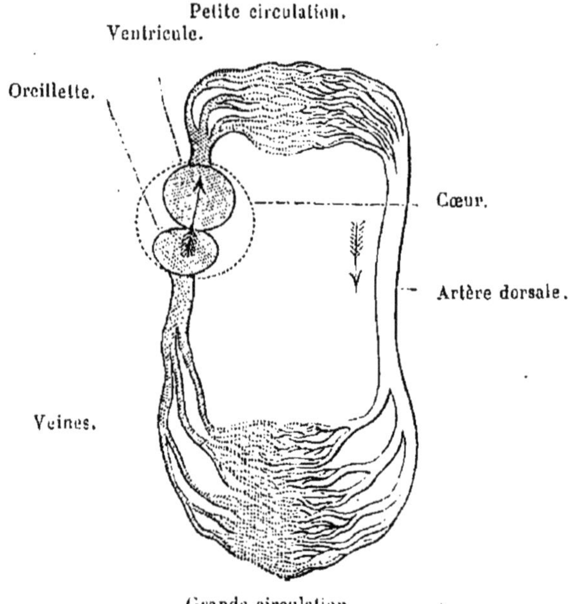

Fig. 76. — Figure théorique de la circulation chez les Poissons.

composé seulement d'une oreillette, d'un ventricule et d'un bulbe contractile, situé à l'origine du système artériel, envoie la totalité de ce liquide à l'appareil respiratoire, d'où il se rend aux autres parties de l'économie animale sans passer par le cœur (fig. 77).

§ 62. Chez les Reptiles la circulation est double, mais incomplète (fig. 79), car le sang vermeil qui arrive des poumons passe dans le cœur où il se mêle au sang veineux venant des diverses parties du corps et devant se rendre à l'appareil respira-

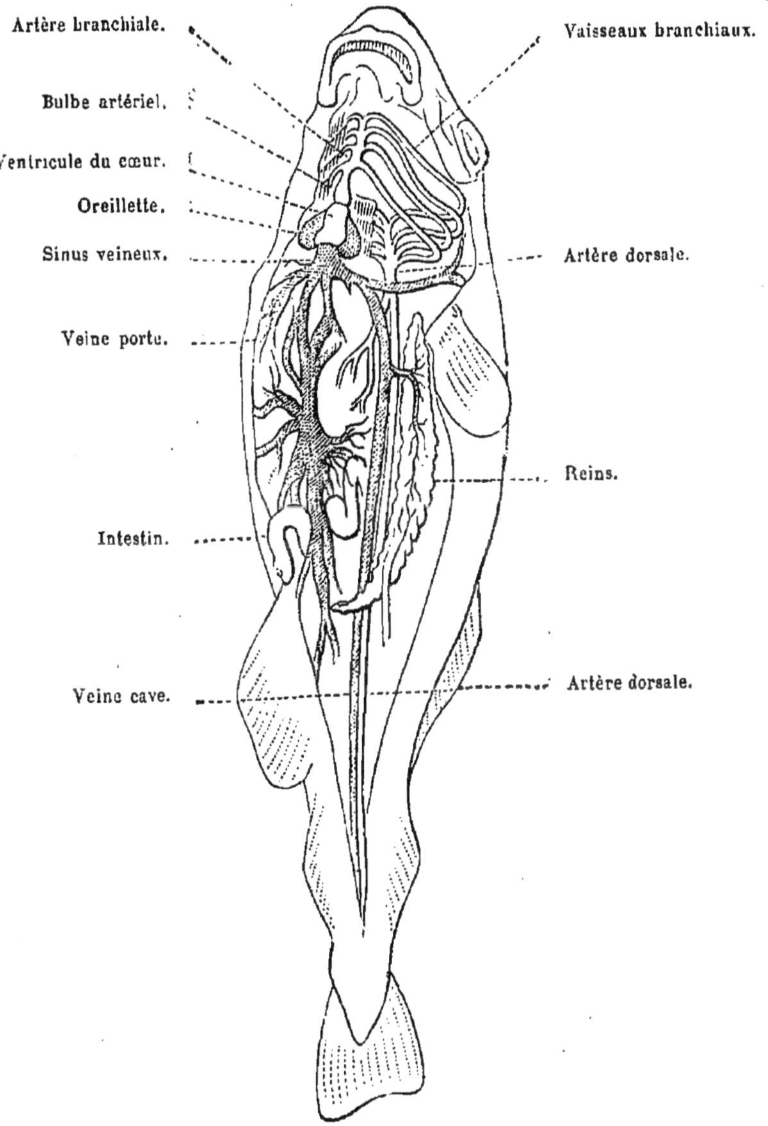

Fig. 77. — Circulation dans les Poissons.

toire, mais la totalité de ce liquide ne traverse pas cet appareil avant de retourner dans les vaisseaux de la grande circulation et il y a dans ceux-ci un mélange de sang veineux et de sang ar-

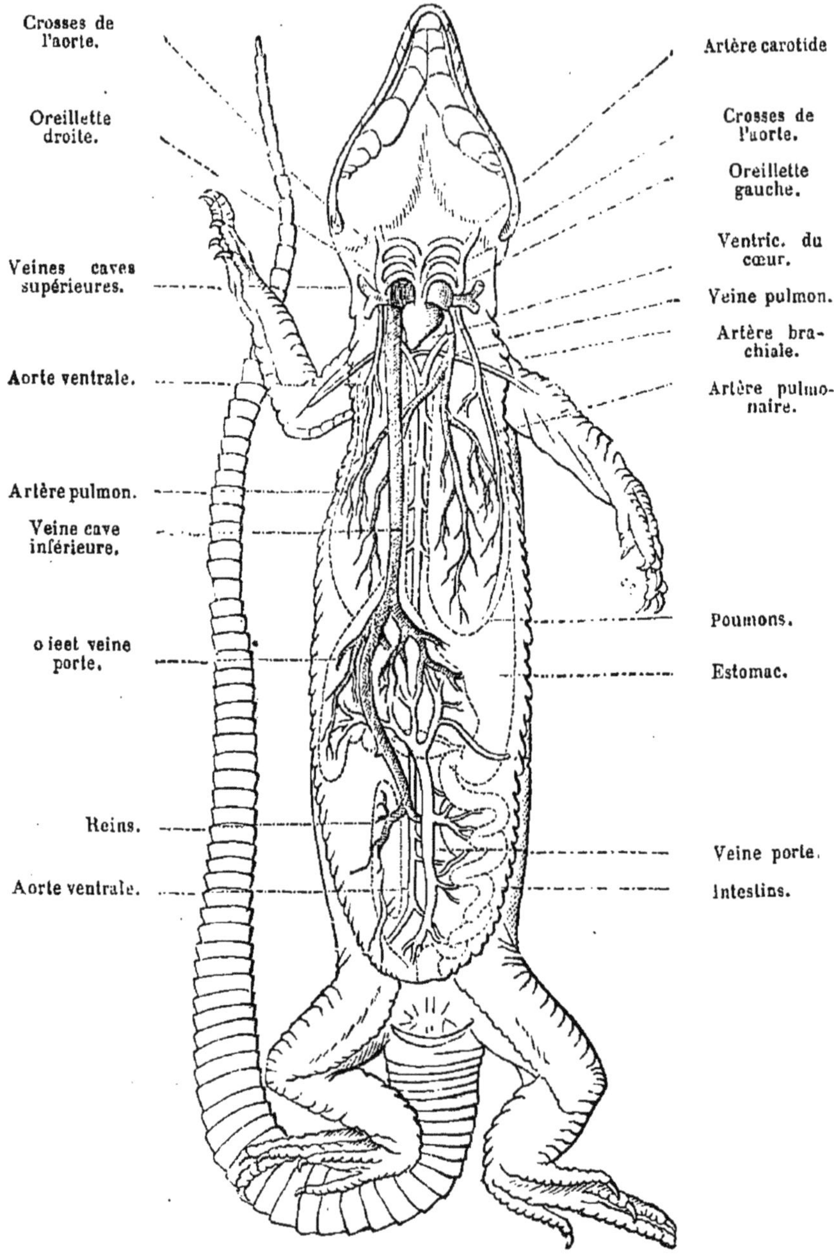

Fig. 78. — Appareil circulatoire d'un Lézard.

tériel (fig. 78). Chez les Reptiles ordinaires tels que les Sauriens, les Ophidiens et les Chéloniens (fig. 80), ce mélange résulte du

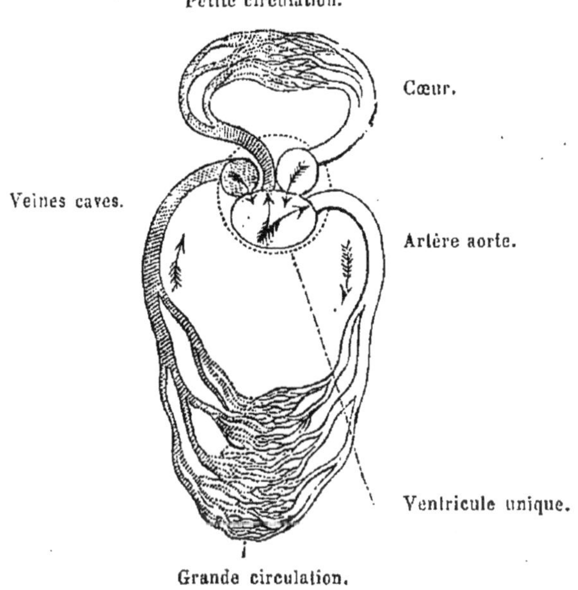

Fig. 79. — Figure théorique de la circulation chez les Reptiles.

mode de conformation du cœur, cet organe n'étant pourvu que d'un seul ventricule bien qu'il y ait deux oreillettes comme chez les Mammifères et les Oiseaux, car ces deux réservoirs débouchent dans le ventricule unique. Enfin chez les Reptiles de la famille des Crocodiliens (fig. 81), le cœur ressemble à celui des mammifères et des oiseaux, et présente quatre cavités, deux ventricules et deux oreillettes. Malgré cette singularité d'organisation, la partie antérieure du corps seule reçoit du sang artériel pur, la partie postérieure ne reçoit qu'un mé-

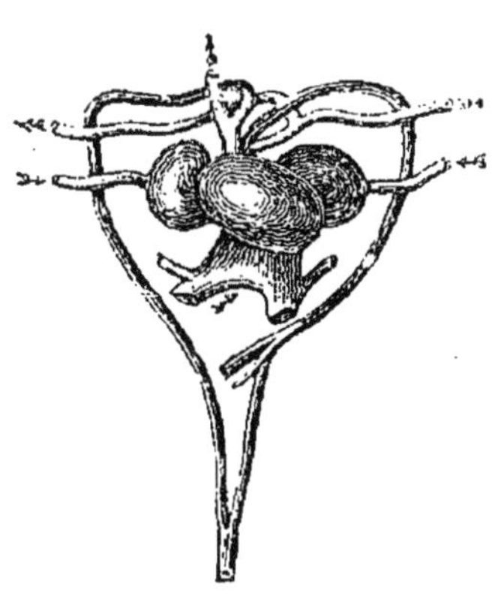
Fig. 80. — Cœur de Tortue.

lange de ce sang avec le sang veineux. Ce résultat est dû à ce que de chaque ventricule part une artère aorte, et que ces vaisseaux communiquent entre eux ; l'une reçoit donc du sang veineux, l'autre du sang artériel ; mais à peu de distance du cœur, ces deux aortes se réunissent et les deux sangs se

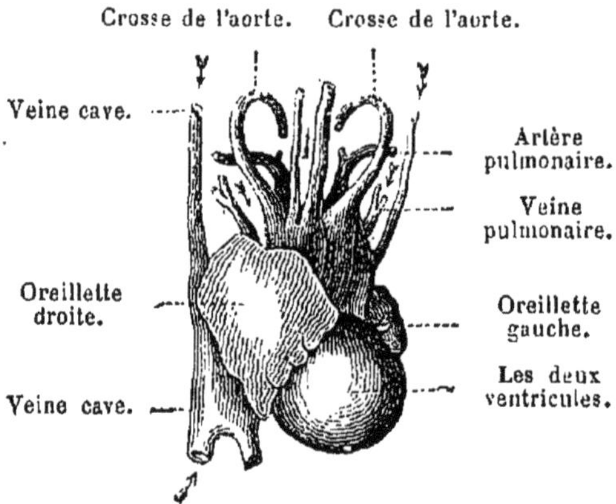

Fig. 81. — Cœur de Crocodile.

mélangent. Quelques branches partent de l'aorte artérielle avant son point de réunion avec son congénère, et se rendent dans la tête : c'est ainsi que cette partie reçoit seule du sang artériel.

§ 63. Dans le jeune âge, les Batraciens respirent comme des Poissons ; plus tard, ils acquièrent des poumons et leur appareil circulatoire se modifie successivement pour répondre aux nouveaux besoins physiologiques qui se créent successivement. Le cœur se compose de deux oreillettes et d'un seul ventricule d'où part une grosse artère renflée à sa base qui, dans le jeune âge (fig. 82), fournit à droite et à gauche les branches d'un calibre considérable destinées à la circulation des branchies ; puis le sang en sortant de ces organes se rend dans une artère dorsale ou aorte ; mais lorsque les poumons se développent, la disposition de l'appareil vasculaire change (fig. 83), il s'établit une communication directe entre les artères qui portent le sang aux branchies et celles qui le reçoivent de cet organe ; de sorte que le liquide nourricier n'est pas obligé de traverser cet appareil de respiration aquatique pour arriver dans l'artère dorsale, et de là dans les diverses parties du corps. L'artère (*a*) qui naît du ventricule, et que l'on pourrait comparer d'abord à une artère branchiale, devient alors l'ori-

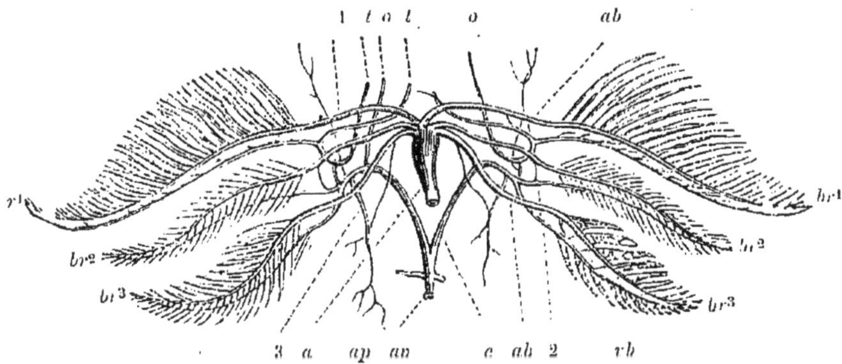

Fig. 82. — Vaisseaux sanguins du Têtard de la Grenouille (*).

gine du vaisseau dorsal, et constitue avec lui une véritable artère aorte, dont certaines branches, qui se rendent aux poumons, se développent en même temps et établissent la circulation pulmonaire. Enfin, les vaisseaux branchiaux s'oblitè-

(*) *a*, artère qui part du ventricule unique du cœur et se divise en six branches (*ab*) qui se rendent aux trois paires de branchies et s'y ramifient (on les appelle *artères branchiales*) ; — *br*, les branchies, dans lesquelles on voit se distribuer les artères branchiales et naître les veines branchiales (*vb*) qui reçoivent le sang après son passage à travers les lamelles des branchies : celles des deux dernières paires de branchies se réunissent pour fournir de chaque côté un vaisseau (*c*), qui, en s'anastomosant à son tour avec celui du côté opposé, forme l'artère aorte ventrale ou artère dorsale (*av*), laquelle se dirige en arrière et distribue le sang à la plus grande partie du corps; la veine branchiale de la première paire de branchies se recourbe en avant et porte le sang à la tête (*t*,*t*) ; — 1, petite branche anastomotique extrêmement fine qui unit l'artère et la veine branchiales entre elles à la base de la première branchie, et qui, en s'élargissant plus tard, permettra au sang de passer du premier de ces vaisseaux dans le second sans traverser la branchie ; — 2, petite branche anastomotique qui établit le passage de la même manière entre l'artère et la veine des branchies de la seconde paire ; — 3, vaisseau qui, en se réunissant avec un canal situé plus en dedans, joint également l'artère et la veine des branchies postérieures ; — *o*, artère orbitaire ; — *ap*, artères pulmonaires rudimentaires.

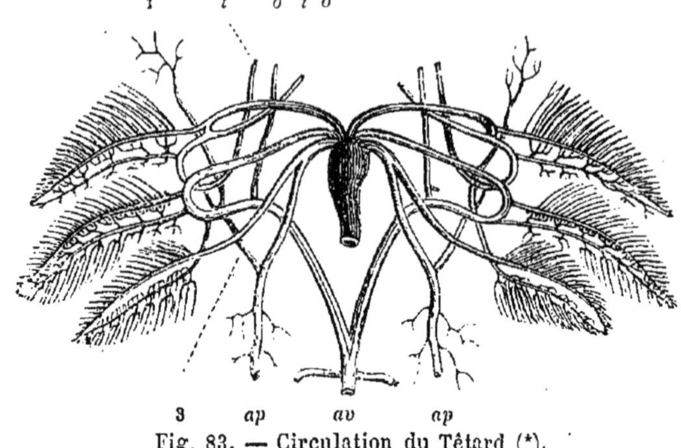

Fig. 83. — Circulation du Têtard (*).

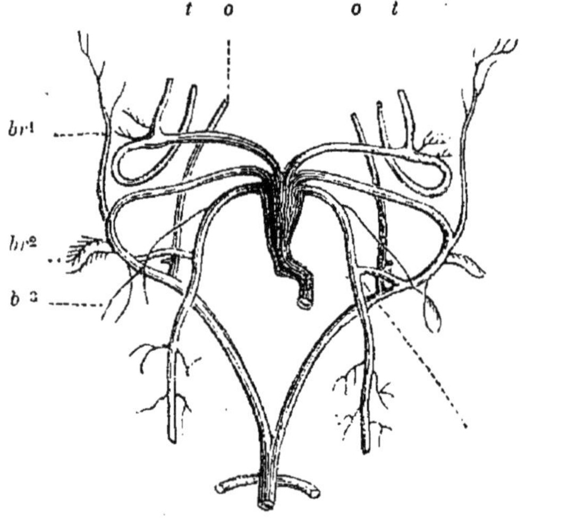

Fig. 84. — Circulation de la Grenouille (**).

(*) Les mêmes parties que dans la figure 82, chez un têtard dont les branchies commencent à perdre de leur importance dans la respiration, et dont une partie du sang va du cœur aux diverses parties du corps sans traverser ces organes. Les mêmes lettres indiquent les mêmes vaisseaux que dans la figure précédente, et l'on remarquera que les branches anastomotiques (1, 2, 3), lesquelles, dans le têtard précédent, étaient capillaires et ne pouvaient pas laisser passer une quantité notable de sang, sont ici assez grosses, et que c'est avec elles plutôt qu'avec les vaisseaux branchiaux que les artères venant du cœur semblent se continuer. Les artères pulmonaires se sont aussi beaucoup développées.

(**) Les mêmes parties chez l'animal parfait, indiquées par les mêmes lettres ; les vaisseaux qui, dans le têtard, se rendaient aux branchies de la seconde paire, se continuent maintenant avec l'aorte par l'intermédiaire des branches anastomotiques n° 2 et constituent ainsi les 2 branches aortiques.

rent, et alors la circulation se fait à peu près de même que chez les Reptiles. Le sang veineux revenant de toutes les parties du corps est versé dans le ventricule par l'une des oreillettes, et s'y mêle avec le sang artériel venant des poumons et poussé dans le même ventricule par l'autre oreillette (fig. 84). Ce mélange pénètre dans l'aorte, et se rend en faible quantité aux poumons et en majeure partie aux divers organes de l'animal.

ARTÈRES. VEINES. MÉCANISME DU POULS.

§ 64. Chez tous les animaux vertébrés les vaisseaux sanguins sont des tubes membraneux dont les parois sont bien distinctes des organes circonvoisins, et ils constituent un système irrigatoire clos dont le liquide nourricier ne peut s'échapper que par une sorte de filtration. Ils sont en général pourvus de deux tuniques, dont l'interne est très lisse ; beaucoup d'entre eux ont en outre une tunique intermédiaire composée d'un tissu élastique. Cette dernière tunique ne présente que peu d'épaisseur dans le système veineux, mais dans les artères elle est très développée et donne à ces vaisseaux des propriétés particulières dont l'importance est considérable dans le mécanisme de la circulation, car elle les rend très élastiques et aptes à fonctionner à la manière d'un ressort qui régularise le mouvement du sang dans les parties périphériques de l'appareil irrigatoire.

Les battements du pouls sont aussi une conséquence de cette élasticité. En effet, chaque fois que les ventricules du cœur se contractent, une certaine quantité de sang est injectée dans le système artériel et ne peut revenir dans cet organe par suite du jeu de soupapes appelées *valvules sigmoïdes* qui garnissent l'entrée de ce système (fig. 72) ; si les parois des artères étaient rigides, le cylindre sanguin déjà existant dans ces vaisseaux serait poussé tout entier en avant par le fait de cette injection et son mouvement de progression s'arrêterait dès que le coup de pompe donné par la systole ventriculaire serait accompli ; la circulation serait partout intermittente comme l'est la sortie du sang lancé par le cœur, mais par suite de l'élasticité des parois artérielles, les choses ne se passent pas ainsi. Les artères se dilatent tout d'abord sous la pression déterminée par l'afflux du sang ; puis pendant la diastole ventriculaire leurs parois reviennent lentement à leur position primitive en pressant sur le sang et continuant à le

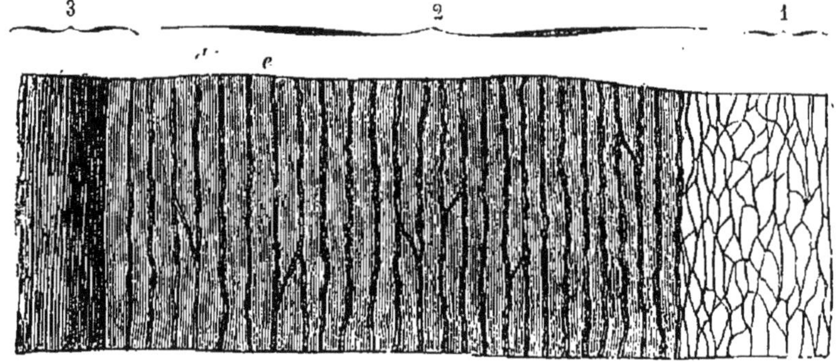

Fig. 85 (*).

pousser vers le système capillaire. Le mouvement intermittent du sang, au moment de son entrée dans le système artériel, est ainsi transformé peu à peu en un mouvement continu, mais saccadé, puis en mouvement uniforme, et c'est avec ce dernier caractère que le courant arrive dans le système veineux. Or chaque fois qu'une grosse artère est dilatée de la sorte par l'injection du sang lancé dans son intérieur par les contractions du cœur, il s'y produit un battement correspondant à la systole ventriculaire, et lorsque le vaisseau mis ainsi en mouvement est situé à peu de distance de la peau et repose sur une partie résistante telle qu'un os, ce mouvement devient visible au dehors ou tout au moins appréciable à l'aide du doigt

(*) Coupe transversale de l'aorte : 1, tunique interne ; — 2, tunique moyenne avec fibres musculaires *e* et lames élastiques *d* ; — 3, tunique externe.

posé sur l'artère en question. C'est ainsi que les battements du **pouls** sont produits dans l'artère radiale (fig. 86) et c'est à raison de leurs relations avec le mode de fonctionnement de l'appareil circulatoire que le médecin les consulte pour s'éclairer sur l'état de notre organisme dans les cas de maladie.

Examinons maintenant la disposition des différentes parties de l'appareil circulatoire.

§ 65. Chez l'Homme ainsi que chez tous les Mammifères, le **système artériel** général (fig. 86) naît du ventricule gauche du cœur sous la forme d'un tronc unique appelé *artère aorte* qui s'avance d'abord vers la base du cou, puis se recourbe à gauche en forme de crosse et descend ensuite, au devant de la colonne vertébrale, jusque vers la partie inférieure de l'abdomen où il se bifurque pour constituer les artères appelées *iliaques*. La crosse aortique donne naissance aux artères qui montent de chaque côté du cou pour se rendre à la tête et aux artères des membres thoracique. Du côté droit ces artères sont formées par un tronc commun appelé artère *brachio-céphalique*, mais à gauche elles sont séparées dès leur origine; celles destinées à la tête sont appelées les *artères carotides*, celles des membres supérieurs portent le nom d'abord d'*artères sous-clavières* tant qu'elles sont logées dans la région thoracique du corps, mais prennent successivement les noms d'*artères axillaires*, et d'*artères brachiales* lorsqu'elles passent dans le creux de l'aisselle, puis le long du bras. Arrivé au pli du coude, chacun de ces vaisseaux se divise en plusieurs branches dont les deux principales sont : l'*artère radiale* et l'*artère cubitale*. En descendant dans le thorax et dans la cavité abdominale l'aorte forme de chaque côté une série d'*artères intercostales*, puis donne naissance aux artères qui distribuent le sang à l'estomac, au foie (*artère cœliaque*), aux intestins (*artères mésentériques*), aux reins (*artères rénales*) et aux autres viscères abdominaux. Enfin les artères iliaques se rendent aux membres inférieurs et s'y comportent à peu près de la même manière que les artères sous-clavières dans les membres tho-

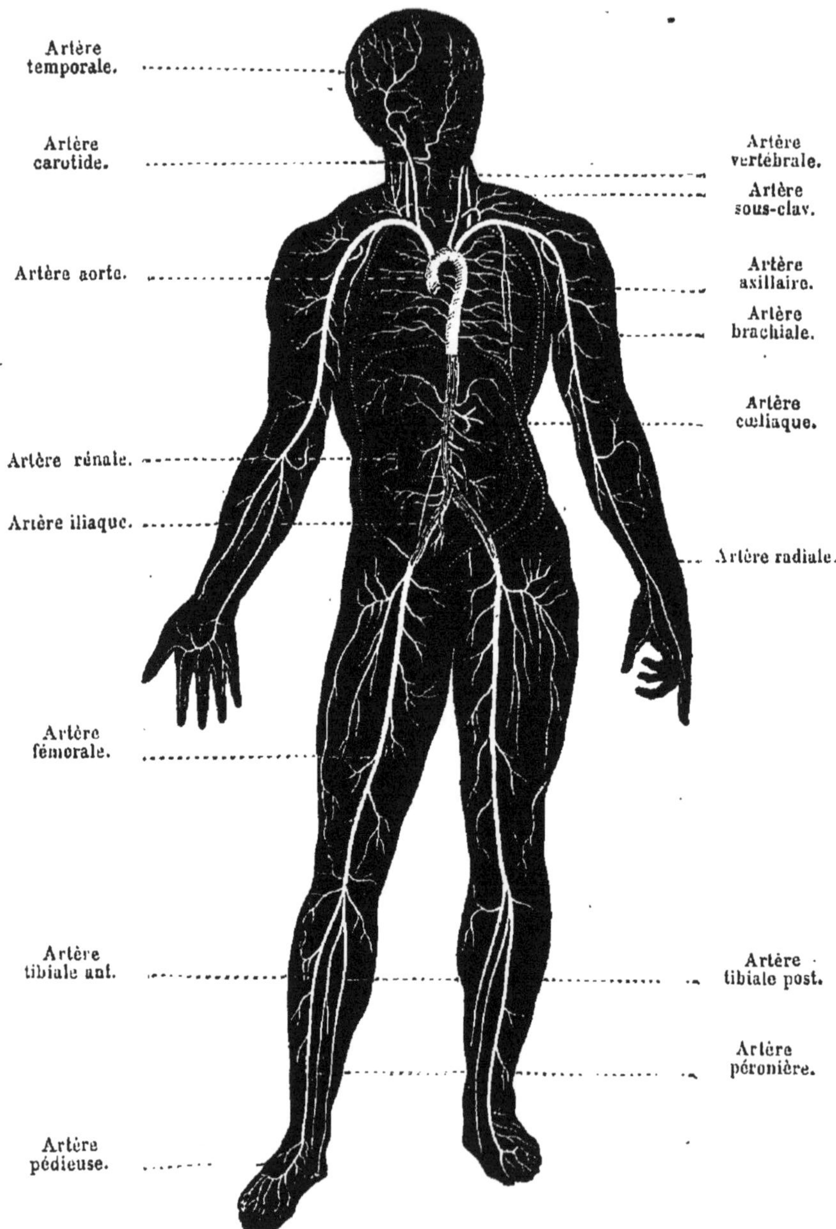

Fig. 86. — Système artériel de l'Homme.

raciques. Chacune d'elles forme en effet l'*artère fémorale* dans la cuisse, les *artères tibiales* et l'*artère péronière* dans la jambe, l'*artère pédieuse* dans le pied.

Le mode d'origine des artères carotides et des artères sous-clavières varie un peu chez les Mammifères ; chez ceux qui sont pourvus d'une queue, l'aorte ventrale se continue dans l'intérieur de cet appendice sous la forme d'un gros tronc médian appelé *artère caudale.* Enfin tous ces vaisseaux ainsi que les autres artères se ramifient de plus en plus à mesure qu'ils s'éloignent de leur point d'origine et ils finissent par constituer dans la substance de tous les organes le réseau capillaire (fig. 87), dont il a été question précédemment.

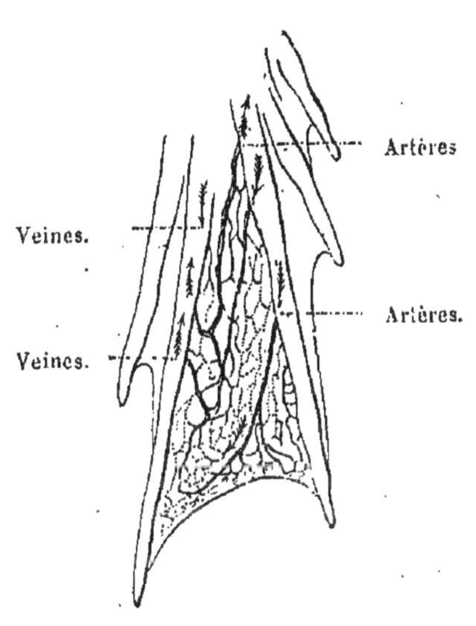

Fig. 87. — Vaisseaux capillaires de la patte d'une Grenouille.

§ 66. Les branches efférentes de ce réseau capillaire forment, en se réunissant successivement entre elles, le **système veineux.** Les veines sont plus grosses et plus nombreuses que les artères ; elles les accompagnent en général dans leur trajet. Le long d'une seule artère on voit souvent deux veines : il y en a aussi un grand nombre placées superficiellement. Cette disposition a sa raison d'être, car les artères dont les blessures ne se cicatrisent que difficilement doivent être mieux protégées et situées plus profondément.

Les parois des veines sont flasques et la tunique interne de ces vaisseaux présente dans presque toutes les parties du corps une disposition analogue à celle de la tunique correspondante des artères dans le voisinage immédiat du cœur. Elle donne naissance à une multitude de prolongements qui s'avancent vers l'axe du vaisseau et constituent autant de valvules en forme de petites poches (fig. 88), analogues aux valvules sigmoïdes du cœur et conformées de façon à se rabattre lorsque le courant sanguin les pousse vers le centre de l'appareil circulatoire, mais à se gonfler et à interrompre le passage lorsque ce liquide les pousse en sens contraire, c'est-à-dire lorsque le sang tend à retourner vers le système capillaire. Chez les Mammifères et les Oiseaux, ce système de valvules est très développé ; chez les Poissons il manque.

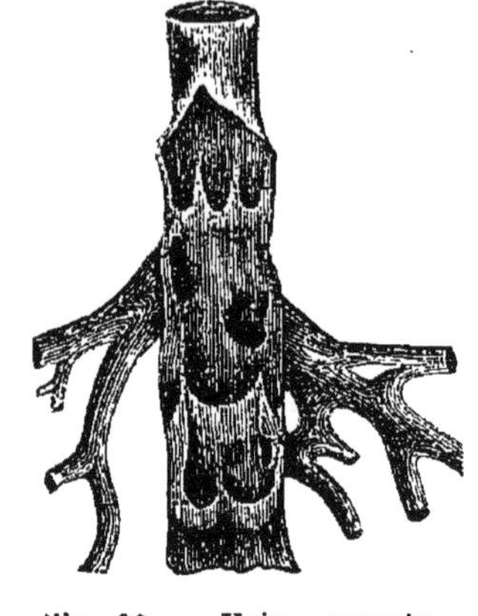

Fig. 88. — Veine ouverte.

C'est l'impulsion imprimée au sang artériel par les contractions du cœur et transformée en mouvement continu par le jeu des parois élastiques des artères, qui est la principale cause du cours du sang dans les veines. Mais la progression de ce liquide dans des canaux centripètes constitués par les veines des mammifères est facilitée par le jeu des valvules dont il vient d'être question, car chaque fois qu'un tronc veineux vient à être comprimé par suite de la contraction des muscles adjacents ou par toute autre cause, le sang contenu dans l'intérieur de ce conduit tend à quitter la partie pressée de la sorte, et comme les valvules l'empêchent de retourner sur ses pas il ne peut que s'avancer vers le cœur en laissant en arrière la portion de la veine qu'il vient d'abandonner plus ou moins vide; son déplacement facilite donc l'arrivée d'une nouvelle quantité de liquide dans le point ainsi déchargé.

Les veines, en se dirigeant des parties périphériques de l'organisme vers le cœur, suivent deux trajets différents ; les unes sont superficielles et se trouvent immédiatement sous la peau ; les autres sont profondes et accompagnent les artères ;

mais finalement toutes se réunissent de façon à verser leur contenu dans les gros troncs afférents au cœur et appelés *veines caves*. Les veines communiquent fréquemment entre elles au moyen d'anastomoses, c'est-à-dire de rameaux qui en partant d'une branche vont déboucher dans une branche voisine, soit directement, soit par l'intermédiaire de réseaux plus ou moins capillaires. Il en résulte que l'oblitération d'une veine n'empêche pas nécessairement le retour du sang vers le cœur.

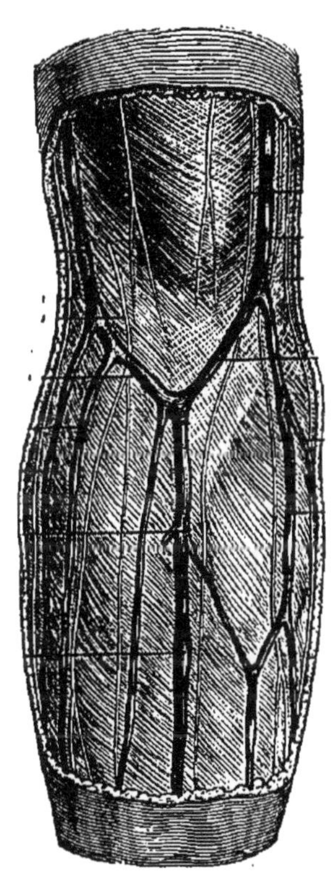

Fig. 89. — Veines sous-cutanées du pli du coude.

§ 67. Comme exemple de veines sous-cutanées, nous citerons les vaisseaux de cet ordre qui vont de la main au bras (fig. 89) et qui se gonflent beaucoup lorsqu'on oppose sur leur trajet un obstacle au cours du sang au moyen d'une ligature placée autour de cette dernière partie du membre, ainsi que cela se pratique dans l'opération de la saignée. A ce sujet nous ajouterons que les ouvertures faites aux veines se cicatrisent très facilement, tandis que pour les artères, à raison de l'élasticité des parois de ces vaisseaux, il en est tout autrement; la plaie tend à rester béante et ses bords ne se réunissent jamais d'une manière complète, de sorte que pour arrêter l'hémorrhagie il est souvent nécessaire de lier le vaisseau blessé ou de l'oblitérer au moyen d'une compression prolongée exercée en amont de la plaie. Lors même que la cicatrisation s'opère, la guérison n'est pas complète, car la tunique élastique (ou tunique moyenne) de l'artère ne se reconstitue pas et il reste dans le point lésé de la paroi vasculaire une partie faible qui, en cédant peu à peu à la pression exercée par le courant circulatoire, se dilate en forme de sac et constitue une poche pulsatile et remplie de sang que les chirurgiens appellent un **anévrysme** (fig. 90); quand les anévrysmes sont situés sur le trajet d'une grosse artère, dans la cavité thoracique par exemple, et que leurs parois trop distendues viennent à se rompre, il en résulte souvent des accidents mortels. C'est à raison de ces inconvénients qu'en pratiquant une saignée au pli du coude il faut avoir bien soin de ne pas piquer l'artère qui est placée sous l'une des principales veines de cette région.

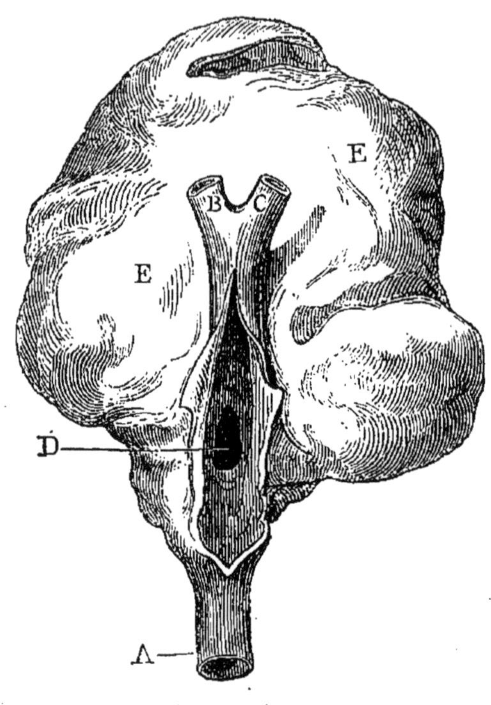

Fig. 90. — Anévrysme (*).

CIRCULATION DE LA VEINE PORTE. FONCTIONS GLYCOGÉNIQUES.

§ 68. Les veines en s'éloignant du système capillaire se réunissent successivement entre elles pour constituer des branches, puis des troncs centripètes de plus en plus gros, et dans la plupart des parties du corps ce mode d'arrangement

(*) Anévrysme ; — A, tronc artériel se bifurquant en B, C ; — D, orifice faisant communiquer l'artère avec la poche anévrysmale ; — E, poche anévrysmale.

se remarque sur tout le parcours de ces vaisseaux. Mais les veines qui naissent des intestins, après avoir constitué de la sorte quelques gros troncs, au lieu de se rendre directement à l'oreillette droite du cœur, pénètrent dans la substance du

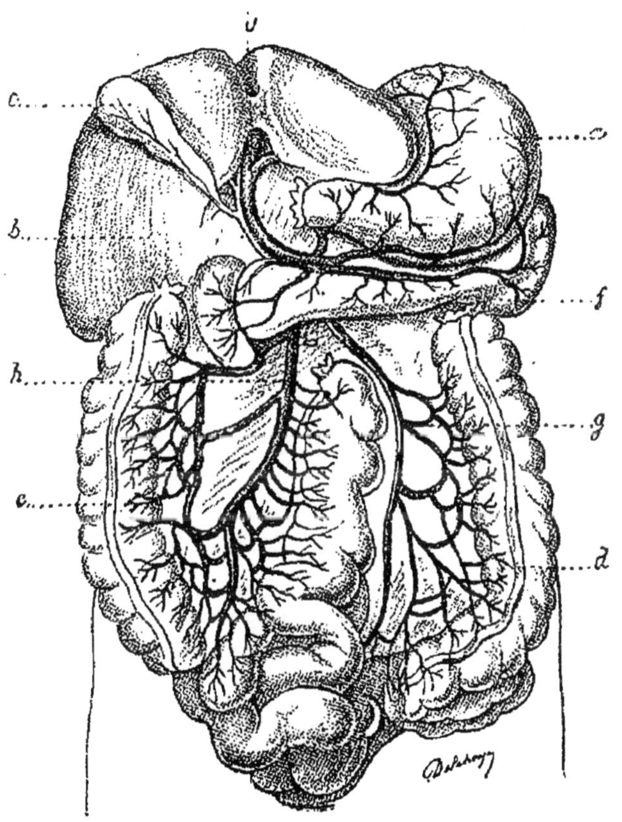

Fig. 91. — Veine porte (*).

foie (fig. 91), s'y ramifient comme le font les artères et y donnent naissance à un réseau de vaisseaux capillaires (fig. 92) dont les branches afférentes se réunissent de nouveau pour

(* Figure montrant la circulation veineuse intestinale et le mode d'origine de la veine-porte : *a*, estomac et veines de l'estomac ; — *b*, foie ; — *c*, vésicule biliaire ; — *d*, *e*, gros intestin ; — *f*, pancréas et veine pancréatique ; — *g*, *h*, veines venant des parois intestinales et se réunissant en *i* pour former le tronc de la veine-porte qui entre dans le foie pour s'y distribuer en capillaires veineux.

reconstituer des branches de plus en plus grosses, puis des troncs à la façon des veines ordinaires, lesquels vont finalement déboucher dans l'une des veines caves. On donne à l'appareil irrigatoire ainsi formé le nom de **système de la veine porte.**

L'importance de la circulation du foie s'explique par l'importance de cette glande; en effet, indépendamment de la bile qui est versée dans le tube digestif, elle produit une autre substance

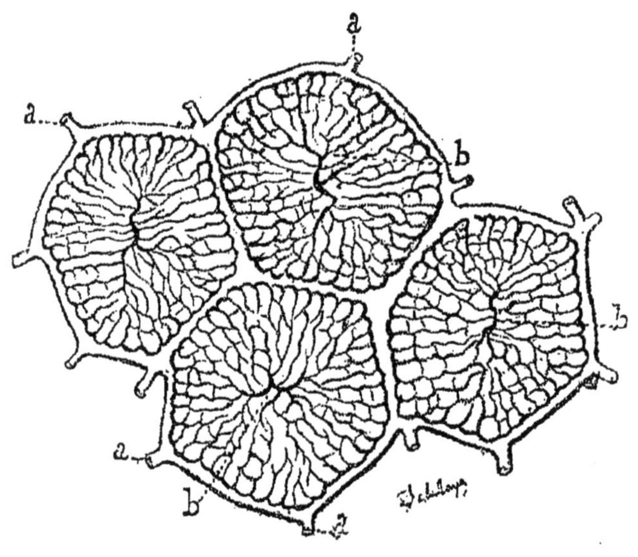

Fig. 92 (*).

qui est immédiatement reprise dans le sang pour être employée dans l'économie, c'est un véritable sucre ou *glycose*. La découverte de ce fait appartient à un célèbre physiologiste français mort depuis quelques années et nommé Claude Bernard : il montra que le sang qui sort du foie contient beaucoup plus de sucre que celui qui y entre, il parvint à isoler la matière productrice du sucre ou **matière glycogène** qui ressemble par

(*) Distribution de la veine porte dans les lobules du foie. *a*, plexus veineux se résolvant en capillaires qui se reconstituent au centre en une veine intralobulaire *b*.

sa nature et ses propriétés à de l'amidon. D'ordinaire le sucre sécrété par le foie est brûlé peu à peu par l'oxygène du sang et concourt à la combustion vitale, mais dans certains cas morbides il se produit en si grande quantité qu'il s'accumule dans le sang et passe dans les urines. On désigne sous le nom de *diabète sucré* la maladie qui résulte de cet appauvrissement de l'économie animale.

Il est à noter que chez les Vertébrés inférieurs, notamment chez les Poissons, les veines de toutes les parties postérieures du corps se comportent d'une manière analogue en arrivant aux reins, de telle sorte qu'il y a chez ces animaux une *veine porte rénale,* aussi bien qu'une *veine porte hépatique.* Chez les Batraciens, les Reptiles et même chez les Oiseaux, une partie du sang veineux, en s'avançant vers le cœur, est distribuée de la même manière dans l'intérieur des glandes urinaires, mais chez ces derniers animaux la presque totalité du sang veineux qui n'est pas dirigée vers le foie passe directement dans les veines caves et de là dans l'oreillette droite du cœur, ainsi que cela a lieu d'une manière complète chez les Mammifères.

CIRCULATION DES INVERTÉBRÉS.

§ 69. L'appareil circulatoire est toujours moins bien constitué chez les animaux invertébrés; l'imperfection que l'on y constate porte tantôt sur les organes moteurs, tantôt sur les conduits irrigateurs et, chez beaucoup d'animaux inférieurs, la distribution du liquide nourricier dans les diverses parties de l'organisme ne se fait pas à l'aide d'instruments physiologiques spéciaux; c'est la cavité digestive et ses dépendances qui tient lieu d'appareil circulatoire et ce liquide, au lieu d'être du sang proprement dit, n'est que de l'eau puisée directement au dehors et mêlée aux produits du travail digestif. On désigne cet agent nutritif sous le nom de *séro-chyme,* et comme exemple d'animaux chez lesquels la division du travail physiologique n'est pas établie entre les organes de la digestion et les organes irrigatoires, nous citerons les Zoophytes de la famille des Méduses, où l'estomac envoie au loin dans diverses parties du corps des prolongements tubuliformes tantôt simples, d'autres fois ramifiés et s'anastomosant entre eux de manière à constituer un système vasculaire comparable au système circulatoire des Vertébrés.

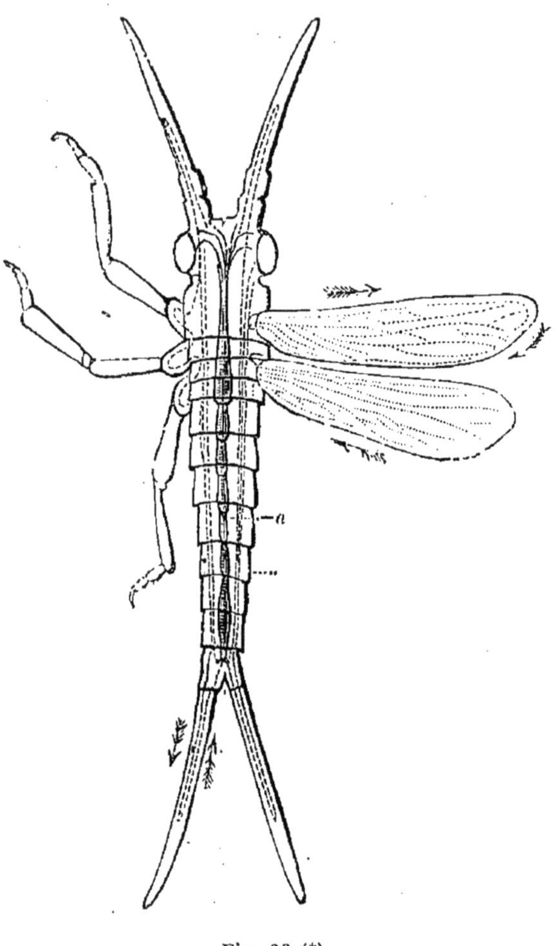

Fig. 93 (*).

Chez la plupart des Invertébrés, le sang toujours dépourvu d'hématies, mais tenant en suspension des globules incolores, est répandu dans la cavité générale du corps qui loge l'appareil digestif, ainsi que beaucoup d'autres organes, et qui est en communication directe avec les lacunes situées entre les parties constitutives de ces organes. Ainsi chez les Insectes le sang circule dans les espaces ménagés de la sorte entre la peau, le tube digestif, les muscles, etc.,

(*) Figure montrant le vaisseau dorsal d'un insecte (a) ; les flèches indiquent le sens des courants sanguins.

et il est mis en mouvement par la contraction d'un tube longitudinal appelé le **vaisseau dorsal**, situé sur la ligne médiane du dos et fonctionnant à la façon d'un cœur (fig. 93). Il n'y a chez ces animaux ni artères, ni veines, mais des lacunes en communication avec la cavité générale du corps et en communication entre elles tiennent lieu de ces vaisseaux irrigatoires et sont le siège d'une véritable circulation. Le sang arrive dans l'intérieur du vaisseau dorsal par une série d'ouvertures situées de chaque côté de cet organe, dont les contractions le poussent d'arrière en avant ; puis, parvenu dans la tête, le liquide nourricier, mis ainsi en mouvement, se répand dans la cavité générale et forme latéralement des courants dirigés d'avant en arrière, et finalement il rentre dans la portion abdominable du vaisseau dorsal.

§ 70. Chez les Crustacés l'appareil circulatoire est plus perfectionné, car il y a un système de vaisseaux à parois

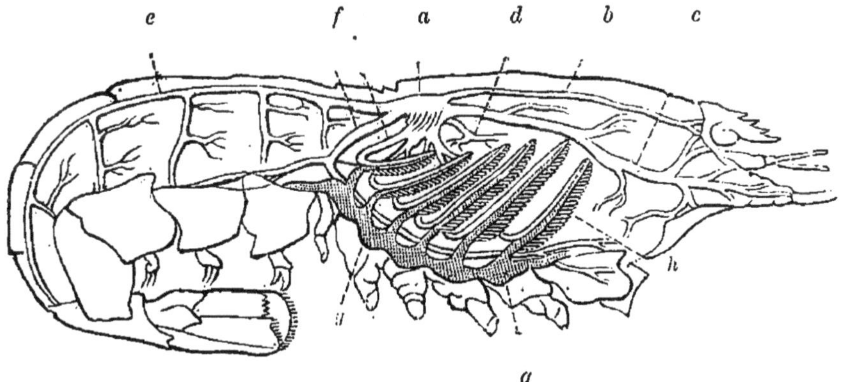

Fig. 94. — Appareil circulatoire du Homard (*).

propres qui conduit le sang du cœur dans les différentes parties du corps (fig. 94), mais les branches terminales des

(*) *a*, le cœur ; — *b*, l'artère ophthalmique ; — *c*, l'artère antennaire ; — *d*, l'artère hépatique ; — *e*, l'artère abdominale supérieure ; — *f*, l'artère sternale ; — *gg*, sinus veineux recevant le sang qui arrive des diverses parties du corps et l'envoyant à l'appareil respiratoire (les branchies, *h*), d'où il retourne vers le cœur par les vaisseaux branchio-cardiaques, *i*.

artères débouchent dans les lacunes interorganiques, et c'est par l'intermédiaire de la cavité générale du corps que ce liquide est conduit à l'appareil respiratoire constitué par les branchies. De là le sang se rend au cœur par des canaux appelés conduits branchio-cardiaques, qui vont déboucher

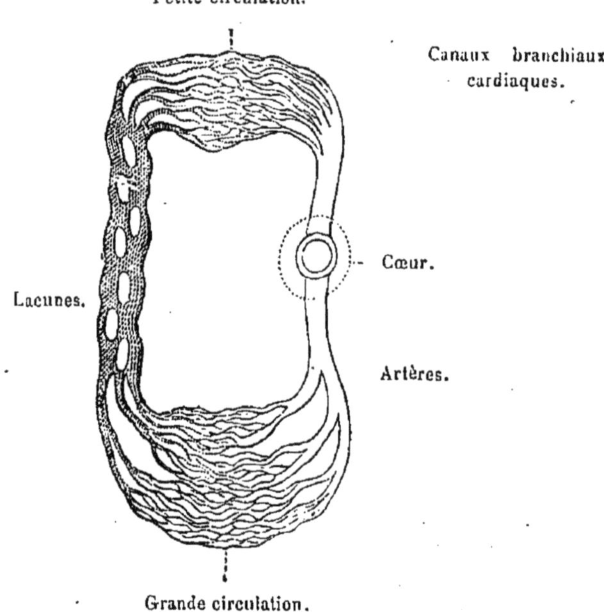

Fig. 95. — Circulation des Crustacés.

dans une poche membraneuse ou péricarde; le cœur y baigne dans le sang, et c'est par des orifices existant dans ses parois que ce liquide arrive dans l'intérieur de cet organe pour être ensuite poussé dans les artères (fig. 95).

§ 71. Chez les Mollusques l'appareil circulatoire présente à peu près les mêmes caractères généraux que chez les Crustacés; il y a un cœur, des artères, des canaux constitués en totalité ou en partie par des lacunes interorganiques et servant à conduire le sang veineux des différentes parties du cœur aux organes respiratoires, puis des canaux branchio-cardiaques; mais ces derniers vaisseaux, au lieu d'aller s'ouvrir dans le péricarde, se rendent directement à la portion vestibulaire du cœur constituée par une ou par deux oreillettes en communication avec le ventricule (fig. 96).

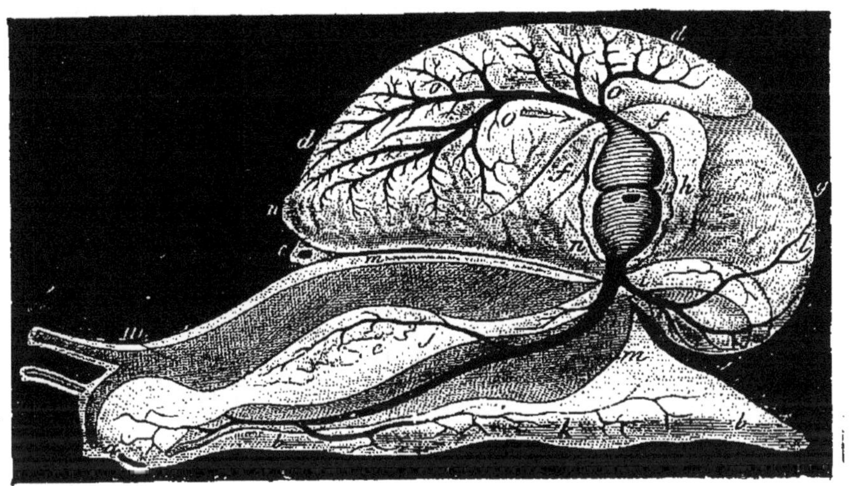

Fig. 96. — Appareil circulatoire d'un Mollusque (*).

Il est aussi à noter que chez les Mollusques les mieux organisés, une portion de plus en plus considérable du système veineux est constituée par des vaisseaux à parois propres, mais que toujours la cavité générale ou chambre périgastrique fait partie de l'appareil circulatoire et fait fonction de réservoir pour le sang veineux. De même que chez les Crustacés et les autres animaux articulés, il y a un cœur aortique ; mais chez quelques espèces il y a en outre un cœur veineux situé à la base des organes respiratoires et affecté spécialement au service de la petite circulation (fig. 97).

(*) Anatomie du Colimaçon : — *a*, bouche ; — *bb*, pied ; — *c*, anus ; — *dd*, poumon ; — *e*, estomac, recouvert en dessus par les glandes salivaire ; — *ff*, intestin ; — *g*, foie ; — *h*, cœur ; — *i*, artère aorte ; — *j*, artère gastrique ; — *l*, artère hépatique ; — *k*, artère du pied ; — *mm*, cavité abdominale remplissant les fonctions d'un sinus veineux ; — *nn*, canal irrégulier en communication avec la cavité abdominale et portant le sang au poumon ; — *oo*, vaisseau qui porte le sang artériel du poumon au cœur.

Ce mode d'organisation est propre aux Mollusques céphalopodes tels que les Poulpes, les Seiches et les Calmars.

Chez les Molluscoïdes le tube intestinal est suspendu dans la cavité générale du corps, et c'est dans cette dernière que se trouve renfermé le liquide nourricier, qui chez quelques-uns

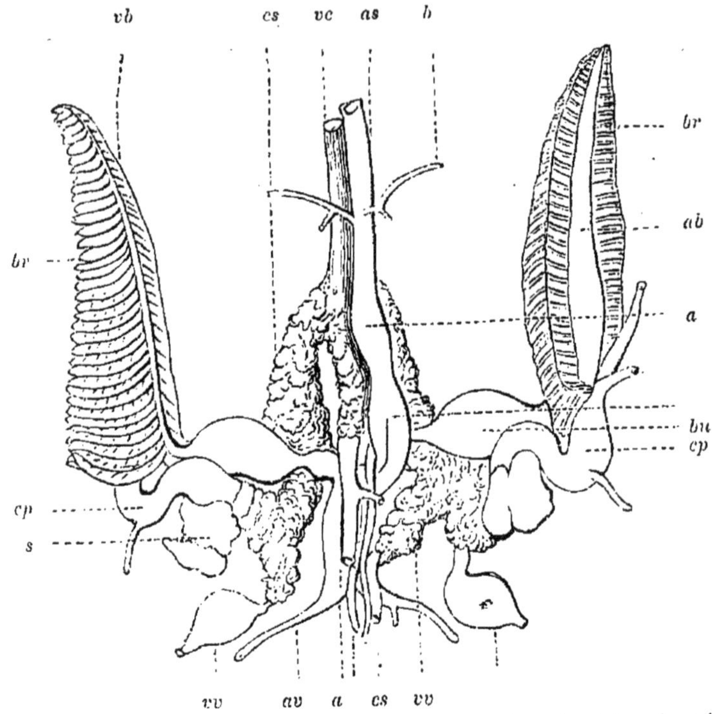

Fig. 97. — Organes de la circulation et de la respiration d'un Céphalopode (*).

des animaux de ce groupe est mis en mouvement par une sorte de cœur en forme de tube; celui-ci se contracte indifférem-

(*) *c*, le cœur aortique, dont l'extrémité supérieure se continue avec l'aorte supérieure (*as*) qui distribue le sang à la tête, etc. ; — *b*, branches de ce vaisseau ; — *a*, l'aorte inférieure, qui présente un bulbe à son origine, et se divise bientôt en deux branches (*av*) ; — *vc*, veine cave, dont les parois sont recouvertes par des corps spongieux (*cs*) ; — *vv*, veines des viscères allant déboucher dans les deux branches de la veine cave ; — *cp*, sinus veineux ou cœurs branchiaux ; — *s*, renflement de la base des artères branchiales ; — *br*, branchies ; — *ab*, artère branchiale ; — *vb*, veine branchiale ; — *bu*, bulbe des veines branchiales, situé près de la terminaison de ces vaisseaux dans le cœur et constituant des oreillettes.

ment dans un sens ou dans l'autre, et pousse le sang tantôt de droite à gauche, tantôt de gauche à droite.

§ 72. Enfin chez d'autres animaux invertébrés il y a, indépendamment de la cavité générale du corps et de ses dépendances, qui contiennent un liquide nourricier analogue au sang des Mollusques et des Articulés, un système de vaisseaux tubulaires à parois propres dans lesquels le sang circule ; chez les Vers de la classe des Annélides ce liquide est presque toujours coloré en rouge bien qu'on n'y aperçoive aucune hématie. Ces vaisseaux sanguins sont contractiles et c'est en se resserrant et en se dilatant alternativement qu'ils déterminent le courant circulatoire dans leur intérieur.

Les Annélides ne sont pas les seuls Invertébrés qui aient de pareils vaisseaux sanguins ; un appareil analogue existe chez les Echinodermes, mais le liquide qui se trouve dans ces conduits ne diffère pas de celui contenu dans la cavité générale du corps.

§ 73. En résumé nous voyons donc que l'appareil circulatoire se perfectionne de plus en plus de classe en classe, depuis les Invertébrés inférieurs jusqu'aux Mammifères.

Chez les Vers il n'y a pas de cœur et ce sont les canaux irrigateurs (vaisseaux ou lacunes) qui servent à la fois à conduire partout le liquide nourricier et à le mettre en mouvement.

Chez les Insectes il y a un vaisseau dorsal faisant fonction de cœur, mais les voies circulatoires ne sont constituées que par les espaces libres situés entre les organes.

Chez les Crustacés, les Arachnides et les Myriapodes il y a un cœur et le système artériel est constitué par des vaisseaux tubulaires, mais le système veineux est formé en majeure partie par des lacunes interorganiques.

Chez les Mollusques il y a aussi un cœur aortique et cet organe, au lieu d'être constitué par une seule pompe foulante, est composé d'une cavité contractile principale ou ventricule et d'une portion vestibulaire également contractile qui constitue une ou deux oreillettes. Il y a un système vasculaire artériel et en général aussi des veines, mais une partie du cercle circulatoire est remplacée par les lacunes ou espaces interorganiques. Enfin chez les espèces les plus perfectionnées de cet embranchement il y a, outre le cœur artériel, une paire de cœurs veineux.

Dans l'embranchement des Vertébrés le cercle circulatoire est complètement vasculaire; la cavité abdominale ne remplit pas les fonctions de réservoir sanguin comme chez les animaux inférieurs et il y a un cœur composé de deux ou de plusieurs cavités.

Chez les Poissons le cœur est formé d'une seule oreillette et d'un ventricule auquel fait suite un tronc artériel élargi en forme de bulbe à sa base et allant à l'appareil respiratoire. Le sang contenu dans le cœur est veineux et la circulation est à la fois simple et complète, car à chaque révolution circulatoire ce liquide traverse en totalité l'appareil respiratoire et ne passe qu'une seule fois dans le cœur.

Chez les Batraciens, dans le jeune âge, la circulation se fait comme chez les Poissons, mais après le développement des poumons le cœur est muni de deux oreillettes qui débouchent dans un ventricule commun où le sang artériel venant de l'appareil respiratoire et occupant l'oreillette gauche se mêle au sang veineux venant des diverses parties du corps et reçu par l'oreillette droite. C'est une portion de ce mélange qui retourne aux poumons et une autre portion du même mélange qui est distribuée dans l'organisme par les artères de la grande circulation. La circulation est donc double, mais incomplète.

Chez les Reptiles ordinaires l'appareil circulatoire est constitué à peu près de même que chez les Batraciens ; le cœur est muni de deux oreillettes et d'un ventricule unique ; mais chez les Crocodiliens cette dernière cavité est complètement divisée et il y a en communication avec l'oreillette gauche un ventricule spécial pour le sang artériel, et à droite un autre ventricule pour le sang veineux s'ouvre dans l'oreillette droite.

Enfin chez les Mammifères et les Oiseaux le cœur est muni de quatre cavités, deux ventricules et deux oreillettes. Le sang pour accomplir le trajet circulatoire passe deux fois dans cet organe et, à chaque tour, la totalité de ce liquide traverse les poumons; en sorte que le sang veineux ne se mêle pas au sang artériel. La circulation est donc double et complète.

Lorsque nous étudierons les fonctions de sécrétion nous verrons que le sang en passant dans certains organes appelés glandes y donne naissance à des liquides particuliers et parfois se charge de substances fournies par ces mêmes instruments physiologiques.

LYMPHE ET APPAREIL LYMPHATIQUE.

§ 74. Les veines ne sont pas les seuls vaisseaux par lesquels le liquide nourricier poussé dans les diverses parties du corps de l'homme et des autres vertébrés revienne vers le cœur. Il y a aussi chez tous ces êtres un autre système de vaisseaux centripètes, qui ressemblent beaucoup aux veines, mais qui au lieu de contenir du sang conduisent de la profondeur des organes vers le cœur un liquide incolore appelé **lymphe** et semblable à du plasma sanguin qui serait dépouillé d'hématies. Il contient, comme le sang incolore de la plupart des animaux invertébrés, de l'albumine et de la fibrine en dissolution dans de l'eau et des globules blancs en suspension dans ce véhicule.

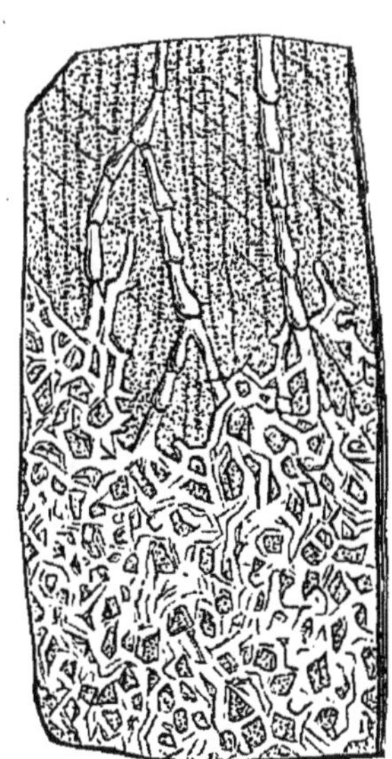

Fig. 98. — Vaisseaux lymphatiques.

Chez les Vertébrés inférieurs le système lymphatique est composé en grande partie par des lacunes interorganiques. Mais chez l'Homme et les autres Mammifères sa structure est plus parfaite (fig. 98). Il consiste en une multitude de vaisseaux à parois membraneuses qui naissent sous la forme de capillaires dans la substance de presque tous les organes et paraissent recevoir, par l'intermédiaire des capillaires sanguins adjacents, du

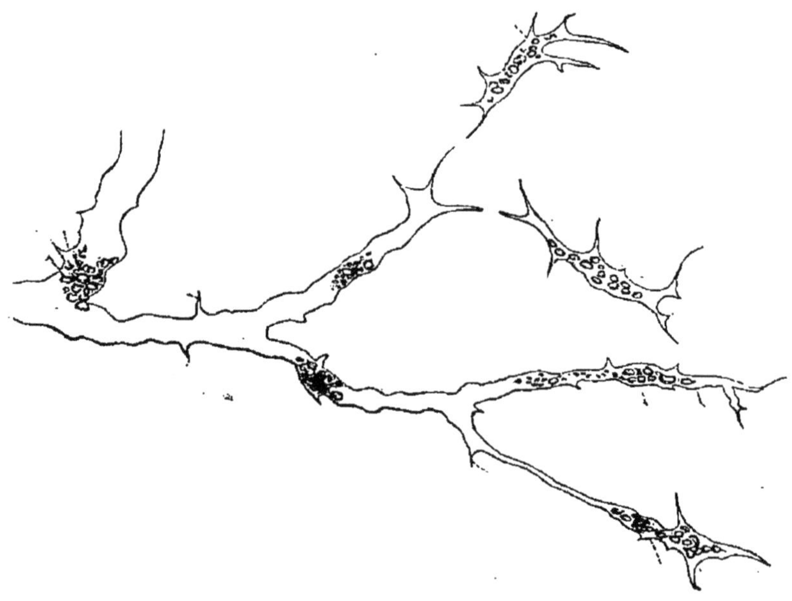

Fig. 99. — Capillaires lymphatiques (*).

plasma provenant du sang (fig. 99). Ces petits vaisseaux lymphatiques se réunissent successivement entre eux pour constituer des branches centripètes de plus en plus grosses et finissant presque toutes par constituer dans le voisinage de l'estomac un gros tronc appelé *canal thoracique* (fig. 101). Celui-ci s'avance vers la base du cou en longeant la colonne vertébrale et va déboucher dans

(*) Section d'une portion du canal thoracique montrant les valvules qui en garnissent l'intérieur et qui s'opposent au reflux du liquide.

la veine sous-clavière gauche. Chez les Vertébrés inférieurs il y a un canal thoracique de chaque côté, mais chez les Mammifères celui du côté droit n'est représenté que par les troncs des vaisseaux lymphatiques du côté correspondant de la tête et des membres antérieurs qui vont s'ouvrir directement dans les grosses veines de la base du cou, et les vaisseaux de toutes les autres parties du corps ne communiquent avec le système veineux que par l'intermédiaire d'un canal thoracique unique situé à gauche et renflé en forme d'ampoule à son extrémité inférieure où il constitue une petite poche appelée *réservoir de Pecquet*.

En dernier résultat la totalité de la lymphe qui arrive des diverses parties du corps est versée dans le torrent circulatoire formé par le sang veineux, et ce mélange s'opère dans le voisinage immédiat de l'oreillette droite du cœur.

Fig. 100.

Les principaux vaisseaux lymphatiques sont munis de valvules semblables à celles des veines (fig. 100), et la plupart de ces conduits présentent sur divers points de leur trajet des organes particuliers nommés *ganglions lymphatiques* dans l'intérieur desquels ils affectent une disposition analogue à celle des veines dans le système de la veine porte. En effet les vaisseaux afférents à ces ganglions s'y ramifient à la façon des artères, se résolvant en capillaires plus ou moins pelotonnés (fig. 99) qui en se réunissant ensuite entre eux reconstituent des branches afférentes de plus en plus grosses qui continuent leur route vers le canal thoracique (fig. 101).

Chez certains animaux la circulation de la lymphe est facilitée par l'existence de réservoirs contractiles placés sur le trajet des vaisseaux et constituant de véritables *cœurs lymphatiques* ; cette disposition s'observe chez les Grenouilles.

§ 75. La lymphe de même que le sang veineux est entraînée,

ainsi que nous venons de le voir, par des courants centripètes qui

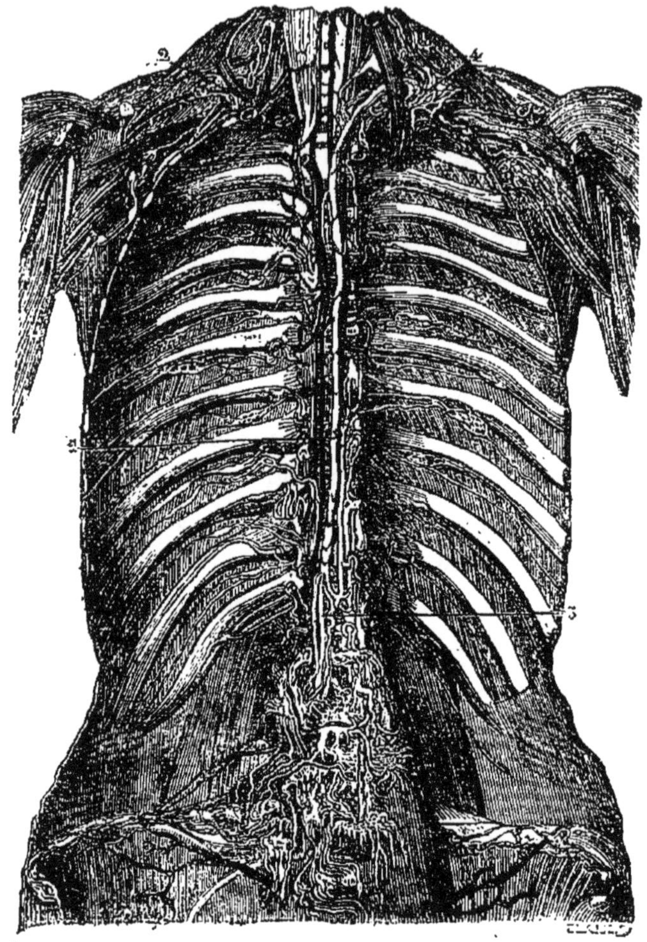

Fig. 101. — Canal thoracique (*).

se réunissent, et le mélange opéré de la sorte, après avoir passé

(*) Cavité thoracique et partie supérieure de l'abdomen de l'homme ouvertes pour en montrer la paroi postérieure. — 1, le canal thoracique appliqué contre la colonne vertébrale ; — 3, origine de ce canal qui naît des vaisseaux chylifères et des ganglions lymphatiques de l'abdomen ; — 4, terminaison du canal thoracique dans la veine sous-clavière gauche, près de la jonction de ce vaisseau avec la veine jugulaire à la base du cou ; — 2, grands vaisseaux lymphatiques venant du côté gauche de la tête et du bras du même côté, pour aller déboucher dans les veines jugulaire et sous-clavière gauches (*Traité d'anatomie humaine*, par M. Sappey).

dans les cavités droites du cœur et dans les vaisseaux de la petite circulation, constitue le sang artériel, que le ventricule gauche du cœur distribue dans toutes les diverses parties de l'organisme.

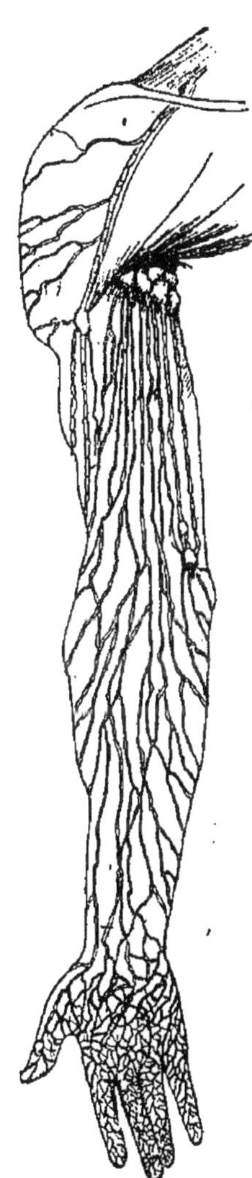

Fig. 102. — Lymphatiques du bras.

Les produits du travail digestif arrivent dans le torrent circulatoire soit par les veines, soit par les vaisseaux lymphatiques du tube alimentaire, et les vaisseaux de ce dernier ordre qui naissent dans les parois de l'intestin grêle et se rendent au réservoir de Pecquet constituent un appareil vasculaire absorbant très important auquel on a donné le nom de *système des vaisseaux chylifères*, parce qu'ils contiennent le liquide lactescent appelé *chyle* qui résulte de la digestion et doit être versé dans le sang; nous reviendrons plus loin sur ce sujet.

ABSORPTION.

§ 76. On désigne sous ce nom la fonction par laquelle les matières étrangères à l'organisme ou déposées dans l'intérieur de certains organes sont introduites dans le liquide nourricier pour être ensuite distribuées par celui-ci aux diverses parties du corps vivant ou expulsées au dehors.

C'est d'abord par imbibition que ces substances pénètrent dans les interstices extrêmement petits compris entre les parties solides des tissus constitutifs de l'organisme. Tous les tissus vivants sont plus ou moins perméables, c'est-à-dire que tous laissent passer les liquides à travers leur substance après la mort aussi bien que pendant la vie. Ce fait est connu pour ainsi dire de tout temps. Les parois des vaisseaux sanguins aussi bien que celles des vaisseaux chylifères ou lymphatiques sont plus ou moins perméables et s'imbibent des liquides qui baignent leur surface. Il ne suffit cependant pas que ces parois soient perméables, il faut encore, pour que les liquides les traversent, qu'ils soient poussés dans les interstices des tissus par une force motrice quelconque.

L'influence de la capillarité doit entrer en première ligne dans l'explication de ce phénomène. On sait en effet que l'eau et d'autres liquides s'élèvent dans les tubes étroits dits capillaires, malgré l'influence de la pesanteur, qui tend à les faire tomber. On peut regarder les tissus organiques de l'économie comme criblés de petites ouvertures que nous ne pouvons voir à l'aide de nos moyens d'investigation ordinaires, et en communication les unes avec les autres. On peut donc considérer ces espèces de petits canaux comme autant de tubes capillaires dont les parois tendent à attirer les liquides. Lorsque cette première influence a ainsi agi, les forces osmotiques entrent en jeu.

§ 77. Les phénomènes **d'osmose**, découverts par Dutrochet, jouent en effet un grand rôle dans la marche des liquides de l'organisme. — On remarque que si deux liquides de nature ou de densité différentes mais miscibles se trouvent en présence, séparés seulement par une membrane animale ou végétale, des courants s'établissent à travers la membrane ; en général ceux qui vont du liquide le moins dense vers le plus dense sont plus rapides que les autres. De sorte que le liquide dont la densité est la plus forte augmente de volume aux dépens du liquide dont la densité est moindre.

Si par exemple on place une dissolution de sucre ou de gomme dans l'intérieur d'une petite vessie à laquelle est fixé un long tube (fig. 103), et si l'on plonge ce petit appareil dans de l'eau pure, cette dernière traversera plus facilement les parois du sac que ne pourra le faire la dissolution du sucre ;

le liquide s'accumulera alors dans l'intérieur de l'appareil et s'élèvera dans le tube. En même temps une certaine proportion de la solution sucrée sortira de la vessie pour aller se mêler en faible proportion à l'eau extérieure.

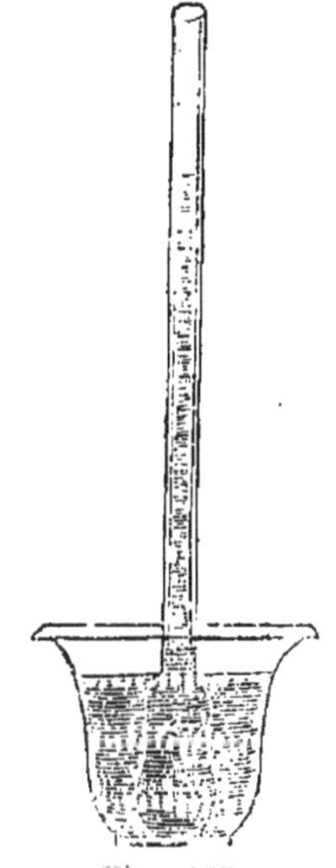
Fig. 103.

Ces phénomènes considérés dans leur ensemble prennent le nom d'*Osmose*. On appelle *Endosmose* le courant du liquide plus dense vers le liquide moins dense, et *Exosmose* le courant en sens contraire.

Chez les animaux ainsi que chez les végétaux les actions osmotiques s'exercent à chaque instant. En effet, la plupart des sucs élaborés que l'on rencontre dans les tissus vivants peuvent agir sur les liquides environnants, comme la dissolution sucrée agissait sur l'eau; et une fois que ces liquides ont pénétré dans les vaisseaux, ils sont entraînés par le torrent circulatoire et se répandent dans l'organisme.

Tous les tissus organiques ne sont pas également perméables : les uns, ne livrant que très difficilement passage aux fluides, s'opposent ainsi à l'absorption ; l'épiderme qui revêt la peau de l'Homme et de la plupart des autres animaux agit de la sorte, tandis que le tissu mou et spongieux situé au-dessous se charge facilement des liquides aqueux en contact avec sa surface et par conséquent peut être le siège d'une absorption rapide. C'est à raison de cette circonstance que nous pouvons souvent toucher impunément à des matières toxiques lorsque l'épiderme est intact, tandis que le contact de ces matières avec une partie de la peau dépouillée de cette couche protectrice peut occasionner des accidents graves dus à l'absorption du poison. C'est en effet par suite de leur absorption, puis de leur mélange avec le sang en circulation que la plupart des poisons produisent sur l'économie animale des effets nuisibles et souvent la mort. Tantôt ces matières altèrent le liquide nourricier de façon à le rendre impropre à l'accomplissement de ses fonctions, mais d'autres fois il leur sert seulement de véhicule pour arriver aux organes sur lesquels leur action nuisible s'exerce. Comme exemples de matières toxiques dont l'action locale s'exerce ainsi, je citerai la Strychnine qui détermine des mouvements convulsifs d'une grande intensité, lorsque charriée par le sang elle parvient jusque dans la substence de la moelle épinière, et les principes actifs de l'opium qui en arrivant de la même manière dans le cerveau en arrêtent le fonctionnement. L'oxyde de carbone résultant de la combustion incomplète de charbon agit au contraire d'une manière directe sur les globules rouges du sang, s'y combine et les rend ainsi incapables de remplir leur rôle dans la respiration.

§ 78. Les diverses parties de la surface libre de l'organisme sont d'autant plus aptes à absorber les matières étrangères que

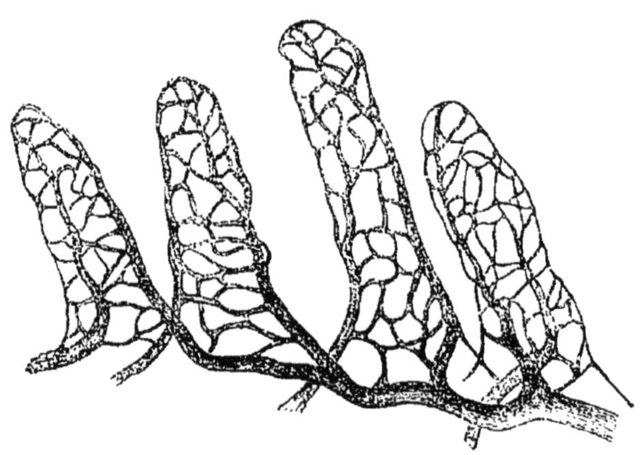

Fig. 104. — Villosités intestinales.

le revêtement constitué par l'épiderme ou ses analogues est plus mince, et on comprend aussi que l'abondance des capillaires sanguins ou même lymphatiques dans le voisinage de cette surface doit être aussi une condition favorable au développement de la puissance absorbante locale. Cela explique comment il se fait que l'absorption est beaucoup plus active à la surface des membranes muqueuses qui tapissent les voies digestives (fig. 104) et les voies respiratoires qu'à la surface de la peau, car ces tuniques sont beaucoup plus riches en vaisseaux irrigatoires et leur revêtement épithélique est très délicat. Cependant le nombre de vaisseaux lymphatiques qui existe au-dessous de la peau des doigts rend l'absorption facile lorsque l'épiderme est enlevé (fig. 105), et souvent une piqûre faite avec une pointe souillée de matières d'une nature infectieuse peut amener l'inflammation de ces vaisseaux et des désordres graves dans l'économie, par exemple l'engorgement des ganglions lymphatiques du creux de l'aisselle et la formation d'abcès.

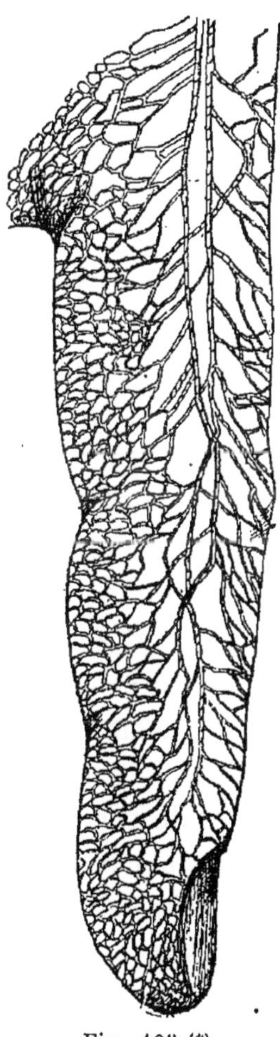

Fig. 105 (*).

Dans la périphérie de l'organisme c'est principalement par les veines que l'absorption s'effectue, et c'est parce que la compression de ces vaisseaux y entrave le passage du sang vers le cœur qu'une ligature placée autour d'un membre, au-dessus d'un point où une substance toxique a été introduite, s'oppose plus ou moins efficacement à l'absorption de cette matière.

§ 79. La plupart des liquides qui arrivent dans l'estomac et même dans l'intestin sont absorbés directement par les veines qui serpentent dans l'épaisseur des parois de ce viscère et de l'intestin grêle. Chez quelques ani-

(*) Vaisseaux lymphatiques sous-cutanés du doigt.

maux c'est même la seule voie par où se fait l'absorption. On a cru longtemps qu'elle devait être la seule ; puis quand on eut découvert les vaisseaux lymphatiques, on tomba dans l'excès contraire et on nia complètement l'action absorbante des vaisseaux sanguins. Un physiologiste célèbre, Magendie, démontra que les vaisseaux sanguins étaient pourvus de parois perméables et qu'ils pouvaient servir au transport des matières liquides du dehors dans l'économie.

Pour cela il coupa toutes les parties molles ainsi que les os de la jambe d'un chien, ne laissant cette partie en communication avec le reste du corps que par l'artère et la veine qu'il avait ménagées à dessein ; de cette manière il avait détruit tous les vaisseaux lymphatiques ; il injecta alors sous la peau de la jambe ainsi préparée de l'extrait de noix vomique ; l'absorption de cette substance toxique se fit presque instantanément et l'animal mourut ; en liant les veines de la jambe, il constata que l'on pouvait retarder presque indéfiniment l'empoisonnement, mais qu'aussitôt après que la ligature était défaite, les effets de la noix vomique se faisaient sentir. L'expérience était concluante ; cependant on lui objecta que le long des parois des veines et des artères de la jambe, conservées dans cette opération, il pouvait y avoir encore quelques lymphatiques. Pour répondre à cette objection, Magendie remplaça la veine et l'artère par des tubes de verre, dans lesquels circulait le sang et qui établissaient la communication entre le corps et la jambe de l'animal en expérience. De cette manière l'absorption du poison déposé dans le pied ne pouvait être attribuée qu'aux veines.

Les matières grasses ne pénètrent que très difficilement dans le sang par ces vaisseaux, et c'est presque exclusivement par les lymphatiques qu'elles y parviennent après avoir été émulsionnées par l'action du suc pancréatique. Le courant de la lymphe dans le système des vaisseaux chylifères devient très rapide sous l'influence de l'excitation locale déterminée par la présence des matières alimentaires dans l'appareil digestif, et la lymphe qui en passant dans ces vaisseaux se charge de particules graisseuses, devient blanche, opaque et lactescente et constitue le liquide appelé **chyle** (fig. 107).

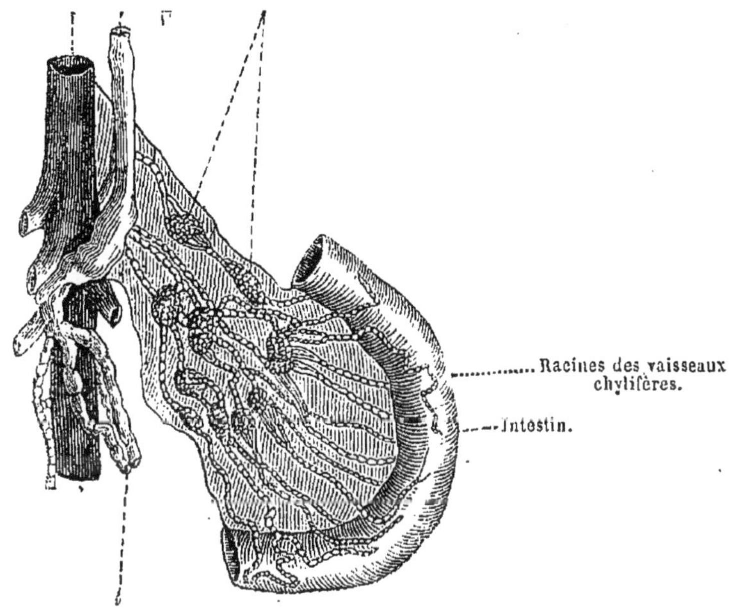

Fig. 106. — Vaisseaux chylifères.

Ainsi c'est essentiellement par les vaisseaux chylifères (fig. 106) que les matières grasses provenant de la digestion des aliments arrivent dans le sang, tandis que la plupart des autres substances absorbées soit dans l'estomac, soit dans l'intestin pénètrent directement dans les veines.

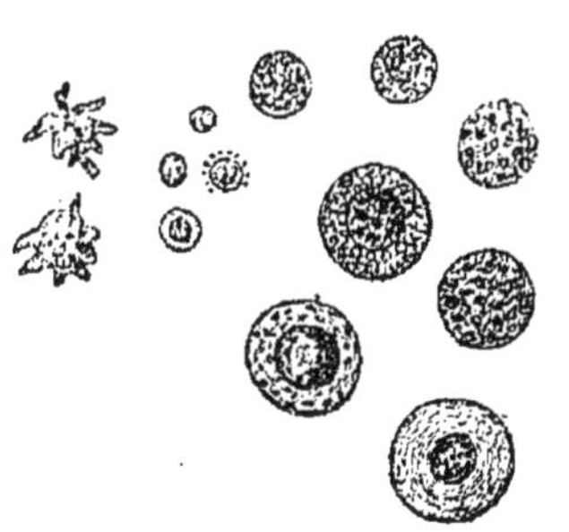

Fig. 107. — Éléments du chyle.

Si l'on ouvre l'abdomen d'un animal en voie de digestion, on voit un grand nombre de vaisseaux chylifères blanchâtres ramper à la surface du mésentère de l'intestin grêle. Ces vaisseaux naissent dans l'intérieur des villosités *intestinales* (fig. 108), se réunissent en branches, puis en troncs, traversent de petites masses formées par le pelotonnement de ces vaisseaux et appelées ganglions, puis vont déboucher dans le canal thoracique.

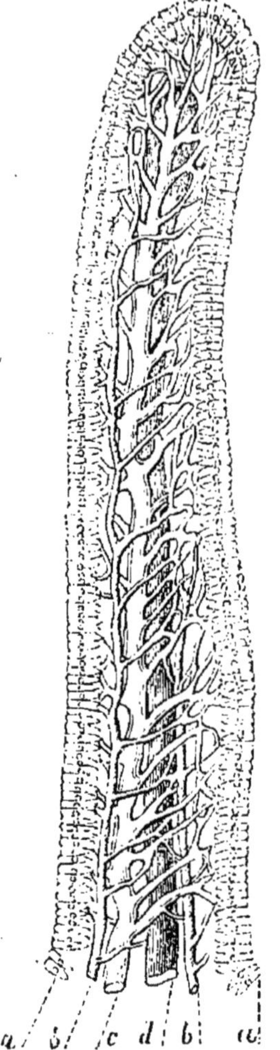

Fig. 108 (*).

DE LA RESPIRATION.

§ 80. Les matières nutritives fournies à l'organisme par le travail digestif ne suffisent jamais à l'entretien de la vie des animaux. Ces êtres sont toujours le siège d'une sorte de combustion qui est nécessaire au développement de toute action vitale, et pour la production de ce phénomène chimique il leur faut un agent comburant qui est l'oxygène; il leur faut aussi des combustibles fournis soit par les aliments, soit par la substance constitutive de leur corps. C'est dans l'air atmosphérique qu'ils puisent directement ou indirectement cet oxygène ; l'absorption de ce gaz, son emploi dans l'économie animale et l'expulsion ultérieure de l'acide carbonique résultant de la combustion physiologique entretenue de la sorte, constituent la partie essentielle fondamentale du phénomène appelé *respiration* ; mais dans le langage vulgaire on désigne aussi sous

(*) Villosité intestinale grossie environ 20 fois : *aa*, épithélium ; — *bb* artères — *c*, veine ; — *d*, vaisseau chylifère.

le même nom l'acte mécanique au moyen duquel le fluide respirable est renouvelé dans l'appareil respiratoire.

Les animaux terrestres puisent directement dans l'atmosphère l'oxygène nécessaire à l'entretien du travail respiratoire. Quelques animaux complètement aquatiques peuvent aussi respirer l'air en nature comme le font les Cétacés, tels que les Baleines, les Marsouins et les Dauphins (fig. 109) ; mais d'ordinaire ils puisent l'oxygène dans l'air qui est en dissolu-

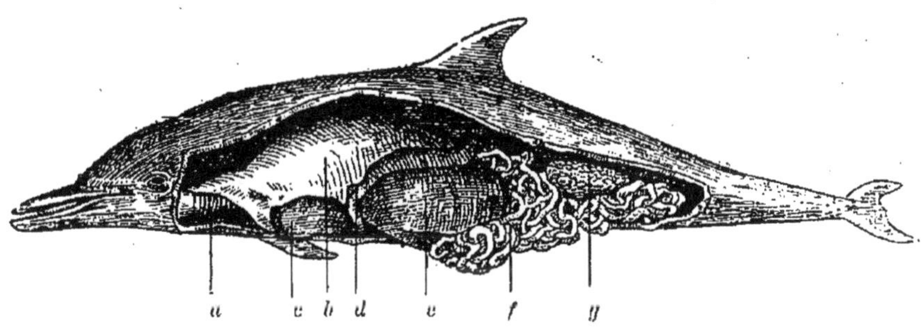

Fig. 109. — Dauphin (*).

tion dans l'eau exposée au contact de l'atmosphère et lorsqu'ils se trouvent dans de l'eau qui a été privée d'air par l'ébullition ou par tout autre moyen, ils s'asphyxient et meurent comme le font les animaux à respiration aérienne lorsqu'ils ne peuvent pas faire rentrer de l'air dans leur appareil respiratoire.

§ 81. L'interruption de la respiration détermine d'abord un malaise extrême, puis des phénomènes plus graves ; l'Être animé, que ce soit un Homme, un Quadrupède, un Oiseau ou un Insecte, souffre bientôt s'il est privé de gaz oxygène ; il cesse d'être apte à exécuter des mouvements et il tombe dans un état de mort apparente appelée *asphyxie* ; enfin cet état est suivi de la mort réelle lorsque la respiration n'est pas rétablie en temps utile. On peut suivre la marche de ce phénomène en

(*) Dauphin dont la cavité viscérale a été ouverte pour montrer : *a*, la trachée-artère ; — *b*, l'un des poumons ; — *c*, le cœur ; — *d*, le diaphragme ; — *e*, le foie ; — *f*, l'intestin ; — *g*, l'un des reins.

enfermant un oiseau sous une cloche de verre, et en retirant, à l'aide d'une machine pneumatique, l'air qui y était contenu. Quand quelques coups de piston ont été donnés, on voit l'oiseau se débattre suffoqué, puis tomber sans mouvement et mourir (fig. 110).

Fig. 110.

Chez beaucoup d'animaux des plus inférieurs dont les besoins respiratoires sont très restreints, la respiration a lieu par l'intermédiaire de la peau seulement et n'est pas localisée dans une partie déterminée de la surface du corps ; mais chez tous les animaux dont l'activité vitale est grande, cette respiration cutanée, lors même qu'elle existe, est insuffisante et l'entretien de la combustion physiologique a lieu au moyen d'un appareil spécial doué d'un pouvoir absorbant très considérable et servant à transmettre au sang l'oxygène dont l'organisme a besoin, ainsi qu'à déverser au dehors les produits aériformes de cette combustion.

§ 82. Chez les animaux aquatiques ces organes respiratoires

sont des *Branchies*, c'est-à-dire des parties saillantes qui sont baignées par l'eau et qui reçoivent dans leur intérieur le sang destiné à y subir l'influence vivifiante de l'oxygène en dissolution dans ce liquide.

Chez les animaux à vie aérienne, les organes spéciaux de respiration sont au contraire des cavités dans l'intérieur desquelles le fluide respirable pénètre et dont les parois sont en rapport d'autre part avec le sang. Ils sont constitués tantôt par des sacs membraneux auxquels le sang veineux arrive des autres parties du corps, d'autres fois par des tubes rameux qui portent l'air de la surface du corps dans les profondeurs de l'organisme. Dans le premier cas ce sont des *poumons*, dans le second cas on les désigne sous le nom de *trachées*.

Jamais le sang n'est mis directement en contact avec l'air atmosphérique ; il en est toujours séparé par le tissu de l'organe respiratoire et c'est par absorption à travers ce tissu que l'oxygène arrive au liquide nourricier.

§ 83. Chez l'Homme, et chez tous les autres Vertébrés, l'action de l'oxygène sur le sang détermine dans ce liquide des changements physiques très remarquables. Le sang veineux qui revient des diverses parties du corps où il a servi à la nutrition est d'un rouge sombre et les physiologistes l'appellent communément du *sang noir ;* mais au contact du gaz oxygène dans un vase inerte aussi bien que dans l'intérieur du corps vivant il change de teinte ; il devient d'un rouge vermeil et il acquiert en même temps des propriétés vivifiantes que ne possède pas le sang noir. Celui-ci est insuffisant pour l'entretien de l'activité vitale, tandis que le passage du sang vermeil dans une partie dont le fonctionnement physiologique a été suspendu peut suffire pour y rétablir cette activité.

Ces notions générales relatives à la nature de la respiration étant acquises, nous passerons maintenant à l'examen de l'appareil respiratoire de l'Homme et des autres Mammifères.

APPAREIL DE LA RESPIRATION.

§ 84. L'appareil respiratoire de tous les Mammifères se compose d'instruments physiologiques de trois sortes, savoir : 1° de poumons qui sont le siège des échanges à établir entre le sang et l'air atmosphérique ; 2° des voies aérifères par l'intermédiaire desquelles l'air arrive aux poumons et retourne ensuite de ces organes dans l'atmosphère ; 3° d'organes moteurs servant à

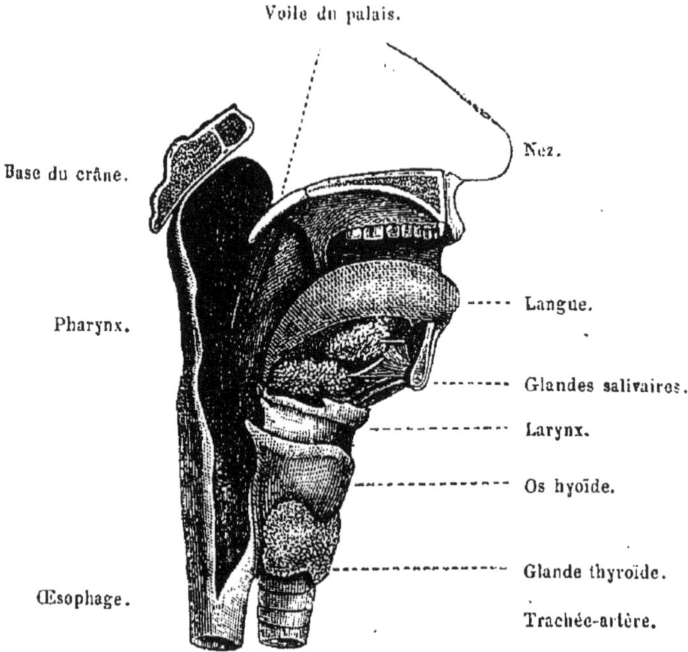

Fig. 111. — Coupe verticale de la bouche et du gosier.

opérer l'*inspiration* ou appel de l'air dans les poumons et l'*expiration* ou sortie des gaz qui de ces organes doivent être rejétés dans l'atmosphère. En effet, par suite de son emploi dans le travail respiratoire, l'air devient inapte à donner au sang les propriétés vivifiantes qu'il doit y communiquer et par conséquent, pour l'entretien de la vie, il faut que le fluide respirable soit sans cesse renouvelé dans l'intérieur des poumons.

Les poumons des Mammifères, ainsi que nous l'avons déjà vu dans la première partie de ce cours, sont, de même que le cœur, logés dans une chambre viscérale spéciale appelée cavité thoracique et séparée de l'abdomen par une cloison charnue désignée sous le nom de *muscle diaphragme* (fig. 114).

L'intérieur de ces organes communique avec l'extérieur au moyen de voies respiratoires composées d'une portion vestibulaire qui est fournie en partie par l'appareil digestif, et d'une portion spéciale qui est tubulaire et constituée par la larynx, la trachée-artère et les bronches et qui communique avec l'arrière-bouche par un orifice appelé *glotte*.

La partie supérieure du vestibule respiratoire est double et divisée en deux étages par la voûte palatine et le voile du palais, l'étage inférieur est constitué par la cavité buccale ; l'étage supérieur est formé par les fosses nasales, qui en avant s'ouvrent au dehors par l'intermédiaire des narines et en arrière débouchent dans le pharynx par les arrière-narines (fig. 111). Cette dernière cavité appelée communément l'arrière-bouche, le Pharynx ou la gorge, constitue la seconde portion vestibulaire des voies respiratoires, et à sa partie inférieure se trouve la glotte placée en avant de l'entrée de l'œsophage. Le pharynx est donc une sorte de carrefour où la route suivie par l'air pour aller des fosses nasales à la glotte croise celle suivie par les aliments pour aller de la bouche à l'œsophage. Lorsque la cavité buccale est libre, la glotte peut donc communiquer avec l'atmosphère soit par la bouche, soit par les narines ; mais pendant que la mastication des aliments s'effectue le voile du palais s'abaisse comme nous l'avons vu précédemment (page 31) et la respiration se fait par les narines seulement. En général, pendant que la déglutition s'opère, la route de l'air se trouve obstruée par la présence du bol alimentaire dans le pharynx. Mais chez quelques Mammifères le voile du palais est conformé de manière à ce que la respiration ne soit pas interrompue de la sorte. Ainsi chez le Marsouin, la Baleine et les autres Cétacés qui, tout en respirant par des poumons, vivent dans l'eau et ont presque toujours la cavité buccale remplie par ce liquide, le voile du palais descend en forme de tube jusqu'à la glotte et maintient les voies respiratoires libres

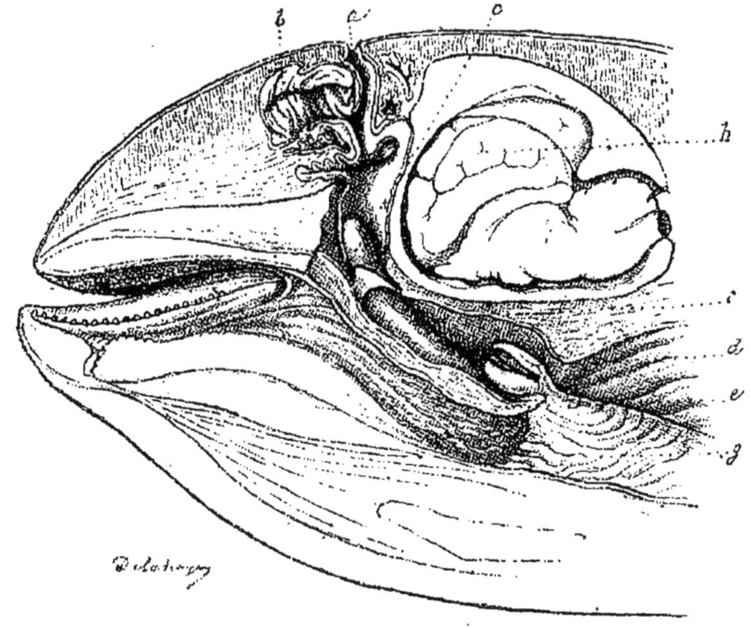

Fig. 112. — Tête de Marsouin (*).

au milieu du pharynx tout en laissant de chaque côté un espace libre pour le passage des aliments (fig. 112).

§ 85. La glotte est l'entrée du tube respiratoire qui descend le long du cou au-devant de l'œsophage et qui est constituée dans sa partie supérieure par le *larynx*, organe dans lequel la voix est produite et sur la structure duquel nous aurons à revenir. De même que la trachée artère qui y fait suite, il est tapissé par

(*) Coupe longitudinale de la tête d'un Marsouin. *a*, évent représentant les narines ; — *b*, cellules en communication avec les fosses nasales ; — *c*, tube contenant en arrière les fosses nasales ; — *d*, glotte qui est saisie par le voile du palais ; — *e*, *g*, extrémités supérieures des voies respiratoires ; — *h*, cerveau.

une membrane muqueuse en continuité avec celle de l'arrière-bouche et ses parois sont renforcées par une charpente solide composée de pièces cartilagineuses disposées transversalement (fig. 113). A la base du cou la trachée se bifurque et chacune de ses branches, appelées *Bronches*, se rend aux poumons correspondant, s'y ramifie comme les racines d'un arbre dans le sol et va finalement aboutir dans une multitude de petites cellules dont cet organe est creusé.

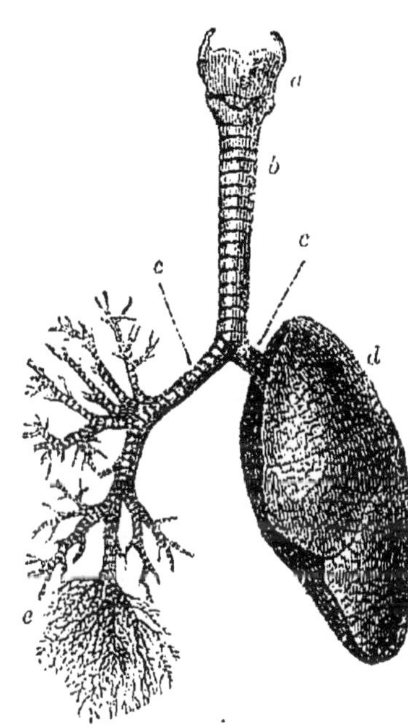

Fig. 113. — Poumons et trachée de l'Homme (*).

§ 86. Les **poumons** au nombre de deux sont suspendus dans la cavité thoracique, de chaque côté du cœur, au moyen des bronches et de gros vaisseaux sanguins qui les relient au cœur. Chaque poumon est revêtu d'une tunique séreuse appelée *plèvre*, qui tapisse aussi la surface intérieure de la cavité thoracique et constitue un sac-clos dont la surface libre, très lisse et lubrifiée par un liquide, est partout en contact avec elle-même (fig. 11). Au moyen des bronches l'air arrive dans l'intérieur des cellules pulmonaires, et les parois de ces petites cavités logent le réseau capillaire sanguin qui relie les artères pulmonaires aux veines du même nom (fig. 74). Le sang veineux venant du ventricule droit du cœur traverse, comme nous l'avons vu précédemment, ce réseau vasculaire ; il y subit l'influence de l'air qui le rend vermeil, et c'est après avoir été

(*) L'un des poumons est resté intact (*d*) ; mais, de l'autre côté, on en a détruit la substance pour mettre à nu les ramifications des bronches (*e*). *a*, larynx et extrémité supérieure de la trachée-artère ; — *b*, trachée ; — *c*, divisions des bronches ; — *e*, ramuscules bronchiques.

changé aussi en sang artériel que ce liquide est reporté au cœur par les veines pulmonaires (1).

§ 87. En agissant ainsi sur le sang l'air perd ses propriétés vivifiantes et par conséquent il doit être souvent renouvelé, résultat qui est obtenu par le jeu de l'appareil moteur qui détermine alternativement des mouvements d'inspiration et d'expiration analogues à ceux d'un soufflet ou d'une pompe qui serait tour à tour aspirante et foulante.

Cet appareil est constitué par les parois de la cavité du thorax qui sont disposées de façon à pouvoir alternativement agrandir ou rétrécir cette chambre, et pour comprendre le mécanisme au moyen duquel ce résultat est obtenu, il est nécessaire de connaître la structure de cette partie du corps.

Les parois thoraciques ont une charpente solide composée en majeure partie d'os mobiles les uns sur les autres. En arrière elles sont constituées sur la ligne médiane par la colonne vertébrale à laquelle s'articule de chaque côté une série de côtes dont l'extrémité antérieure est reliée au sternum par des pièces cartilagineuses (fig. 114) ; les espaces compris entre ces arceaux sont occupés par du tissu charnu qui forme les muscles intercostaux, et le plancher de la chambre limitée de la sorte latéralement est constitué par une cloison également musculaire, par conséquent contractile appelée le **Diaphragme** (fig. 11 et 114). Cette cloison est attachée au bord inférieur de la charpente osseuse dont nous venons de parler et elle s'élève en forme de voûte dans l'intérieur de la cavité thoracique. Or, toutes les fois que le diaphragme se contracte, les fibres qui le constituent se raccourcissent et par conséquent sa courbure diminue ; la voûte qu'elle forme s'abaisse d'autant, et il s'en suit que le diamètre vertical situé au-dessus de cette cloison mobile s'agrandit d'autant. En effet les côtes articulées à la colonne vertébrale par leur extrémité

(1) Voyez page 81.

postérieure sont dirigées obliquement en avant et en bas, et leur extrémité opposée reliée au sternum, s'élève ou s'abaisse chaque fois que certains muscles se contractent ou se relâchent. Or en raison de cette obliquité la paroi antérieure du thorax

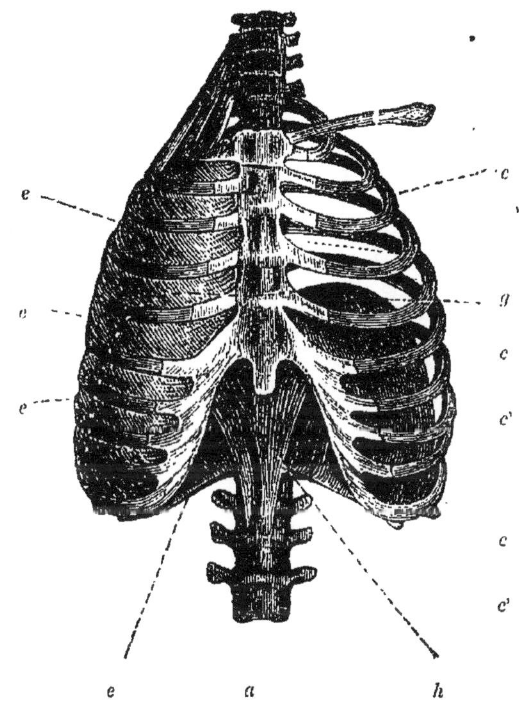

Fig. 114. — Thorax de l'Homme (*).

doit nécessairement s'éloigner de la colonne vertébrale chaque fois que les côtes se meuvent de la sorte (fig. 115 et 116). Enfin ces mêmes os courbes sont inclinés obliquement de dedans en dehors et de haut en bas, de façon que leur mouvement d'ascension en diminuant cette obliquité détermine une

(*) Du côté gauche les muscles ont été enlevés, tandis que du côté opposé ils sont en place. La voûte formée dans l'intérieur du thorax par le diaphragme (*g*) se voit à gauche, et du côté droit la continuation de cette voûte est indiquée par une ligne ponctuée; — *h*, piliers du diaphragme s'insérant aux vertèbres lombaires; — *i*, muscles élévateurs des côtes; — *d*, clavicule; — *c*, côtes; — *e*, muscles intercostaux.

augmentation correspondante dans le diamètre transversal du thorax. Par le jeu du diaphragme et de l'appareil costal, la cavité thoracique peut donc s'agrandir à la fois dans tous les sens, et chaque fois qu'elle se dilate l'air du dehors est appelé dans l'intérieur des poumons, car il n'y a aucune communi-

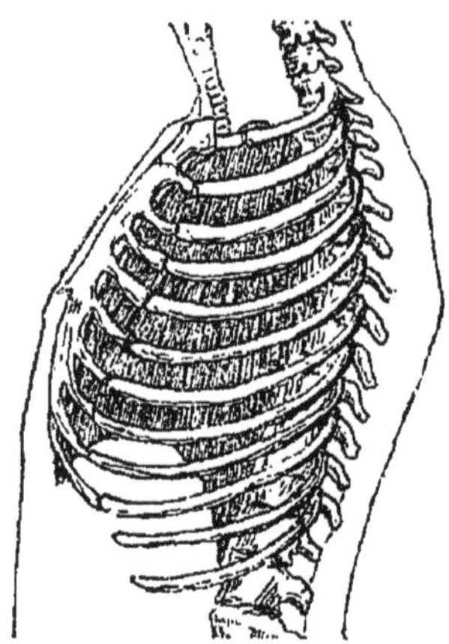

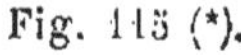

Fig. 115 (*).

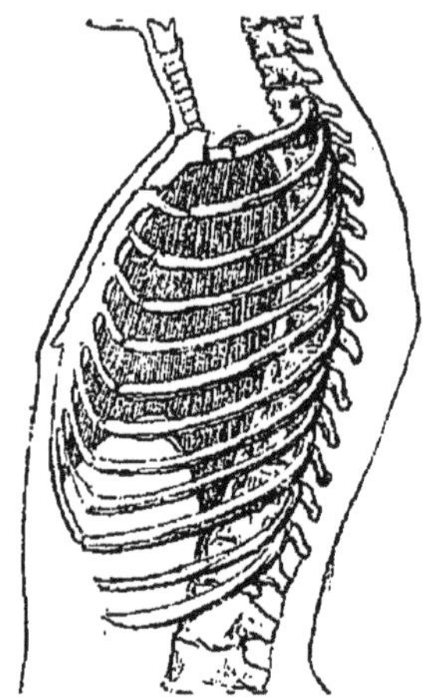

Fig. 116 (**).

cation entre l'atmosphère et cette cavité, tandis que les cellules à parois extensibles qui constituent les poumons communiquent librement avec l'extérieur par l'intermédiaire des bronches, de la trachée et de la partie vestibulaire des voies respiratoires. Les poumons se dilatent donc en même temps que la chambre thoracique s'agrandit par suite de la contraction des muscles élévateurs des côtes ou du muscle diaphragme, et cette dilatation appelle l'air extérieur dans l'intérieur des cellules pulmonaires.

Les mouvements contraires, c'est-à-dire les mouvements d'expiration, peuvent résulter du relâchement des muscles inspirateurs et de l'élasticité du tissu des poumons qui tend toujours à rapetisser ces organes et qui exerce ainsi une

(*) Position des côtes pendant l'inspiration.
(**) Position des côtes pendant l'expiration.

sorte de traction sur les parois de la cavité thoracique (fig. 116). C'est par l'effet de cette traction que le diaphragme remonte en forme de voûte dans le thorax dès que les fibres de ce muscle cessent de se contracter.

Enfin les mouvements d'expiration peuvent devenir plus énergiques par l'action des muscles antagonistes des muscles élévateurs des côtes, notamment des muscles abdominaux qui sont fixés d'une part au bord inférieur de la cage osseuse du thorax, d'autre part au bassin.

§ 88. Suivant les besoins du travail respiratoire, ces mouvements de dilatation de la poitrine peuvent être petits ou très grands, rares ou fréquents, et la quantité d'air introduite dans les poumons puis expulsée de ces organes en un temps donné peut de la sorte varier beaucoup chez le même individu, et varier non moins d'individu à individu ou d'un animal à un animal d'espèce différente suivant que la capacité de la pompe thoracique est plus ou moins grande.

Chez l'Homme au repos le nombre des inspirations est en général de 18 à 20 par minute, et la quantité d'air introduite dans les poumons à chaque inspiration est d'environ un demi-litre, chez les individus de moyenne taille. Mais la fréquence de ces mouvements et leur étendue varient suivant l'âge, l'état de repos ou d'activité musculaire et une multitude d'autres circonstances. Examinons maintenant ce que devient l'air employé de la sorte.

DES PHÉNOMÈNES CHIMIQUES DE LA RESPIRATION.

§ 89. L'air atmosphérique qui pénètre dans les poumons est composé normalement d'environ quatre cinquièmes d'azote (en volume) et d'un cinquième d'oxygène ; mais en sortant de ces organes sa composition n'est plus la même ; il contient beaucoup moins d'oxygène et la quantité de cet élément qui a disparu est remplacée à volume presque égal par du gaz acide carbonique, c'est-à-dire par un composé d'oxygène et de carbone. En perdant son oxygène l'air perd aussi ses propriétés vivifiantes, et l'azote, de même que le gaz acide carbonique, est complètement inapte à l'entretien de la vie.

Les changements subis par l'air dans la respiration de l'Homme et de tous les autres animaux ne diffèrent en rien d'essentiel des changements que ce fluide éprouve dans un foyer où du charbon brûle activement ; là il y a aussi disparition d'oxygène et production d'acide carbonique, et cette production est la conséquence de la combinaison chimique de l'oxygène avec du carbone fourni par le combustible en ignition. Les phénomènes chimiques de la respiration s'expliquent de la même manière et la ressemblance entre la respiration animale et la combustion du charbon devient encore plus frappante lorsqu'on tient compte d'un phénomène physique dont l'un et l'autre de ces phénomènes chimiques sont accompagnés : savoir d'un dégagement de chaleur.

En effet, les animaux en respirant produisent de la chaleur comme le charbon en produit en brûlant, et la quantité de chaleur dégagée par ces Êtres vivants est en rapport avec l'activité du travail respiratoire dont ils sont le siège.

Lavoisier, le plus grand chimiste et aussi le plus grand physiologiste du siècle dernier, découvrit ces faits en 1777, et il fut conduit ainsi à considérer la respiration de l'Homme comme étant une sorte de combustion, théorie qui est en effet l'expression de la vérité :

« La respiration, écrivait Lavoisier, n'est qu'une combinaison lente de carbone et d'hydrogène qui est semblable en tout à celle qui s'opère dans une lampe ou dans une bougie allumées, et sous ce point de vue les animaux qui respirent sont de véritables combustibles qui brûlent et se consument. Dans la respiration, comme dans la combustion, c'est l'air de l'atmosphère qui fournit l'oxygène et le calorique ; mais comme, dans la respiration, c'est la substance même de l'Animal, c'est le sang qui fournit le combustible, si les animaux ne réparaient pas habituellement par les aliments ce qu'ils perdent par la respiration, l'huile manquerait bientôt à la lampe et l'animal périrait comme une lampe s'éteint lorsqu'elle manque de nourriture. »

§ 90. Ce n'est pas dans l'intérieur des cellules pulmonaires que cette combinaison chimique s'opère. L'oxygène fourni par l'air est absorbé par les parois de ces ampoules respiratoires et pénètre dans le sang en circulation dans le réseau capillaire dont ces parois sont creusées. Ce gaz s'y unit avec l'hémoglobine ou matière rouge des hématies dont il modifie la couleur, et il est ainsi emporté au loin dans toutes les parties de l'organisme par le sang devenu vermeil et artériel. Dans le système capillaire de la grande circulation l'oxygène charrié de la sorte se combine à du carbone et constitue de l'acide carbonique qui se dissout dans le plasma ou s'unit aux hématies, lesquelles prennent alors la teinte sombre caractéristique du sang veineux. L'espèce de combustion obscure effectuée ainsi dans toutes les parties de l'économie animale y détermine un développement de chaleur, et l'acide carbonique entraîné par le torrent circulatoire arrive aux poumons où il est en majeure partie exhalé en même temps qu'une nouvelle provision d'oxygène pénètre dans le sang qui de veineux redevient artériel.

Il y a donc dans les poumons des échanges sans cesse renouvelés ; l'atmosphère cède à ce liquide de l'oxygène et en reçoit de l'acide carbonique ; le sang sert de véhicule à l'une et à l'autre de ces substances ; en sortant des poumons il est chargé d'oxygène qui peut facilement s'en séparer et il ne contient que peu d'acide carbonique, tandis que dans les parties périphériques du système vasculaire de la grande circulation il se dépouille plus ou moins complètement de son oxygène libre et se charge d'acide carbonique qui tend à s'en échapper dès que ce liquide se trouve en rapport avec l'atmosphère, et qui peut en être extrait au moyen de la machine pneumatique. En effet l'absorption de l'oxygène et l'exhalation de l'acide carbonique sont des phénomènes qui ne dépendent pas d'une action vitale et qui sont régis par les lois générales de la physique et de la chimie.

L'azote de l'air ne remplit aucun rôle important dans le travail respiratoire, mais les produits de ce travail ne consistent pas seulement en gaz carbonique ; le sang en traversant les poumons abandonne une partie de son eau qui s'en échappe sous la forme de vapeur et se répand dans l'atmosphère avec l'air expiré. Ce phénomène est désigné sous le nom de *transpiration pulmonaire*, et lorsque l'air est froid, c'est la vapeur chassée ainsi des poumons qui en se condensant forme le nuage dont chaque jet respiratoire est accompagné.

§ 91. La combustion physiologique qui constitue la partie principale du travail respiratoire s'effectue dans les points où l'activité vitale se manifeste, et son intensité est en rapport avec la grandeur de cette activité. Il en résulte que les besoins de la respiration sont d'autant plus considérables que la puissance vitale est plus développée et que les animaux dont la vie est lente et obscure ne consomment que peu d'oxygène, tandis que ceux dont la vitalité est très développée en consomment beaucoup, et c'est en partie à cause de cette circonstance que la petite quantité de gaz oxygène en dissolution dans l'eau aérée suffit à l'entretien de la respiration de beaucoup d'animaux inférieurs, tandis que les animaux à respiration puissante s'asphyxient et meurent plus ou moins rapidement lorsqu'ils sont submergés dans ce liquide. Cela a été mis bien en évidence par des expériences faites sur des grenouilles par William Edwards qui a démontré que ces animaux respirent par la peau aussi bien que par les poumons, et qu'en été ils ont besoin de respirer en même temps par ces deux moyens ; mais qu'en hiver leur activité vitale est beaucoup ralentie, et alors l'un ou l'autre de ces genres de respiration peut leur suffire. Ainsi en été une grenouille privée de ses poumons, ou complètement submergée dans de l'eau, s'asphyxie en moins d'une

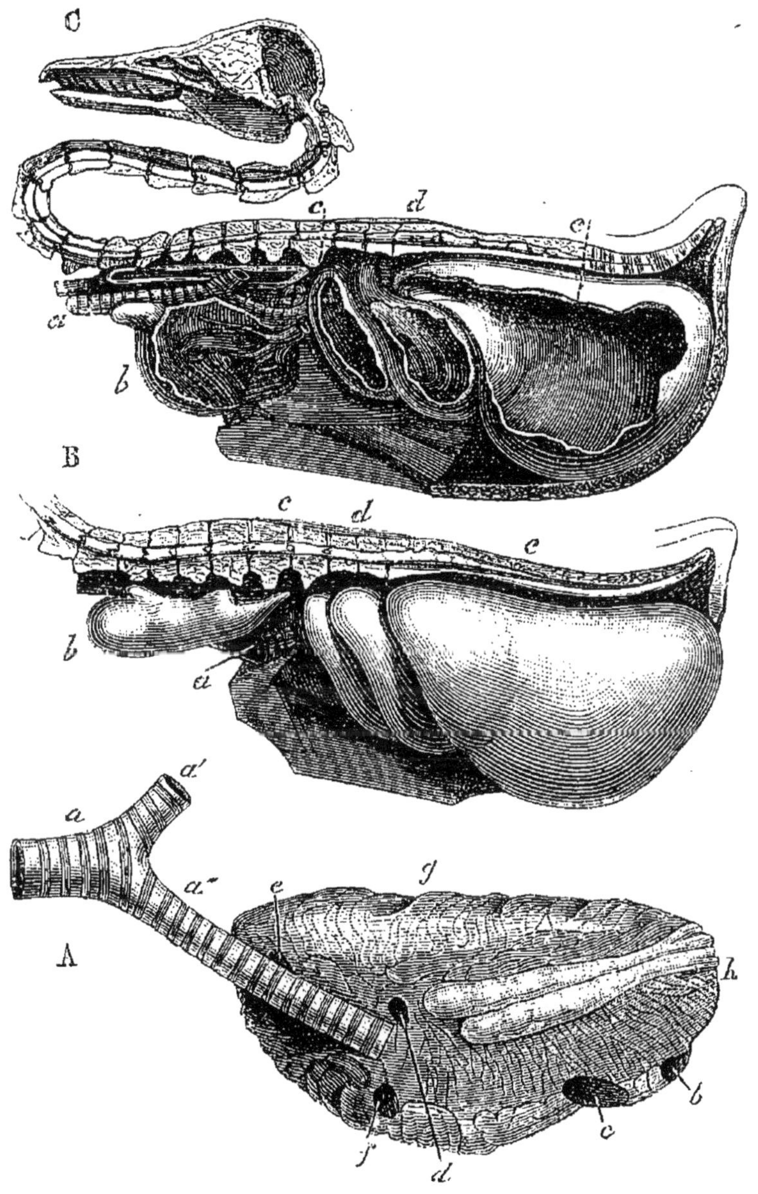

Fig. 117. — Appareil respiratoire des oiseaux (*).

(*) A, l'un des poumons isolés ; — *a*, portion de la trachée-artère ; — *a'*, portion de la bronche gauche ; — *a''*, bronche droite se rendant aux poumons ; — *c*, *d*, *e*, *f*, *g*, ouvertures des bronches à la surface des poumons, conduisant aux poches pneumatiques ; — *h*, bord inférieur du poumon.

B, section du tronc montrant les principaux sacs pneumatiques distendus par l'air ; — *a*, portion de la bronche s'enfonçant dans le poumon ; — *b*, poche sous-clavière ; — *c*, poche thoracique antérieure ; — *d*, poche pneumatique postérieure ; — *e*, poche abdominale.

C, les mêmes poches ouvertes (d'après M. Sappey).

heure, tandis qu'en hiver elle peut continuer à vivre de la sorte pendant plusieurs mois.

RESPIRATION DES OISEAUX.

§ 92. Chez les Oiseaux l'activité vitale est sous beaucoup de rapports plus grande que chez les Mammifères, et pour entretenir cette activité ces animaux ont besoin de consommer plus d'oxygène en brûlant dans l'intérieur de leur organisme une quantité correspondante de carbone.

Le conformation de leur appareil respiratoire est en rapport avec la grandeur de ces besoins. Ils respirent comme des Mammifères par des poumons, mais l'air inspiré ne s'arrête pas dans ces organes ; il passe outre et se répand au loin dans de grands sacs membraneux et même jusque dans l'intérieur des os, en sorte que la respiration de ces animaux est double (fig. 117) : le sang veineux subit l'action de l'air d'une part dans les cellules pulmonaires, d'autre part dans toutes les parties périphériques de l'organisme où ce fluide pénètre par l'intermédiaire du système de poches pneumatiques et d'autres cavités analogues dont nous venons de parler.

RESPIRATION DES AUTRES VERTÉBRÉS.

§ 93. Chez les Reptiles, animaux à mouvements lents, il en est tout autrement. La respiration se fait à l'aide de poumons comme chez les Mammifères, mais les cloisons membraneuses qui divisent la cavité de ces organes en cellules sont peu développées (fig. 118), de sorte que la surface absorbante constituée par les parois de ces cavités et servant à établir les relations entre le sang et l'air atmosphérique est beaucoup moins étendue que chez les Vertébrés des classes supérieures, et il en résulte une diminution correspondante dans la puissance fonctionnelle de ces organes.

§ 94. L'appareil respiratoire des Poissons est constitué d'une manière très différente, il est approprié exclusivement à la vie aquatique et ses parties essentielles sont des **branchies**, organes saillants dont la surface baigne dans l'eau et dont l'intérieur est parcouru par une multitude de vaisseaux sanguins.

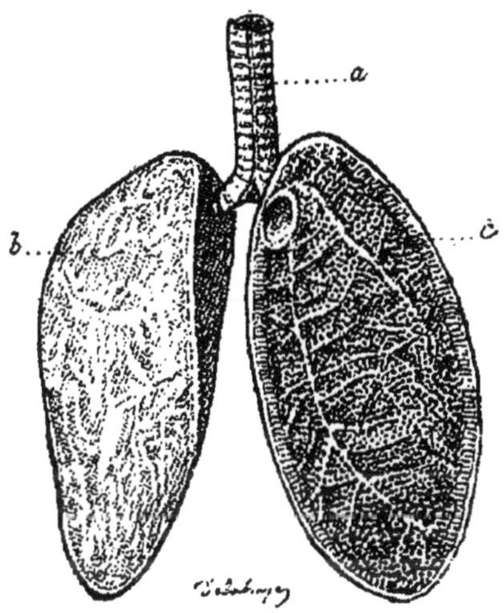

Fig. 118. — Poumons de Reptiles (*).

Cet appareil est logé dans des cavités spéciales situées de chaque côté, à la partie postérieure et inférieure de la tête et en communication d'une part avec la cavité buccale, d'autre part avec l'extérieur au moyen d'ouvertures appelées *ouïes* (fig. 119). Il est suspendu à une charpente osseuse ou cartilagineuse qui entoure presque complètement le pharynx ou l'arrière-bouche et qui est constituée par la portion du squelette représentée chez l'homme par l'os hyoïde, mais cet os est beaucoup plus développé dans la classe des poissons où il est formé d'une portion médiane dont l'extrémité antérieure constitue la base de la langue et dont la portion suivante porte de chaque côté une série de branches comparables à autant de cerceaux. La

(*) Poumons de Lézard : — *a*, trachée artère ; — *b*, poumon droit entier ; — *c*, poumon gauche ouvert pour montrer la structure intérieure des parois.

première paire d'arcs sert à suspendre la langue aux parties adjacentes de la chambre buccale et la paire postérieure soutient l'entrée de l'œsophage, mais les arcs intermédiaires, tout en contribuant aussi à former le plancher de la bouche, portent le long de leur bord inférieur et extérieur une double série de

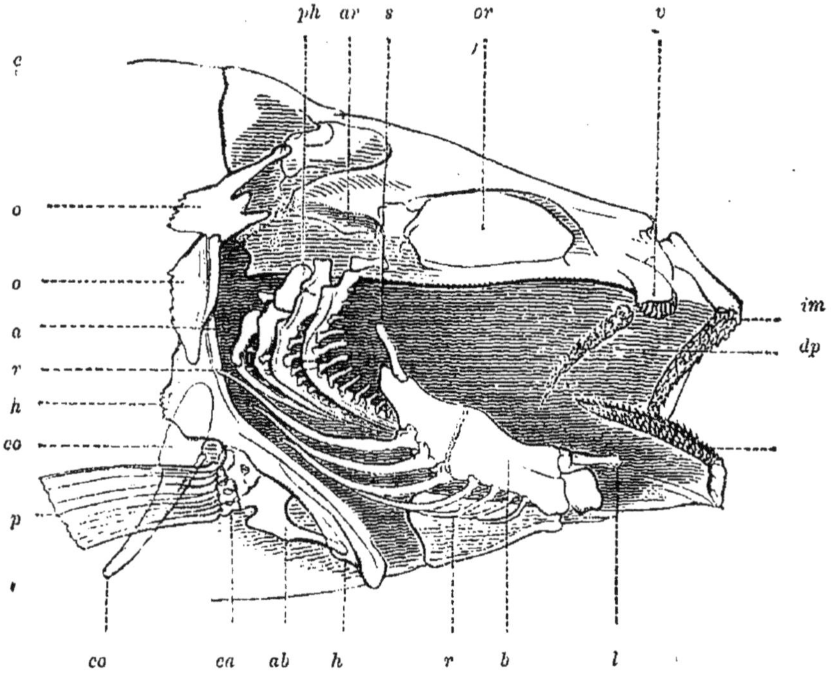

Fig. 119. — Tête et appareil respiratoire d'un Poisson (*).

lamelles ou de panaches vasculaires qui constituent les branchies. Ces pièces solides, appelées *arcs branchiaux*, appartien-

(*) Tête osseuse de la Perche, dont on a enlevé, d'un côté, les mâchoires, la cloison jugale et l'opercule, pour montrer l'intérieur de la bouche et l'appareil hyoïdien : — *c*, crâne ; — *or*, orbite ; — *v*, vomer (armé de dents) ; — *im*, mâchoire supérieure ; — *dp*, dents implantées sur l'arcade palatine ; — *m*, mâchoire inférieure ; — *l*, os lingual ; — *b*, branches latérales de l'appareil hyoïdien ; — *s*, stylet servant à suspendre ces branches à la face interne des cloisons jugales ; — *r*, rayons branchiostèges ; — *a*, arceaux branchiaux ; — *ph*, os pharyngiens supérieurs ; — *ar*, surface articulaire de la cloison déjà mentionnée ; — *a* à *h*, ceinture osseuse supportant la nageoire pectorale (*p*) ; — *o* et *o'*, omoplate divisée en deux pièces ; — *h*, humérus ; — *ab*, os de l'avant-bras ; — *ca*, os du carpe ; — *co*, os coracoïdien.

nent donc au système hyoïdien et ils laissent entre eux, de chaque côté, une série d'ouvertures en forme de fentes à travers lesquelles l'eau introduite dans le pharynx par la bouche passe dans les chambres respiratoires.

Chez les Poissons à squelette osseux les arcs branchiaux ainsi que les branchies auxquelles ils donnent attache ne sont jamais au nombre de plus de quatre paires, et chacun d'eux porte d'ordinaire une double série de lamelles vasculaires simples, allongées en pointe inférieurement et disposées comme des dents de peigne ; quelquefois ces lamelles sont remplacées par des filaments réunis en troupe, mode d'organisation qui est propre à l'ordre des Lophobranches ; mais dans tous les cas elles sont libres par leur extrémité périphérique et ne vont jamais rejoindre la paroi externe de la chambre branchiale.

Chez presque tous les Poissons à squelette cartilagineux, au contraire, ils adhèrent à des cloisons qui s'étendent des arcs branchiaux à cette paroi et qui divisent aussi la chambre respiratoire en une série de loges indépendantes les unes des autres et s'ouvrant chacune au dehors par un orifice respiratoire spécial. Il y a chez ces Poissons à *branchies fixes* autant de paires d'ouïes qu'il y a de loges branchiales ; mais chez les Poissons à branchies libres, c'est une chambre commune qui loge de chaque côté de la tête tous ces organes, et cette chambre ne s'ouvre au dehors que par une seule fente située entre l'espèce de couverture formée par les os de l'épaule auxquels les nageoires pectorales sont attachées et la paroi externe de la cavité branchiale. Cette paroi est disposée de façon à former une sorte de volet appelé *opercule* qui bat sur le cadre constitué par la ceinture scapulaire, et ce sont ces mouvements combinés avec des mouvements de la bouche et de l'appareil hyoïdien qui déterminent le renouvellement de l'eau à la surface des branchies. En résumé, c'est donc par les fentes pharyngiennes que l'eau arrive aux branchies et c'est par les ouïes que ce liquide est ensuite chassé au dehors ; mais ces orifices d'entrée, et ces ouvertures expiratoires ne présentent pas toujours le mode de conformation très simple que nous venons d'indiquer, et chez quelques Poissons cartilagineux de l'ordre des Lamproies il existe des tubes qui en tiennent lieu. Il est aussi à noter que chez ces derniers

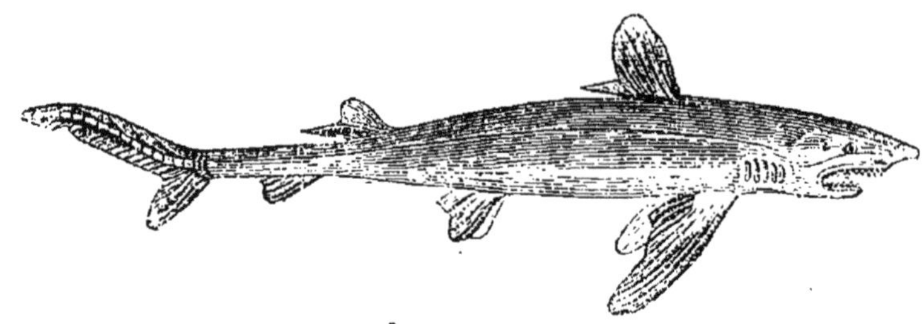

Fig. 120. — Requin.

poissons il y a jusqu'à sept paires d'ouïes, tandis que chez les raies et les Squales il n'y en a que cinq paires (fig. 120) et que chez tous les Poissons à branchies libres il n'y en a qu'une seule paire.

Les Poissons meurent pour la plupart très rapidement quand on les retire de l'eau, parce que leurs branchies se dessèchent,

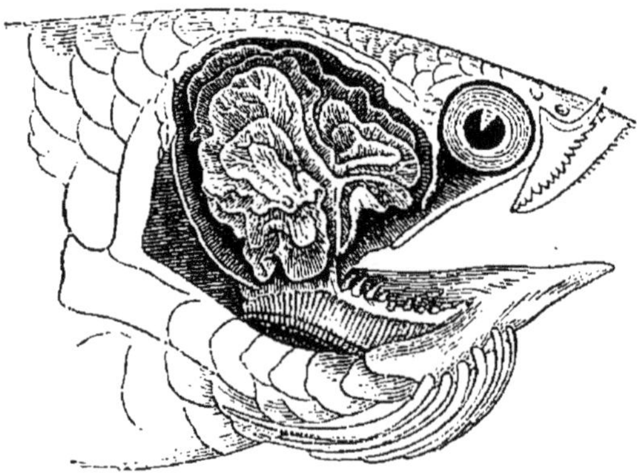

Fig. 121. — Appareil respiratoire de l'Anabas.

deviennent inaptes à fonctionner et ne peuvent s'emparer de l'oxygène de l'air; aussi remarque-t-on que chez les espèces telles que l'Anguille qui peut rester longtemps exposée à l'air, l'ouverture des ouïes est très petite, aussi l'évaporation est-elle lente dans la chambre branchiale, les branchies conservent longtemps leur souplesse. Chez les Gouramis il y a, dans la cavité respiratoire, des houppes spongieuses qui restent longtemps imbibées d'eau et saturent d'humidité l'air qui baigne les branchies. Chez les Anabas qui vivent longtemps à l'air, on remarque au-dessus des branchies des canaux très compliqués dans lesquels séjourne toujours une certaine quantité d'eau dont l'évaporation empêche la dessiccation des lames respiratoires (fig. 121).

§ 95. Chez les Batraciens l'appareil respiratoire est d'abord semblable à celui des Poissons et consiste en branchies suspendues à l'appareil hyoïdien, mais dont une portion se prolonge à l'extérieur de chaque côté en forme de panaches (fig. 122), mais d'ordinaire ces organes de respiration aquatique n'ont qu'une existence temporaire et disparaissent lorsque ces animaux passent de l'état de têtards à l'état parfait, époque de la vie à laquelle ils acquièrent tous des poumons. Mais avant que les poumons soient complètement développés, il existe des *branchies internes* placées en arrière de la tête et dont l'existence est transitoire ; nous avons indiqué plus haut quels étaient les changements de l'appareil circulatoire qui résultaient de ces modifications de l'appareil respiratoire. Chez quelques espèces telles que les Protées, les Sirènes et les Axolotls, les branchies externes persistent presque toujours et, à raison de cette particularité, on a donné à ces Batraciens le nom de Pérennibranches (1).

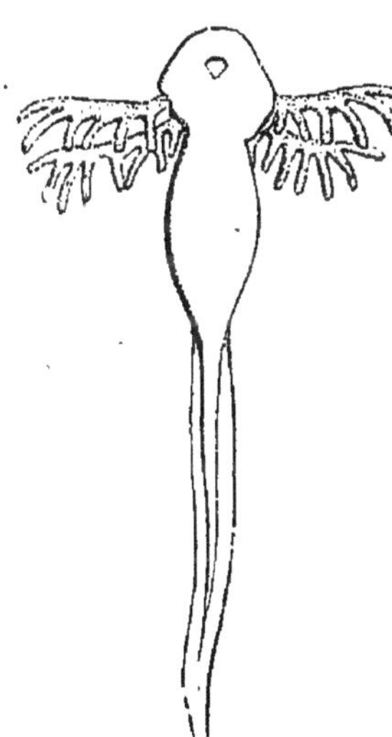

Fig. 122. — Têtard de la Grenouille.

(1) Voyez 1re partie, p. 243.

RESPIRATION DES INVERTÉBRÉS.

§ 96. — Les animaux invertébrés ne respirent presque jamais par la bouche, leurs organes respiratoires sont complètement indépendants du tube digestif, et c'est par des ouvertures spéciales que l'air ou l'eau aérée y arrive.

Chez les Invertébrés qui vivent dans l'eau, la respiration est parfois cutanée et diffuse : mais en général elle est plus ou moins complètement localisée dans un appareil branchial dont

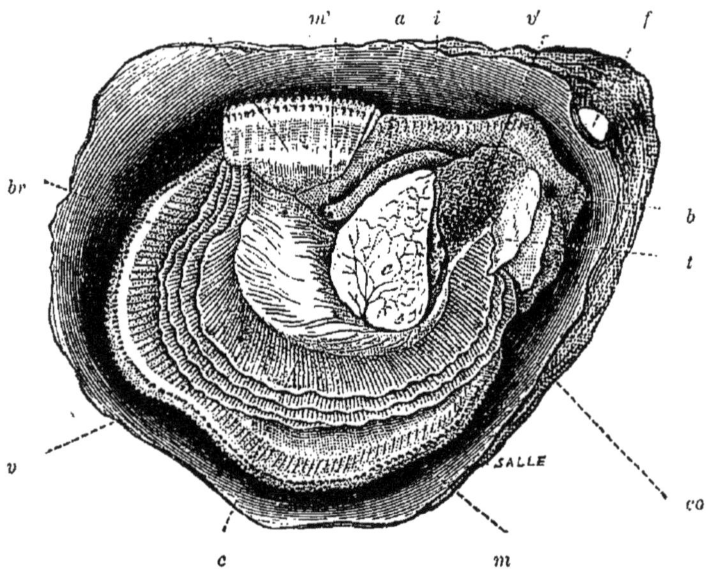

Fig. 123. — Anatomie de l'Huître (*).

la disposition est d'ailleurs très variable suivant les espèces.

Presque tous les Mollusques respirent au moyen de branchies qui sont appendues aux flancs ou à la région dorsale du corps.

(*) *v*, l'une des valves de la coquille ; — *v'*, sa charnière ; — *m*, l'un des lobes du manteau ; — *m'*, portion de l'autre lobe reployée en dessus ; — *c*, muscles de la coquille ; — *br*, branchies ; — *b*, bouche ; — *t*, tentacules labiaux ; — *f*, foie ; — *i*, intestins ; — *a*, anus ; — *co*, cœur.

Chez l'Huître par exemple (fig. 123), les branchies consistent en deux paires de grandes lames membraneuses finement striées, garnies de cils vibratiles et suspendues par leur bord dorsal dans l'espace libre compris entre le corps de l'animal et deux espèces de voiles également membraneux qui tapissent en dedans la coquille et qui ont reçu le nom de manteau. Chez d'autres Mollusques bivalves les bords du manteau, au lieu d'être libres comme chez les Huîtres, s'unissent inférieurement de façon à mieux protéger l'appareil branchial et souvent aussi l'espèce de chambre respiratoire constituée de la sorte se prolonge postérieurement de manière à former deux longs tubes contractiles, dont l'un sert à l'entrée de l'eau destinée à baigner les branchies et à charrier vers la bouche les corpuscules de matière alimentaire en suspension dans ce liquide ; l'autre à verser au dehors cette eau après qu'elle a servi à la respiration et à conduire également à l'extérieur les excréments provenant de l'appareil digestif (fig. 124). Ce sont les cils vibratiles qui déterminent ce courant et qui par conséquent fonctionnent en même temps comme organes préhenseurs des aliments et comme des organes moteurs pour le service de la respiration.

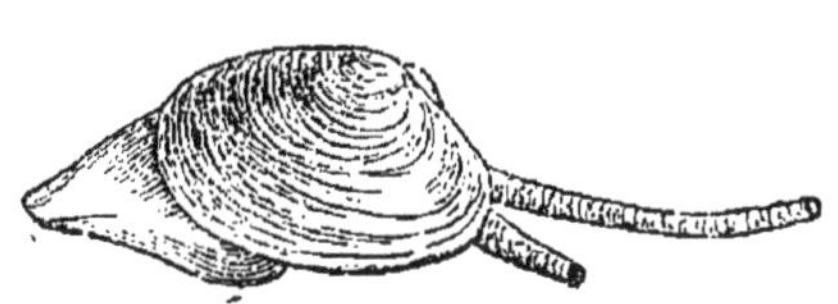

Fig. 124. — Telline.

Chez les Mollusques gastéropodes qui vivent dans l'eau l'appareil respiratoire est presque toujours constitué par des branchies lamelleuses ou arborescentes qui tantôt flottent à nu sur le dos ou sur les flancs de l'animal ; d'autres fois sont logées dans une cavité comprise entre la portion antérieure du manteau et la partie correspondante du dos, ouverte en avant et contenant aussi en général les orifices terminant de l'intestin, de l'appareil urinaire (fig. 125). Cette chambre respiratoire est donc une espèce de cloaque, et chez les Gastéropodes terrestres tels que les Colimaçons, au lieu de loger des branchies, elle est tapissée supérieurement par un lacis de vaisseaux sanguins et constitue un véritable poumon.

Chez les Mollusques de la classe des Céphalopodes l'appareil respiratoire se compose de branchies logées dans une cham-

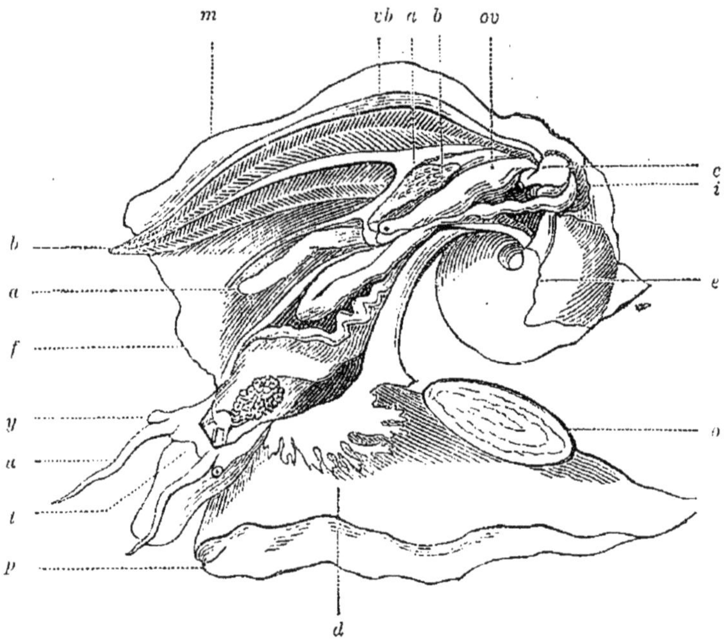

Fig. 125. — Anatomie d'un Gastéropode pectinibranche (*).

bre analogue, mais située à la face ventrale de la portion abdominale du corps. En général il n'en existe qu'une seule paire, l'eau leur arrive par des ouvertures situées de chaque côté, entre le bord antérieur du manteau ; elle est ensuite lancée au dehors par un canal spécial en forme d'entonnoir (fig. 126).

(*) Anatomie du *Turbo pica*, pour montrer la disposition de la cavité respiratoire : — *p*, le pied de l'animal ; — *o*, l'opercule ; — *t*, la trompe ; — *ta*, les tentacules ; — *y*, les yeux ; — *m*, le manteau fendu longitudinalement, de manière à ouvrir la cavité respiratoire ; — *f*, bord antérieur du manteau qui, dans la position naturelle, recouvre le dos de l'animal et y laisse une ouverture ou grande fente par laquelle l'eau arrive à la branchie ; — *b*, la branchie ; — *vb*, la veine branchiale qui se rend au cœur (*c*) ; — *ab*, l'artère branchiale ; — *a*, l'anus ; — *i*, l'intestin ; — *e*, l'estomac et le foie ; — *ov*, l'oviducte. Au-dessus de la nuque on voit le ganglion nerveux céphalique et les glandes salivaires ; — *d*, membrane frangée qui borde en dessous le côté gauche de l'ouverture de la cavité respiratoire.

Chez les Céphalopodes du genre Nautile il y a deux paires de branchies et pas d'entonnoir.

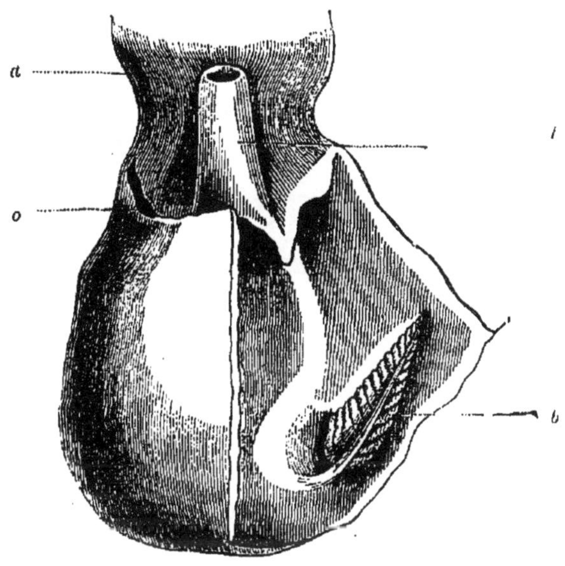

Fig. 126. — Branchies du Poulpe (*).

§ 97. La respiration est également aquatique chez presque tous les Crustacés. Chez quelques-uns de ces animaux elle s'opère à l'aide des pattes qui sont alors foliacées et membraneuses ; mais chez les Crabes, les Crevettes (fig. 127), les Écrevisses et tous les autres Décapodes il y a des branchies qui sont logées de chaque côté du thorax, sous la carapace dans une cavité spéciale dans laquelle l'eau pénètre par une ouverture située entre le bord inférieur de ce bouclier dorsal et la base des pattes. Un courant est déterminé dans l'intérieur de ces chambres respiratoires par l'action d'appendices qui font partie de l'appareil buccal, et c'est de chaque côté de la bouche par un canal par-

(*) Le manteau est fendu et rejeté de manière à montrer l'intérieur de la chambre respiratoire : *a*, base de la tête ; — *t*, le tube par lequel l'eau est chassée de la cavité branchiale ; — *o*, l'une des ouvertures par lesquelles l'eau pénètre dans cette cavité ; — *b*, l'une des branchies.

ticulier que ce liquide s'échappe au dehors. Chez les Crustacés

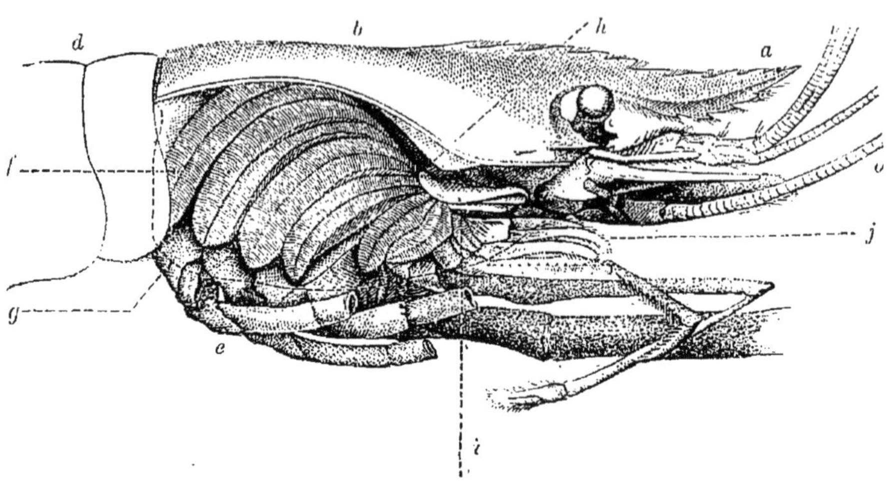

Fig. 127. — Chambre branchiale d'une Crevette ou Palémon (*).

de la famille des Squilles, les branchies sont extérieures et suspendues sous la région abdominale du corps (fig. 128).

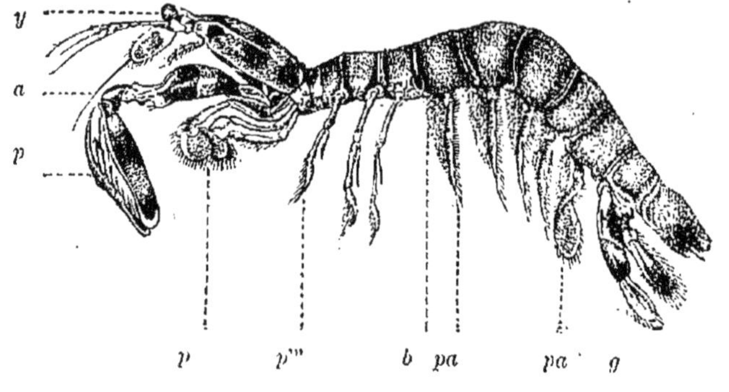

Fig. 128. — Squille (**).

§ 98. Chez les Insectes, les Myriapodes, et quelques

(*) Dans cette figure la paroi externe de la carapace d'un Palémon a été enlevée pour montrer les branchies : — *a*, le rostre ; — *b*, carapace ; — *d*, premiers anneaux de l'abdomen ; — *e*, base des pattes ; — *f*, branchies ; — *g*, ligne ponctuée indiquant e pourtour de la carapace ; — *h*, canal efférent de la chambre branchiale ; — *j*, extrémité du canal afférent de la chambre branchiale.

(**) *y*, yeux ; — *a*, antennes ; — *p'*, pattes de la première paire ; — *p*, pattes des trois paires suivantes ; — *p'''*, pattes thoraciques des trois dernières paires ; — *pa*, fausses-pattes abdominales ; — *b* branchies ; — *g*, nageoire caudale.

Arachnides, l'appareil de la respiration est constitué par des tubes membraneux appelés **trachées** (fig. 129) qui reçoivent

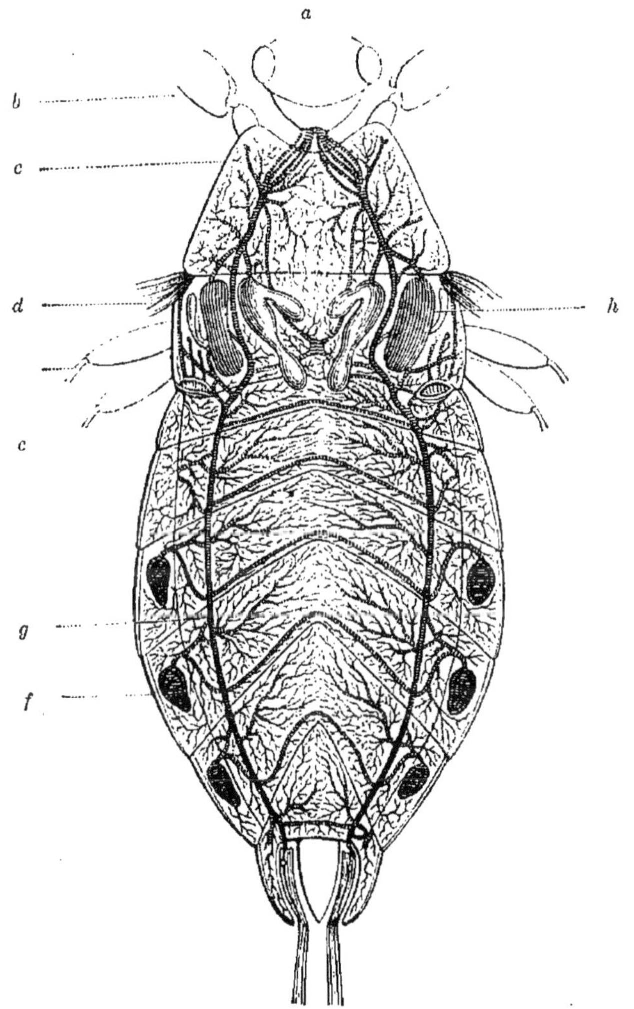

Fig 129. — Appareil respiratoire d'Insecte (*).

l'air dans leur intérieur et se ramifient dans toutes les parties du corps. Ces vaisseaux aérifères communiquent directement

(*) Appareil respiratoire d'une Nèpe : — *a*, tête; — *b*, pattes antérieures; — *c*, ailes de la première paire; — *d*, ailes de la seconde paire; — *e*, pattes de la seconde paire; — *f*, stigmate; — *g*, trachées; — *h*, vésicules aériennes.

avec l'extérieur par des orifices appelés *stigmates* (*f*) qui sont placés de chaque côté du corps, principalement dans l'abdomen. Les parois des trachées sont constituées par deux membranes entre lesquelles se trouve un fil élastique enroulé en hélice ; enfin chez beaucoup d'Insectes à l'état parfait ces tubes sont dilatés dans divers endroits de façon à constituer des vésicules ou même de grands réservoirs aériens ; mais ce mode de conformation n'existe jamais chez les larves. Ce sont les mouvements alternatifs de dilatation et de contraction de l'abdomen qui déterminent le renouvellement de l'air dans l'intérieur des trachées, et il est à noter que chez quelques larves aquatiques, telles que les larves d'Éphémère, ces tubes se ramifient à l'extérieur dans des appendices cutanés, tantôt foliacés, tantôt filiformes qui ressemblent à des branchies (fig. 131).

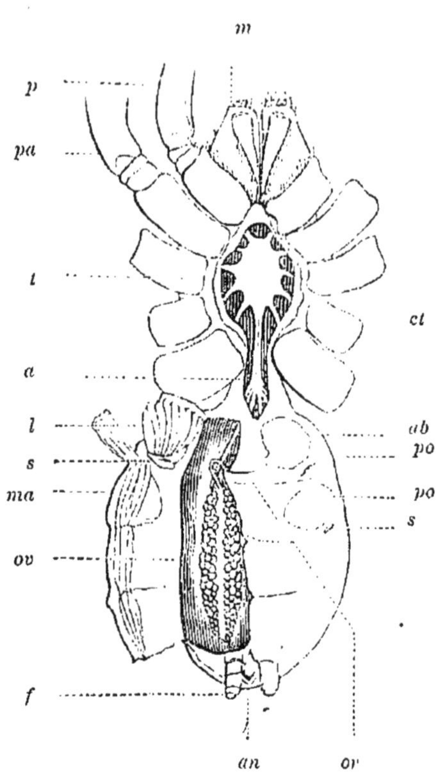

Fig. 130. — Anatomie d'une Mygale (*).

Chez quelques Arachnidés, la respiration est également trachéenne (fig. 130), mais chez la plupart de ces animaux elle est localisée dans un petit nombre de poches qui constituent autant

(*) *ct*, céphalothorax ouvert en dessous et donnant attache aux pattes, dont la base est en place : — *pa*, patte de la première paire ; — *p*, palpe ; — *m*, mandibules ; — *ab*, abdomen ; — *t*, masse ganglionnaire thoracique ; — *a*, ganglions abdominaux ; — *po*, poches pulmonaires ; — *s*, stigmates ; — *l*, lamelles respiratoires d'une de ces cavités ouverte ; — *ov*, ovaires ; — *or*, orifice des oviductes ; — *ma*, muscles de l'abdomen ; — *an*, anus ; — *f*, filières.

de poumons. Chez la plupart des Araignées il y a deux paires de ces organes qui reçoivent l'air dans leur intérieur par des orifices situés à la face inférieure de l'abdomen. Chez les Scorpions il y en a quatre paires et on connaît des Araignées chez lesquelles il y a des trachées aussi bien que des poumons.

Fig. 131. — Larve d'Éphémère.

CONSOMMATION RESPIRATOIRE, MAL DE MONTAGNE, ETC.

§ 99. L'air atmosphérique, en servant à la respiration, perd de l'oxygène et se charge de gaz acide carbonique ; il devient ainsi impropre à l'entretien de la vie, et cela d'autant plus rapidement que l'activité physiologique est plus grande. Beaucoup d'animaux inférieurs peuvent se contenter d'un air qui ne contient de l'oxygène qu'en proportion très minime ; mais pour l'Homme et tous les autres Mammifères, ainsi que pour les Oiseaux il en est autrement, et ce fluide devient impropre à l'entretien de la vie longtemps avant d'être complètement dépouillé de son oxygène. La présence d'une certaine proportion d'acide carbonique dans l'air respiré empêche aussi le dégagement de l'acide carbonique contenu dans le sang veineux qui arrive aux poumons, et lorsque l'air que l'on respire n'est pas suffisamment pur, il en résulte, comme je l'ai dit plus haut, du malaise, puis, perte de connaissance et même cessation de la vie par asphyxie ; aussi lorsque des hommes ou des animaux sont renfermés dans un lieu clos, il faut que l'air de ce lieu se renouvelle avec une certaine rapidité et une certaine régularité.

La combustion altère l'atmosphère d'une manière analogue et par conséquent dans les endroits où il y a en même temps beaucoup de personnes et beaucoup de lampes ou de bougies allumées, dans une salle de spectacle par exemple, il faut une ventilation très active. Dans les dortoirs des hôpitaux cela est encore plus nécessaire, et on estime qu'il faut renouveler l'air dans la proportion d'environ 20 mètres cubes par heure pour chaque malade.

L'acide carbonique est nuisible, mais il y a d'autres gaz dont l'action délétère sur l'économie animale est beaucoup plus rapide : par exemple, l'oxyde de carbone qui se produit quand la combustion du charbon ne se fait que d'une manière incomplète et le gaz acide sulfhydrique qui se dégage dans les fosses d'aisances. Ces fluides sont des poisons violents.

§ 100. La pression atmosphérique a beaucoup d'influence sur les échanges qui s'effectuent entre le sang et l'air ambiant par les voies respiratoires. Ainsi lorsque la puissance respiratoire de l'organisme n'atteint pas le degré d'intensité nécessaire, on peut souvent remédier temporairement à ce défaut en augmentant la pression atmosphérique comme cela arrive quand on descend sous l'eau dans une **cloche à plongeur** (1), ou que l'on se place dans un appareil où la densité de l'air est accrue par le jeu d'une pompe foulante ; sous l'influence de ces augmentations de pression le sang se charge d'oxygène en quantité plus considérable que sous la pression ordinaire.

Lorsque la pression diminue et que l'air se raréfie, le sang devient moins vivifiant, parce qu'il est plus pauvre en oxygène et que la quantité de ce gaz qu'il puise dans l'air extérieur est trop faible pour alimenter la combustion vitale. Il en résulte un malaise et même des accidents plus ou moins graves que l'on appelle le **mal de montagne** parce que ces

(1) La cloche à plongeur est un récipient rempli d'air que l'on fait descendre plus ou moins profondément sous l'eau tout en le maintenant en communication avec l'atmosphère au moyen d'un tube par lequel on y injecte continuellement de l'air à l'aide d'une pompe foulante. La personne placée dans cet appareil se trouve donc dans de l'air comprimé et continuellement renouvelé, elle y respire librement, mais l'augmentation de pression qu'elle subit exerce sur son organisme une influence considérable.

phénomènes se produisent souvent dans les ascensions des montagnes élevées ou quand on s'élève en ballon à de grandes hauteurs. Dans les Alpes ce mal se fait généralement sentir lorsque l'on atteint 3,000 ou 3,500 ou 4,000 mètres et il augmente rapidement avec l'altitude ; dans les montagnes situées sous l'équateur les accidents ne surviennent guère que vers 4,500 mètres. Les personnes qui s'élèvent ainsi dans l'atmosphère sont d'abord oppressées, leur pouls s'accélère et leur cœur bat fortement ; les palpitations sont accompagnées d'un bourdonnement des oreilles et de nausées ; des hémorrhagies peuvent se produire à la surface de la muqueuse nasale ou dans les poumons ; la fatigue est extrême, tout mouvement est pénible, mais elle cesse rapidement par le repos pour renaître immédiatement sous l'influence du moindre effort. Une irrésistible envie de dormir s'empare des malades, souvent même ils perdent connaissance ; et si l'ascension continue cet état peut se terminer par une asphyxie complète. Ce sont ces accidents qui ont amené la mort de Sivel et de Crocé-Spinelli quand ils ont dépassé, dans le ballon *le Zenith*, l'altitude de 8,500 mètres.

CHALEUR ANIMALE.

§ 101. La température du corps humain est d'ordinaire notablement plus élevée que celle de l'air atmosphérique même en été, et ne varie pas sensiblement en toutes saisons. Il en est de même pour presque tous les Mammifères et les Oiseaux ; tandis que chez les Reptiles, les Batraciens, les Poissons et les animaux invertébrés il n'y a presque aucune différence sensible entre la température intérieure du corps et celle du milieu ambiant, et la première s'élève ou s'abaisse suivant les variations éprouvées par la seconde.

On désigne sous le nom d'**animaux à sang chaud** les êtres

animés qui produisent assez de chaleur pour avoir ainsi une température propre, et on appelle **animaux à sang froid**, les animaux qui ne produisent pas assez de chaleur pour maintenir la température de leur corps au même degré, malgré les variations thermométriques ordinaires du milieu ambiant. Les Mammifères et les Oiseaux sont par conséquent les seuls animaux à sang chaud, et lorsque par suite d'un grand abaissement de la température extérieure, l'intérieur de leur corps se refroidit, il en résulte un état pathologique grave qui, porté à un certain degré, devient mortel, tandis que les animaux à sang froid peuvent se refroidir jusqu'à 0 et souvent même davantage sans en souffrir ; dans ce cas leur activité vitale diminue de plus en plus, mais il n'en résulte aucun trouble fonctionnel permanent.

§ 102. Tous les Mammifères ne possèdent pas au même degré la faculté de résister aux causes de refroidissement et ne souffrent pas également d'un abaissement de leur température intérieure. Quelques-uns de ces animaux sont sous ce rapport intermédiaires entre les Mammifères ordinaires et les animaux à sang froid ; en été leur température est à peu près la même que celle de notre corps ; mais en hiver elle s'abaisse beaucoup et alors ils tombent dans un état de sommeil plus ou moins profond. La léthargie déterminée de la sorte peut durer très longtemps sans qu'il en résulte aucun inconvénient ; seulement la respiration et la circulation se ralentissent extrêmement ; la faculté de sentir et d'exécuter des mouvements est suspendue ; le travail nutritif et le besoin d'aliments sont réduits presque à rien ; mais sous l'influence de la chaleur l'animal se réveille et reprend sa vie active ; on donne le nom d'**animaux hibernants** aux êtres animés qui restent en léthargie quand la température atmosphérique est peu élevée. Les Marmottes, les Loirs, les Hérissons, les Chauves-souris, dorment ainsi d'un sommeil extrêmement profond pendant tout l'hiver ; ils se retirent à la fin de l'automne dans des terriers ou dans des retraites à l'abri de la congélation et ils s'engourdissent lorsque la température arrive à 12 ou 13 degrés au-dessus de zéro. Tous les animaux hibernants vivent pendant ce long somme aux dépens de la graisse emmagasinée préalablement dans leur corps ; aussi sont-ils très maigres au réveil. Beaucoup de Reptiles s'engourdissent aussi d'une manière analogue pendant la saison froide.

§ 103. Ainsi que nous l'avons vu précédemment (page 130), la production de la chaleur animale est due à l'espèce de combustion obscure qui est entretenue dans toutes les parties de l'organisme par l'oxygène dont le sang se charge dans l'acte de la respiration et qui est alimentée par les matières organiques combustibles contenues dans les liquides nourriciers ou dans la substance des tissus constitutifs de l'organisme. La théorie de ce phénomène physiologique a été donnée par Lavoisier.

Les animaux à sang chaud ne sont pas les seuls qui produisent de la chaleur ; tous les êtres animés, en respirant, produisent de l'acide carbonique et la combustion qui donne naissance à ce composé chimique est accompagnée d'un dégagement de chaleur proportionné à la quantité de carbone brûlé ; mais lorsque, la respiration étant faible, cette quantité est très petite, le développement de chaleur est insuffisant pour maintenir à un degré constant la température intérieure du corps, et cette température s'abaisse lorsque celle du milieu ambiant diminue.

Les Oiseaux sont de tous les animaux ceux chez lesquels la faculté productive de la chaleur est le plus grande, et cela est en harmonie avec leur grande puissance respiratoire. La température intérieure de leur corps est d'environ 40 degrés ou même un peu plus.

Chez l'Homme et la plupart des autres Mammifères cette température est d'environ 36 à 38 degrés, ainsi qu'on peut s'en assurer en plaçant la boule d'un thermomètre dans la bouche ou même dans le creux de l'aisselle.

§ 104. L'exercice musculaire active la combustion respiratoire et augmente par conséquent le développement de la chaleur animale ; mais il y a dans l'économie un modérateur des effets produits de la sorte et ce modérateur, qui est la transpiration suffit aussi dans les circonstances ordinaires pour empêcher une élévation notable de la température intérieure du corps des animaux à respiration aérienne sous l'influence de l'échauffement de l'atmosphère. Nous avons vu précédemment que les poumons sont le siège d'une évaporation considérable ; un phénomène analogue a lieu sans cesse à la surface du corps. Or la transformation de l'eau en vapeur nécessite l'emploi d'une quantité considérable de chaleur et, pour effectuer la transpiration soit pulmonaire, soit cutanée, cette chaleur est fournie par le corps vivant. Il y a donc là une cause de refroidissement et cette cause acquiert d'autant plus de puissance que l'air atmosphérique est à la fois plus chaud et plus sec. Par conséquent, lorsque l'atmosphère n'est pas saturée d'humidité, l'élévation de la température de l'air tend à activer la transpiration, et augmente ainsi la puissance refroidissante de ce phénomène physiologique.

C'est à raison de cette circonstance que l'Homme peut vivre pendant un certain temps dans de l'air dont la température est beaucoup plus élevée que celle de son corps. Ainsi on a vu des hommes entrer dans des fours chauffés à 120 degrés, et y rester quelques instants ; tandis que dans un bain chaud il en serait tout autrement. En effet, l'élévation de la température intérieure de l'organisme vers 45 degrés est promptement mortelle pour tous les êtres animés.

La température de tous les organes d'un même individu n'est pas identique ; elle est plus élevée là où le sang circule avec plus d'activité, par conséquent où la combustion vitale est la plus active. La température d'un muscle qui se contracte est plus élevée que celle du même muscle au repos. — Les organes intérieurs sont plus chauds que les organes placés à la périphérie, ce qui s'explique facilement parce que les causes de refroidissement y sont moins intenses.

SÉCRÉTIONS.

§ 105. Le sang, en circulant dans l'économie animale, n'abandonne pas seulement de l'eau et de l'acide carbonique qui sont expulsés au dehors par la surface respiratoire et par la peau ; ce liquide cède aussi aux organes qu'il traverse d'autres matières et, en passant dans certaines parties de l'organisme, il donne ainsi naissance à des produits de diverses sortes, notamment à des humeurs dont les unes sont utilisées dans l'intérieur du corps vivant pour l'accomplissement des actes physiologiques, tandis que d'autres sont expulsées au dehors et servent à effectuer l'évacuation des matières inutiles ou nuisibles dont le sang peut être chargé.

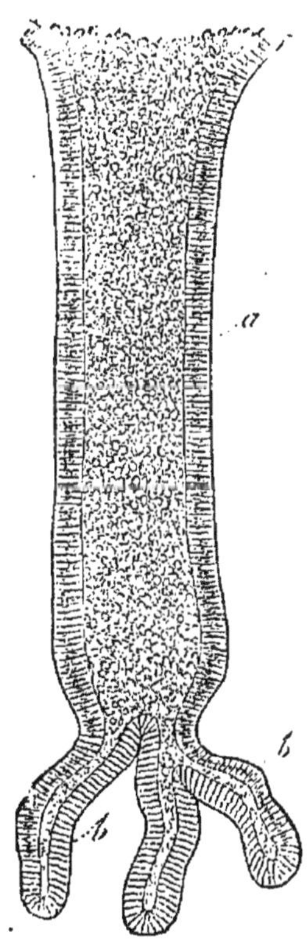

Fig. 132. — Glandule de l'estomac.

On donne le nom de *sécrétion* à ce travail éliminatoire, dont résulte la formation de liquides qui diffèrent soit du sang lui-même, soit de la lymphe, ou même des produits d'une simple transsudation d'eau plus ou moins chargée de matières en dissolution, comme celle dont résulte la transpiration pulmonaire et la transpiration cutanée dont nous venons de parler.

Comme exemples de liquides formés de la sorte, nous citerons : la sueur, les larmes, la salive, la bile, l'urine et le lait.

§ 106. Le travail sécrétoire est effectué par des utricules microscopiques ou cellules analogues aux hématies du sang, mais qui, au lieu de flotter librement dans un liquide, sont réunies entre elles de façon à former un tissu solide et membraniforme. La couche ainsi constituée peut être étendue sur la surface libre de certaines parties de l'économie animale, par exemple sur la tunique muqueuse qui revêt les cavités digestives (fig. 132) ou localisée dans des organes spéciaux que l'on désigne d'une manière générale sous le nom de glandes. Ainsi les larmes sont produites par des appareils physiologiques de ce genre appelés glandes lacrymales et sur lesquels nous reviendrons. Le lait est élaboré dans les mamelles; la salive prend naissance dans les glandes salivaires, la bile est fabriquée

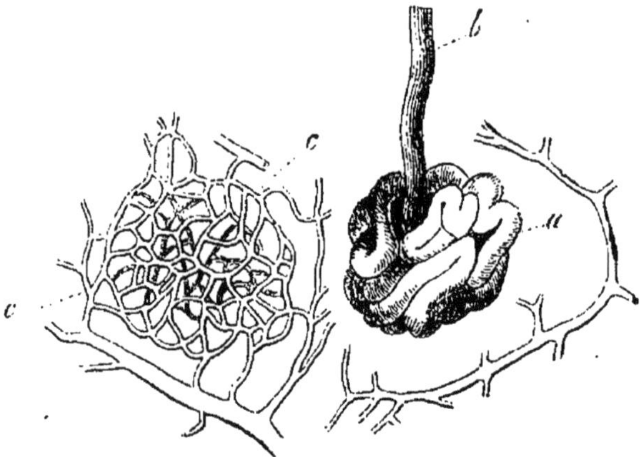

Fig. 133. — Glande sudoripare (*).

dans une glande appelée le foie et l'urine résulte de l'action exercée sur le sang par d'autres glandes qui sont les reins.

Les glandes qui produisent la sueur sont appelées **glandes sudoripares** et ont la forme de petits sacs presque microscopiques qui sont disséminés dans l'épaisseur de la peau; elles consistent en un canal flexueux pelotonné sur lui-même à son extrémité de façon à former une petite masse ou *glomérule* entourée par un lacis de vaisseaux sanguins (fig. 133);

(*) *a*, pelote formée par le tube sudoripare enroulé; — *b*, conduit excréteur; vaisseau de la glande sudoripare.

chacune d'elles est pourvue d'un canal excréteur débouchant au dehors à la surface du corps par un pore spécial. L'intérieur de ces ampoules sudoripares est tapissé par une couche mince de tissu utriculaire, et c'est dans les petites cavités délimitées par les parois de ces cellules que s'effectue le travail sécrétoire dont résulte le liquide excrémentitiel appelé *sueur*.

§ 107. Les **glandes lacrymales** ont une structure plus complexe ; elles résultent du développement d'un grand nombre d'ampoules analogues à celles dont nous venons de parler, mais dont les conduits excréteurs, au lieu d'aller s'ouvrir directement au dehors, se réunissent entre eux de façon à constituer des branches de plus en plus grosses et à donner à l'ensemble de l'organe une forme comparable à celle d'une grappe de raisin dont le pédoncule serait un conduit tubulaire (fig. 38).

Les organes sécréteurs de la salive sont aussi des glandes racémeuses, dont nous avons déjà indiqué la disposition générale (voy. page 35); mais d'autres organes de même ordre ont une structure plus compliquée, par exemple le *foie* dont il a déjà été question et les *reins*.

SÉCRÉTION URINAIRE.

§ 108. Les **reins**, qui dans le langage culinaire sont désignés sous le nom de *rognons*, sont logés dans la partie dorsale de la cavité abdominale. Chez l'Homme et les Mammifères il n'y en a qu'une seule paire ; ils sont à peu près ovalaires et de couleur brun rougeâtre ; chaque rein donne naissance à un long tube évacuateur appelé *uretère* et allant déboucher dans une poche membraneuse qui fait fonction de réservoir et qui est la *vessie urinaire* (fig. 134) ; enfin ce réservoir communique au dehors par l'intermédiaire d'un autre conduit appelé canal de l'*uréthre*. Chez les Oiseaux et les Reptiles les uretères s'ouvrent dans la portion subterminale de l'intestin appelée le *cloaque*.

C'est dans la substance des reins que l'urine est produite, et ces glandes revêtues par une tunique membraneuse sont composées principalement par une multitude de petits tubes urinifères fermés à leur extrémité périphérique où ils sont renflés en forme d'ampoules ou glomérules de Malpighi, entortillés sur

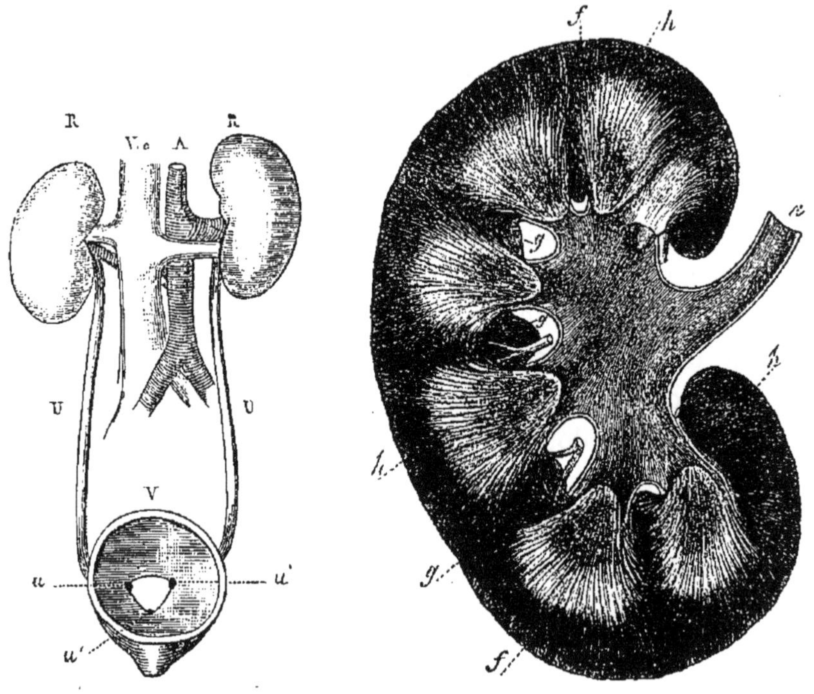

Fig. 134. — Appareil urinaire (*). Fig. 135. — Coupe verticale des reins (**).

eux-mêmes, recevant un grand nombre de vaisseaux sanguins (fig. 137) et allant finalement s'ouvrir dans un réservoir commun appelé le bassinet du rein et donnant à son tour naissance à l'uretère (fig. 135).

Le rein de l'Homme ne forme qu'une seule masse, mais chez quelques Mammifères cet organe est divisé en lobes plus ou moins nombreux et parfois cette lobulation est poussée très

(*) R, reins ; — U, uretère allant s'ouvrir dans la vessie V, par un orifice *u* ; — *u'*, orifice du canal évacuateur ou urèthre ; — VC, veine cave ; — A, aorte.

(**) *a*, urèthre ; — *b*, bassinet ; — *c*, calices ; — *b*, papilles ; — *c*, pyramides de Malpighi ; — *g*, substance corticale.

loin. Les reins des Oiseaux sont logés dans des fossettes creusées sous les os du bassin, ils sont comparativement très développés.

§ 109. Les matières constitutives de l'urine existent toutes

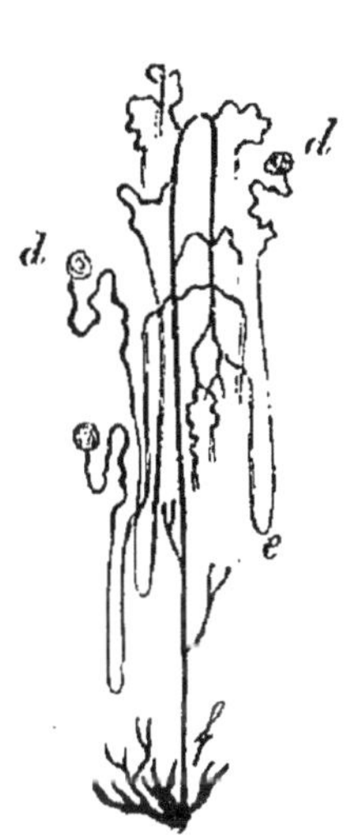

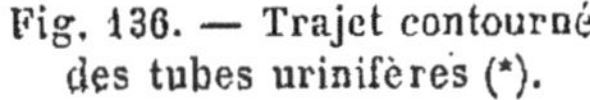
Fig. 136. — Trajet contourné des tubes urinifères (*).

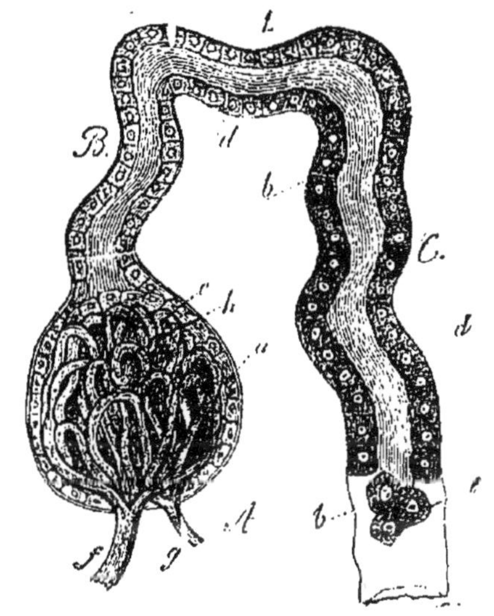

Fig. 137. — Extrémité d'un tube urinifère montrant son épithélium et ses rapports avec les vaisseaux enroulés qui forment le glomérule (**).

ormées dans le sang qui arrive aux reins par les artères rénales et elles sont séparées de ce liquide nourricier par le travail sécrétoire effectué par ces glandes. Elles consistent essentiellement en de l'eau tenant en dissolution divers sels minéraux et des composés azotés d'une nature particulière appelés *urée*, *acide urique*, etc., mais ce liquide excrémentitiel peut contenir beaucoup d'autres matières, car c'est par l'action des reins que le sang est débarrassé de la plupart des substances qui peuvent y être arrivées par absorption et qui n'ont pas

(*) Tube urinifère *f*, se renflant pour former le glomérule de Malpighi (*d*).

(**) Portion d'un tube urinifère vu au microscope, et montrant l'ampoule terminale (*a*) qui loge un glomérule de vaisseaux sanguins appelé *corpuscule de Malpighi* (*h*), dont l'artère et la veine se voient en *f* et *g*. Le tube (*b*) est tapissé du tissu urticulaire *d*).

d'emploi physiologique dans l'économie animale. Ainsi lorsqu'on injecte directement dans l'appareil circulatoire certains agents chimiques qui n'existent pas normalement dans l'organisme et qui sont faciles à reconnaître, par exemple, du cyanoferrure de potassium, qui en présence d'un sel de fer donne un précipité de bleu de prusse, on ne tarde pas à voir ce réactif apparaître dans l'urine, et le même résultat est produit lorsque le cyanoferrure de potassium, au lieu d'être infusé de la sorte, est introduit dans l'estomac et absorbé par cet organe. Comme exemple des excrétions opérées de la sorte par les reins je citerai un fait que chacun peut facilement constater. Les asperges contiennent une substance particulière appelée asparagine qui, étant séparée de ces végétaux alimentaires, est facile à reconnaître par son odeur, et, pour peu que l'on mange des asperges, l'urine acquiert cette odeur caractéristique qui est due à la présence de l'asparagine absorbée par les voies digestives, puis transportée dans les glandes rénales par le torrent de la circulation du sang.

L'urée et l'acide urique, de même que l'acide carbonique, sont des produits de la combustion physiologique entretenue dans toutes les parties de l'organisme par l'oxygène fourni par l'absorption respiratoire, mais au lieu d'être comme l'acide carbonique des dérivés des matières combustibles carbohydrogénées telles que le sucre, ces principes immédiats résultent de la combustion imparfaite des matières azotées telles que l'albumine. La transformation des substances albuminoïdes en urée sous l'influence d'agents oxydants peut être effectuée dans le laboratoire du chimiste aussi bien que dans le laboratoire biologique constitué par le corps de l'animal vivant. Quand les reins ne fonctionnent pas l'urée s'accumule dans le sang et produit alors des accidents très graves qui peuvent amener la mort par suite d'un véritable empoisonnement.

Dans l'urine humaine il y a beaucoup d'urée (environ 30 millièmes), très peu d'acide urique (environ 1 millième), des sels à base alcaline et quelques autres matières. La composition de ce liquide est à peu près la même chez les Mammifères carnivores; mais chez les herbivores tels que les Ruminants et les Pachydermes l'acide urique est remplacé par un autre composé azoté qui est désigné sous le nom d'*acide hippurique* et qui, en se décomposant, donne facilement naissance à de l'acide benzoïque. Chez les Oiseaux, les Reptiles, les Batraciens et les Insectes, les principes urinaires consistent principalement en acide urique.

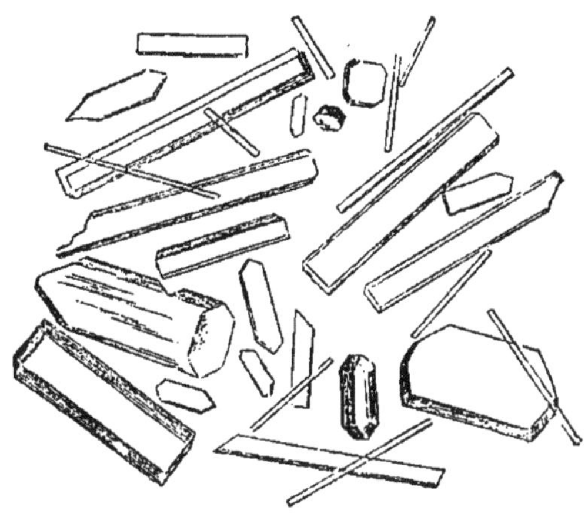

Fig. 138. — Urée.

L'urine laisse parfois déposer dans les voies qu'elle parcourt quelques-unes des substances qu'elle tient en dissolution et

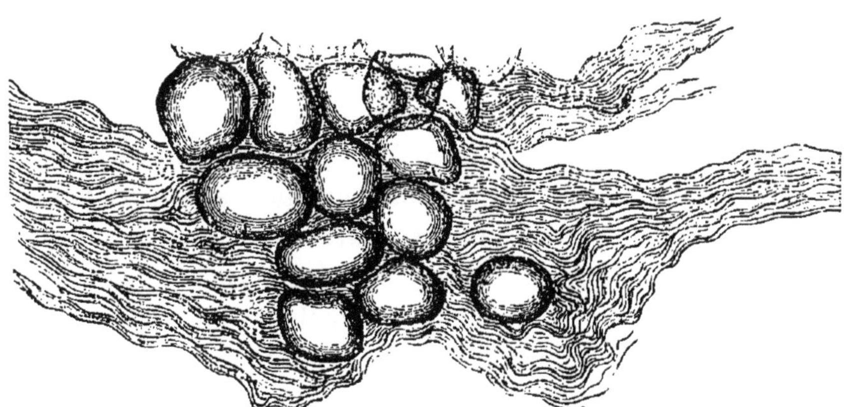

Fig. 139. — Cellules adipeuses.

qui produisent des concrétions connues sous le nom de *graviers* ou de *calculs urinaires*. Ces derniers sont quelquefois de dimensions considérables et sont logés dans la vessie. Toutes les glandes ne sont pas pourvues d'un canal excréteur, quelques-unes sont formées par des cellules closes où s'accumulent les produits sécrétés qui ne peuvent disparaître que par résorption, ce sont des *glandes imparfaites* et les *cellules adipeuses* dans lesquelles se dépose la graisse nous en fournissent un exemple. Ces cellules sont souvent très abondantes sur certains points du corps et y donnent lieu à des protubérances très volumineuses comme la bosse du Dromadaire, celle du Bœuf Zébu, la queue de certains Moutons. Il est aussi des glandes sans canaux excréteurs qui sont presque exclusivement formées de vaisseaux sanguins et lymphatiques, on les appelle *glandes vasculaires*. Telle est la *Rate*, organe volumineux situé près de l'estomac du côté gauche.

TRANSFORMATION DES FORCES DANS L'ORGANISME. ÉCHANGES NUTRITIFS.

§ 110. En résumé, nous voyons que chez les animaux, le travail nutritif détermine sans cesse des échanges de matière entre le corps vivant et le monde extérieur, l'organisme prend au dehors tout ce qui est nécessaire soit à sa constitution ou à l'entretien de ses tissus, soit à la production des phénomènes chimiques dont le plus important est une sorte de combustion résultant d'une combinaison d'oxygène avec du carbone. Cet oxygène est fourni directement ou indirectement par l'air atmosphérique ; le carbone est fourni soit directement par les aliments, soit indirectement par les tissus constitutifs de l'organisme pour la formation desquels les aliments ont servi. Il faut donc, pour que l'organisme reste en état de fonctionner, qu'il y ait toujours un certain équilibre entre l'*ingesta* et l'*excreta*, ou en d'autres mots entre l'apport des matières qui sont introduites dans la machine vivante et le rejet des résidus ou des produits du travail de chimie physiologique dont cette machine est le siège. On appelle *ration d'entretien* la quantité de matière nutritive qui est journellement nécessaire pour contre-balancer les pertes subies de la sorte, mais dans le jeune âge cette ration est insuffisante, car il faut toujours que pendant un certain temps la quantité de matière vivante augmente par l'assimilation de matériaux nouveaux venant du dehors.

La combustion physiologique et d'autres phénomènes chimiques qui se produisent dans l'économie animale ont aussi pour effet un certain développement de forces physiques différentes que l'on peut considérer comme étant le résultat de la transformation de la chaleur en force mécanique ou *vice versa*. La puissance mise ainsi en jeu par les réactions chimiques paraît être susceptible de revêtir aussi la forme de l'électricité ou même parfois de lumière. Ces actions chimiques accompagnent constamment toute manifestation de la force vitale, elles accompagnent même le travail intellectuel et sont une des conditions de l'activité animale ; plus cette activité est grande, plus la combustion respiratoire est intense. Il y a donc entre tous ces phénomènes des relations très intimes, mais dans l'état actuel de la science on ne saurait expliquer d'une manière satisfaisante comment ces relations s'établissent.

Considérée au point de vue chimique l'économie animale est comparable à un appareil de combustion, et chez les plantes, il y a aussi production de phénomènes du même ordre ; mais dans le règne végétal les effets de la combustion physiologique sont contrebalancés ou même dépassés en grandeur par des actions réductrices (c'est-à-dire de désoxydation) en vertu desquelles l'acide carbonique est décomposé, son oxygène est remis en liberté et son carbone fixé dans l'organisme. C'est la chlorophylle ou matière verte des feuilles et de quelques autres parties qui, sous l'influence de la lumière opère cette réduction et contre-balance les altérations que la respiration des animaux tend à produire dans la composition de l'atmosphère.

FONCTIONS DE RELATION.

§ 111. Les animaux diffèrent des plantes non seulement par la manière dont la vie végétative s'exerce, mais aussi par la possession de certaines facultés dont les plantes ne sont pas douées et au moyen desquelles des rapports d'un ordre particulier sont établis entre ces Êtres et le monde extérieur. Ils ont la faculté de *sentir* les impressions produites sur eux par les agents qui excitent leurs organes ; ils ont la *faculté de se mouvoir*, et leurs mouvements peuvent être déterminés par une puissance intérieure qui est la *volonté*.

On appelle d'une manière générale **fonctions de la vie animale** ou **fonctions de relation** les actes physiologiques par lesquels ces aptitudes ainsi que d'autres aptitudes plus ou moins analogues se manifestent. Chez l'homme, de même que chez tous les animaux supérieurs, toutes ces facultés sont sous la dépendance d'un appareil particulier appelé le *système nerveux*.

L'exercice de ces facultés est subordonné au fonctionnement de divers instruments biologiques ou organes qui sont en quelque sorte les serviteurs de ce système et qui, d'une part, y transmettent les impressions dont nous venons de parler, d'autre part, en obéissant à l'influence de ce même système, produisent le mouvement. Tels sont en premier lieu les nerfs et en second lieu les organes moteurs constitués par les muscles et leurs annexes.

Enfin le système nerveux est aussi la machine vivante au moyen de laquelle les facultés mentales s'exercent. Nous aurons à étudier successivement chacune des fonctions de relation ; et avant d'aborder cette partie de notre tâche, il convient de jeter un coup d'œil rapide sur l'appareil qui préside à leur accomplissement, c'est-à-dire, le système nerveux. Mais pour le moment nous ne prendrons pas en considération les propriétés physiologiques de ce système d'organes ; nous ne nous occuperons que de son histoire anatomique.

DESCRIPTION SOMMAIRE DU SYSTÈME NERVEUX DE L'HOMME ET DES ANIMAUX SUPÉRIEURS.

§ 112. Cet appareil est formé principalement par une substance particulière qui diffère des autres matériaux constitutifs

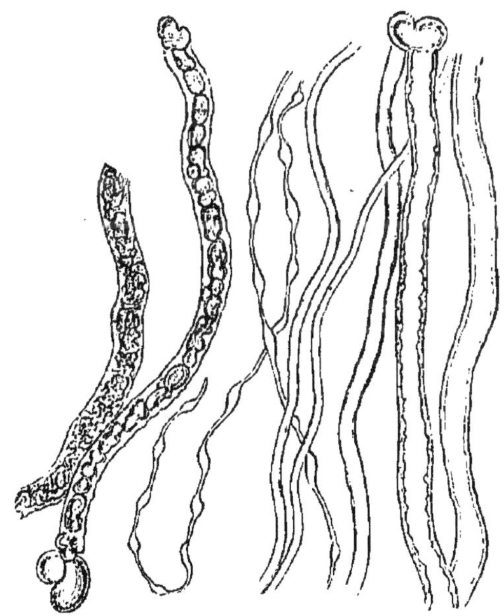

Fig. 140. — Tubes nerveux (grossis 350 fois).

de l'organisme par son aspect et sa structure, ainsi que par ses propriétés physiologiques et que l'on appelle le tissu nerveux. On y trouve des matières albuminoïdes associées à des matières grasses dans la composition de l'une desquelles le phosphore remplit un rôle important, et lorsqu'on observe au microscope sa structure intime, on y reconnaît l'existence de deux sortes d'éléments anatomiques dont les uns ressemblent à des fils d'une ténuité extrême (fig. 140), et les autres à des petites cellules ou utricules (fig. 141).

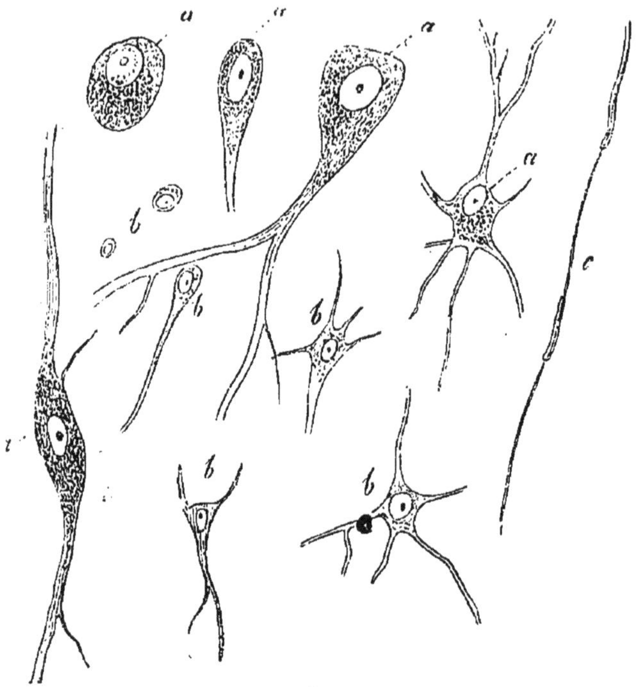

Fig. 141. — Cellules nerveuses (*).

C'est dans ces derniers éléments histogéniques que la puissance nerveuse s'exerce et les fibres élémentaires, dont nous venons de faire mention, sont des conducteurs de cette puissance servant soit à relier entre elles les cellules, soit à les mettre en relation avec les autres parties de l'économie animale.

Dans toutes les parties périphériques du système, ces fibres réunies en faisceaux, constituent des cordons blanchâtres qui sont désignés sous le nom de *nerfs* et qui se répandent dans toutes les parties du corps douées de sensibilité. En général

(*) Cellules nerveuses du cerveau grossies 350 fois ; — *a*, grandes cellules ; — *b*, petites cellules (très grossies).

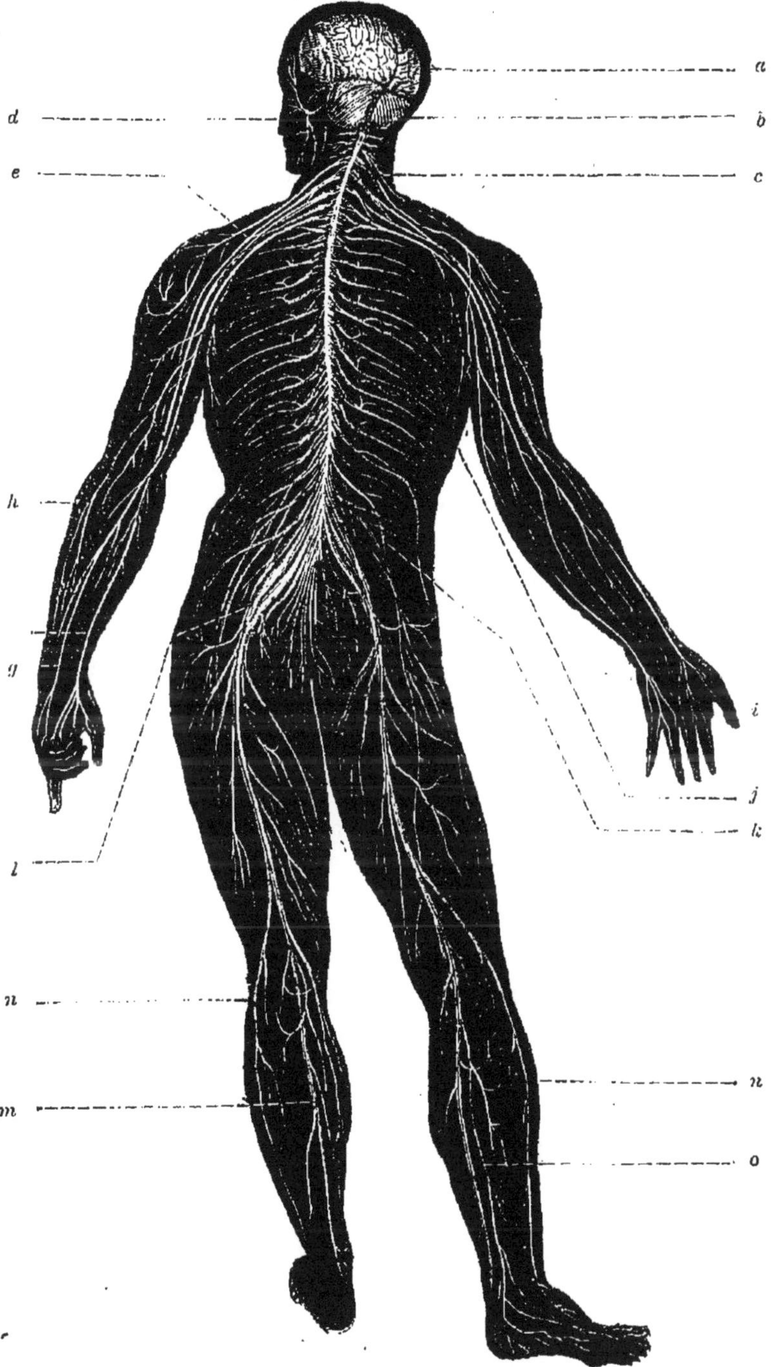

Fig. 142. - Système nerveux de l'Homme (*).

(*) Système nerveux de l'Homme : *a*, cerveau ; — *b*, cervelet; — *c*, moelle épi-

ils se ramifient de plus en plus à mesure qu'ils s'avancent vers l'extérieur et par leur extrémité opposée ils sont en connexion avec les parties centrales du système nerveux dans la substance desquelles se trouvent les cellules nerveuses.

AXE CÉRÉBRO-SPINAL.

§ 113. Les centres nerveux affectent souvent la forme de petites masses arrondies qui sont disséminées dans diverses parties du système et qui sont désignées sous le nom de *ganglions*. Chez les animaux invertébrés il n'y a pas d'autres foyers d'innervation ; mais chez les Vertébrés, il y a en outre un appareil nerveux central beaucoup plus volumineux et plus important que les anatomistes appellent l'**axe cérébro-spinal.** Tous les nerfs du corps sont reliés directement ou indirectement à cet axe qui est logé dans une cavité osseuse formée supérieurement ou antérieurement par la boîte crânienne et dans le reste de son étendue dans un étui tubulaire constitué par la colonne vertébrale ou *rachis*.

La portion de l'axe cérébro-spinal qui est contenue ainsi dans cette tige osseuse dont la partie postérieure constitue dans l'espèce humaine l'épine dorsale, a la forme d'un gros cordon blanchâtre ; elle a reçu le nom de **moelle épinière,** bien qu'elle n'ait rien de commun avec la moelle d'un os, et de chaque côté elle est en continuité de substance avec les nerfs qui se distribuent dans les parties phériphériques du tronc et dans les membres. A leur point de jonction avec le cordon rachidien (ou moelle épinière) chacun de ces nerfs se compose

nière ; — *d*, nerf facial ; — *e*, plexus brachial formé par la réunion de plusieurs nerfs qui proviennent de la moelle épinière ; — *f*, nerf médian du bras ; — *g*, nerf cubital ; — *h*, nerf cutané interne du bras ; — *i*, nerf radial et nerf musculo-cutané du bras ; — *j*, nerfs intercostaux ; — *k*, plexus fémoral formé par plusieurs nerfs lombaires et donnant naissance au nerf crural ; — *l*, plexus sciatique donnant naissance au nerf principal des membres inférieurs, lequel se divise ensuite pour former le nerf tibial (*m*), le nerf péronier externe (*n*), le nerf saphène externe (*o*), etc.

de deux racines situées l'une en avant de l'autre (fig. 143), et nous insistons sur cette disposition anatomique parce qu'elle a, ainsi que nous le verrons bientôt, une grande importance physiologique. Dans l'espèce humaine on compte autant de paires de ces nerfs rachidiens, qu'il y a de vertèbres ; aussi ce nombre est-il beaucoup plus considérable chez les mammifères à longue queue, car chez ces animaux la moelle épinière se prolonge très loin dans cet appendice, tandis que chez l'homme elle ne descend pas en dessous de la région lombaire.

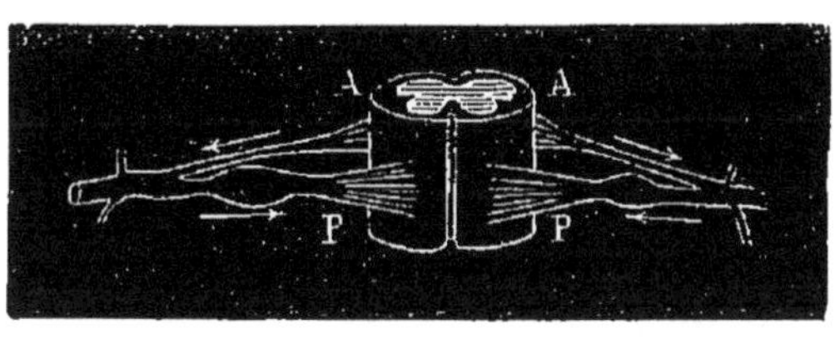

Fig. 143. — Racines des nerfs (*).

§ 114. La portion céphalique de l'axe cérébro-spinal qui est logée dans la cavité crânienne et qui est appelée l'**encéphale** est beaucoup plus grosse que le cordon rachidien et elle est formée par un groupe de centres nerveux, dont les plus remarquables sont le **cerveau** et le **cervelet**. La partie supérieure de la moelle épinière qui se trouve comprise dans la cavité du crâne et qui est désignée sous le nom de *moelle allongée* se divise en deux paires de prolongements, allant l'un au cerveau, l'autre au cervelet, et dans l'espace compris entre ces deux derniers organes se trouve une autre partie de l'encéphale appelée d'une manière générale les *lobes optiques* ou, chez les mammifères en particulier les tubercules quadrijumeaux. Enfin, plus en avant se trouve une autre paire de centres nerveux en connexion avec la base du cerveau et appelés *lobes olfactifs*. Il importe aussi de noter : 1° que dans la classe des mammifères la **moelle allongée** est embrassée en avant par une bande transversale qui relie entre elles les parties latérales

(*) Tronçon de la moelle épinière montrant la racine antérieure A et la racine postérieure P, d'un nerf.

du cervelet et qui a reçu les noms de *protubérance annulaire*, de *pont de Varole* ou *commissure cérébelleuse* (fig. 153); 2° que le cerveau est divisé en deux hémisphères par une grande scissure longitudinale ; 3° que tous les nerfs de la tête naissent par paires, soit de la moelle allongée, soit de la base du cerveau.

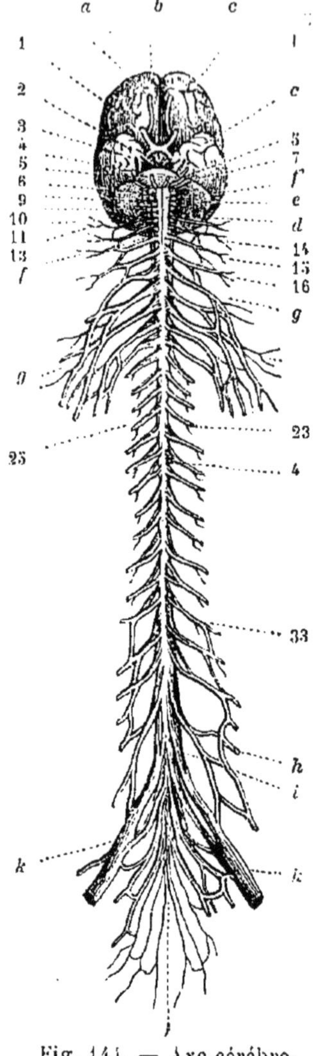

Fig. 141. — Axe cérébro-spinal de l'Homme (*).

L'axe cérébro-spinal n'est pas à nu dans la cavité osseuse qui le loge ; il est revêtu de plusieurs tuniques membraneuses dont la plus externe est appelée, la *dure-mère*, et sert à protéger l'axe cérébro-spinal et à le maintenir en place ; aussi forme-t-elle, dans ce but, différents replis, dont deux principaux : la *tente du cervelet* et la *faux du cerveau* (fig. 145) ; le premier est transversal, et sépare le cervelet du cerveau et soutient ce dernier organe ; le second, situé sur la ligne médiane, est vertical, et sépare le cerveau en deux hémisphères.

La dure-mère ne protégerait pas suffisamment la substance cérébrale, aussi celle-ci est-elle entourée d'une membrane séreuse, l'*arachnoïde*, destinée à sécréter un liquide appelé céphalo-rachidien, dans lequel est suspendu l'axe cérébro-spinal, qui se trouve ainsi parfaitement à l'abri.

(*) Système cérébro-spinal vu par sa face antérieure, les nerfs étant coupés à peu de distance de leur origine : *a*, cerveau ; — *b*, lobe de l'hémisphère gauche du cerveau ; — *c*, lobe moyen ; — *d*, lobe postérieur ; — *e*, cervelet ; — *f*, moelle

Indépendamment de ces deux membranes, le cerveau et le cervelet sont immédiatement enveloppés par la *pie-mère*, que l'on peut considérer plutôt comme un lacis de vaisseaux sanguins que comme une membrane. Elle pénètre dans tous les replis du cerveau.

§ 115. Enfin l'axe cérébro-spinal est formée de deux substances : l'une blanche et de structure fibreuse, l'autre grise et très riche en cellules nerveuses. Dans la moelle épinière la subs-

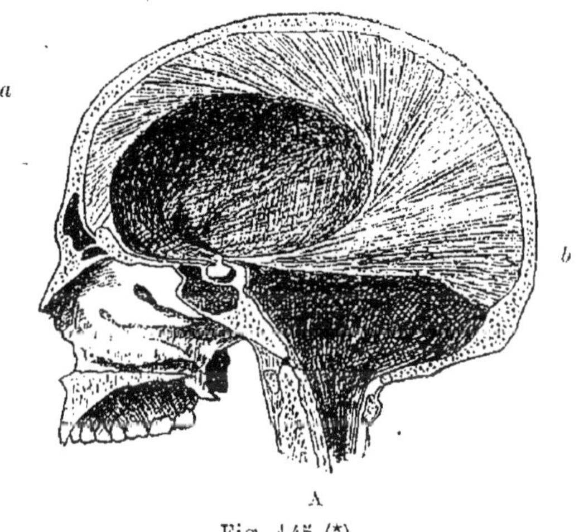

Fig. 145 (*).

tance blanche est superficielle et la substance grise est centrale ; mais dans le cerveau et dans le cervelet les relations de ces deux substances sont inverses ; la substance blanche occupe l'intérieur de ces organes, tandis que la substance grise est disposée en majeure partie à leur surface et y constitue une couche corticale très distincte (fig. 146). Des bandes transversales de

allongée ; — *f*, moelle épinière ; — 1, nerfs de la 1re paire ou olfactifs ; — 2, nerfs de la 2e paire ou optiques ; — 3, nerfs de la 3e paire ; — 4, nerfs de la 4e paire ; — 5, nerfs trifaciaux ou de la 5e paire ; — 6, nerfs de la 6e paire ; — 7, nerfs faciaux ; — 8, nerfs acoustiques ; — 9, nerfs glosso-pharyngiens ; — 10, nerfs pneumo-gastriques ; — 11 et 12, nerfs des 11e et 12e paires ; — 13, 14, 15, 16, nerfs cervicaux ; — *g*, nerfs cervicaux formant le plexus brachial ; — 25, nerfs de l partie dorsale de la moelle épinière ; — 33, l'une des paires de nerfs lombaires ; — *h*, nerfs lombaires et sacrés formant des plexus ; — *i* et *j*, queue de cheval ; — *k*, nerf sciatique se rendant aux membres inférieurs.

(*) *a*, faux du cerveau ; — *b*, tente du cervelet.

substance blanche réunissent entre eux les deux hémisphères

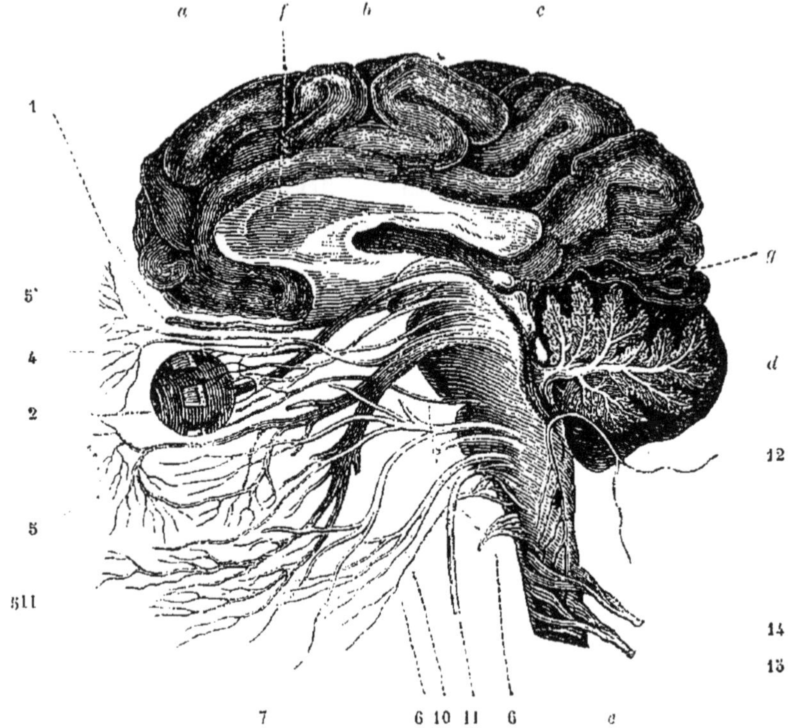

Fig. 146. — Coupe du cerveau, etc. (*).

cérébraux et sont fort développées. Chez l'Homme ainsi que

(*) Coupe verticale du cerveau, du cervelet et de la moelle allongée : *a*, lobe antérieur du cerveau ; — *b*, lobe moyen ; — *c*, lobe postérieur du cerveau ; — *d*, cervelet ; — *e*, moelle épinière ; — *f*, coupe du corps calleux situé au fond de la scissure qui sépare les deux hémisphères du cerveau : au-dessus de cette bande transversale de matière blanche se trouvent les ventricules latéraux du cerveau ; — *g*, lobes optiques cachés sous la face inférieure du cerveau ; — 1, nerfs olfactifs ; — 2, œil dans lequel vient se terminer le nerf optique, dont on peut suivre la racine sur les côtés de la protubérance annulaire jusqu'aux lobes optiques : derrière l'œil on voit le nerf de la troisième paire ; — 4, nerf de la quatrième paire, qui se distribue, comme le précédent, aux muscles de l'œil ; — 5, branche maxillaire supérieure du nerf de la cinquième paire ; — 5', branche ophthalmique du même nerf ; — 5'', branche maxillaire inférieure du même nerf ; — 6, nerf de la sixième paire se rendant aux muscles de l'œil ; — 7, nerf facial : au-dessous de l'origine de ce nerf on voit un tronçon du nerf acoustique ; — 9, nerf de la neuvième paire, ou nerf glosso-pharyngien ; — 10, nerf pneumogastrique ; — 11, nerf de la onzième paire, ou nerf hypoglosse ; — 12, nerf de la douzième paire, ou nerf spinal ; — 14 et 15, nerfs cervicaux.

chez la plupart des mammifères l'une de ces commissures beaucoup plus grande que les autres relie les deux hémisphères et constitue l'organe encéphalique appelé le *corps calleux*. On remarque aussi dans l'intérieur de l'encéphale diverses cavités appelées *ventricules*. Ces ventricules sont au nombre de quatre : l'un, situé sur la ligne médiane en avant et au-dessous du corps calleux, porte le nom du cinquième ventricule ou *septum lucidum*, à cause de la transparence de ses parois ; deux autres, placés au-dessous et des deux côtés du corps calleux, sont beaucoup plus grands et portent le nom de ventricules latéraux ; enfin, sur la ligne médiane, au-dessous du corps calleux, se trouve une autre cavité connue sous le nom de ventricule moyen ou troisième ventricule.

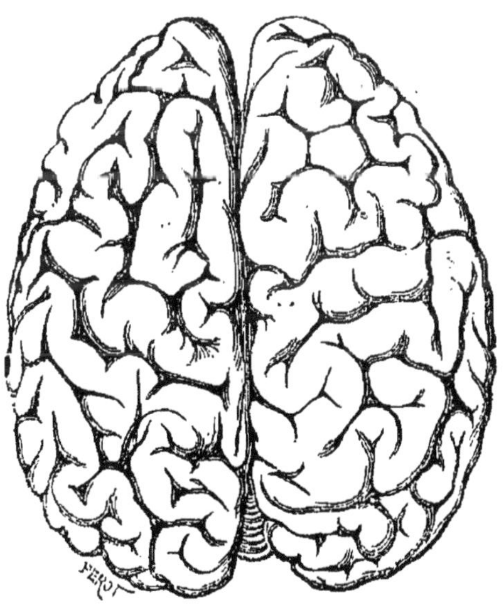

Fig. 147. — Face supérieure du cerveau.

Il est également à noter que l'étendue de la couche corticale du cervelet et même du cerveau est rendue très considérable par l'existence d'une multitude de replis séparés entre eux par des sillons plus ou moins profonds qui constituent des *circonvolutions* dont la complexité est particulièrement grande dans l'espèce humaine (fig. 147), ainsi que chez les Cétacés et les Phoques.

§ 116. **Le cervelet** est logé dans les fosses occipitales, dont il reproduit la forme. Aussi est-il plus large que haut ; il est divisé en deux parties ou hémisphères cérébelleux par une rainure, et, sur la ligne médiane, il présente un enfoncement profond qui loge l'origine de la moelle épinière, ainsi qu'un lobe moyen. — Si l'on fait une coupe du cervelet, on trouvera, de même que dans le cerveau, la matière grise entourant la matière blanche ; cette dernière, en se ramifiant, forme ce que l'on appelle l'*arbre de vie*, auquel on donnait autrefois une importance qu'il n'a réellement pas (fig. 146). Le cervelet recouvre une cavité appelée quatrième ventricule. Les pédoncules cérébelleux se continuent avec la moelle allongée ; ils semblent passer sous l'espèce de pont formé par une large bande de substance blanche qui s'étend d'un hémisphère à l'autre et dont j'ai parlé plus haut sous le nom de *pont de Varole*.

§ 117. Il y a aussi chez les divers Vertébrés de grandes différences dans le volume de l'encéphale comparé au volume total du corps et au diamètre de la moelle épinière. Chez les Poissons et les Batraciens, cette partie céphalique de l'axe cérébro-spinal est très petite et son diamètre ne dépasse pas de beaucoup celui du cordon rachidien ; chez les Reptiles la prépondérance de l'encéphale se prononce davantage, et chez les Oiseaux elle est encore plus marquée ; mais c'est chez les Mammifères et particulièrement chez l'Homme que le volume de l'encéphale est le plus considérable. Le cerveau est plus gros que celui de presque tous les quadrupèdes, et on a constaté que sous ce rapport il y a des différences notables entre les différentes races humaines, ainsi qu'entre les différents individus d'une même race. Le degré de développement de cette partie du système nerveux paraît être une des conditions du développement de la puissance mentale. Ainsi chez les idiots l'encéphale est remarquablement petit, tandis qu'au contraire on a constaté chez beaucoup d'hommes d'une grande intelligence l'existence d'un cerveau plus gros que celui des hommes ordinaires.

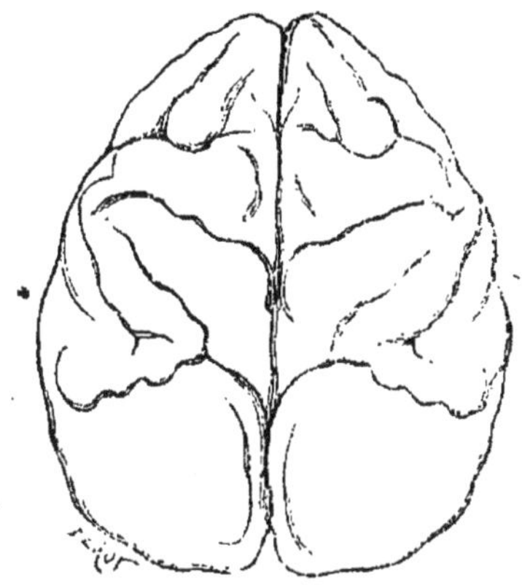

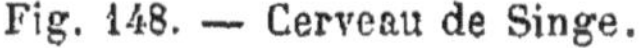

Fig. 148. — Cerveau de Singe.

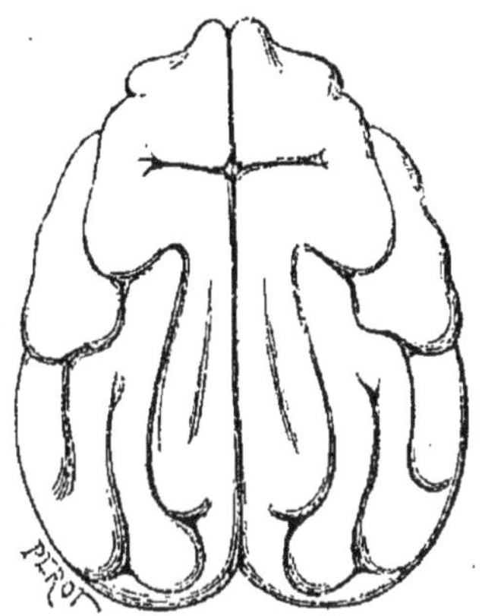

Fig. 149. — Cerveau de Chien.

Les circonvolutions sont d'autant plus développées que l'animal appartient à un groupe plus perfectionné et que sa taille est plus élevée, ainsi chez les Singes il en existe encore un grand nombre (fig. 148). Chez les Carnassiers tels que le Chien (fig. 149), la surface cérébrale est aussi très étendue et sillonnée profondément; cette disposition s'observe chez tous les grands Ruminants, le Bœuf, le Cerf, le Mouton, la Chèvre. Mais chez les Mammifères inférieurs tels que les Insectivores, les Rongeurs (fig. 150), les Chiroptères, les Marsupiaux et les Monotrêmes le cerveau ne présente pas de circonvolutions.

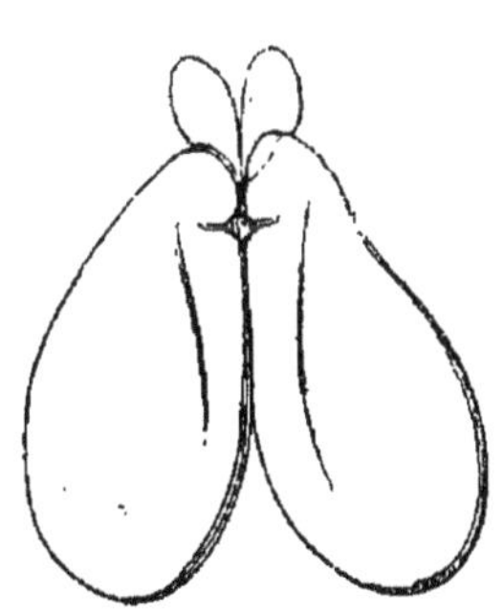

Fig. 150. — Cerveau de Rongeur.

§ 118. Les nerfs des organes locomoteurs ainsi que ceux des organes des sens et de toutes les autres parties de l'économie animale, qui dans l'état normal sont douées de sensibilité, sont en connexion directe avec l'axe cérébro-spinal, tandis

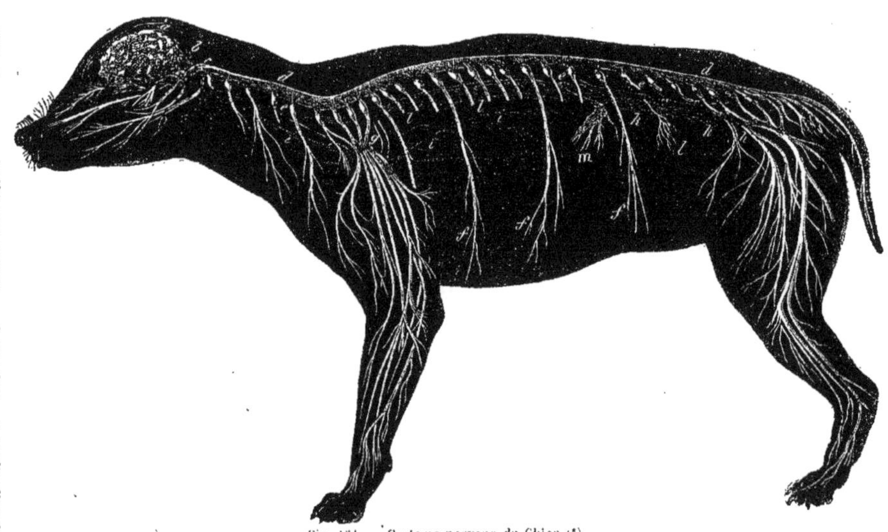

Fig. 151. — Système nerveux du Chien (*).

(*) Système nerveux du Chien : *a*, cerveau ; — *b*, cervelet ; — *c*, moelle allongée ;

que les nerfs appartenant aux organes de la vie végétative, au cœur et à l'appareil digestif, par exemple, sont des dépendances des petits centres nerveux que nous avons désignés précédemment sous le nom de ganglions et que l'on trouve disséminés au-devant de la colonne vertébrale soit dans l'abdomen et le thorax, soit au cœur et dans la tête. Tous ces ganglions sont reliés entre eux par des cordons de communication et communiquent avec les nerfs de l'axe cérébro-spinal au moyen d'autres branches anastomotiques. Ils constituent ainsi un système particulier appelé **système ganglionnaire**, *système nerveux de la vie organique* ou *système grand sympathique* à raison des relations physiologiques que cet appareil établit entre les viscères et les autres parties de l'organisme (fig. 151). Les nerfs qui se rendent aux vaisseaux sanguins et que l'on appelle *vaso-moteurs*, dont nous examinerons bientôt les fonctions, appartiennent aussi à ce système. L'appareil constitué par l'axe cérébro-spinal et par les nerfs dépendants de cet axe est désigné sous le nom de *système nerveux de la vie animale.*

NERFS CRANIENS ET RACHIDIENS.

§ 119. Pour distinguer entre eux les nerfs qui naissent de l'encéphale, on les désigne, tantôt par des numéros d'ordre, en comptant d'avant en arrière, tantôt par l'indication de leurs fonctions ou des parties auxquelles ils se rendent. Ainsi, les nerfs de la première paire sont appelés *nerfs olfactifs*, parce que le sens de l'odorat dépend de leur action (fig. 144). Les

— *d*, *d*, moelle épinière ; — *e*, *e*, ganglions spinaux situés sur les racines postérieures des nerfs rachidiens ; — *f*, *f*, *f*, nerfs intercostaux ; les autres ont été coupés près de leur sortie de la colonne vertébrale ; — *g*, plexus formé par les nerfs des membres antérieurs ; — *h*, plexus formé par les nerfs des membres postérieurs ; — *i*, *i*, *i*, nerfs pneumogastriques, se rendant au cœur, aux poumons, à l'estomac, etc. ; — *k*, *k*, *k*, système nerveux ganglionnaire ou grand sympathique ; — *l*, plexus des nerfs des intestins ; — *m*, ganglion semi-lunaire et plexus solaire, dont partent plusieurs des branches du système ganglionnaire qui se rendent à l'estomac, au foie, etc.

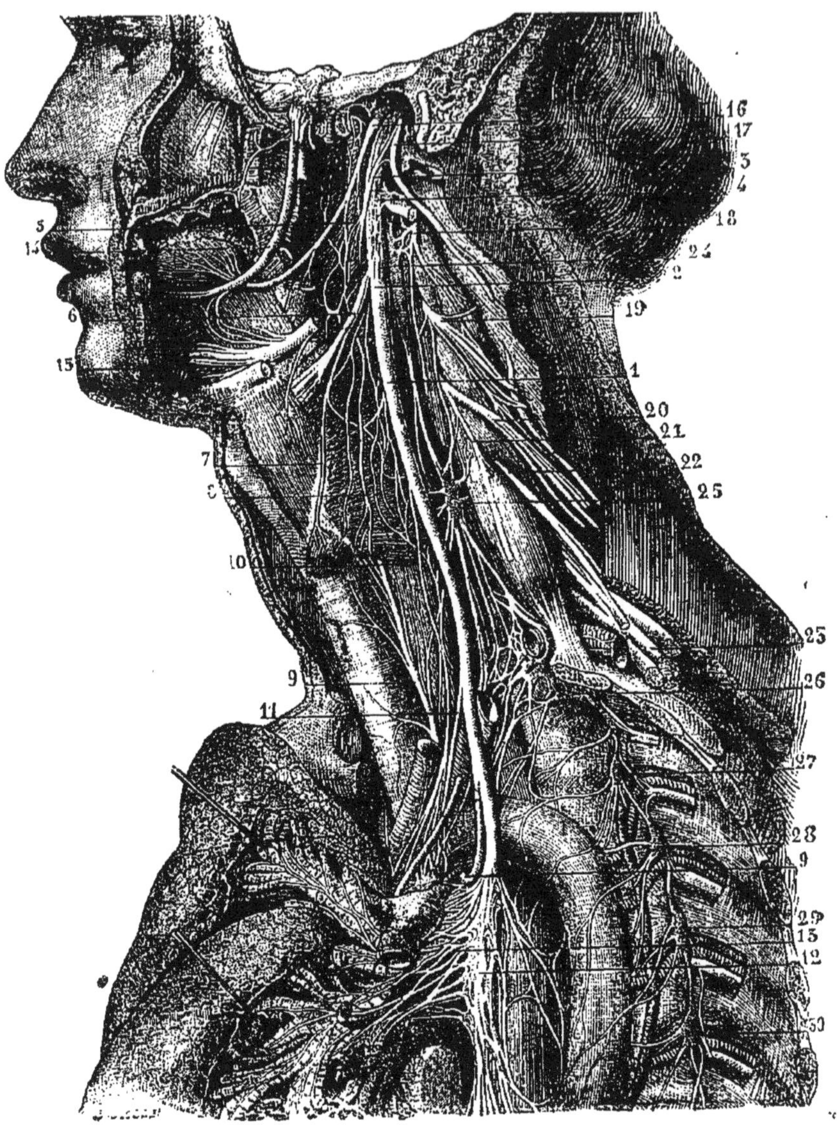

Fig. 152. — Portion supérieure du système ganglionnaire, etc. (*).

(*) Cette figure, tirée du *Traité d'anatomie humaine* de M. Sappey, représente les principaux nerfs du cou, ainsi que les ganglions du grand sympathique qui se trouvent dans le thorax et au cou : — 1, nerf pneumogastrique, ou nerf cérébral de la dixième paire, dont les principales branches s'anastomosent avec des filets du grand sympathique et se distribuent aux poumons, à l'estomac, etc. ; — 6, 7, branches du pneumogastrique se rendant au larynx ; — 9, 9, nerf récurrent, branche

nerfs de la seconde paire, ou *nerfs optiques*, se terminent dans l'intérieur du globe de l'œil ét y forment la partie fondamentale de l'appareil de la vision appelée la rétine. Les nerfs de la troisième, de la quatrième et de la sixième paire ou *nerfs moteurs-oculaires* appartiennent exclusivement aux muscles moteurs du globe de l'œil.

Les nerfs de la cinquième paire ou *nerfs trijumeaux* se rendent à la face et s'y divisent en trois branches pour se distribuer d'une part à la région sourcilière, d'autre part à la région maxillaire supérieure et en troisième lieu à la mâchoire inférieure et aux dépendances de cette partie, notamment à la langue.

Les nerfs de la septième paire ou *nerfs faciaux* se distri buent aux muscles de la face.

Les nerfs de la huitième paire ou *nerfs acoustiques* se terminent dans les parties profondes de l'appareil auditif.

Les nerfs de la neuvième paire ou nerfs *glosso-pharyngiens* appartiennent au pharynx et à la langue.

Les nerfs de la dixième paire ou nerfs pneumogastriques vont aux poumons, au cœur et à l'estomac après s'être associés à une portion du système ganglionnaire.

Les nerfs de la onzième paire ou *nerfs hypoglosses* se distribuent dans la langue.

Enfin les nerfs de la douzième paire, appelés *nerfs spinaux*, se distribuent dans la région de la nuque.

Les nerfs du système rachidien qui naissent de la moelle épinière et qui sortent du canal vertébral par des ouvertures placées entre les Vertèbres et appelés *trous de conjugaison* (fig. 176

du pneumogastrique qui remonte de la base du cou jusqu'au larynx; — 10, 11, rameaux cardiaques, se rendant au cœur; — 13, plexus pulmonaire; — 14, nerf lingual; — 15, partie terminale du nerf grand hypoglosse; — 16, nerf glosso-pharyngien; — 17, nerf spinal; — 18, nerf cervical; — 19, troisième nerf cervical; — 23, sixième, septième et huitième nerfs cervicaux s'anastomosant avec le premier nerf dorsal pour former le plexus brachial; — 24, ganglion cervical supérieur du grand sympathique; — 25, ganglion cervical moyen; — 26, ganglion cervical inférieur; — 27 à 30, ganglions dorsaux.

et 177) sont au nombre de 31 paires : 8 paires cervicales, 12 dorsales, 5 lombaires, 6 sacrées (fig. 144). On les dénomme d'après leur mode de distribution ou d'après la région où ils se trouvent ; ainsi on les appelle *nerfs cervicaux*, *nerfs intercostaux*, *nerfs brachiaux*, *nerfs crâniens*, etc., suivant qu'ils se rendent dans la

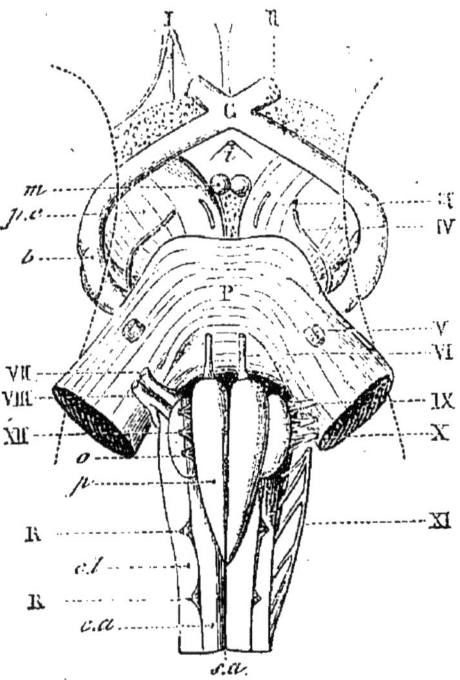

Fig. 153. — Origine des nerfs crâniens.

région du cou, dans les muscles intercostaux, dans les membres supérieurs ou à la tête (fig. 142). Il est aussi à noter que plusieurs de ces nerfs, après leur sortie de la colonne vertébrale, s'entremêlent d'une manière inextricable et constituent ainsi des *plexus* ; mais leurs fibres élémentaires n'en conservent pas moins leur indépendance.

(*) Les numéros indiquent les différentes paires de nerfs crâniens ; — *m*, tubercules mamillaires ; — *pc*, pédoncules cérébraux ; — C, chiasma des nerfs optiques ; — P, protubérance annulaire ou pont de Varole ; — *o*, corps olivaires de la moelle allongée ; — *p*, pyramides de la moelle allongée ; — R, racines antérieures des nerfs rachidiens ; — *ca*, cordon antérieur de la moelle épinière ; — *sa*, sillon antérieur de la moelle épinière.

SYSTÈME NERVEUX DES AUTRES ANIMAUX.

§ 120. Dans la classe des Oiseaux (fig. 154), l'encéphale est peu développé, les hémisphères n'offrent pas de circonvolutions, et, de même que chez les Mammifères didelphiens, le corps calleux manque. Les lobes optiques prennent un grand accroissement, ils débordent les lobes cérébraux. La protubérance annulaire ou pont de Varole ne se trouve plus.

Chez les Reptiles et les Batraciens (fig. 155), l'encéphale est

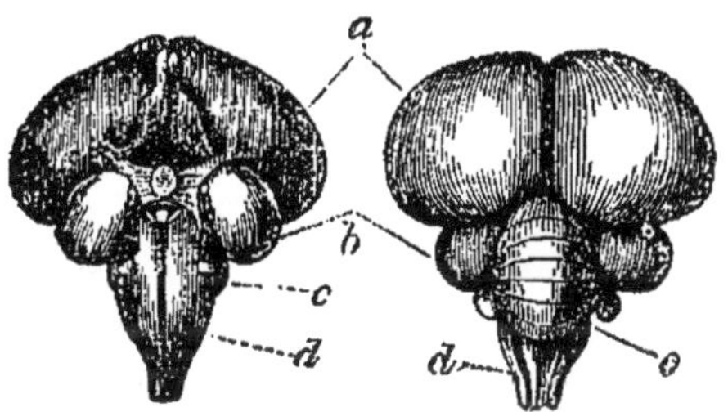

Fig. 154. — Encéphale des Oiseaux (*).

encore moins développé, les hémisphères cérébraux sont lisses, les lobes olfactifs se développent beaucoup, et les lobes optiques sont en général très grands et placés en arrière des hémisphères ; le cervelet est très réduit.

Chez les Poissons, la masse cérébrale est encore moins développée, les lobes olfactifs et les lobes optiques égalent en volume les hémisphères cérébraux ; ces diverses parties sont placées par paires les unes à la suite des autres (fig. 156).

Nous avons dejà dit que le système nerveux des Invertébrés différait complètement de celui des Vertébrés, en ce que chez eux le cerveau et le système viscéral étaient supérieurs au tube digestif, tandis que le reste du système de la vie de relation lui était inférieur, de façon que, par leur réunion, ces parties

(*) Encéphale vu en dessus et en dessous : *a*, hémisphères cérébraux ; — *b*, lobes optiques ; — *c*, cervelet ; — *d*, moelle allongée et moelle épinière.

constituent autour de ce tube une sorte d'anneau appelé *collier œsophagien*.

Le système nerveux des animaux articulés offre ce caractère fondamental, que les parties similaires se répètent dans le sens de la longueur. L'animal se compose d'une série d'anneaux semblables, qui renferment chacun les mêmes éléments c'est-à-dire deux ganglions nerveux réunis entre eux par des commissures et réunis aux précédents, ainsi qu'aux suivants, par des connectifs.

Chez les Insectes les plus simples (fig. 159 A), on trouve dans

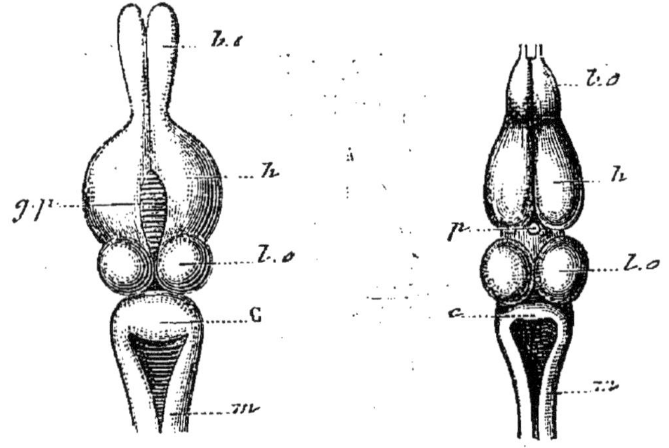

Fig. 155. — Encéphale de Lézard (*). Fig. 156. — Encéphale de Carpe (**).

la tête deux ganglions soudés entre eux et placés au-dessus du tube digestif ; ils envoient des filets qui les réunissent à la paire de ganglions de l'anneau suivant, située au-dessous de l'œsophage. Celui-ci se trouve ainsi entouré par une sorte d'anneau dont nous venons de parler, sous le nom de collier œsophagien ; puis, dans chaque segment du corps existent deux ganglions, un de chaque côté de la ligne médiane. Mais, à mesure que l'organisme se perfectionne, le système nerveux

(*) *b,o*, lobes olfactifs ; — *h*, hémisphères ; — *g,p*, glande pinéale ; — *l,o*, lobes optiques ; — C, cervelet ; — *m*, moelle épinière.

(**) Les lettres de renvoi sont les mêmes que pour la figure précédente.

tend à se concentrer par la soudure d'un nombre plus ou moins grand de ganglions en une seule masse (fig. 159, B, C, D).

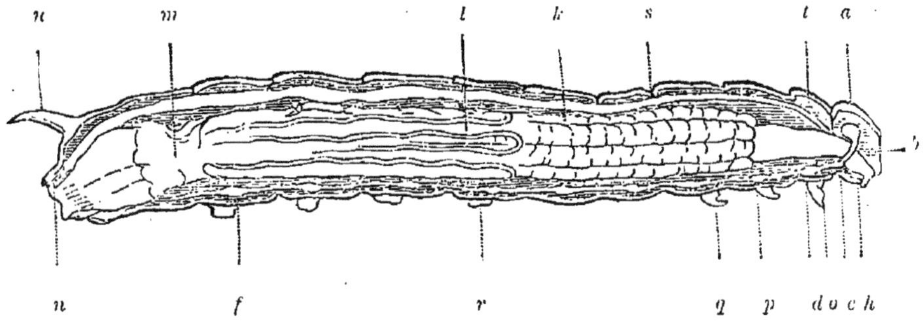

Fig. 157. — Anatomie de la chenille du Sphinx (*).

Ainsi, chez la Pentatome grise, ou Punaise des bois (fig. 159, D), arrivée à son état parfait, au lieu de la longue suite de petits

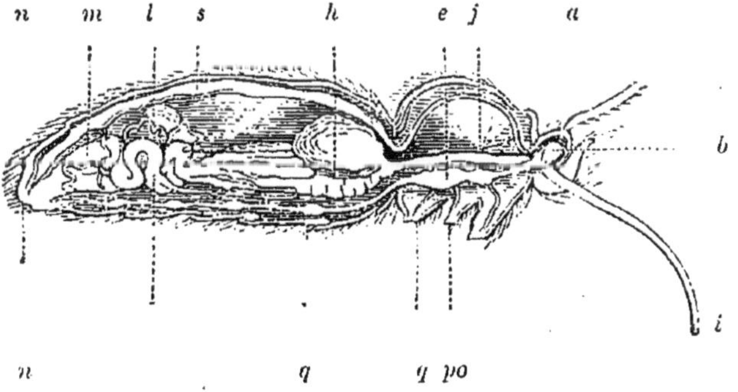

Fig. 158. — Anatomie du papillon Sphinx.

ganglions que l'on trouvait chez sa larve, on voit que la plupart

(*) Sphinx du troëne : — *a*, ganglions céphaliques, ou cerveau, situés au-devant de l'œsophage et donnant naissance aux nerfs des yeux, etc. ; — *b*, cordons qui unissent ces ganglions à ceux de la seconde paire, en passant de chaque côté de l'œsophage, et formant ainsi un collier autour de ce canal ; — *c*, première paire de ganglions postœsophagiens situés derrière la bouche — *d*, ganglions du premier anneau du thorax ; — *e* (fig. 158), masse nerveuse formée par les ganglions des deuxième et troisième anneaux thoraciques ; — *f*, sixième paire de ganglions abdominaux ; — *h*, la bouche ; — *i* (fig. 158), la trompe ; — *j* (fig. 158), œsophage ; — *k*, estomac : — *l*, intestin et vaisseaux biliaires ; — *m*, gros intestin ; — *n*, anus ; — *o*, pattes de la première paire ; — *p*, pattes de la seconde paire ; — *q*, pattes de la troisième paire ; — *r*, première paire de pattes membraneuses de la chenille ; — *s*, vaisseau dorsal ; — *t*, premier anneau du thorax ; — *u*, corne qui surmonte l'extrémité de l'abdomen de la chenille.

de ces petits corps se sont réunis pour former un cerveau et des centres nerveux considérables, d'où partent de longs filets qui se ramifient dans les différentes parties du corps.

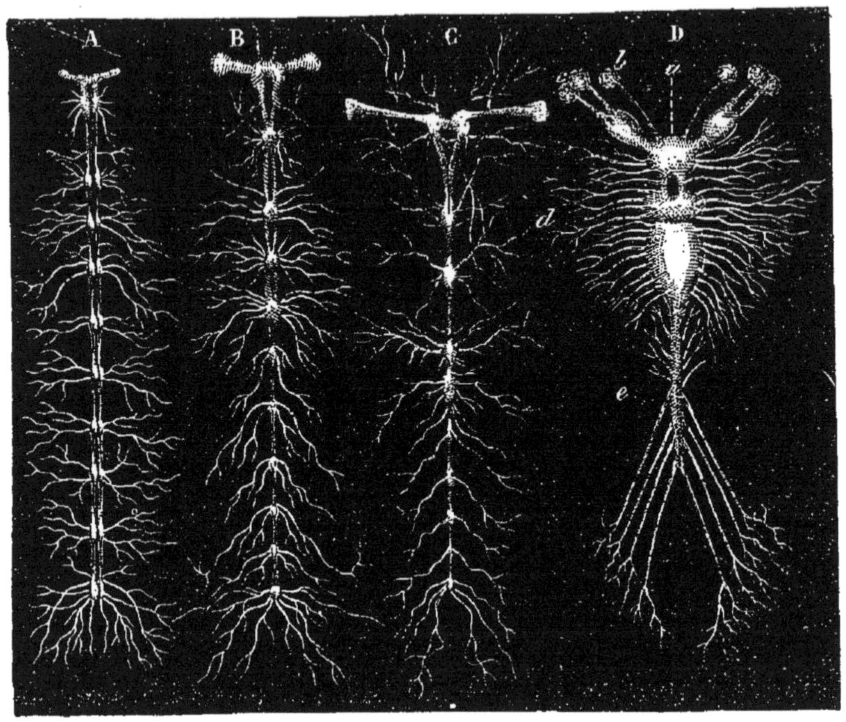

Fig. 159. — Système nerveux des Insectes (*).

§ 121. Le système nerveux des Crustacés est construit sur le même plan que celui des Insectes, et suit les mêmes procédés de perfectionnement. Chez quelques-uns, la chaîne ganglionnaire s'étend uniformément d'une extrémité du corps à l'autre, fournissant deux ganglions par anneau ; mais, chez les animaux de cette classe les plus élevés en organisation, tous ces ganglions post-œsophagiens se fondent en une seule masse,

(*) A, système nerveux d'un forficule (Perce-oreille) ; — B, système nerveux d'une Sauterelle ; — C, système nerveux d'un Lucane (Cerf-volant) ; — D, système nerveux d'une Punaise des bois ; — *a*, ganglions cérébroïdes soudés ; — *b*, *c*, nerfs des yeux ; — *d*, ganglions thoraciques ; — *e*, ganglions abdominaux.

placée dans le thorax : c'est ce qui se remarque chez certains crabes.

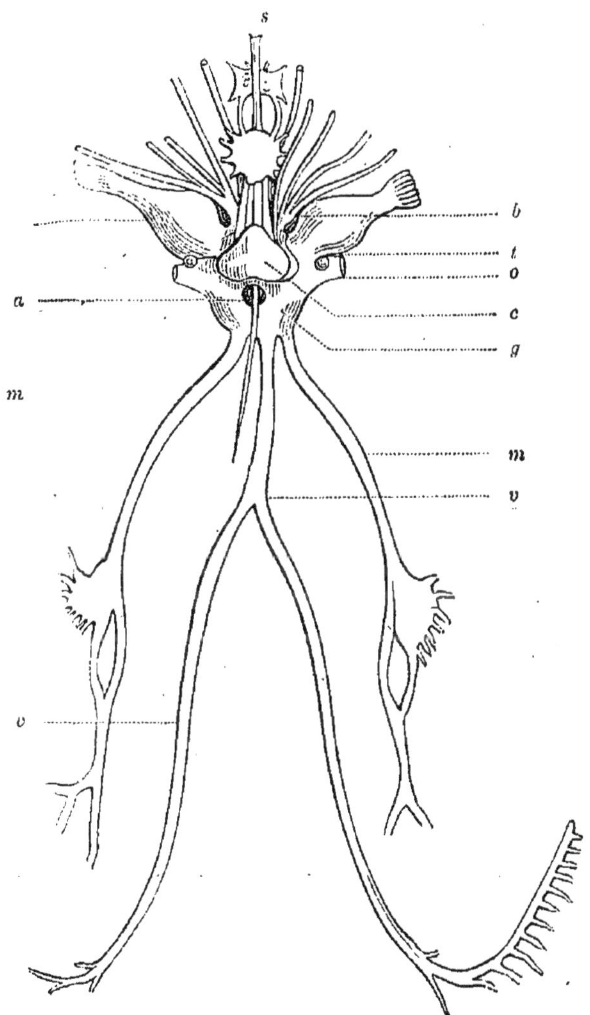

Fig. 160. — Système nerveux de la Sèche (*).

(*) *a*, le collier nerveux qui embrasse l'œsophage, dont le trajet est indiqué par une soie; — *c*, la masse nerveuse située au-devant de l'œsophage, et nommée communément le cerveau; sa surface supérieure est surmontée d'un tubercule cordiforme très gros, et il part de sa partie antérieure deux nerfs qui bientôt se terminent dans un ganglion circulaire qui, à son tour, donne naissance à une autre paire de nerfs, lesquels descendent sous la bouche de manière à embrasser de nouveau l'œsophage, et y forment un petit ganglion antérieur d'où naissent les nerfs labiaux; — *b*, ganglions tentaculaires, d'où naissent les nerfs du bras ; — *o*, nerfs

Chez les Annélides, on trouve une chaîne ganglionnaire, tantôt double, tantôt simple, et résultant alors de l'accolement sur la ligne médiane des deux ganglions latéraux.

Chez les Mollusques, le système nerveux se compose d'un petit nombre de ganglions réunis entre eux par des connectifs, mais disposés sur un tout autre plan que celui des Articulés ; cependant on y retrouve toujours le collier œsophagien, formé par des filets nerveux qui relient les ganglions cérébraux placés au-dessous du tube intestinal aux autres ganglions placés au-dessus de ce tube (fig. 160).

Chez les Zoophytes, le système nerveux existe quelquefois, mais est alors presque rudimentaire ; le plus souvent il paraît manquer complètement.

PROPRIÉTÉS GÉNÉRALES DES NERFS.

§ 122. Ces notions sommaires relatives à la constitution du système nerveux étant acquises, nous passerons à l'étude de l'ensemble des instruments physiologiques à l'aide desquels les animaux exécutent des mouvements, nous réservant de traiter ultérieurement des organes de la sensibilité et des fonctions d'un autre ordre qui dépendent également de l'activité vitale des centres nerveux. Mais avant d'aborder ces questions, nous ajouterons quelques mots relatifs aux propriétés générales des nerfs.

Les nerfs sont essentiellement des conducteurs servant à transmettre à l'axe cérébro-spinal les impressions produites sur les parties sensibles de l'organisme par les agents

optiques qui naissent des parties latérales du cerveau, et bientôt se renflent en un gros ganglion ; — *t*, petits tubercules veineux situés sur l'origine des nerfs optiques : — *g*, ganglion sous-œsophagien ou ventral ; — *r*, grand nerf des viscères dont l'une des branches présente un ganglion allongé (*r*) et pénètre dans la branchie ; — *m*, nerfs qui naissent également des ganglions postœsophagiens et qui présentent sur leur trajet un gros ganglion étoilé (*e*) dont les branches se distribuent au manteau.

extérieurs tels que la chaleur, la lumière, les vibrations sonores, ou le contact des corps résistants et à conduire aux organes producteurs du mouvement les influences excitantes dues à l'action vitale des centres nerveux ou foyers d'innervation. Pour remplir ces fonctions il faut nécessairement qu'il y ait continuité parfaite entre toutes les parties de ces conducteurs, et dès que l'un d'eux vient à être coupé ou désorganisé d'une manière quelconque dans un point de sa longueur, les relations de cet ordre sont interrompues entre les foyers d'activité nerveuse et les parties périphériques de l'organisme, comme elles le seraient également si ces foyers cessaient d'être aptes à fonctionner.

§ 123. On désigne sous le nom de **paralysie** la perte de la sensibilité et de l'aptitude à exécuter des mouvements volontaires dans les parties qui cessent ainsi d'être en relation avec les foyers d'innervation, et on a constaté que la paralysie peut affecter isolément soit les parties sensibles, soit les organes moteurs, et cela dépend de ce que les conducteurs nerveux sont de deux sortes : les uns sont aptes à transmettre seulement de la périphérie de l'organisme à l'axe cérébro-spinal les impressions dont résultent des sensations ; les autres servent à transporter de cette partie centrale du système nerveux aux autres parties du corps, la force excitante développée par elle et susceptible de mettre en action les organes producteurs des mouvements. Ces conducteurs spéciaux sont les fils ou fibres élémentaires des nerfs qui sont réunies en faisceaux pour constituer ces cordons, et dans quelques-uns de ceux-ci il n'y a que des fibres sensitives ou bien des fibres excito-motrices seulement ; mais en général il y a dans un même faisceau des fibres élémentaires de deux sortes, de façon que le cordon constitué par leur réunion sert à deux fins et est un conducteur excito-moteur. On appelle **nerfs mixtes** les cordons nerveux qui sont composés de la sorte, et **nerfs sensitifs** ou **nerfs moteurs** les cordons qui ne possèdent que des fibres élémentaires de l'une ou de l'autre sorte. Les nerfs spéciaux de l'œil, de l'oreille et des autres organes des sens appartiennent à la première de ces catégories, tandis que d'autres troncs nerveux appartenant en propre aux organes moteurs ne sont pas aptes à effectuer la transmission des impressions sensitives et sont affectés exclusivement au service du mouvement.

§ 124. Il est aussi à noter que, dans les nerfs mixtes, à leur point de jonction avec l'axe cérébro-spinal, les fibres élémentaires douées de ces propriétés différentes sont séparées, entre elles et constituent, d'une part les *racines antérieures* des nerfs rachidiens, d'autre part, les *racines postérieures* de ces mêmes nerfs mixtes (fig. 143, 161 et 162). Des expériences faites sur des animaux vivants il y a plus d'un demi-siècle par un physiologiste anglais, Charles Bell, et par un ancien professeur du Collège de France, Magendie, fournissent des preuves de cette indépendance fonctionnelle. Effectivement la division des racines postérieures d'un nerf rachidien rend insensibles toutes les parties dans lesquelles ce conducteur se distribue, mais ne détermine la paralysie d'aucun organe moteur ; tandis que la section des racines antérieures du même nerf entraîne la cessation des mouvements volontaires dans les parties correspondantes du corps sans y abolir la sensibilité.

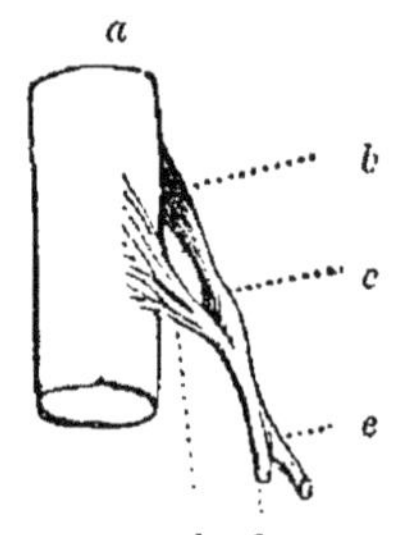

Fig. 161 (*).

Pour terminer l'indication des propriétés générales les plus importantes des nerfs, nous ajouterons que ces conducteurs sont susceptibles d'être mis en action non seulement par les causes dont il a été question précédemment, mais aussi par

(*) Tronçon de la moelle épinière, montrant la disposition des nerfs qui en naissent : *a*, moelle épinière ; — *b*, racine postérieure de l'un des nerfs spinaux ; — *c*, ganglion situé sur le trajet de cette racine ; *d*, racine antérieure du même nerf, allant se réunir à la racine postérieure, au delà du ganglion ; — *e*, tronc commun formé par la réunion de ces deux racines ; — *f*, petite branche qui va s'anastomoser avec le nerf grand sympathique.

des excitations mécaniques ou autres affectant un point quelconque de leur longueur. Ainsi en piquant ou en excitant un des nerfs du bras on produit de la douleur dans les mains comme si l'on agissait de la même façon sur les parties périphériques de l'organisme dans lesquelles ce conducteur se termine, et on provoque en même temps des mouvements dans les muscles auxquels il va se rendre.

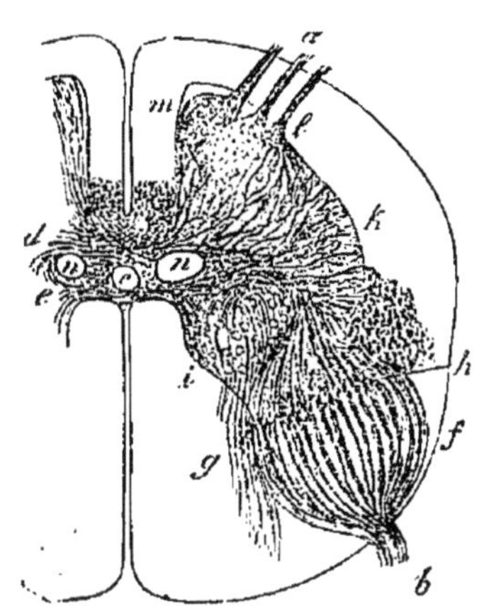

Fig. 162. — Coupe transversale de la moelle épinière (*).

Ce fait explique pourquoi les amputés se plaignent souvent de douleur dans les doigts du pied ou de la main qu'ils n'ont plus ; cela tient à ce que le tronc nerveux dont les branches se distribuaient aux doigts est excité, soit par la compression, soit par une autre cause.

§ 125. Les nerfs du **grand symphatique** agissent sur les organes de la vie de nutrition, sans que nous en ayons aucune conscience. Les mouvements des intestins, de l'estomac, la sécrétion des humeurs par les glandes, la contractilité des vaisseaux sanguins, sont placés sous la dépendance du système grand sympathique. M. Cl. Bernard a remarqué que si l'on coupe les filets du grand sympathique, les vaisseaux sanguins se dilatent beaucoup dans toute la partie où se rendaient ces nerfs ; la chaleur animale y augmente, et quelquefois même il s'y manifeste des phénomènes inflammatoires ; ces phénomènes sont dus à ce que par cette opération on avait détruit les **nerfs vaso-moteurs** qui présidaient à la contractilité des artères et des veines

(*) *m*, cordon antérieur de la moelle ; — *k*. *l*, cordon latéral ; — *c*, canal central ; — *n*, veines ; — *a*, racine antérieure ; — *b*, racine postérieure ; — *d*, commissure antérieure.

Les nerfs du grand sympathique sont complètement insensibles, on peut les piquer et les déchirer sans que l'animal en ait conscience ; les nerfs de la vie de relation sont au contraire d'une sensibilité exquise.

DES MOUVEMENTS ET ORGANES MOTEURS.

§ 126. Les mouvements qui se manifestent dans les instruments de la vie animale ainsi que les mouvements affectés par la plupart des organes de la vie végétative des animaux sont dus à l'action d'une substance vivante particulière appelée le **tissu musculaire** et formée de fibres microscopiques susceptibles de se raccourcir temporairement ou de s'allonger en se relâchant et de déplacer ainsi les corps avec lesquels elles sont en relation. On désigne sous le nom de contractilité cette faculté qui ressemble beaucoup à l'élasticité, mais qui en diffère par un caractère important. Les mouvements dépendant de l'élasticité d'une substance ne résultent que du retour des molécules de celle-ci à leur position initiale après qu'elles ont été déplacées par l'action d'une cause étrangère, telle qu'une certaine traction ou une pression mécanique. La contractilité, au contraire, produit un resserrement analogue sans qu'il y ait eu préalablement aucune

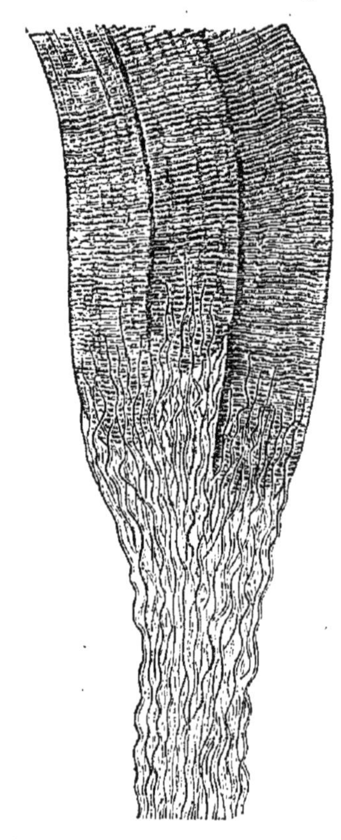

Fig. 163. — Fibres musculaires se terminant en un tendon d'attache (grossiss. 300).

extension ; l'un de ces mouvements est par conséquent passif, l'autre est essentiellement actif.

La substance musculaire en se contractant ne change pas de volume ; elle change seulement de forme et se raccourcit suivant une direction, tandis qu'elle grossit proportionnellement dans une direction contraire, mais en se modifiant de la sorte elle se durcit momentanément et elle devient apte à déployer de la force mécanique. Chacune des fibres formées par un ou plusieurs filaments de cette substance réunis en faisceau est revêtue d'une tunique membraneuse ou gaîne élastique appelée *sarcolème* et ordinairement ces faisceaux placés parallèlement sont à leur tour réunis en faisceaux de plus en plus gros dont les deux extrémités sont fixées aux parties de l'organisme sur lesquelles ces organes doivent exercer une traction. Ces attaches résultent de l'union des extrémités du sarcolème avec le tissu constitutif de ces parties, et en général au lieu de se faire directement sur celles-ci, elles sont établies au moyen d'un tissu intermédiaire élastique, mais très fort, blanchâtre et d'un aspect satiné qui constitue des espèces de cordes appelées *tendons* (fig. 163) ou s'étale en forme de membranes appelées *aponévroses*. Les liens disposés de la sorte servent donc, d'une part, à fournir aux muscles des points d'appui pour exercer, par leur extrémité opposée, une traction sur le corps en connexion avec cette extrémité, et, d'autre part, à transmettre à distance la force motrice développée par la contraction des fibres musculaires.

MUSCLES.

§ 127. Ce sont les muscles qui constituent ce que dans le langage ordinaire on appelle la *chair* des animaux. Chez l'Homme et la plupart des Mammifères, ils sont d'un rouge plus ou moins intense, mais cette couleur est due seulement à la présence de beaucoup de sang dans leur substance;

et chez les animaux chez lesquels ce liquide est peu abondant, par exemple, chez les Reptiles, les Batraciens et la plupart des Poissons, ces organes sont presque incolores. Ils le sont encore plus complètement chez les Mollusques, les Insectes, les Crustacés et les autres invertébrés à sang blanc.

Les fibres musculaires n'ont pas toutes les mêmes propriétés physiologiques : les unes sont susceptibles d'être mises en action sous l'influence de la volonté et se contractent brusquement, les autres ne sont pas soumises à l'empire de

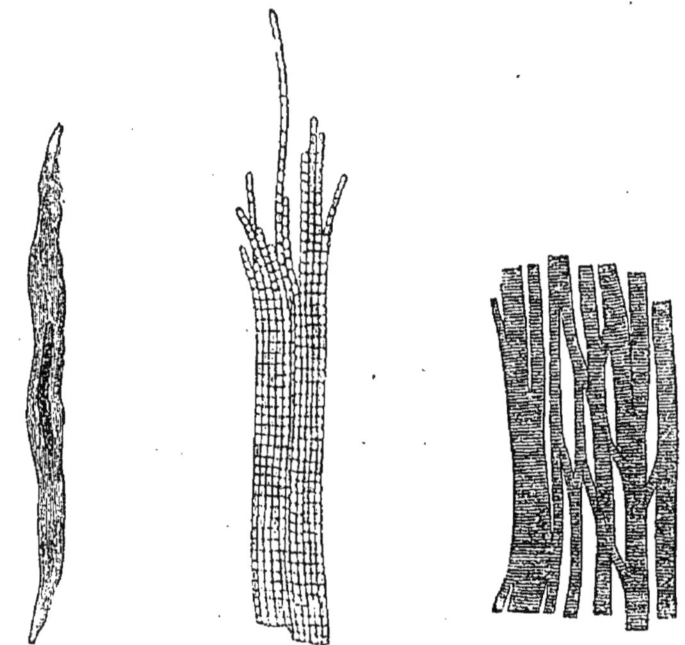

Fig. 164. — Fibre musculaire lisse grossie.

Fig. 165. — Fibrilles musculaires grossies.

Fig. 166. — Fibres musculaires du cœur.

cet agent et leurs mouvements sont en général lents. Les premières, appelées *muscles de la vie animale*, présentent des stries transversales très fines et très nombreuses ; les secondes, appelées *muscles de la vie organique*, sont en général lisses, mais parfois elles sont striées comme les précédentes ; dans le cœur, par exemple (fig. 165).

PROPRIÉTÉS PHYSIOLOGIQUES DES MUSCLES.

§ 128. Les muscles reçoivent beaucoup de nerfs qui se ramifient dans leur substance (fig. 167). Ceux qui sont indépendants

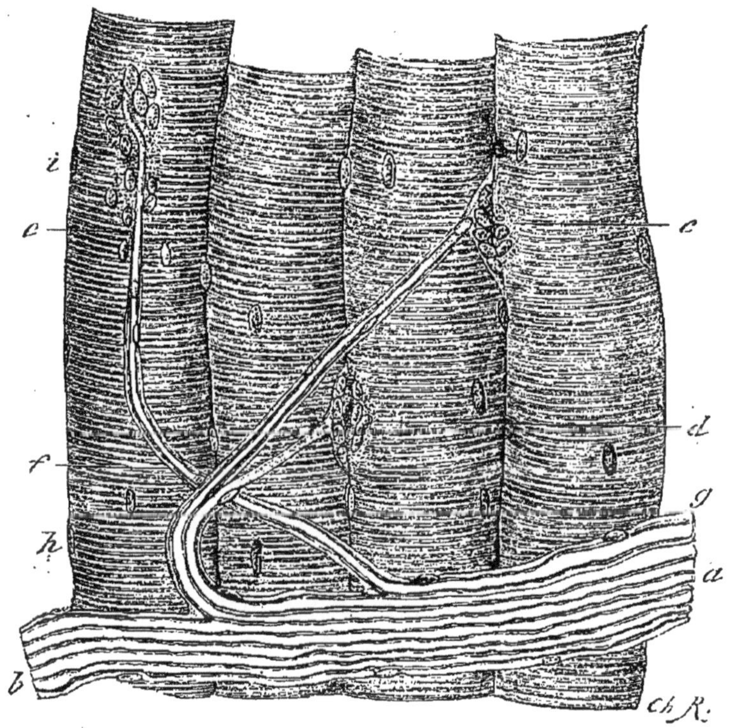

Fig. 167. — Fibres striées (*).

de la volonté les tirent du système ganglionnaire, les autres les tirent principalement du système cérébro-spinal, et lorsqu'ils cessent d'être ainsi en communication avec l'axe cérébro-spinal ils cessent aussi d'être aptes à se contracter sous l'influence de la volonté ; ils sont paralysés par la section de ces conducteurs, mais ils obéissent encore aux excitations qui peuvent être

(*) Muscle de l'œil grossi 400 fois : *b*, petit faisceau nerveux ; — *h*, deux tubes nerveux se terminent en *c* sur deux faisceaux musculaires *r*.

développées dans le tronçon périphérique du nerf ainsi divisé, soit par des actions mécaniques, telles qu'une piqûre, soit par l'élasticité ou par l'application de divers réactifs chimiques.

On appelle **nerfs excito-moteurs** les conducteurs nerveux qui ont la propriété de mettre ainsi les muscles en action, et lorsqu'un cordon nerveux est à la fois sensitif et excito-moteur, il doit cette double faculté à la présence de deux sortes de fibres qui sont en connexion avec des parties différentes de l'axe cérébro-spinal et qui sont les unes excito-motrices, tandis que les autres sont sensitives ; et, ainsi que nous l'avons vu précédemment, ce sont les premiers qui constituent les racines antérieures des nerfs rachidiens, les seconds qui constituent les racines postérieures des mêmes nerfs (1).

Lorsque le tronçon supérieur d'une fibre nerveuse excito-motrice préalablement coupée en travers est stimulé mécaniquement ou de toute autre façon il n'en résulte aucune contraction musculaire, mais lorsqu'on agit de la même façon sur une fibre nerveuse sensitive l'excitation peut ne pas produire seulement une sensation ; lorsque ce conducteur est en connexion avec la moelle épinière, l'action nerveuse déterminée de la sorte peut être en quelque sorte répercutée dans cette partie de l'axe cérébro-spinal et mettre en jeu des fibres excito-motrices de façon à provoquer par l'intermédiaire de celles-ci des contractions musculaires, et il en résulte ce que les physiologistes appellent une action nerveuse réflexe.

Beaucoup de phénomènes qui se produisent normalement dans l'économie animale sont dus à des causes de ce genre ; par exemple les mouvements du diaphragme et du voile du palais qui constituent l'éternument et qui peuvent être provoqués par l'excitation de la membrane sensitive dont l'intérieur du nez est tapissé, ou bien encore les mouvements de nausée ou les vomissements qui sont souvent déterminés par la titilla-

(1) Voyez ci-dessus, page 187.

tion du fond de la cavité buccale; nous reviendrons d'ailleurs sur ce sujet.

§ 129. Certains muscles sont à la fois aptes à se contracter sous l'influence de la volonté et sans l'intervention de cette force, mais par l'effet d'influences nerveuses inconscientes produites par l'action de certaines parties de la moelle épinière. Les muscles de l'appareil respiratoire appartiennent à cette catégorie, de sorte que nous pouvons à volonté provoquer, accélérer, ralentir ou arrêter les mouvements d'inspiration ou d'expiration et que, néanmoins ces mouvements peuvent continuer à se produire après que la volonté cesse de se manifester; dans les cas de sommeil, de syncope ou d'asphyxie, par exemple. Cela dépend de ce que les nerfs excito-moteurs de ces organes sont sous l'empire non seulement des parties de l'axe cérébro-spinal où la puissance volitionnelle est développée, mais aussi d'autres foyers d'innervation, et les physiologistes ont pu constater que le siège de la puissance excito-motrice dont dépendent les mouvements respiratoires automatiques ou involontaires est situé dans la moelle allongée. Il suffit de détruire cette partie pour arrêter aussitôt tous les mouvements respiratoires et déterminer ainsi la mort; la connaissance de ce fait est due principalement à Flourens qui a désigné sous le nom de *nœud vital* ou de *point vital* la portion très circonscrite du cordon rachidien où réside cette puissance. Cela nous explique comment une forte commotion portant sur la nuque ou toute blessure de la portion du cordon rachidien située dans cette région peut être immédiatement fatale.

Les muscles dont l'action est complètement indépendante de la volonté, la tunique musculaire de l'estomac par exemple, ne reçoit de fibres nerveuses excito-motrices que du système ganglionnaire.

§ 130. Chez les autres vertébrés, presque tous les muscles de la vie animale sont groupés autour du squelette et fixés par chacune de leurs extrémités à des os ou à des cartilages. Ils peuvent ainsi mettre en jeu les parties mobiles de la charpente solide du corps et effectivement ils constituent avec celle-ci l'appareil de locomotion dont ces êtres sont pourvus.

D'autres muscles régis également par la volonté sont situés sous la peau et servent à mettre en mouvement certaines parties du système tégumentaire, par exemple, les lèvres, les paupières ou la peau du front (fig. 168); mais chez les Vertébrés ces *muscles sous-cutanés* n'ont en général que peu d'importance.

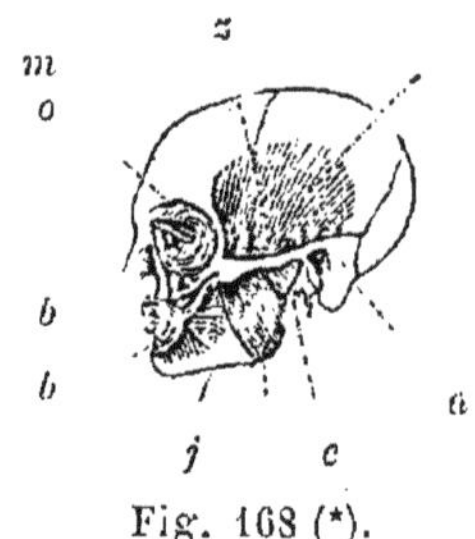

Fig. 168 (*).

Chez les Invertébrés, au contraire, les organes moteurs de la vie animale sont uniquement constitués par des muscles sous-cutanés et la peau en s'endurcissant par places fournit les parties rigides de l'appareil locomoteur qui fonctionnent à la manière des os chez les Vertébrés.

§ 131. La force d'action des muscles dépend : 1° de leur grosseur ; 2° de leur mode d'insertion. Ainsi un muscle agira d'une manière d'autant plus puissante qu'il sera inséré moins obliquement sur un os, et le maximum d'action sera obtenu lorsque le muscle s'insérera à angle droit. En effet, dans ce cas il n'y a pas de perte de force.

La longueur du bras du levier exerce aussi une grande influence sur la puissance musculaire ; en effet la distance qui sépare le point d'insertion d'un muscle du point d'appui sur lequel se meut l'os, et de l'extrémité opposée du levier que cet organe représente, influe beaucoup sur sa puissance d'action.

On distingue parmi les muscles :

(*) Principaux muscles de la tête : *o*, muscle orbiculaire des paupières, servant à fermer les yeux ; — *bb*, muscle orbiculaire des lèvres, servant à rapprocher ces organes ; — *j*, muscles des joues ; — *m*, muscles masséter, servant à élever la mâchoire inférieure ; — *t*, muscle temporal, servant au même usage ; — *z*, arcade zygomatique ; — *c*, articulation de la mâchoire inférieure ; — *a*, trou auditif et apophyse mastoïde.

Les *fléchisseurs*, qui déterminent la flexion d'un os sur un autre;

Les *extenseurs*, qui au contraire redressent l'os;

Les *rotateurs*, qui produisent les mouvements de rotation;

Les *abducteurs*, qui écartent les os.

Les *adducteurs*, qui les rapprochent.

Il y a en général un certain nombre de muscles qui concourent à un même but, et un autre système de muscles destinés à opposer leur action et à rétablir le membre dans son premier état; on les nomme muscles *antagonistes*.

Les muscles tirent en général leur nom, soit de leur forme, soit de leurs points d'insertion, soit de leurs usages, je reviendrai d'ailleurs bientôt sur le rôle des muscles dans la locomotion.

DES OS; LEUR COMPOSITION; LEURS USAGES DANS LE MÉCANISME DE LA LOCOMOTION.

§ 132. La substance des os, ainsi que nous l'avons vu précé-

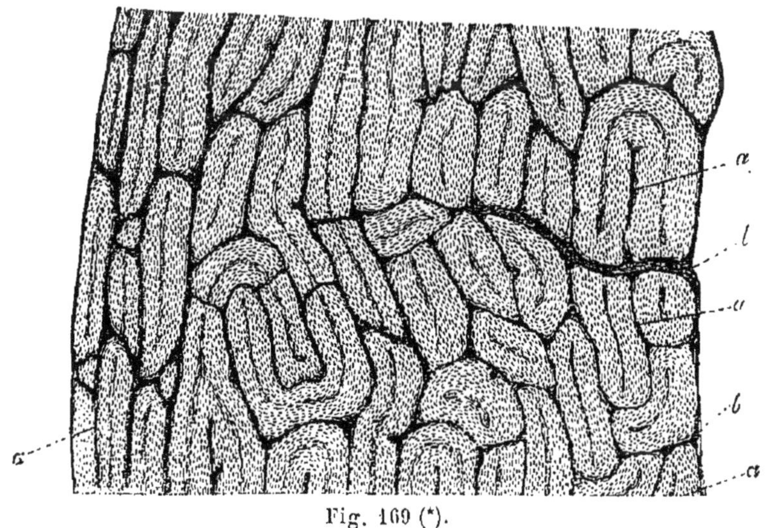

Fig. 169 (*).

(*) Coupe verticale d'un os grossi 25 fois : *a*, canaux de Havers; — *b*, leur orifice dans le canal médullaire; — *c*, leur orifice à la surface de l'os; — *d*, substance osseuse.

demment, est composée d'une matière organique azotée appelée *Osséine*, unie à des sels calcaires, principalement à du *phosphate de chaux*. Elle est tantôt compacte, d'autres fois plus ou moins spongieuse ou même caverneuse et constituée par des lamelles ou des fibres rigides, soudées entre-elles. Lorsqu'on l'examine au microscope on voit que ces lamelles ou fibres, percées de

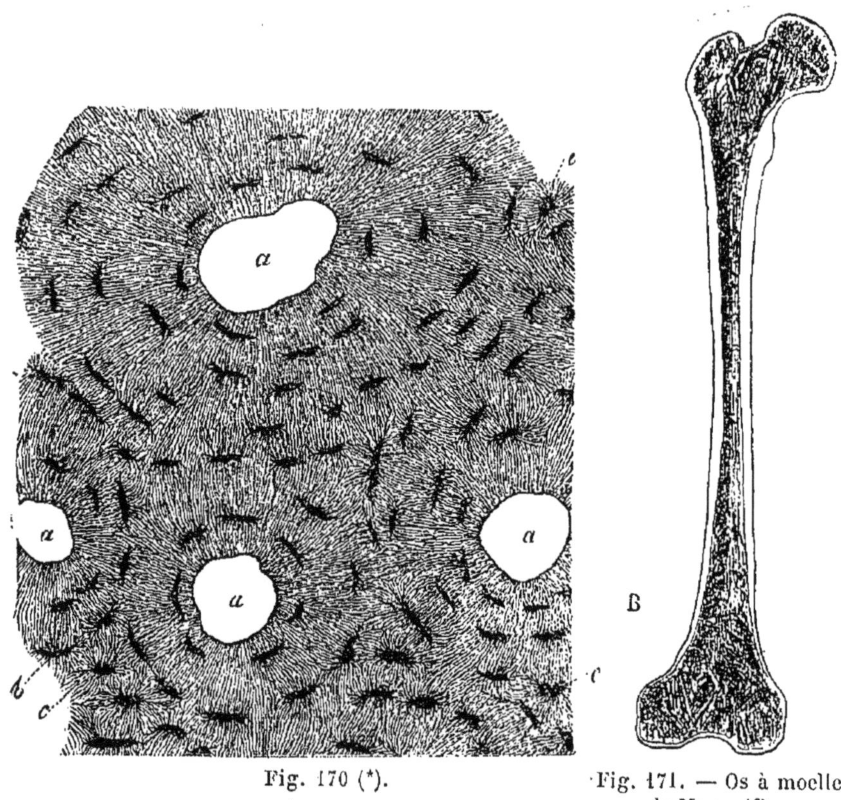

Fig. 170 (*).

Fig. 171. — Os à moelle de Mammifère.

conduits appelés *canaux de Havers* (fig. 170) qui logent des vaisseaux sanguins, présentent aussi dans leur épaisseur une multitude de petites cavités d'où partent en rayonnant dans tous les sens des *canalicules* anastomosés entre eux.

Chaque os est revêtu d'une membrane fibreuse appelée

(*) Coupe horizontale d'un os grossi 350 fois : *a*, canaux de Havers ; — *b*, *c*, cavités osseuses.

périoste qui fournit la substance nécessaire à son accroissement et c'est par couches successives produites entre cette tunique et l'os déjà constitué que, dans le jeune âge, celui-ci augmente de volume, ou en cas de fracture répare ses pertes. Par suite de ce mode d'accroissement il arrive souvent que des pièces osseuses contiguës se soudent entre elles à un âge plus ou moins avancé et il est aussi à noter que tout en grandissant la plupart des os se creusent de cavités dans lesquelles se dépose, soit un liquide albumineux, soit une matière grasse appelée moelle (fig. 171). C'est aussi de la sorte que se produisent les lacunes dans lesquelles l'air venant des poumons pénètre chez les oiseaux (1).

SQUELETTE.

§ 133. Le squelette de l'homme se compose d'un très grand nombre d'os ; il peut se diviser en trois parties fondamentales : la tête, le tronc et les membres.

La **tête** se compose du crâne et de la face. Le *crâne* (fig. 174) s'articule sur la colonne vertébrale et peut en être considéré comme la terminaison, huit os entrent dans la constitution de cette sorte de boîte. En haut et en avant, le *frontal* ou *coronal* (fig. 172 et 173) ; sur les côtés et en dessus, les deux *pariétaux;* à la partie inférieure, l'*occipital;* sur les côtés et au-dessous des pariétaux, les deux *temporaux*. Enfin, la base du crâne est formée en avant par l'*ethmoïde* et en arrière par le *sphénoïde*. L'occipital, les pariétaux et le frontal s'articulent entre eux par engrenage, c'est-à-dire à l'aide d'une série de saillies et d'enfoncements, qui s'emboîtent exactement. Les temporaux s'articulent, au contraire, avec le reste du crâne par juxtaposition ; leur bord est taillé en biseau et s'appuie simplement sur les autres os. C'est dans l'épaisseur d'une portion du temporal que

(1) Voyez ci-dessus, page 134.

se trouve logé l'organe de l'ouïe ; cette partie, d'une dureté extrême, porte le nom de *rocher*; sur la face externe du temporal se remarque une apophyse très saillante appelée apophyse *zygomatique*, qui concourt à former la pommette et donne

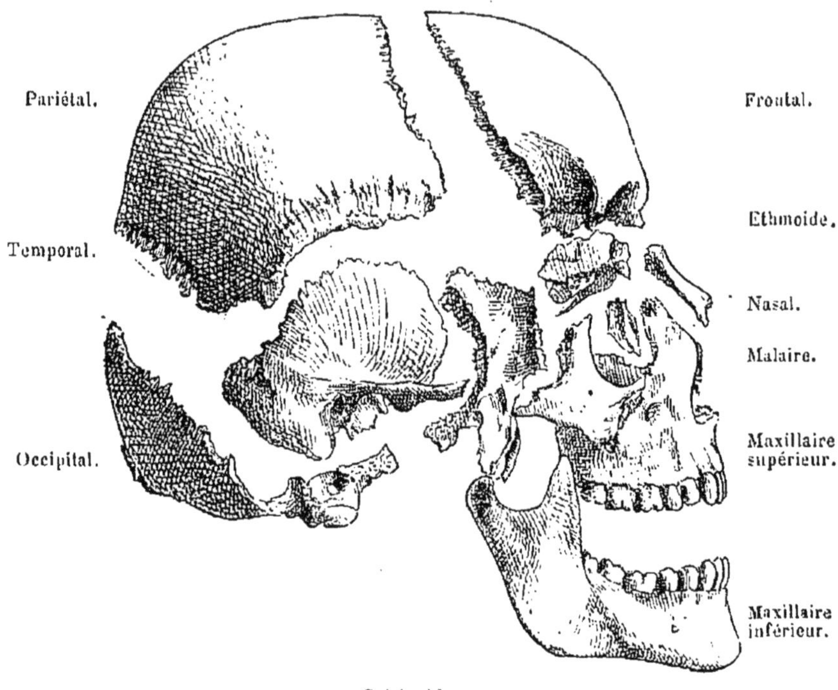

Fig. 172. — Os de la tête.

attache aux muscles releveurs de la mâchoire inférieure. Cette dernière s'articule dans une cavité nommée cavité *glénoïde*, creusée dans le même os.

La *face* est formée par quatorze os différents qui circonscrivent des cavités destinées à loger les organes de la vue, de l'odorat et du goût. Ces os, excepté celui de la mâchoire inférieure, sont complètement immobiles.

Ce dernier, appelé *maxillaire inférieur* (fig. 172), présente une ressemblance grossière avec un fer à cheval ; on y distingue deux branches réunies sur la ligne médiane par une suture plus

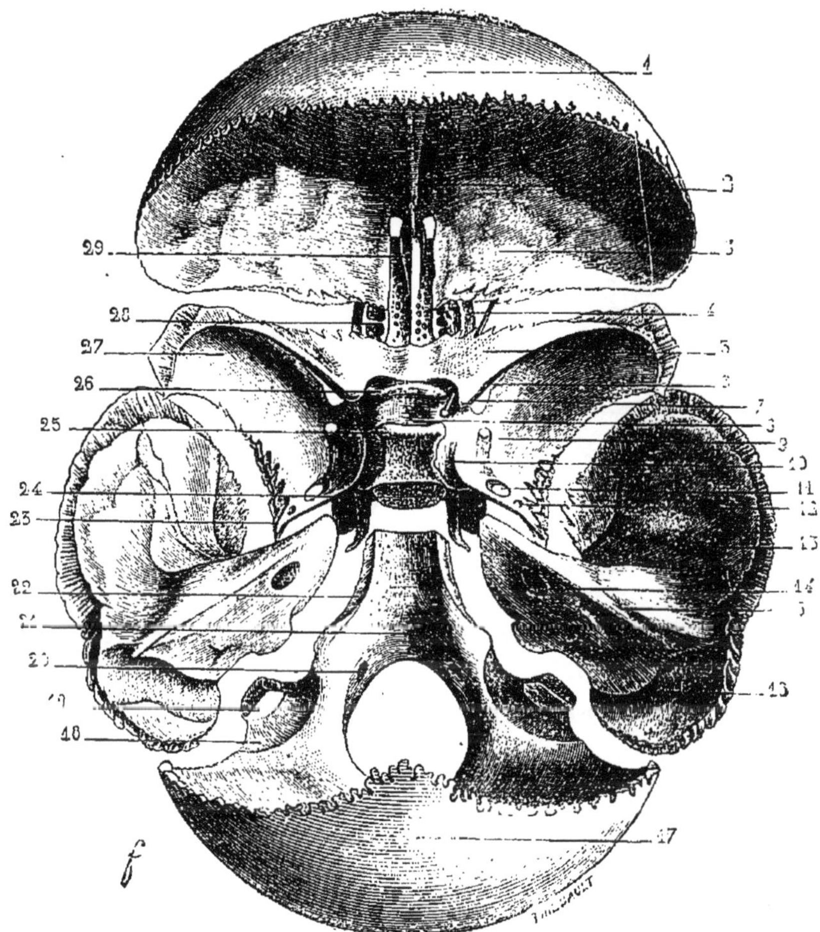

Fig. 173. — Os de la base du crâne (*).

(*) Ces os ont été séparés entre eux et sont vus par leur face intérieure.

Le *coronal* se compose d'une portion frontale ou montante (1) et d'une portion horizontale ou orbitaire qui commence à la racine du nez et aux arcades sourcilières, puis se prolonge de chaque côté de l'ethmoïde, au-dessus des fosses orbitaires dont elle constitue la voûte (3).

L'*ethmoïde* (4) occupe la partie supérieure des fosses nasales. On y remarque une apophyse médiane (29) en forme de crête et une *lame criblée* qui donne passage aux filaments du nerf olfactif (28).

Le *sphénoïde* occupe la région moyenne de la base du crâne. La portion médiane du *corps* de cet os (9) présente en dessus une gouttière transversale (26) qui est occupée par les nerfs optiques et aboutit de chaque côté au *trou optique* par lesquels ces nerfs sortent de la boite crânienne pour aller aux yeux. Les portions

ou moins visible. La mâchoire inférieure est mue par des muscles puissants qui s'insèrent, d'une part, à l'angle inférieur de cet os, d'autre part, sur les côtés du crâne (fig. 16 et 17).

§ 134. Le *tronc* se compose d'une partie principale, la colonne

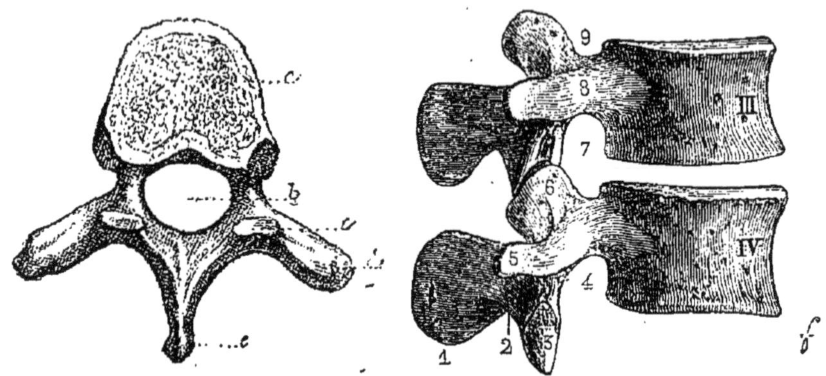

Fig. 175. — Vertèbre dorsale (*). Fig. 176. — Vertèbre lombaire (**).

vertébrale, et de parties secondaires, qui sont le sternum, les côtés et le bassin.

La **colonne vertébrale** (fig. 174) s'étend de la tête à l'extrémité postérieure du corps ; elle est formée par un grand nombre de petits os appelés *vertèbres*.

Chez l'homme, chaque vertèbre (fig. 175 et 176) se compose

latérales de cet os sont divisées par la *fente sphénoïdale* en deux parties appelées *la petite aile* (5) et *la grande aile* (27). On y remarque aussi la fosse pituitaire (8) et plusieurs ouvertures appelées *trou grand rond* ou *maxillaire supérieur* (9), *trou ovale* ou *maxillaire inférieur* (11) et le *trou petit rond* ou *sphéno-épineux* (12) qui livrent passage à des nerfs et vaisseaux sanguins.

L'*occipital* (17) constitue la portion postérieure de la boîte crânienne. On y remarque le *grand trou occipital* qui livre passage à la moelle épinière, et de chaque côté de cette ouverture un petit trou dit condyloïdien postérieur. Plus en avant se trouve la *portion basilaire* de cet os (21), dont le bord latéral (22) s'articule avec le rocher.

Les deux *os temporaux* présentent chacun une *portion écailleuse* (13), une portion moyenne appelée le *rocher* (15) et une *portion mastoïdienne* (16). On y remarque aussi le *trou auditif interne* (14) qui livre passage au nerf du même nom.

(*) Vertèbre dorsale vue en dessus : *a*, corps de la vertèbre ; — *b*, canal vertébral ; — *c*, apophyse articulaire ; — *d*, apophyse transverse ; — *e*, apophyse épineuse.

(**) 3e et 4e vertèbres lombaires ; — 1, apophyse épineuse ; — 2, lame vertébrale ; 3, apophyse articulaire inférieure ; — 4 et 7, trous de conjugaison ; — 5, apophyse transverse ; — 6 et 9, apophyse articulaire supérieure ; — 8, apophyse transverse.

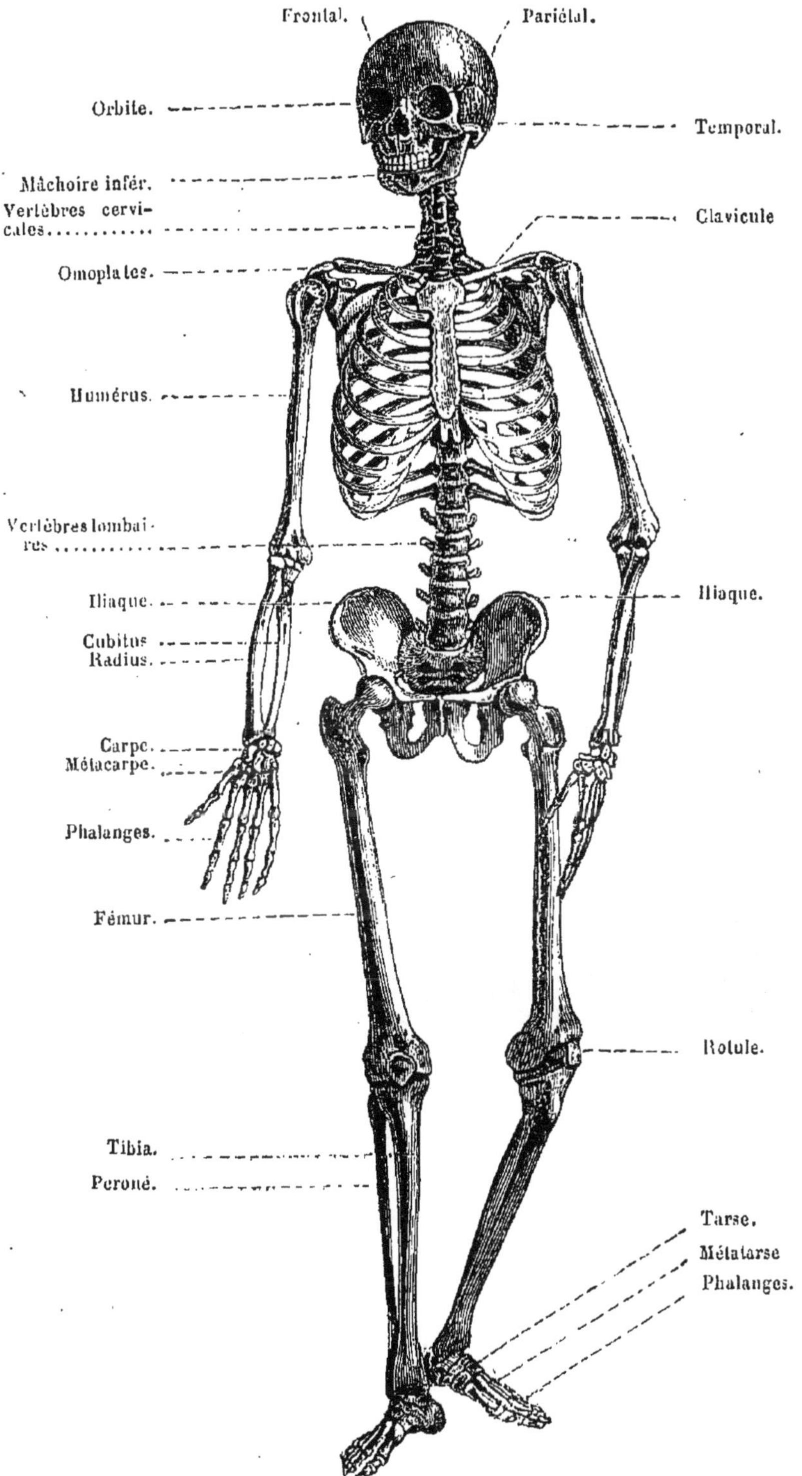

Fig. 174. — Squelette de l'Homme.

d'un corps *a* placé en avant et d'une partie annulaire qui donne naissance à sept apophyses. L'une d'elles, placée en arrière sur la ligne médiane, se prolonge en une pointe destinée à donner attache à des muscles; elle porte le nom d'*apophyse épineuse c.*

Deux apophyses sont placées en dehors sur les côtés et sont appelées *apophyses transverses d.* Enfin, les *apophyses articulaires* sont au nombre de quatre, deux supérieures et deux inférieures, et elles servent à unir les vertèbres entre elles. — La partie annulaire de la vertèbre est destinée à contenir et protéger la moelle épinière; sur les parties latérales sont des échancrures qui, se réunissant deux à deux, forment des *trous de conjugaison* destinés au passage des nerfs (fig. 176).

Les vertèbres de l'homme sont au nombre de trente-trois, (fig. 177) à savoir : 7 cervicales (*c*), 12 dorsales (*d*), 5 lombaires (*l*), 5 sacrées (*s*), 4 coccygiennes (*cx*).

Fig. 177. — Colonne vertébrale.

La première vertèbre cervicale porte le nom d'*atlas*, elle ressemble à un anneau; le corps et les apophyses épineuses et transverses y sont rudimentaires; elle s'articule avec les condyles de l'occipital. La seconde vertèbre ou *axis* présente en avant et en haut une saillie volumineuse ou *apophyse odontoïde* sur laquelle roule l'atlas.

Chacune des 12 vertèbres dorsales porte deux côtes. Les vertèbres lombaires sont grosses et trapues. Les vertèbres sacrées sont soudées en un seul os connu sous le nom de *sacrum*. Les vertèbres coccygiennes sont très petites et légèrement mobiles.

Les côtes (fig. 174), au nombre de 12 paires, sont des arcs osseux qui entourent la poitrine et forment la cage thoracique; elles peuvent exécuter des mouvements et servent au mécanisme de la respiration (Voy. parag. 111).

La partie dorsale de ces os est complètement osseuse ; au contraire, la partie antérieure est cartilagineuse ; les sept premières côtes ou *côtes vraies* vont se réunir en avant à un os médian, connu sous le nom de *sternum ;* les cinq suivantes ou

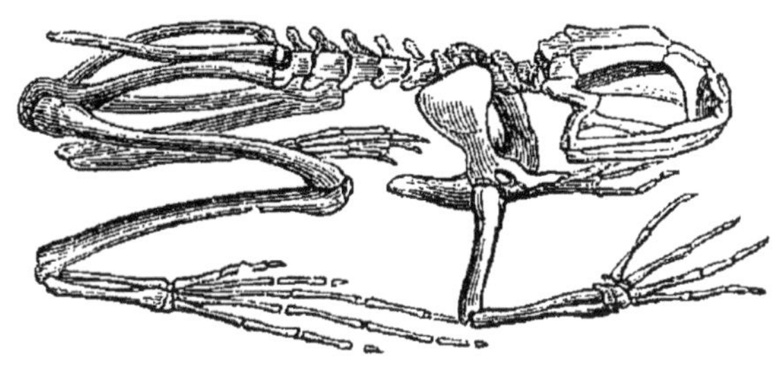

Fig. 178. — Squelette de Grenouille.

fausses côtes ne s'étendent pas jusqu'à cet os. Chez quelques animaux, la Grenouille par exemple (fig. 178), les côtes manquent ; chez les Serpents au contraire, elles sont en nombre très considérable, et il n'y a pas de sternum.

§ 135. Chez les animaux supérieurs, les **membres** sont au nombre de quatre, deux supérieurs ou thoraciques, et deux inférieurs ou abdominaux ; ils se composent d'une partie basilaire qui sert de point d'appui et d'un levier articulé.

La partie basilaire du membre supérieur, nommée *épaule*, se compose de deux os, l'omoplate et la clavicule. L'*omoplate* est un os plat, très large et triangulaire ; il est appliqué en arrière contre les côtés ; sa face postérieure présente une crête saillante terminée par une apophyse nommée *acromion*, avec laquelle s'articule la clavicule ; au-dessous de cette apophyse se trouve une cavité articulaire destinée à recevoir la tête de l'os du bras (fig. 174).

La *clavicule* s'étend de l'omoplate à la partie supérieure du sternum et sert à maintenir les épaules écartées ; chez les animaux dont les membres thoraciques peuvent exécuter des mouvements de dehors en dedans et de dedans en dehors, la clavicule existe, elle manque au contraire chez ceux qui ne peuvent exécuter que des mouvements d'avant en arrière ou de haut en bas. Chez les Chevaux, les Ruminants, les Chiens, etc., elle manque; elle se trouve au contraire chez l'Homme, les Singes, les Rongeurs grimpeurs, tels que l'Écureuil.

Le levier articulé qui s'appuie sur l'épaule se compose du bras, de l'avant-bras et de la main.

Le bras est formé d'un seul os nommé *humérus*, il se termine supérieurement par une tête sphérique qui s'articule avec l'omoplate, sur laquelle il peut rouler dans tous les sens. Il est long et cylindrique et présente de nombreuses aspérités destinées à donner attache à divers muscles ; les principaux sont : le *grand pectoral*, qui porte le bras en dedans et en bas ; le *deltoïde*, qui le relève, et le *grand dorsal*, qui le porte en bas et en arrière. L'extrémité inférieure de l'humérus est aplatie et présente une série de poulies, avec lesquelles les os de l'avant-bras s'articulent en *ginglyme angulaire*. C'est-à-dire qu'ils ne peuvent en exécuter les mouvements que dans un sens, comme une sorte de charnière.

L'avant-bras est formé de deux os, le *cubitus* et le *radius* ; ce dernier peut, chez l'homme, tourner sur le cubitus et porter la paume de la main en haut ou en *supination* et en bas, ou en *pronation*. Le radius est très élargi à son extrémité inférieure, où il s'articule avec les os du poignet ; au contraire, il est mince à son extrémité supérieure.

Le cubitus forme presque exclusivement l'articulation du coude et se termine en arrière par une apophyse saillante nommée *olécrâne*, sur laquelle s'insèrent les muscles extenseurs de l'avant-bras, et qui limite l'extension de ce levier à une ligne droite, car il vient alors s'appuyer contre l'humérus. Chez certains animaux, le cubitus n'est pour ainsi dire représenté que par cette seule partie ; cette particularité se trouve chez les Chevaux et les Ruminants. Chez les Oiseaux, le cubitus est très développé et sert à l'insertion des grandes plumes de l'aile.

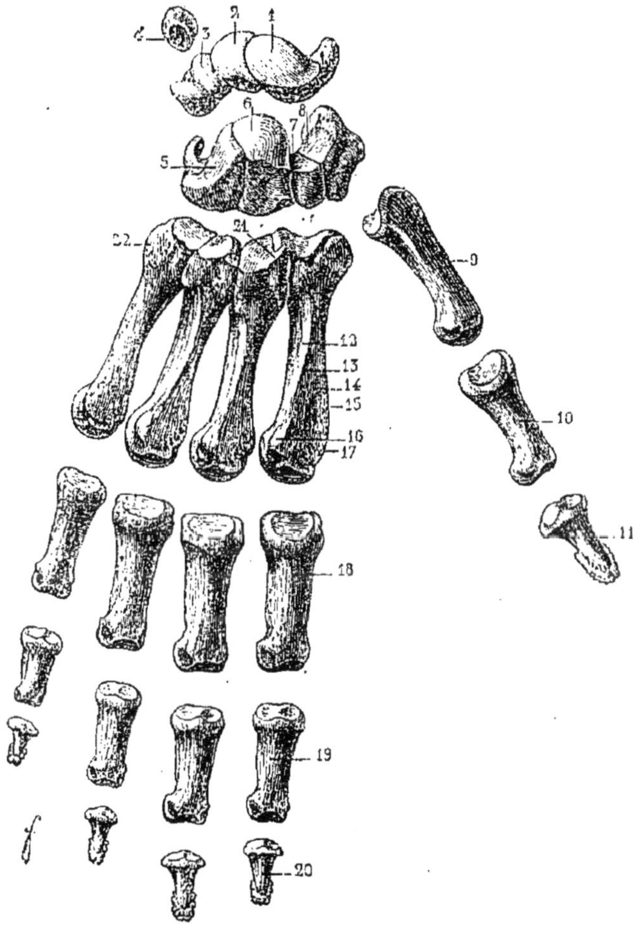

Fig. 179. — Os de la main (*).

La main se compose de trois parties : le poignet ou carpe, le métacarpe et les doigts.

(*) 1, scaphoïde ; — 2, semi-lunaire ; — 3, pyramidal ; — 4, pisiforme ; — 5, os crochu ; — 6, grand os ; — 7, trapézoïde ; — 8, trapèze ; — 9, premier métacarpien ; — 10 et 11, phalanges du pouce ; — 12 à 17, différentes parties du second os métacarpien ; — 18, 19, 20, phalanges de l'index ; — 21, troisième os métacarpe ; — 22, cinquième os du métacarpe.

Le *carpe* joint l'avant-bras à la main ; il est formé de huit petits os sur deux rangées de quatre chacune.

Le *métacarpe* constitue le corps de la main ; il est formé par une rangée de petits os longs ; leur nombre correspond ordinairement à celui des doigts : chez l'homme on en compte cinq. Chez le Cheval au contraire, on n'en voit qu'un seul, connu sous le nom de *canon* (fig. 180) ; de chaque côté du canon on voit un petit stylet osseux représentant les métacarpiens latéraux.

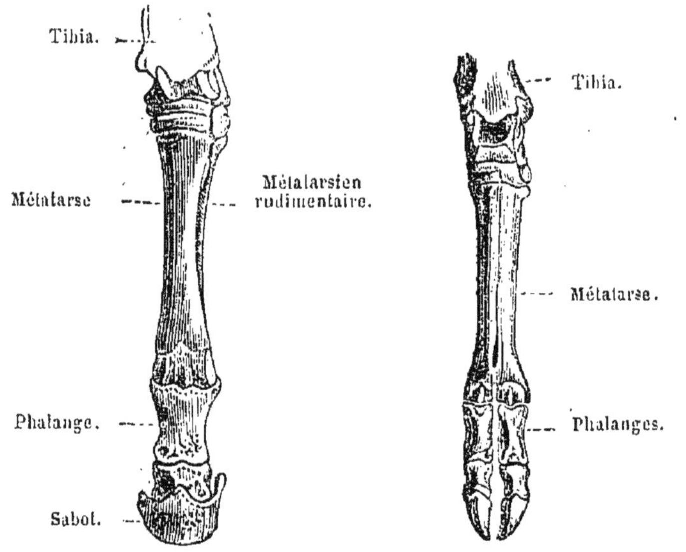

Fig. 180. — Pied de cheval. Fig. 181. — Pied de ruminant.

Chez les Ruminants, il existe également un canon, mais il présente à sa partie inférieure une poulie double et se termine par deux doigts au lieu d'un comme chez le Cheval (fig. 181).

Les doigts sont constitués par de petits os placés à la suite les uns des autres et portent le nom de *phalanges*. Le pouce n'en a que deux ; les autres doigts en ont chacun trois. La première prend le nom de *phalange*, la deuxième, celui de *phalangine*, la troisième, celui de *phalangette* et porte l'ongle.

§ 136. Les membres inférieurs ou abdominaux sont construits sur le même plan que les membres thoraciques. Leur portion basilaire, qui représente l'épaule, porte le nom de *hanche*.

Cette partie est formée par un grand os plat, appelé os *iliaque* (fig. 174) ; en avant ces deux os se soudent entre eux et en arrière ils s'appuient sur le sacrum de façon à former une sorte de ceinture osseuse, qui porte le nom de *bassin* ; sur les côtés se voit une cavité semi-sphérique appelée *cavité cotyloïde* et qui est destinée à loger la tête de l'os de la cuisse.

Le levier articulé qui s'appuie sur le bassin se compose de trois parties, la cuisse, la jambe et le pied.

La cuisse, qui correspond au bras, ne se compose que d'un seul os, le *fémur*, analogue de l'humérus (fig. 171). Il offre à son extrémité supérieure une tête sphérique destinée à son articulation et portée sur un col oblique, et des tubérosités, désignées sous le nom de *trochanters*, qui servent à l'insertion des muscles. Son extrémité inférieure est renflée et présente deux condyles arrondis qui s'articulent avec les os de la jambe pour constituer le genou.

La jambe, de même que l'avant-bras, est constituée par deux os, le *tibia* et le *péroné* ; de plus, au devant du genou se voit un petit os, la *rotule*, que l'on regarde comme l'analogue de l'apophyse olécrâne et qui sert à empêcher la jambe de se ployer trop en avant.

Le tibia est beaucoup plus fort que le péroné, il sert presque exclusivement à l'articulation du pied ; aussi son extrémité est-elle disposée de façon à former un ginglyme très serré.

Le péroné est un os très long et très grêle, il est placé en dehors du tibia ; il est immobile et ne peut tourner sur cet os, comme le radius roulait sur le cubitus. Son extrémité inférieure est renflée et forme la *malléole* interne, ou *cheville* du pied ; la malléole externe est formée par l'extrémité inférieure du tibia.

Chez quelques animaux, les Chevaux et les Ruminants par

exemple, le péroné manque ou est rudimentaire ; chez les oiseaux, il se présente comme une simple baguette osseuse.

Le *pied* se compose, comme la main, de trois parties : le tarse, le métatarse et les doigts. Le tarse est constitué par sept os. L'*astragale* sert seul à l'articulation de la jambe, et repose sur le *calcaneum* ou os du talon ; les autres os sont plus petits et moins importants (fig. 182).

Le nombre des os du métatarse correspond en général à celui des doigts ; chez l'homme on en compte cinq ; chez les Ruminants et le Cheval, ils sont soudés en un seul os, ou *canon postérieur*.

Les doigts du pied portent le nom d'orteils et se composent de phalanges en nombre égal à ceux de la main. Chez les Oiseaux, les os du métatarse et du tarse sont soudés en un seul os terminé inférieurement par une triple poulie sur laquelle s'articulent les doigts.

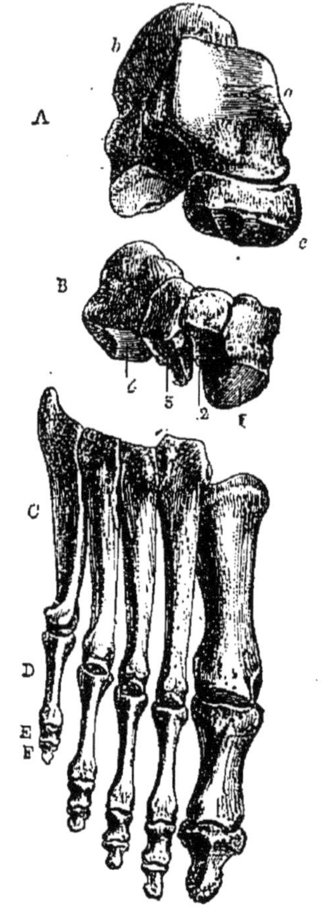

Fig. 182. — Os du pied (*).

MÉCANIQUE DE LA LOCOMOTION.

§ 137. C'est ainsi que se trouve constitué chez l'homme l'APPAREIL DE LA LOCOMOTION. Les muscles sont les moteurs de ces machines animées, les os servent soit à fournir à ces

(*) A et B, os du tarse dispersés sur deux rangs ; — *a*, astragale ; — *b*, calcanéum ; — *c*, os scaphoïde ; — 1, os cuboïde ; — 2, 3, 4, os cunéiformes ; — C, os du métatarse ; — D, phalanges ; — E, phalangines ; — F, phalangettes.

agents de traction des points d'appui, soit à utiliser d'une certaine manière le mouvement produit en fonctionnant à la façon de *leviers*.

Les limites assignées à l'enseignement de l'anatomie et de la physiologie par les programmes universitaires ne permettent pas l'étude de la mécanique animale, néanmoins, ayant à traiter ici des principaux os des membres, nous croyons utile de dire quelques mots de la manière dont ces organes fonctionnent, soit dans la station, soit dans la locomotion.

Lorsque deux os sont réunis entre eux par une articulation mobile et qu'un muscle s'insère par ses extrémités opposées, la contraction de cet organe moteur a pour effet de rapprocher ses points d'attache et de déplacer d'autant celui de ces os qui offre le moins de résistance.

§ 138. Nous avons vu précédemment (page 208) que, dans l'espèce humaine, la partie inférieure du tronc est soutenue par une large ceinture osseuse, évasée et désignée sous le nom de *bassin*, de chaque côté duquel existe latéralement une cavité hémisphérique dans laquelle est emboîtée l'extrémité supérieure du *fémur* ou os de la cuisse. Cette extrémité est arrondie en forme de tête et réunie au corps de l'os par une partie oblique appelée *col du fémur* (fig. 183). L'articulation ainsi constituée permet des mouvements orbiculaires, c'est-à-dire des mouvements au moyen desquels l'os, au lieu d'être dirigé à peu près verticalement, s'infléchit angulairement en venant en arrière, en dedans ou même dehors, et divers muscles fixés à l'os iliaque par leur extrémité supérieure s'attachent aussi au fémur, de sorte qu'en se contractant ils peuvent porter son extrémité inférieure dans l'une ou l'autre de ces directions. Or cette extrémité est à son tour articulée avec la jambe; aussi par l'action de ces muscles la totalité du membre change de position. Ces muscles, suivant leur mode d'action, sont appelés muscles extenseurs, muscles fléchisseurs, muscles adducteurs (qui écartent le membre de son congénère) et muscles abducteurs, qui au contraire le rapprochent de la ligne médiane du corps.

Le genou ou articulation de la cuisse avec la jambe est disposé d'une manière différente ; il ressemble à une charnière et ne permet que des mouvements de flexion ou d'extension dans un plan invariable ; ces mouvements ne peuvent même donner lieu à une flexion de la jambe en avant et celle-ci ne

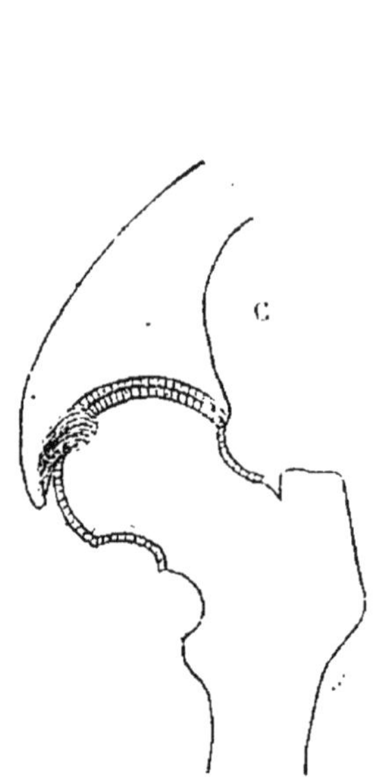

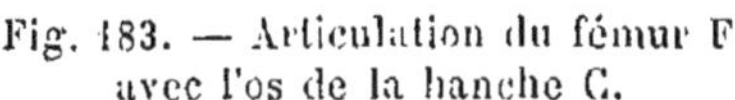
Fig. 183. — Articulation du fémur F avec l'os de la hanche C.

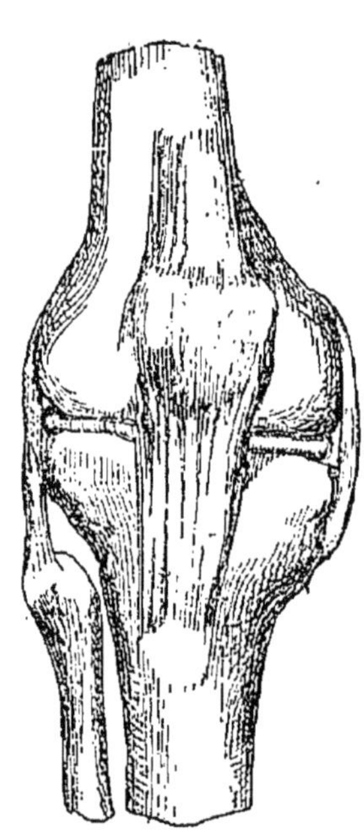

Fig. 184. — Articulation du genou.

peut que se placer dans la prolongation de l'axe du fémur, ainsi que cela a lieu dans l'extension du membre, ou former avec cet os un angle dont le sommet est dirigé en avant comme cela se voit quand le membre est fléchi. Ces positions sont déterminées par les muscles de la cuisse et il est à noter que l'action des muscles extenseurs, insérés à la partie antérieure du fémur, est favorisée par l'existence d'un petit os appelé *rotule* qui est logé dans l'épaisseur du tendon de ces muscles, en avant du genou (fig. 184).

Le tibia est le plus important des os de la jambe et le seul à s'articuler avec les os de la cuisse.

C'est aussi par une articulation en charnière (ou ginglyme angulaire) que la jambe est jointe au pied : mais ces deux portions du membre inférieur ne sont pas placées bout à bout comme le sont la main et l'avant-bras ; le pied forme en arrière de la jointure un prolongement considérable (le talon) auquel s'insère le tendon des muscles extenseurs (ou *tendon* d'A-*chille*), disposition qui est très favorable à l'utilisation de la force déployée par ces organes qui occupent le mollet (fig. 185). La charpente osseuse du pied est constituée, comme nous l'avons vu, par un nombre considérable de pièces ; celles du tarse sont très solidement unies entre elles et à peine susceptibles de se mouvoir les unes sur les autres, mais les doigts du pied ou orteils sont flexibles.

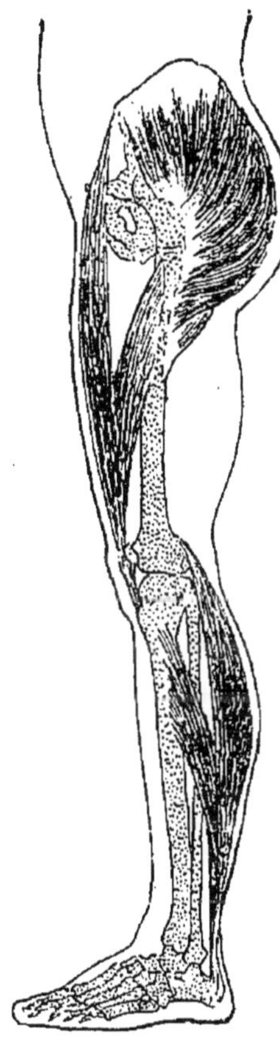

Fig. 185. — Muscles du membre inférieur de l'Homme.

§ 139. La constitution des membres supérieurs ou membres thoraciques de l'homme est, à peu de chose près, la même que celle des membres inférieurs, et chez les quadrupèdes où ces organes servent tous à la locomotion, cette ressemblance est encore plus grande. Mais dans l'espèce humaine la division du travail physiologique est nettement établie entre eux ; les uns sont affectés spécialement au service de la locomotion, tandis que les autres sont des instruments de préhension et à cet effet les premiers réunissent des conditions de solidité qui seraient inutiles aux seconds et ceux-ci sont organisés de manière à pouvoir exécuter des mouvements beaucoup plus variés que ne peuvent le faire les membres abdominaux, mais ce résultat ne s'obtient qu'aux dépens de la solidité.

Nous ferons connaître ultérieurement les modifications par suite desquelles les membres des Vertébrés, tout en étant constitués d'après un même type essentiel, sont adaptés à des usages différents et peuvent constituer non seulement des organes ambulatoires ou des organes préhenseurs, mais aussi des nageoires et des ailes.

§ 140. En ce moment nous ne prendrons en considération que les membres inférieurs, qui chez l'homme sont affectés uniquement à la réalisation des mouvements de locomotion.

Ces membres sont des leviers servant, soit comme supports seulement, soit comme propulseurs. Dans le premier cas ils doivent être maintenus rigides pour transmettre au sol le poids du corps et supporter le tronc en équilibre sur la base de sustentation. Mais ce résultat n'est obtenu que par l'action des muscles qui empêchent ces leviers articulés de fléchir sous l'influence du fardeau qu'ils soutiennent, et pour que dans la station ceux-ci aient à dépenser le moins de force possible, il faut que le bassin soit tenu en équilibre sur l'extrémité supérieure du fémur, que cet os long soit dirigé à peu près verticalement, que son axe forme une ligne droite avec l'axe de la jambe, et que celle-ci soit mise directement en relation avec le sol par un support inflexible constitué par la portion correspondante du pied. Or, d'après la position occupée par l'articulation iléo-fémorale (ou articulation de la cuisse avec la hanche) le tronc tend à s'incliner en avant sur ce point d'appui, et pour empêcher cette flexion il faut que les muscles situés en arrière de la jointure et s'étendant du bassin à la portion supérieure du fémur soient en état de contraction et soient susceptibles de déployer beaucoup de force. L'observation nous apprend aussi que la puissance d'un muscle est en rapport avec la grosseur de cet organe. Par conséquent on comprend l'utilité du grand développement des muscles fessiers qui sont les principaux extenseurs de la cuisse et l'inutilité d'un développement semblable des muscles antagonistes des premiers, c'est-à-dire des muscles fléchisseurs de la cuisse dont les fonctions n'ont qu'une importance secondaire (fig. 186).

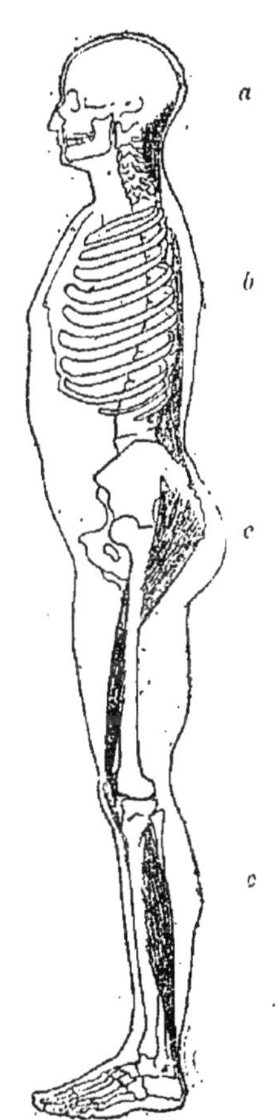

Fig. 186. — Équilibre de la station humaine (*).

La conformation de l'articulation de la cuisse avec la jambe est telle que ce dernier levier ne saurait dépasser en avant la verticale passant par l'axe de la cuisse et ne peut fléchir qu'en formant avec le fémur un angle dont le sommet est dirigé en avant. Pour maintenir le membre dans la position la plus favorable à la station, il faut donc que les muscles situés sur le devant de la cuisse et allant se fixer inférieurement au tibia soient en état de contraction, et pour que la force déployée par eux soit utilisée le mieux possible il faut que le tendon ne s'insère pas à ce dernier os d'une manière très oblique ; de là l'utilité du petit os du genou appelé rotule que nous avons vu exister dans l'épaisseur de ce tendon (fig. 185).

Enfin, par suite de la disposition de l'articulation de la jambe sur le pied, le premier de ces deux leviers tend à s'incliner en avant et par conséquent pour empêcher la flexion du membre, il faut l'in-

(*) Figure théorique montrant la position des muscles : *a*, qui maintiennent la tête en équilibre sur la colonne vertébrale ; — *b*, les muscles qui empêchent la colonne vertébrale de se courber en avant ; — *c*, les muscles extenseurs de la cuisse ; — *d*, les muscles extenseurs de la jambe ; — *e*, les muscles qui, en se contractant, empêchent la jambe de se reployer en avant sur le pied.

tervention des muscles extenseurs situés à la partie postérieure de la jambe et susceptibles d'exercer sur la partie adjacente du pied, c'est-à-dire sur le talon une forte traction ; les muscles du mollet agissent de la sorte et, lorsque le membre fonctionne activement dans la locomotion, ils ont besoin de déployer une force encore plus grande ; c'est aussi ce qui a lieu lorsque le pied ne pose à terre que par sa partie antérieure et que le talon est maintenu en l'air.

Dans la marche, le poids du corps est soutenu alternativement par un des membres inférieurs, pendant que l'autre membre préalablement fléchi et venant à s'étendre le pousse en avant, puis se relève et va chercher sur le sol un nouveau point d'appui pour servir ensuite d'étai à son tour. La rapidité de ce genre de progression dépend donc de la grandeur des enjambées et de leur fréquence ; or, la première de ces valeurs est subordonnée à la longueur de ces leviers ; mais quand l'impulsion imprimée au centre de gravité par l'extension du membre en action est assez grande pour que le pied servant de support quitte le sol avant que l'autre pied soit retombé à terre, la distance franchie peut devenir beaucoup plus considérable et ce mode de locomotion constitue la course, genre de progression dont nous aurons à nous occuper de nouveau lorsque nous comparerons le mécanisme de la locomotion chez les divers animaux.

VOIX ; LARYNX ; MODE DE PRODUCTION DE DIVERS SONS VOCAUX.

§ 141. Les mouvements dus à la contraction des muscles et servant à l'exercice des fonctions de relation ne sont pas utilisés seulement à effectuer la locomotion, ils ont aussi pour résultat la production des sons au moyen desquels des communications mentales peuvent être établies entre les êtres animés et c'est dans l'espèce humaine que cette faculté atteint son plus haut degré de perfection.

Chez l'Homme la voix résulte de vibrations imprimées à l'air pendant le passage de ce fluide élastique dans certaines parties des conduits respiratoires et le principal instrument de ces vibrations sonores est le **larynx**, organe dont nous avons indiqué précédemment l'existence entre l'arrière-bouche et la trachée artère (voyez ci-dessous, page 125); mais l'appareil vocal n'est pas constitué seulement par cet organe, il se compose de trois choses, savoir : 1° une soufflerie ; 2° un instrument musical comparable à l'anche d'une clarinette ou d'un orgue et constitué par le larnyx ; 3° un porte-voix apte à modifier de diverses manières les sons produits dans ce larynx et constitué par la portion vestibulaire de l'appareil respiratoire dont la bouche est la partie principale.

LARYNX.

§ 142. Le larynx est un tube court et large suspendu sous la base de la langue au bord inférieur de l'os hyoïde et sa cavité fait suite à celle du pharynx. La charpente solide est formée par un assemblage de quatre pièces cartilagineuses, dont deux impaires et très grandes, deux autres petites et placées symétriquement en arrière et au-dessus des précédentes. L'une des premières appelée *cartilage cricoïde* a la forme d'un anneau (fig. 187) et s'articule directement sur l'extrémité supérieure de la trachée. La seconde appelée *cartilage thyroïde* surmonte le cartilage cricoïde et constitue sur le devant du larynx une sorte de bouclier à deux pans obliques, dont la partie médiane et supérieure placée sur le devant du cou est désignée dans le langage vulgaire sous le nom de *pomme d'Adam*. Postérieurement, dans l'espace compris entre les deux bords latéraux du cartilage thyroïde, l'anneau cricoïdien s'élève beaucoup plus haut que sur le devant du larynx et porte sur son bord supérieur la paire de petites pièces triangulaires appelées *cartilages aryténoïdes* (fig. 189).

La membrane muqueuse des voies respiratoires, qui fait suite à la tunique du pharynx et qui tapisse la cavité circonscrite par ces cartilages, forme dans l'intérieur de celle-ci une paire de gros replis parallèles en forme de lèvres, dirigés d'avant en arrière, fixés par leurs extrémités opposées d'une part à la pomme d'Adam, d'autre part aux cartilages

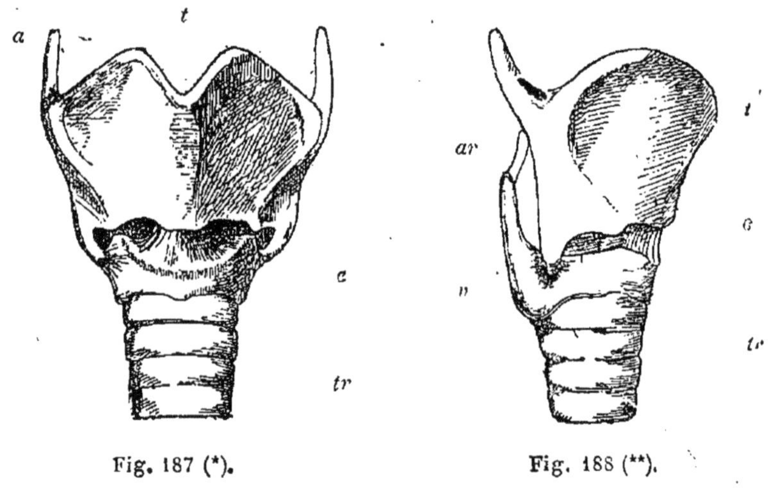

Fig. 187 (*). Fig. 188 (**).

aryténoïdes et laissant entre eux une ouverture comparable à une boutonnière que l'on appelle la *glotte*. Ces lèvres désignées sous le nom de *cordes vocales* sont surmontées d'une paire de replis accessoires (ou lèvres supérieures de la glotte) et entre les deux étages ainsi constitués se trouve de chaque côté une excavation appelée *ventricule laryngien*. Les cordes vocales logent dans leur épaisseur des muscles

(*) Larynx de l'homme vu de face : *t*, cartilage thyroïde ; — *a*, saillie formée en avant par le cartilage thyroïde, et connue sous le nom vulgaire de pomme d'Adam ; le cartilage thyroïde est uni à l'os hyoïde par une membrane ; — *c*, cartilage cricoïde ; — *tr*, trachée-artère.

(**) Larynx vu de profil : *t*, cartilage thyroïde ; — *c*, cartilage cricoïde ; — *ar*, cartilage aryténoïde ; — *tr*, trachée ; — *v*, paroi postérieure du larynx en rapport avec l'œsophage.

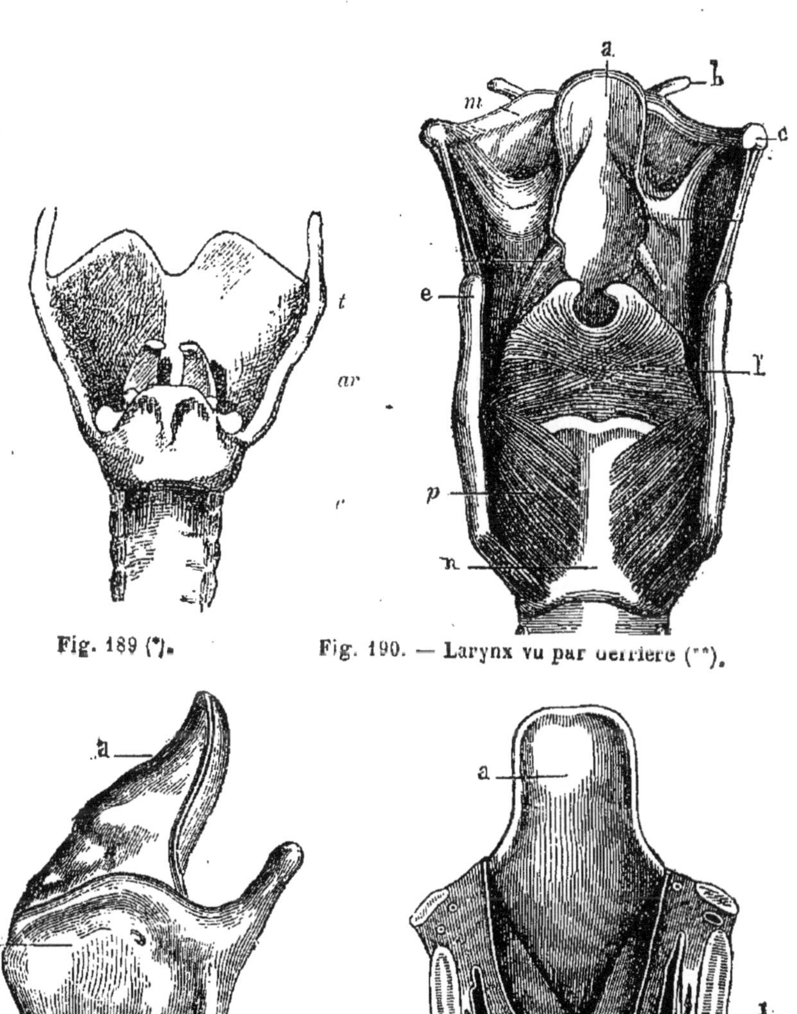

Fig. 189 (*). Fig. 190. — Larynx vu par derrière (**).

Fig. 191. — Larynx vu par côté (***) Fig. 192. — Coupe du larynx (****)

(*) Larynx vu en arrière : *t*, cartilage thyroïde; — *c*, cartilage cricoïde; — *ar*, cartilage aryténoïde.

qui en se contractant les raidissent et, par le jeu d'autres muscles qui s'attachent sur les cartilages, elles peuvent non-seulement être tendues plus ou moins fortement, mais aussi écartées entre elles ou rapprochées l'une de l'autre de façon à ce que l'ouverture glottique laissée entre leur portion libre soit plus ou moins raccourcie (fig. 190 à 192). L'entrée du larynx est surmontée d'une sorte de soupape, placée en avant sous la base de la langue et appelée l'*épiglotte* (fig. 43). Enfin la cavité du larynx se continue inférieurement avec la trachée, tube qui, dans l'appareil vocal, fait fonction de porte-vent.

Chez quelques Mammifères le larynx est pourvu de poches accessoires servant au renforcement des sons ; cette disposition s'observe chez les Gorilles et les Orangs-Outangs. Un appareil de renforcement très puissant existe chez les Singes hurleurs, il consiste principalement en une caisse à parois minces formée par le développement du corps de l'os hyoïde, aussi les cris que poussent ces animaux sont-ils d'une intensité dont on a peine à se faire une idée.

PRODUCTION DE LA VOIX.

§ 143. La soufflerie qui met en jeu l'instrument musical formé par le larynx est composée de ce porte-vent et de la pompe respiratoire constituée par les poumons et les parois mobiles de la chambre thoracique. La colonne d'air chassée de la poitrine par les mouvements d'expiration presse contre les lèvres de la glotte et y détermine des mouvements vibratoires analogues à ceux que le frottement d'un archet détermine dans les cordes d'un violon ou à ceux que le courant d'air produit par le soufflet d'un orgue

(**) *a*, épiglotte ; — *m*, *b*, *c*, os hyoïde ; — *e*, cartilage thyroïde ; — *n*, cartilage cricoïde ; — *l*, muscle inter-aryténoïdien ; — *p*, muscle crico-aryténoïdien postérieur.

(***) *a*, épiglotte ; — *b*, cartilage thyroïde, — *g*, *f*, muscle crico-aryténoïdien postérieur ; — *h*, muscle crico-thyroïdien.

(****) *a*, épiglotte ; — *d*, corde vocale supérieure coupée ; — *f*, corde vocale inférieure et son muscle *g* ; — *v*, ventricule du larynx.

détermine dans l'anche de cet instrument, et ce sont ces oscillations qui donnent naissance aux sons vocaux (fig. 193). Les parois élastiques du larynx, de la trachée, des bronches et des autres parties de la soufflerie respiratoire, renforcent ces sons comme la table d'harmonie d'un violon ou d'un piano renforce les sons

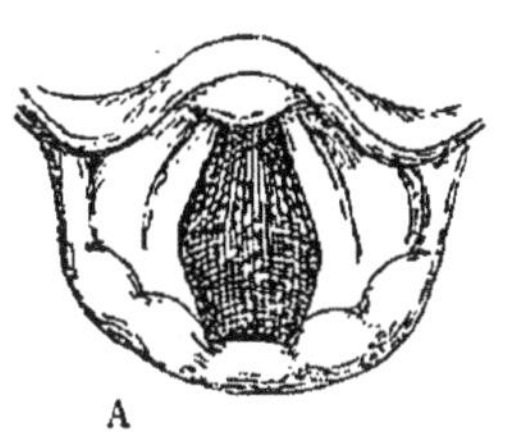

A

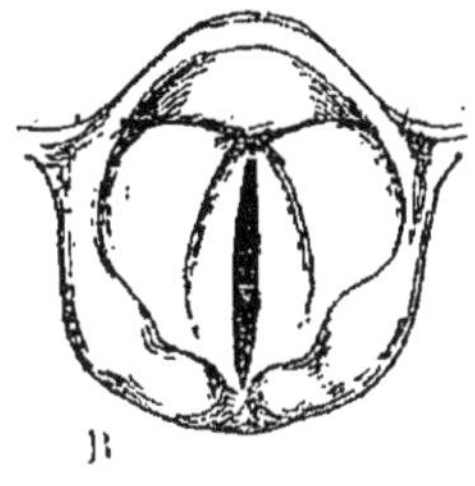

B

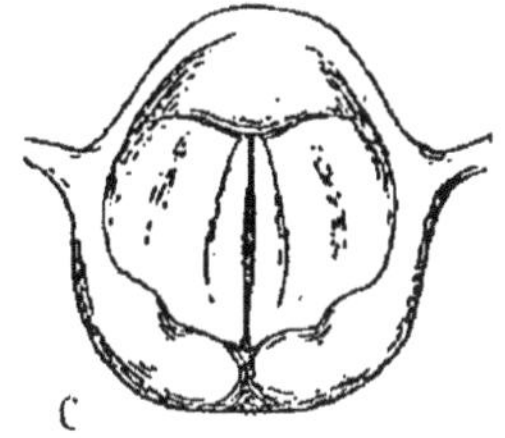

C

Fig. 193 (*).

produits par la vibration des cordes de ces instruments de musique, et l'air expiré, en frottant les parois de la portion vestibulaire de l'appareil vocal, peut produire aussi de petites vibrations sonores, ainsi que cela a lieu dans le chuchotement ou lorsque nous sommes atteints d'*aphonie*, affection que l'on appelle communément *extinction de voix* ; mais la voix ordi-

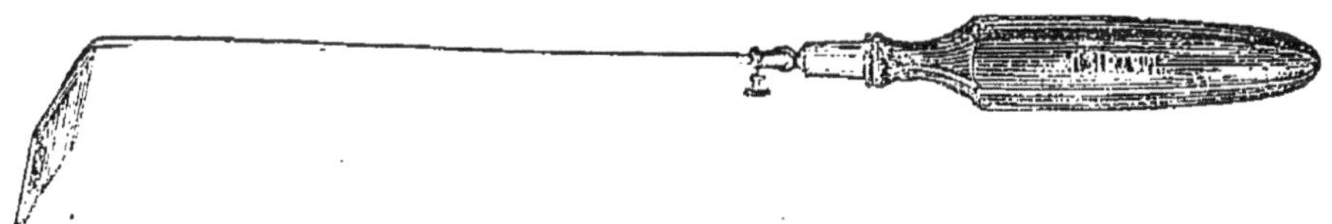

Fig. 194. — Laryngoscope.

naire ou voix phonante ne peut être produite que par les vibrations des lèvres de la glotte et le ton des sons engendrés ainsi dépend du nombre des oscillations accomplies dans un temps donné ; plus ces mouvements de va-et-vient sont lents, plus le son est grave, et plus les vibrations sont accélérées, plus le son est aigu. Or, la rapidité des vibrations est en rap-

(*) Forme de l'ouverture de la glotte dans les sons graves (B), dans les sons aigus (C), et dans l'inspiration profonde (A).

port avec la longueur et le degré de tension des cordes laryngiennes et ces conditions dépendent soit du degré d'ouverture de la glotte déterminé par les mouvements des cartilages aryténoïdes, soit de la contraction des fibres musculaires logées dans l'épaisseur de ces lèvres glottiques. C'est ainsi que

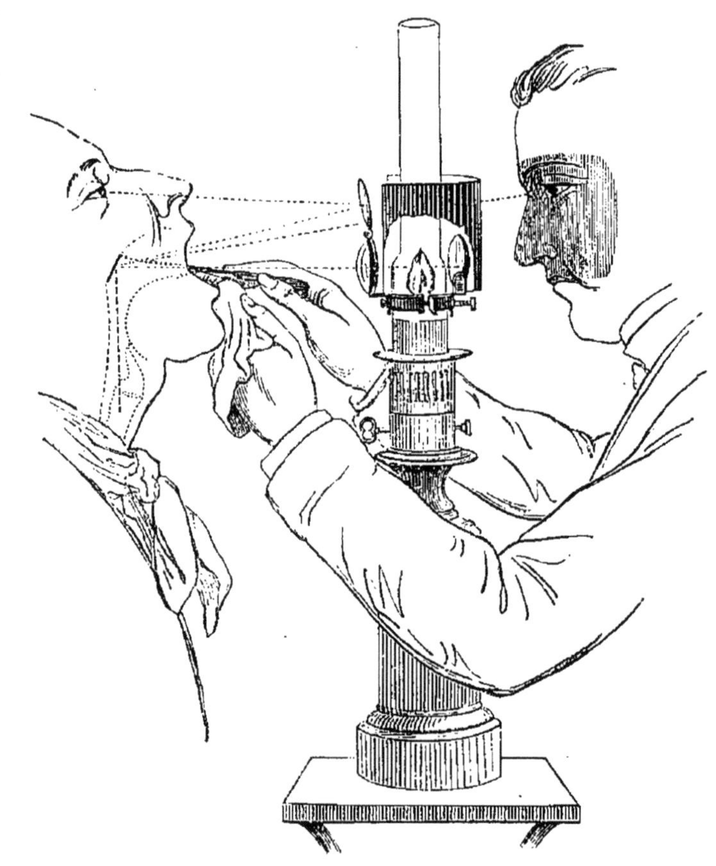

Fig. 105. — Examen au laryngoscope.

la voix de l'Homme est plus grave que la voix de la femme ou de l'enfant, parce que chez lui les cordes vocales sont plus longues et plus épaisses, et c'est en raccourcissant de plus en plus la portion libre de leurs bords et en les tendant de plus en plus que le chanteur produit des sons de plus en plus aigus. On peut constater ces changements en observant les mouvements de la glotte au moyen d'un petit miroir appelé *laryngoscope* (fig. 194) que l'on place obliquement au fond de l'arrière-bouche (fig. 195) et en exécutant en même temps une gamme ascendante ou descendante. Le laryngoscope rend aussi beaucoup de services aux médecins pour reconnaître les maladies du larynx.

Nous n'avons pas à nous occuper de la voix considérée au point de vue de l'acoustique, car cette étude est du domaine de la physique ; mais nous devons appeler l'attention sur les modifications que la portion vestibulaire de l'appareil vocal peut déterminer dans les sons produits par le passage de l'air dans le larynx.

Il est d'abord à noter que le timbre de ces sons dépend en partie de la route suivie par la colonne d'air en vibration pour s'échapper au dehors et que la qualité d'une même note musicale diffère beaucoup suivant que le courant expiratoire passe en plus ou moins grande partie soit par la bouche, soit par les fosses nasales. Ce fait est si généralement connu qu'il serait inutile d'y insister ici.

VOYELLES ET CONSONNES.

§ 144. D'autres changements dans le timbre des sons vocaux sont dus à la forme que prend la cavité buccale pendant qu'elle est traversée par l'air en vibration, et à cet égard il est utile d'établir tout d'abord une distinction entre les sons appelés *voyelles* et les sons désignés sous le nom de *consonnes*. Chacun des premiers peut être produit isolément et prolongé tant que la soufflerie vocale est apte à fonctionner ; pendant toute sa durée il peut changer d'intensité et de tonalité, mais son timbre reste constant et pendant son émission le porte-voix ne change pas de forme ; mais cette forme varie, suivant le caractère de ce son, et c'est de là que dépendent les particularités caractéristiques des divers sons représentés graphiquement par les lettres *a*, *e*, *i*, *o*, *u*, que les grammairiens appellent des voyelles, ou par la diphthongue *ou*. Ainsi, lorsque pendant la vocalisation la bouche est largement ouverte et reste évasée en forme d'entonnoir, c'est la voyelle *a* qui se fait entendre; lorsque l'orifice buccal se rétrécit fortement dans le sens vertical et s'allonge beaucoup transversalement, la même note devient la voyelle (ou phonante) *i*, et lorsque cet orifice se resserre circulairement et s'avance beaucoup, c'est la voyelle *u* prononcée à la manière des Italiens ou la diphthongue *ou* des Français qui est produite. Pour l'émission de chaque son de cette catégorie la cavité buccale prend une forme particulière et, à raison de cette forme, devient apte à renforcer certains sons de préférence à d'autres; elle fonctionne alors à la manière des instruments d'acoustique que les physiciens appellent des *résonnateurs*. Or chaque son vocal, de même que chaque son produit par la vibration de la corde d'un instrument de musique, est formé par un assemblage de mouvements vibratoires ayant des longueurs d'onde diverses et produisant chacun une note différente; la vibration dont la longueur d'onde est la plus grande engendre le son appelé *note fondamentale* et les autres qui font en quelque sorte cortège à celle-ci donnent naissance à ce que l'on appelle des *sons harmoniques* (fig. 196). Le timbre du son complexe ainsi produit dépend des rapports d'intensité existants entre ces divers sons élémentaires, et lorsque un ou plusieurs de ceux-ci se trouvent renforcés par l'influence d'un résonnateur apte à entrer facilement en vibration avec ces mêmes sons partiaux, il en résulte que le tout acquiert un timbre spécial.

C'est de la sorte qu'en plaçant au devant de l'orifice de sortie d'un instrument à vent des résonnateurs de formes diverses on peut donner à une même note musicale le caractère de telle ou telle voyelle et constituer une sorte de *machine parlante* apte à faire entendre alternativement toutes les voyelles.

D'autres sons produits par la voix humaine ont un caractère

différent, ils ne peuvent être formés isolément et sont nécessairement accompagnés d'une voyelle ; telles sont les consonnes représentées graphiquement par les lettres *b*, *c*, *d*, *f*, *g*, *h*, *j*,

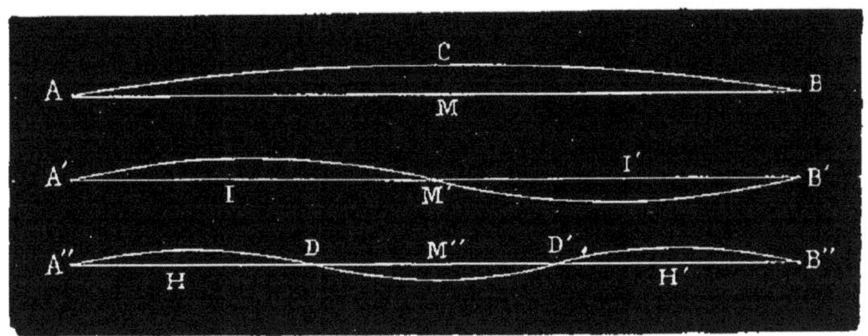

Fig. 196 (*).

etc. Les uns résultent du mode d'émission ou du mode d'arrêt de la voyelle, d'autres du bruit causé par le passage de l'air expiré dans des rétrécissements temporaires du vestibule vocal dus à certains mouvements du pharynx, de la langue ou des lèvres.

La *vocalisation* et l'*articulation* des sons vocaux sont par conséquent dues à des mécanismes différents, et c'est à cause de la grande perfection des organes de la voix dans l'espèce humaine que l'Homme a pu employer la parole pour exprimer ses sentiments et ses pensées. Quelques oiseaux tels que les Perroquets ont à un moindre degré la faculté de varier d'une manière analogue les sons produits par leur appareil vocal, mais ils n'ont pas l'intelligence nécessaire pour faire usage de ces sons comme signes de la pensée, et chez certains animaux où la voix sert comme moyen d'expression (chez le chien par exemple), la faculté de varier les sons vocaux est trop limitée

(*) La corde A B vibrant dans toute sa longueur produit la note fondamentale. La corde A'B' divisée en deux parties égales en M' qui vibrent séparément produit un son harmonique qui est l'octave aiguë du son fondamental. La corde A''B'', subdivisée en trois parties égales en D et D' qui vibrent séparément, produit un autre son harmonique plus aigu, correspondant à un nombre de vibrations triple de celles du son fondamental.

pour que les communications établies de la sorte entre l'individu et son entourage puissent lui servir beaucoup.

SONS PRODUITS PAR LES ANIMAUX.

§ 145. Chez la plupart des Mammifères l'appareil phonateur est constitué à peu près comme chez l'Homme quant à ses parties essentielles, et c'est toujours dans le larynx que la voix de

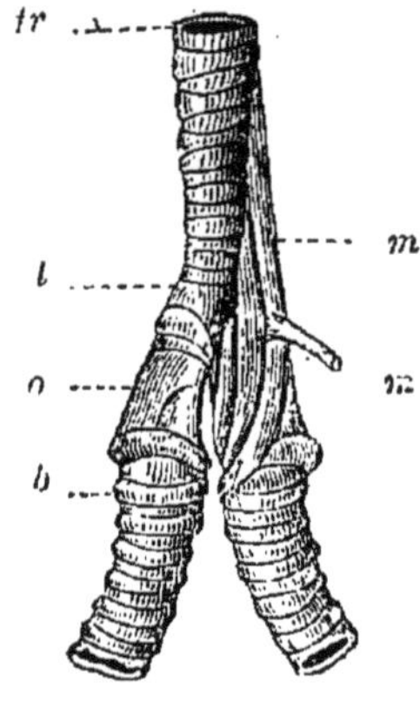

Fig. 197 (*).

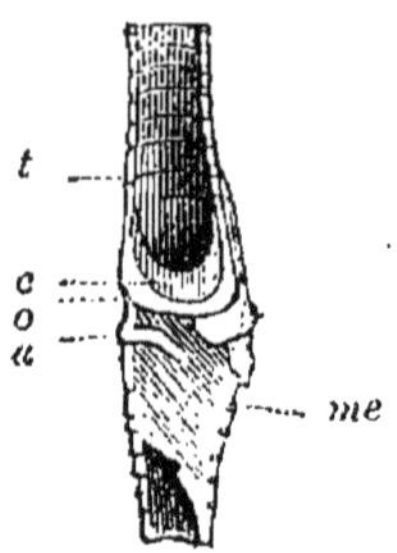

Fig. 198 (**).

ces animaux est produite. Mais chez les Oiseaux il en est autrement ; chez ces animaux le larynx proprement dit n'est pas apte à faire vibrer l'air qui sort des poumons et ce mouvement y est produit par le jeu d'un instrument musical situé à l'extrémité inférieure de la trachée, dans le point où ce tube

(*) Larynx inférieur de la Corneille : *tr*, trachée-artère ; — *l*, tambour formé par l'extrémité inférieure de la trachée ; — *o*, osselet moyen de la trachée ; — *b*, premier arceau des bronches, séparé du troisième osselet du larynx par un espace membraneux ; *m*, muscles propres du larynx : ces muscles ont été enlevés du côté opposé ; — *m'*, muscle abaisseur de la trachée.

(**) Coupe verticale du larynx : *t*, portion inférieure de la trachée fendue par la moitié ; — *c*, membrane semi-lunaire située au-dessus du point de réunion des deux glottes et fixée à une boite osseuse (*o*) ; — *a*, bourrelet que forme la lèvre interne de la glotte droite ; — *me*, face interne de la bronche droite formée par une membrane tympaniforme ; — *b*, portion de la cavité de la bronche droite mise à nu par la section d'une partie de cette membrane.

se bifurque pour constituer les bronches (fig. 197 et 198). On appelle *larynx inférieur* ou *sirynx* cet organe et on remarque qu'il est particulièrement compliqué dans sa structure chez les oiseaux chanteurs.

Les bruits produits par divers Insectes tels que les Sauterelles et les Cigales (1) résultent du jeu d'organes mécaniques très différents et dépendent en général du frottement de certaines parties dures du squelette extérieur sur les parties voisines.

DE LA SENSIBILITÉ ET DES ORGANES DES SENS; ROLE DES NERFS ET DES CENTRES NERVEUX.

§ 146. Tous les animaux ont la faculté de sentir, mais toutes les parties de ces Êtres ne sont pas sensibles et cette propriété n'existe que là où il y a des nerfs. Les parties de l'organisme qui n'en possèdent pas, les cheveux, les ongles et l'épiderme par exemple, sont insensibles et les parties douées de sensibilité perdent cette propriété lorsque la communication établie avec l'encéphale au moyen de ces nerfs est interrompue par la section ou la désorganisation de ces conducteurs.

Pour se rendre compte de ce que l'on peut appeler le **mécanisme des sensations**, il faut distinguer, dans le travail biologique dont toute sensation résulte, trois choses :

1° L'impression produite sur la partie sensible par un agent excitateur ;

2° La transmission de l'excitation développée de la sorte au centre nerveux apte à avoir conscience de l'action exercée ainsi sur l'organisme ;

3° La perception consciente de l'excitation déterminée par l'arrivée de ce stimulant au centre nerveux dont nous venons de parler, lequel chez l'Homme et les autres Mammifères est le cerveau.

(1) Voyez 1re partie, pages 308 et 312.

§ 147. Tous les nerfs du corps humain ne sont pas aptes à transmettre ainsi au cerveau les excitations sensitives et sont excito-moteurs seulement : par exemple, les nerfs de la 3e de la 4e et de la 6e paires, c'est-à-dire les nerfs oculo-moteurs et les nerfs pathétiques, sont affectés uniquement au service de la sensibilité, et dans les nerfs mixtes, qui sont à la fois excito-moteurs et sensitifs. Ces deux propriétés appartiennent chacune à une catégorie des fibres élémentaires particulières qui sont entremêlées dans presque toute la longueur de ces conducteurs, mais qui sont séparées entre elles dans le voisinage de l'axe cérébro-spinal et, ainsi que nous l'avons vu précédemment (1), ce sont les fibres sensitives qui constituent la totalité des racines postérieures des nerfs rachidiens. Il en résulte que la destruction de ces racines rend insensibles les parties correspondantes du corps sans déterminer dans ces parties la paralysie des organes du mouvement; tandis que la division des racines antérieures fait cesser les mouvements volontaires sans détruire la sensibilité.

Il est également à noter que les racines sensitives des nerfs mixtes présentent sur leur trajet un ganglion (fig. 161) et que ces fibres, de même que celles dont elles sont la continuation, sont très sensibles. Si on les pique, si on les excite au moyen d'un agent chimique ou si on y fait passer de l'électricité, il en résulte de la douleur.

§ 148. La moelle épinière remplit dans l'économie animale des fonctions analogues ; elle est sensible à l'action des mêmes stimulants et elle est un conducteur des impressions produites de la sorte ; mais, pas plus que les nerfs, elle n'a la faculté de percevoir les sensations que ces excitations sont destinées à produire, et pour que nous en ayons conscience il faut que celles-ci agissent sur notre cerveau. En effet, la division de la moelle épinière sur un point quelconque de sa longueur

(1) Voy. page 187.

rend insensibles toutes les parties du corps dont les nerfs naissent au-dessous du point coupé, mais ne détruit pas la sensibilité dans les parties dont les nerfs naissent du tronçon du cordon rachidien qui est resté en connexion avec le cerveau.

Le cerveau est donc le siège de la perception sensitive, mais sa faculté perceptive ne peut être mise en jeu que par les excitations lui arrivant par l'intermédiaire des nerfs; sa substance constitutive n'est pas sensible à l'action des stimulants sous l'influence desquels ces conducteurs et les parties dont ils proviennent éprouvent des impressions susceptibles de donner lieu à des sensations. Ainsi pendant des opérations chirurgicales, on a constaté que la substance de notre cerveau peut être piquée, coupée ou cautérisée sans que la lésion produite de la sorte détermine de la douleur ou une sensation quelconque; le patient n'a pas conscience des impressions produites aussi directement sur son cerveau, tandis qu'il sent parfaitement les impressions de même origine portant sur les nerfs ou sur les parties périphériques de l'organisme avec lesquels ces conducteurs sont en connexion.

§ 149. Le caractère de la sensation perçue varie suivant la nature du stimulant qui la produit, et suivant la nature du nerf qui transmet au cerveau l'impression déterminée par l'action de cet agent.

Ainsi une piqûre ou une commotion cause de la douleur lorsqu'elle porte sur les nerfs de la peau et cause une sensation lumineuse lorsqu'elle porte sur le nerf optique, et d'autre part un rayon de lumière détermine une sensation lorsqu'il va frapper la rétine qui est formée par la portion terminale du nerf optique, tandis qu'il est sans action appréciable sur les autres nerfs.

Il y a, en effet, différentes espèces de sensibilité qui sont mises en jeu chacune par un agent excitateur spécial; ce sont : la sensibilité tactile, la sensibilité gustative, la sensibilité olfactive, la sensibilité auditive et la sensibilité optique ou visuelle ; elles constituent autant de *sens* distincts qui nous font connaître différentes propriétés des corps dont nous sommes entourés et elles s'exercent par l'intermédiaire d'organes particuliers qui constituent les parties essentielles de l'appareil du toucher, de l'appareil du goût, de l'appareil de l'odorat, de l'appareil de l'ouïe et de l'appareil de la vue.

On peut considérer comme un sixième sens l'aptitude de sentir les changements de température subis par les parties superficielles de notre organisme sous l'influence des corps chauds ou froids avec lesquels nous sommes en contact, et quelques physiologistes désignent cette faculté sous le nom de *thermesthésie* ; mais elle s'exerce à l'aide des nerfs affectés au service du sens du toucher, et, de même que ce dernier, elle rentre dans ce que l'on appelle communément la *sensibilité générale* ou *sensibilité tactile*, faculté dont l'étude va maintenant nous occuper.

SENS DU TOUCHER ; VARIÉTÉ DES SENSATIONS TACTILES ; PEAU, ONGLES, ETC.

§ 150. Les impressions produites sur la surface extérieure de notre corps, ainsi que sur diverses parties internes, par l'action directe d'un objet résistant, déterminent en nous des sensations particulières à l'aide desquelles nous pouvons apprécier diverses propriétés mécaniques de ces agents excitateurs, connaître leur existence, juger de leur dureté ou de leur mollesse, du degré de poli de leur surface, de leur état de sécheresse ou d'humidité, de leur température, savoir s'ils sont en repos ou en mouvement et nous rendre compte de quelques autres particularités analogues qu'ils peuvent offrir. Lorsque cette faculté est peu développée et qu'elle s'exerce d'une manière passive, on la désigne ordinairement sous le nom de *tact* ; mais lorsque les instruments physiologiques qui y sont affectés sont perfectionnés, comme cela a lieu dans la portion terminale des membres supérieurs de l'homme, elle peut fournir d'autres données relatives à l'état des corps qui se trouvent en contact avec ces organes et, sous l'influence de la volonté, remplir dans les fonctions de relation un rôle actif; elle est alors désignée communément sous le nom de *sens du toucher*, mais il n'y a entre ces deux modes d'emploi de la sensibilité tactile aucune différence essentielle.

§ 151. La **peau** est le principal organe à l'aide duquel la sensibilité tactile s'exerce, et c'est le *derme* qui fonctionne de la sorte. Ainsi que nous l'avons vu précédemment, ni l'épiderme ni les parties du système tégumentaire qui constituent les ongles et les autres organes analogues ne sont aptes à être impressionnés de la sorte par le contact de corps étrangers, tandis que le derme est très sensible, et sa sensibilité est d'autant plus grande que le revêtement épithélique dont il est garni est moins épais. L'on sait que l'épiderme de la plante des pieds et de la paume des mains offre chez certaines personnes une épaisseur assez grande pour leur permettre de prendre et de retenir quelques instants des charbons ardents. Mais alors la sensibilité tactile est très obtuse; au contraire, là où elle est bien développée, comme au bout des doigts, aux lèvres, aux paupières, l'épiderme est très mince.

Cette propriété physiologique du derme est due à la présence de nerfs sensitifs qui viennent s'y répandre, et elle est d'autant plus développée que les fibres élémentaires appartenant à ces conducteurs sont plus nombreuses. Dans un espace donné, chacune de ces fibres transmet individuellement au cerveau les excitations produites dans l'aire occupée par son extrémité terminale, et nous ne distinguons pas entre elles les impressions différentes qui peuvent être produites dans le périmètre de l'espace placé ainsi dans le domaine d'un même conducteur nerveux, tandis que les impressions portant sur deux de ces aires sensitives et transmises au cerveau par autant de conducteurs particuliers ne se confondent pas, et plus les sensations partielles déterminées ainsi sont nombreuses, plus les données fournies par l'organe tactile sont susceptibles de nous faire bien connaître les propriétés de l'objet dont le contact avec la peau détermine les impressions tactiles.

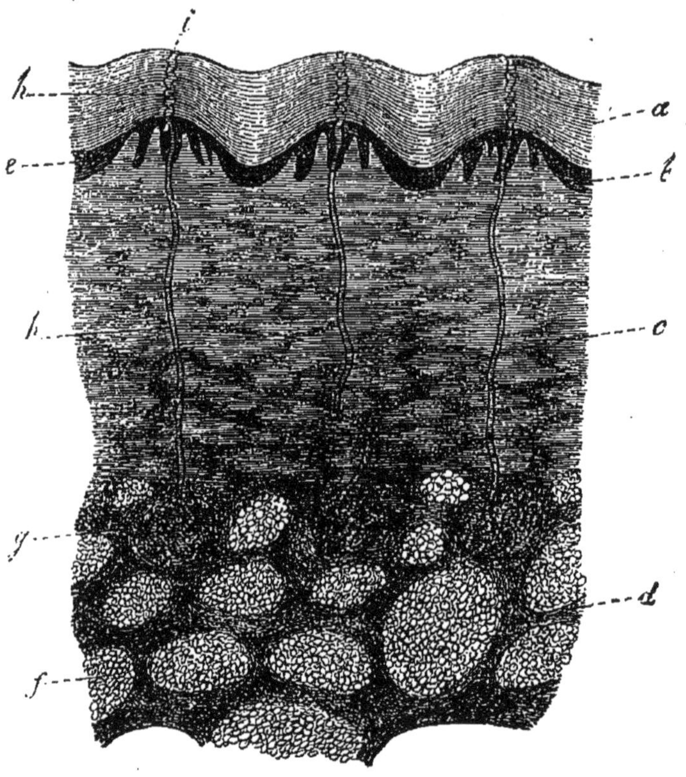

Fig. 199. — Coupe de la peau (*).

Or, il existe à cet égard des différences considérables dans diverses parties de la surface du corps et on a pu mesurer ces inégalités au moyen d'une expérience très simple. Lorsqu'on écarte notablement les deux branches d'un compas et qu'on applique les pointes de cet instrument sur la peau, on éprouve

(*) Coupe de la peau grossie vingt fois : *a*, couche externe de l'épiderme ; — *b*, couche profonde ou muqueuse de l'épiderme ; — *c*, derme ; — *d*, panicule graisseux ; — *e*, papilles du derme ; — *f*, lobes de graisse ; — *g*, glandes sudoripares ; — *h*, canal sudorifère ; — *i*, orifice externe de ce canal.

deux sensations distinctes ; mais lorsqu'on rapproche ces pointes il arrive un moment où les deux contacts ne donnent lieu qu'à une sensation unique, et le degré d'écartement nécessaire pour que cette confusion ne se produise pas varie avec le degré de sensibilité de la partie du corps sur laquelle on opère. En général, sur la ligne médiane du dos, au bras ou à la cuisse, on ne distingue pas entre elles deux excitations produites à moins de 50 ou 60 millimètres l'une de l'autre, tandis que sur la pulpe des doigts on peut les discerner lors même qu'elles ne sont distantes que d'environ 2 millimètres, et que sur la pointe de la langue elles restent distinctes bien que rapprochées entre elles d'environ 1 millimètre.

L'appréciation des températures est aussi d'autant plus exacte que les parties du corps en contact avec les corps chauffés reçoivent plus de nerfs, aussi c'est avec le doigt que l'on reconnaît des différences de température extrêmement faibles. La sensation du poids des corps est déterminée non pas par le contact de ces corps avec la surface de la peau, mais par la mesure de l'effort musculaire nécessaire pour les soulever. La durée des impressions tactiles est très courte, on peut en juger en faisant tourner sous le doigt une roue dentée ; quand la vitesse de rotation atteint un certain degré, on ne sent plus les dents, on éprouve une impression unique comme si le bord de la roue était entier. On a pu ainsi calculer que la durée des impressions tactiles était environ de $\frac{1}{480}$ de seconde.

§ 152. Dans les parties de la peau où cette membrane considérée comme organe tactile est très perfectionnée, les fibres élémentaires des nerfs sensitifs ne sont pas seulement fort nombreuses ; elles se terminent chacune en forme de bouton dans une sorte de petit mamelon microscopique qui fait saillie sous l'épiderme et qui est désigné sous le nom de *papille dermique* (fig. 200). Ainsi, dans la paume de la main humaine et surtout vers l'extrémité des doigts, ces éminences tactiles sont extrêmement nombreuses et constituent des séries linéaires visibles à l'œil nu.

Lorsque l'épiderme a été enlevé soit par une brûlure, soit par un vésicatoire ou une ampoule, on voit parfaitement ces petites éminences papillaires disposées régulièrement et douées d'une sensibilité très grande.

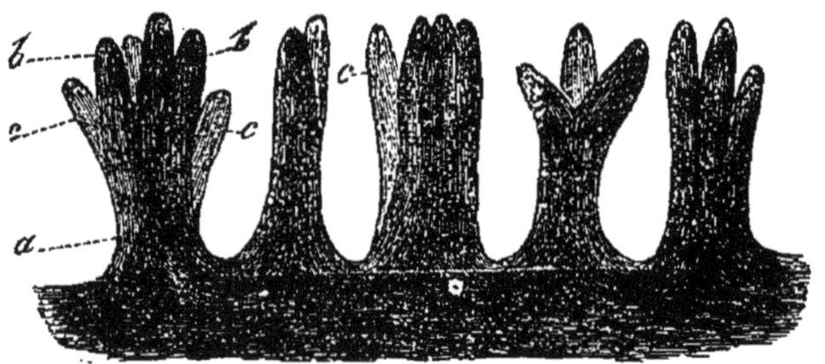

Fig. 200. — Papilles dermiques (*).

Une autre disposition qui favorise beaucoup le fontionnement de nos doigts comme instrument du toucher résulte du développement d'une espèce de coussin mou et élastique sous la

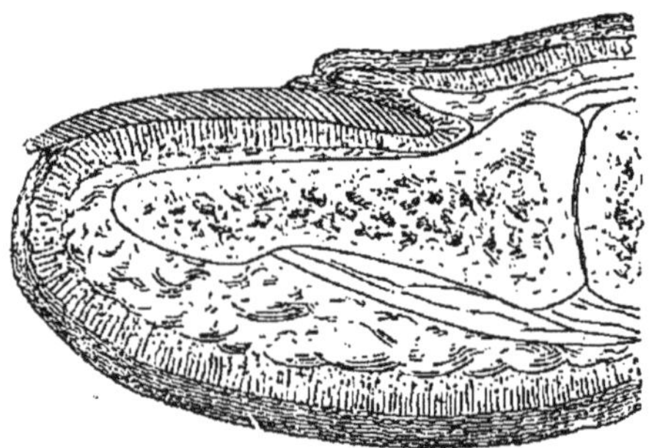

Fig. 201. — Coupe de l'extrémité d'un doigt.

peau de la portion subterminale de leur face palmaire (fig. 201). Cette pulpe permet à la peau de se mouler en quelque sorte sur les inégalités de la surface des corps pressés par ces organes.

La longueur des doigts et leur grande flexibilité contribue

(*) Papilles de la paume de la main grossies soixante fois : *a*, base d'une papille; — *b* et *c*, sommets plus ou moins digités de cette papille.

aussi très efficacement à l'aptitude de la main à palper les objets dont nous voulons apprécier la conformation. Enfin la reversibilité du pouce qui, en s'opposant aux autres doigts, constitue avec eux une sorte de pince préhensile, est encore une condition des plus favorables à l'exercice du toucher, et permet à notre main de remplir ses fonctions tactiles avec une perfection extrême.

§ 153. Chez les Singes et les autres Mammifères quadrumanes les pieds sont organisés à peu près de la même manière

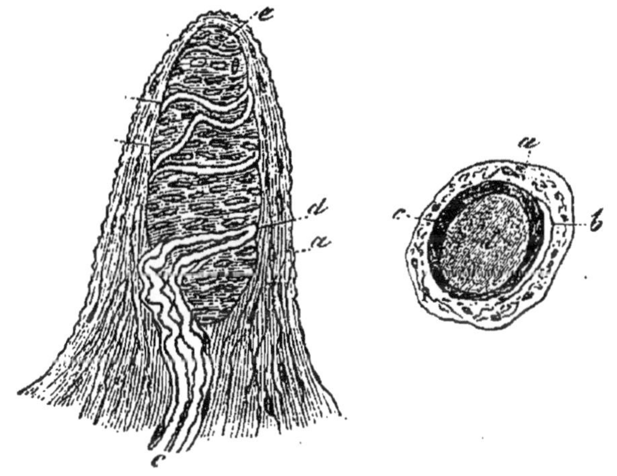

Fig. 202. — Papille cutanée (*).

que nos mains et sont aussi des organes de toucher fort perfectionnés, mais, étant employés également comme instruments de locomotion, ils sont moins bien disposés comme instruments sensitifs. On y aperçoit aussi beaucoup de papilles tactiles (fig. 202) et il y a des organes analogues sur quelques parties nues de la peau. Chez d'autres Mammifères où ces parties sont particulièrement appropriées à l'exercice du toucher, par exemple à la face inférieure de la queue de beaucoup de Singes où cet appendice est préhensile, à l'extrémité de la trompe des Éléphants, au bout du museau des Taupes et sur la

(*) Papille cutanée grossie 350 fois : *a*, couche corticale ; — *b*, corpuscule du tact ; — *c*, rameau nerveux ; — *d*, fibres nerveuses ; — *e*, extrémité d'une de ces fibres.

palmure interdigitale de l'aile des Chauves-souris, mais les papilles tactiles font généralement défaut chez les autres quadrupèdes, ainsi que sur la grande partie de la peau humaine.

§ 154. Les **poils**, de même que les cheveux, sont des parties insensibles (1), mais chez quelques Mammifères, certains de ces appendices épithéliques sont utilisés dans la constitution de l'appareil tactile, on remarque alors que leur extrémité basilaire repose sur un bouton nerveux analogue aux papilles tactiles des doigts, et qu'en agissant à la manière d'un levier lorsque leur extrémité libre rencontre un obstacle, ils pressent sur ce bulbe sensitif et déterminent ainsi des sensations tactiles qui sont parfois d'une grande finesse. Les moustaches des Chats et des Phoques fonctionnent de la sorte.

Fig. 203. — Poisson à barbillon (Malaptérure).

Chez les Mammifères dont la peau est couverte d'une fourrure épaisse ou recouverte d'écailles, comme celle des Pangolins ou des Tatous, ainsi que chez les Oiseaux, les Reptiles et les Poissons à peau écailleuse, la sensibilité tactile est en général peu développée, si ce n'est dans quelques appendices cutanés tels que les barbillons de ces derniers animaux (fig. 203). Chez les Insectes, les Crustacés et les autres animaux articulés, la transformation de la peau en un squelette tégumentaire est incompatible avec le développement de la sensibilité tactile dans la majeure partie de la surface du corps, mais il y a souvent chez ces Invertébrés des appendices spéciaux à l'aide

(1) Voyez 1re partie, pages 27 et suiv.

desquels le sens du toucher s'exerce plus ou moins bien : elles sont les antennes qui garnissent la région frontale de ces animaux et qui paraissent jouir quelquefois d'une sensibilité exquise. Mais chez la plupart des autres animaux inférieurs le sens du tact ne peut être que très imparfait ; tandis que dans l'espèce humaine le toucher a une importance capitale.

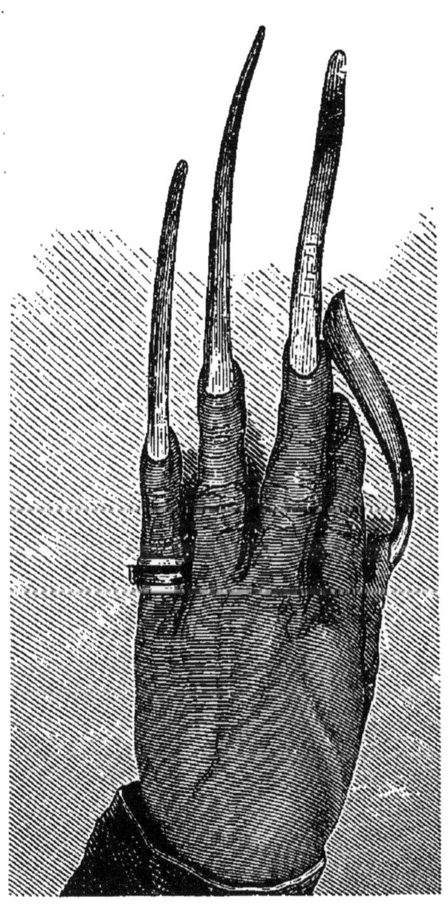

Fig. 204. — Ongles d'Annamite.

§ 155. Les **ongles** sont complètement insensibles ; ce sont des productions de nature épidermique et offrant beaucoup de ressemblance par leur mode de croissance et par leur constitution avec les poils. Dans l'espèce humaine ils se composent de deux couches, l'une *muqueuse* et molle, l'autre *cornée* et dure ; ils forment des lames qui reposent sur le derme de l'extrémité supérieure des doigts et sont enchâssées en arrière et sur les côtés dans un repli plus ou moins profond et ils ne s'accroissent que par leur racine ; c'est la portion cornée qui seule est toujours poussée d'arrière en avant. Les ongles peuvent, si on ne les coupe pas, s'allonger beaucoup, et chez certains peuples de l'Indo-Chine, où les grands seigneurs ne se servent pas de leurs mains, ces appendices se développent beaucoup (fig. 204) et quelquefois ils se contournent en spirale. Chez les Mammifères fouisseurs, les ongles acquièrent beaucoup de solidité et constituent de véritables bêches, tandis que chez les Carnassiers ils deviennent aigus et tranchants et se transforment en *griffes*.

SENS DU GOUT. — LANGUE, SAVEURS, ETC.

§ 156. Le sens du goût, de même que le sens du toucher, s'exerce au moyen de l'action directe des corps étrangers sur une surface extérieure douée ds sensibilité ; mais il nous révèle dans ces corps des propriétés d'un autre ordre et il est localisé dans une partie fort restreinte de la membrane muqueuse qui tapisse la portion vestibulaire de l'appareil digestif constituée par la bouche et plus pariiculièrement celle qui revêt la langue.

On appelle *corps sapides*, les substances qui sont susceptibles d'impressionner de la sorte l'appareil du goût, et *corps insipides* ceux qui ne possèdent pas cette propriété. Les corps qui sont à l'état solide et qui sont insolubles dans les liquides contenus dans la bouche sont sans action sur cet appareil, à moins qu'ils ne déterminent dans cette cavité le développement d'un courant électrique, car cet agent physique, en impressionnant certains nerfs de la langue, fait naître une sensation gustative.

Tous les nerfs sensitifs qui se rendent à la langue ne son pas aptes à développer des sensations de ce genre. Les uns sont des nerfs doués seulement de la sensibilité tactile comme ceux de la peau ; mais d'autres, étant mis en action par l'action d'une substance sapide, déterminent des sensations spéciales qui ne se produisent nulle part ailleurs que dans la cavité buccale. Ces nerfs gustatifs sont des branches des nerfs de la cinquième paire appelés *nerfs trijumeaux* et des *nerfs glosso-pharyngiens*. Les premiers se distribuent principalement dans la région dorsale de la portion antérieure de la langue ; les seconds dans la base de cet organe et dans les parties adjacentes de l'arrière-bouche ; leur section entraîne la perte de la sensibilité gustative dans les parties correspondantes de la tunique muqueuse buccale. Nous ajouterons que le nerf lingual contient des fibres tactiles aussi bien que des fibres gustatives et que ces dernières lui sont fournies par un nerf spécial appelé la *corde du tympan* ; enfin que c'est principalement dans certaines papilles de la langue que ce nerf gustatif se rend.

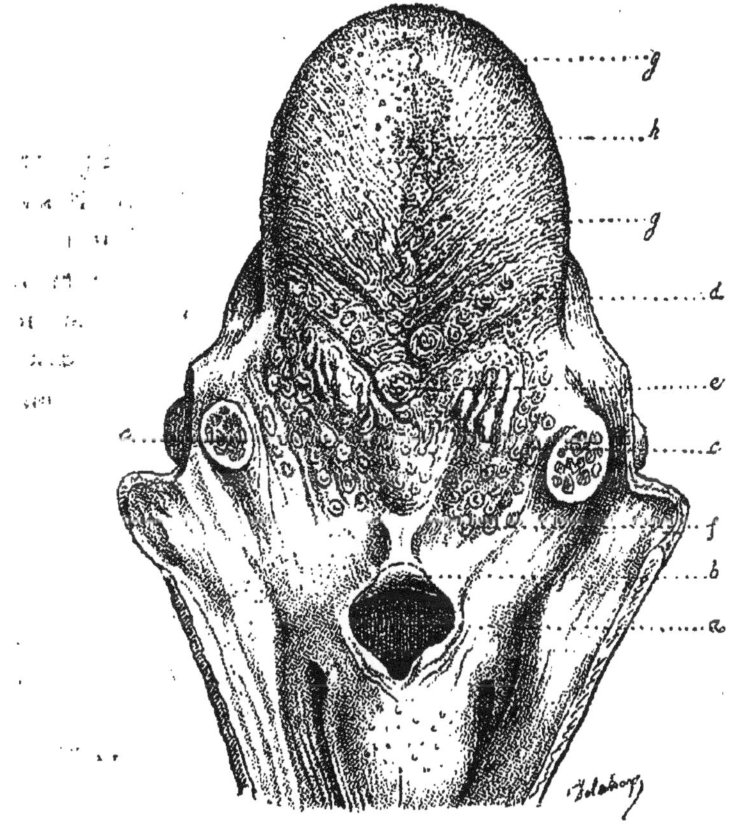

Fig. 205. — Langue humaine (*).

(*) *a*, ouverture du larynx ; — *b*, épiglotte ; — *c*, amygdale ; — *d*, papilles caliciformes ; — *e*, *trou borgne* ou *foramen cæcum* ; — *f*, follicules muqueux ; — *g*, papilles fongiformes ; — *h*, papilles coniques et filiformes.

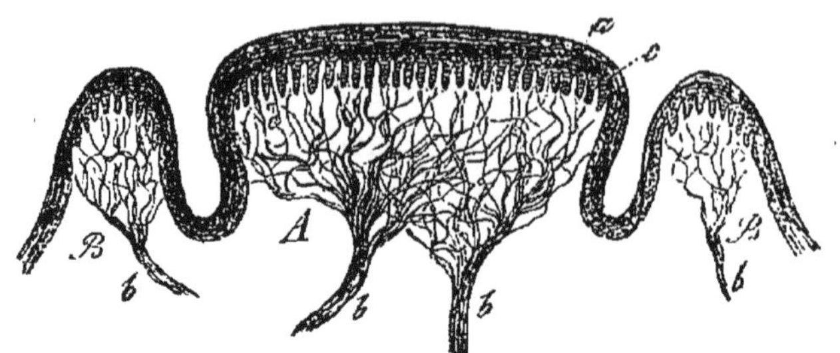

Fig. 206. — Coupe d'une papille caliciforme (*)

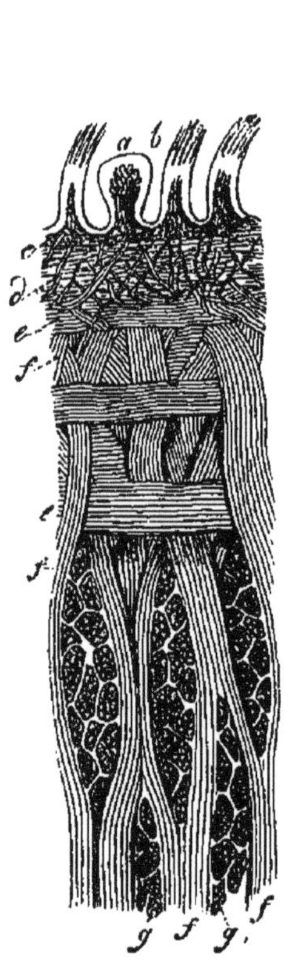

Fig. 207 (**).

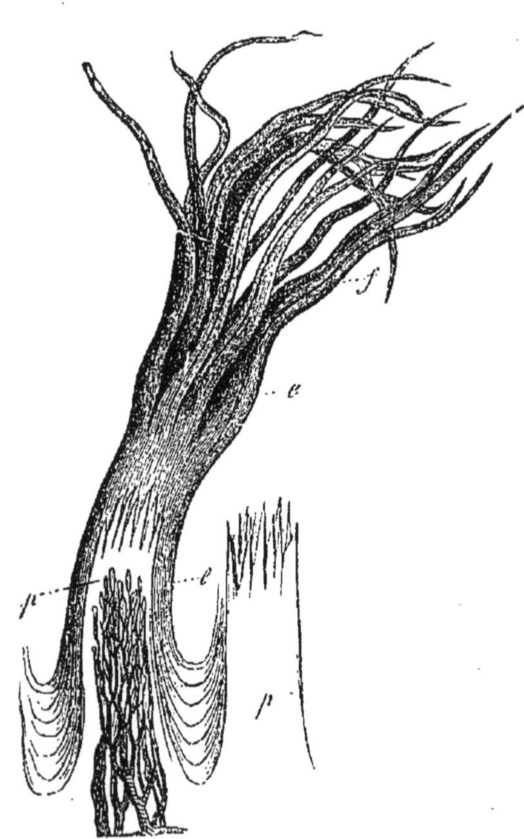

Fig. 208. — Papille filiforme (***)

(*) *A*, papille ; — *B*, bourrelet qui l'entoure ; — *a*, épithélium ; — *c*, papille secondaire ; — *b*, nerfs des papilles (gross. 10 fois).

(**) Coupe d'avant en arrière de la langue : *a*, papille fongiforme ; — *b*, papille filiforme ; — *c*, muqueuse linguale ; — *d*, couche fibreuse ; — *e*, *f*, *g*, muscles.

(***) Deux papilles filiformes grossies quatre-vingt-cinq fois : l'une *p* est dépourvue d'épithélium *e* terminé par de nombreux filaments *f*.

§ 157. La **langue** de l'homme par son extrême mobilité sert à la fois à moduler les sons et à réunir les aliments déjà mâchés en une sorte de pelote nommée le bol alimentaire. Les papilles qui garnissent sa surface sont de différentes sortes (fig. 205) : les unes, peu nombreuses, consistent en une simple réunion de *follicules muqueux* situés en arrière, près de la base de la langue ils s'ouvrent directement à la surface de la muqueuse où leurs conduits se voient à l'œil nu. Plus en avant existent de grosses papilles ou *papilles caliciformes*, au nombre d'une douzaine environ ; elles sont disposées de manière à figurer une sorte de V dont la pointe postérieure occupe la ligne médiane et

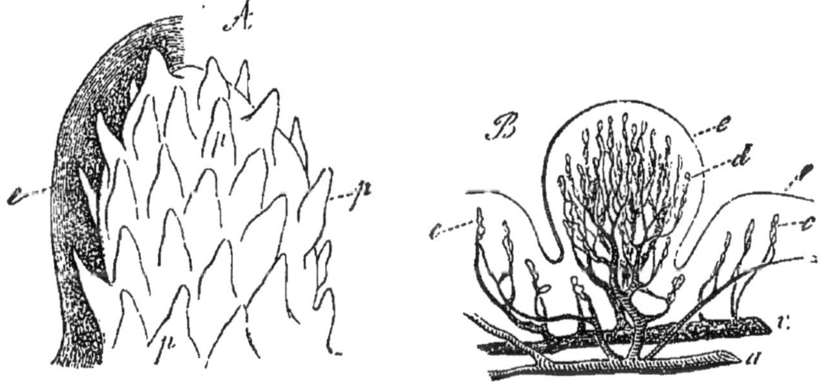

Fig. 209. — Papilles fongiformes (*).

est marquée par une réunion de plusieurs papilles constituant ce que l'on appelle le *trou borgne* où *foramen cæcum* ; chacune de ces papilles a la forme d'un cône autour duquel la muqueuse forme une sorte de collerette. Les papilles gustatives sont situées en avant des précédentes, elles sont disposées en séries plus ou moins régulières et se distinguent en *papilles fongiformes* (fig. 209) ressemblant à de petits champignons et faciles à reconnaître à leur couleur rouge, et en *papilles filiformes* ou *coniques*

(*) *A*, papille fongiforme (grossie 35 fois) revêtue de papilles secondaires *p*, la couche épithéliale *e* n'existe que d'un côté.

B, papille fongiforme ; — *e*, épithélium ; — *a*, artère ; — *v*, veine ; — *c*, *d*, capilliaire (gross. 18).

beaucoup plus nombreuses, blanchâtres et terminées en pointe ou plus généralement en pinceau (fig. 208) ; elles sont très serrées les unes contre les autres comme des filaments de velours.

Le sens du goût paraît être très peu développé chez les Oiseaux, les Reptiles, les Poissons et la plupart des animaux inférieurs où le choix des aliments est déterminé par l'odeur de ces substances plutôt que par leur saveur. Dans tous les cas il y a des relations très intimes entre l'odorat et le goût et presque toujours le premier de ces sens joue un rôle prépondérant dans le choix des matières nutritives.

SENS DE L'ODORAT.

§ 158. Chez l'Homme, ainsi que chez les autres Vertébrés à respiration pulmonaire, l'odorat s'exerce à l'aide des fosses nasales (fig. 210), cavités situées sur le passage de l'air qui se rend aux organes respiratoires, de façon à être continuellement mises en contact avec les particules odorantes suspendues dans ce fluide. Elles communiquent avec l'extérieur par deux ouvertures placées au-dessus de la bouche et nommées narines, et sont revêtues par une membrane muqueuse d'une grande délicatesse appelée *membrane pituitaire*, dont la surface est augmentée par un certain nombre de replis ou cornets formés par des lames osseuses qui s'avancent dans l'intérieur des fosses nasales, et qui laissent entre elles des rigoles ou gouttières horizontales appelées *méats*. Les fosses nasales communiquent aussi avec d'autres cavités ou sinus creu-

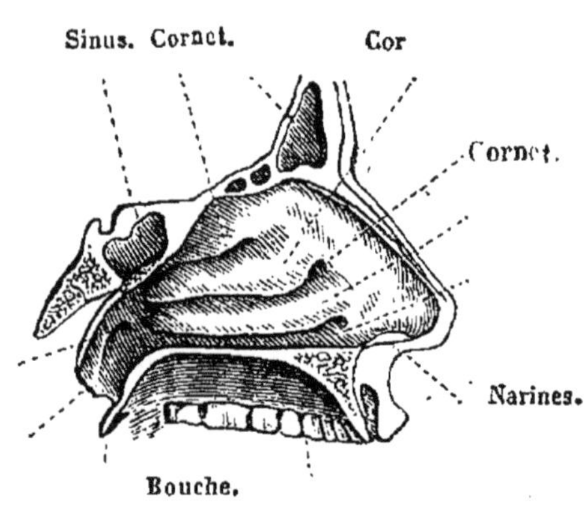

Fig. 210. — Fosses nasales.

sés dans l'épaisseur des os du front, de la mâchoire supérieure, etc. Enfin ces fosses débouchent en arrière du voile du palais dans le pharynx. La membrane pituitaire reçoit des filets nerveux émanant de la première paire des nerfs crâniens ou olfactifs ; ces filets très nombreux passent à travers des petits pertuis d'une portion de l'os ethmoïde nommée pour cette raison *lame criblée.*

§ 159. Le sens de l'odorat, médiocrement développé chez l'Homme, se perfectionne beaucoup chez certains Mammifères tels que le Chien, le Renard, l'Ours, etc. Dans ce cas, les cornets du nez prennent un plus grand accroissement, et par ce fait la surface de la membrane pituitaire est augmentée.

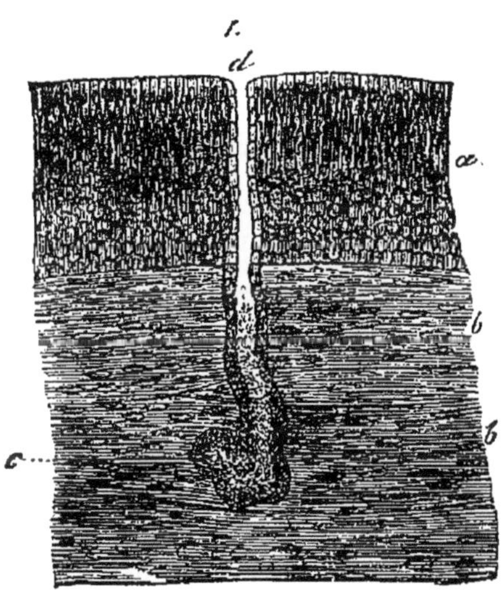

Fig. 211. — Glande nasale (*).

Chez certains animaux tels que l'Éléphant, le Tapir, la Musaraigne, le Desman, le nez se développe beaucoup et s'allonge en une trompe plus ou moins grande.

La membrane pituitaire doit être continuellement humide, autrement on n'aurait aucune perception des odeurs. Aussi voit-on dans son épaisseur une quantité de follicules muqueux (fig. 211).

Les substances qui ont la propriété d'impressionner cette membrane, de façon à mettre en action la sensibilité olfactive, peuvent être des gaz, des vapeurs ou même des corpuscules solides assez petits pour être facilement charriés par les courants atmosphériques, mais beaucoup de corps qui sont répandus

(*) Glande de la muqueuse nasale grossie 150 fois : *a*, épithélium ; — *b*, deux rameaux des nerfs olfactifs ; — *c*, glande ; — *d*, son orifice.

ainsi dans l'air ne possèdent pas cette propriété organoleptique.

Le sens de l'odorat est lié de la façon la plus intime au sens du goût ; il n'est personne qui n'ait remarqué combien ce dernier devenait obtus lors du rhume de cerveau, maladie qui consiste en un gonflement avec hypersécrétion de la membrane pituitaire.

L'odorat des Oiseaux est peu développé, et chez quelques espèces, les Fous et les Pélicans par exemple, les fosses nasales ne s'ouvrent pas à l'extérieur.

Chez les Poissons l'appareil olfactif consiste aussi en une paire de fosses à parois membraneuses dans lesquelles vont se terminer les nerfs de la première paire, mais ces cavités ne communiquent pas avec l'arrière-bouche.

Le sens de l'odorat existe certainement aussi chez la plupart des animaux invertébrés, mais on ne sait presque rien de certain relativement aux organes qui peuvent en être le siège.

SENS DE L'OUIE ; CONSTITUTION DE L'OREILLE ET MODE DE FONCTIONNEMENT DE L'APPAREIL AUDITIF, ETC.

§ 160. Les nerfs de la huitième paire ou nerfs auditifs sont impressionnés d'une manière spéciale, par les mouvements vibratoires d'une grande rapidité et d'une petitesse extrême qui sont développés par les corps sonores et sont susceptibles de se propager au loin dans l'air ou dans tout autre milieu élastique en produisant les *sons*. Ces nerfs se terminent au fond d'un appareil très complexe servant à recevoir les ondes vibratoires venant du dehors et à les transmettre à ces organes sensitifs qui à leur tour conduisent au cerveau les excitations produites à leur extrémité périphérique et, de même que pour toutes les autres sensations, c'est dans le cerveau que la perception du son s'effectue.

OREILLE.

§ 161. L'appareil récepteur des vibrations sonores est l'oreille et elle se compose de trois parties principales appelées l'*oreille externe*, l'*oreille moyenne* et l'*oreille interne* que l'on désigne aussi sous le nom de *labyrinthe*.

L'**oreille externe** (fig. 212) se compose du pavillon et du conduit auriculaire. Le *pavillon* est formé par une lame carti-

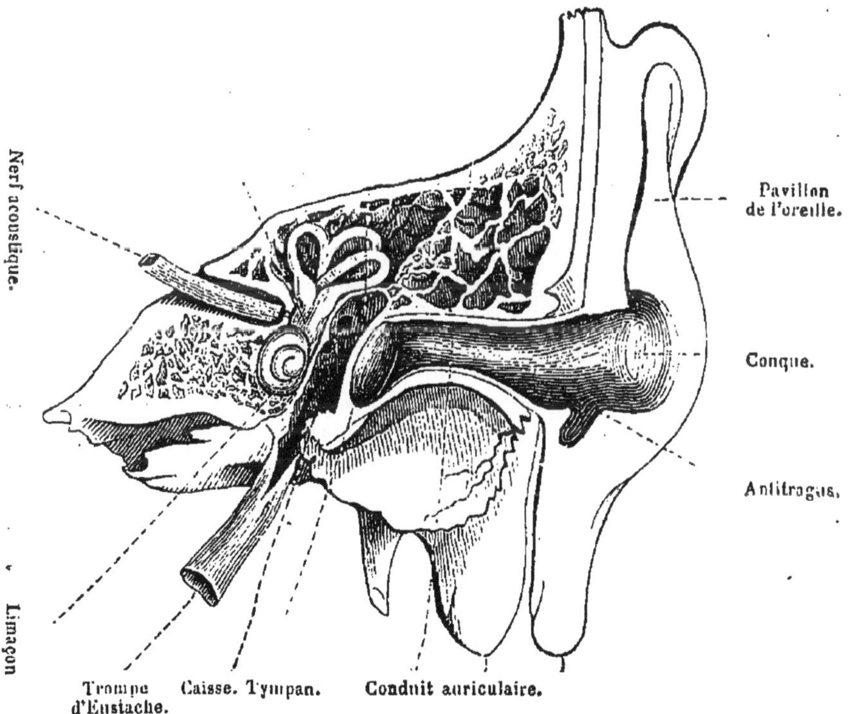

Fig. 212. — Appareil auditif.

lagineuse, repliée ou enroulée sur elle-même, qui s'élargit vers l'extérieur en forme d'entonnoir ou de *conque* et qui souvent s'étale ensuite sur les côtés de la tête, ainsi que cela se voit chez l'Homme ; mais sa forme varie chez les divers Mammifères. Quelquefois elle peut manquer complètement, comme chez les Oiseaux, les Reptiles, etc. ; d'autres fois elle est très développée et constitue une sorte de cornet, comme chez les Ruminants, les Carnassiers, etc. De petits faisceaux

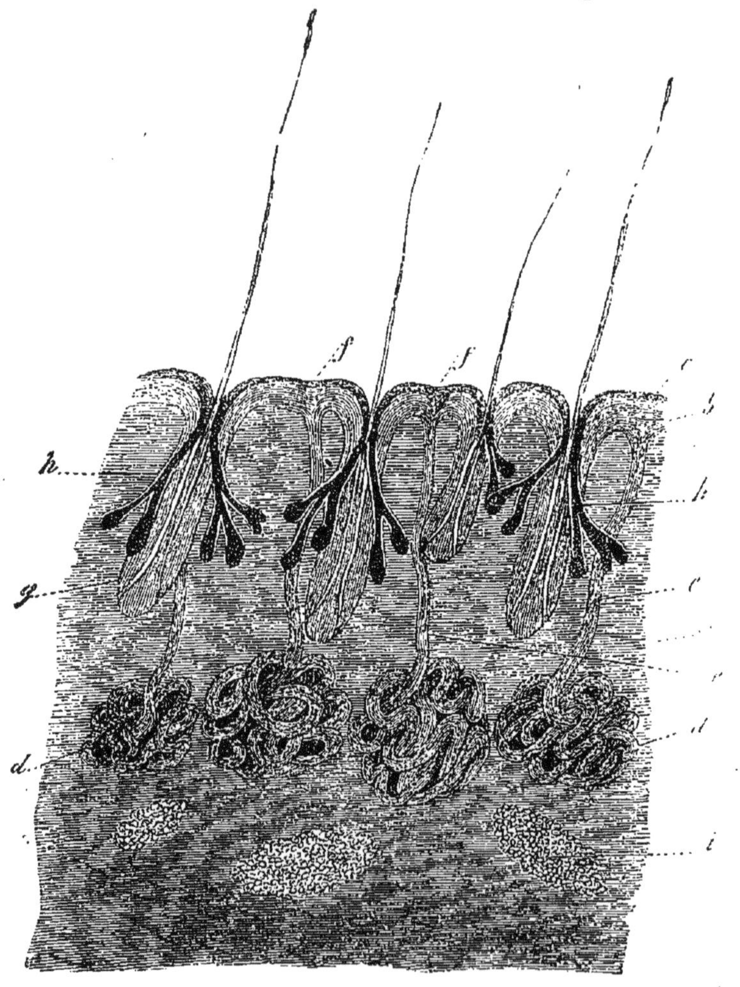

Fig. 213. — Section de la peau du conduit auditif externe (*)

musculaires lui permettent d'exécuter certains mouvements et sa substance est très élastique.

(*) *a*, derme ; — *b*, couche de Malpighi ; — *d*, glandes du cérumen ; — *e*, leurs conduits excréteurs ; — *f*, leurs orifices ; — *g*, follicules des poils ; — *h* glandes sébacées s'ouvrant à la base du poil ; — *c*, amas de graisse.

Le conduit auditif fait suite à la conque et s'enfonce dans l'os temporal ; la peau qui le revêt est percée de nombreux pertuis qui débouchent dans des follicules sébacés, chargés de sécréter une humeur particulière épaisse et jaunâtre, nommée *cérumen* (fig. 213).

Ce conduit est terminé en cul-de-sac par une membrane bien tendue qui ressemble à un tambour de basque (fig. 212), et qui est appelée *tympan ;* elle est mince, transparente et sert à recevoir et à transmettre les vibrations sonores du tympan.

§ 162. **L'oreille moyenne** forme une cavité étroite, communiquant avec le pharynx ou arrière-bouche par un canal appelé *trompe d'Eustache* (fig. 212). Ce conduit permet à l'air extérieur de s'introduire dans la caisse du tympan. A la partie plus profonde de la caisse et faisant face au tympan se voient deux autres ouvertures fermées chacune par une membrane tendue ; l'une est ovale, l'autre ronde ; aussi les appelle-t-on *fenêtre ovale* et *fenêtre ronde;* elles communiquent avec l'oreille interne.

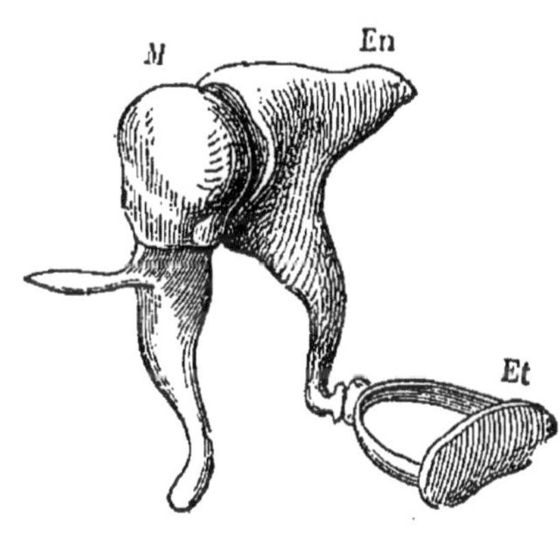

Fig. 214 (*).

Une chaîne de petits osselets s'étend de la fenêtre ovale à la membrane du tympan (fig. 214) ; ces osselets sont mus par des petits muscles, et peuvent ainsi tendre ou relâcher les membranes sur lesquelles ils s'appuient (fig. 215). Ils sont au nombre de quatre. On désigne le premier, qui s'appuie sur le tympan, sous le nom de *marteau ;* le second sous le nom d'*enclume ;* le troisième, appelé *os lenticulaire*, s'appuie sur l'*étrier*, qui lui-même est en contact avec la fenêtre ovale.

§ 163. **L'oreille interne** (fig. 216) se compose du vesti-

(*) Osselets de l'oreille moyenne : M, marteau ; — En, enclume ; — Et, étrier.

bule, des canaux semi-circulaires et du limaçon. De même que l'oreille moyenne, elle est contenue dans une partie très dure de l'os temporal appelée le *rocher*.

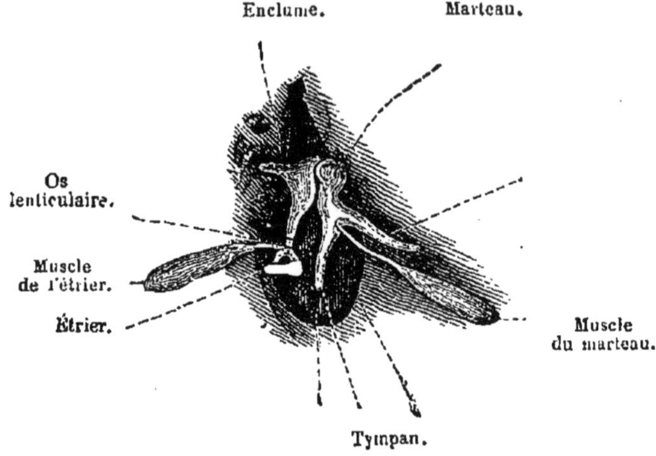

Fig. 215. — Caisse du tympan.

e *vestibule* est situé au milieu ; les canaux semi-circulaires et le limaçon y débouchent, les premiers en dessous, l'autre en dessus (fig. 216). Il communique avec la caisse du tympan par la fenêtre ovale, et il est rempli par un liquide.

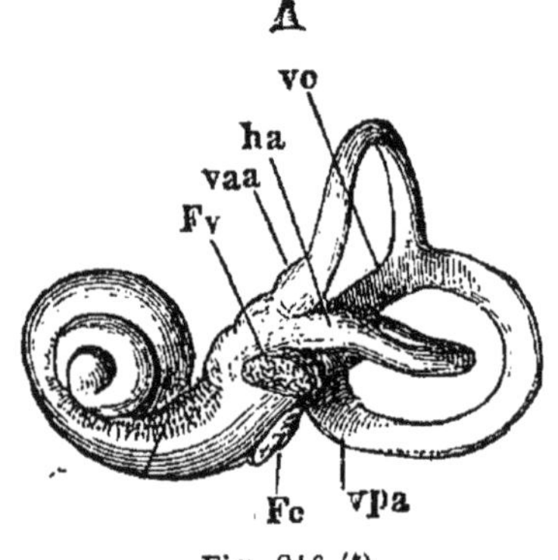

Fig. 216 (*).

Les canaux *semi-circulaires* sont au nombre de trois, et contiennent le même liquide que le vestibule (fig. 216).

Le *Limaçon* (fig. 217), ainsi nommé à cause de sa forme enroulée sur lui-même, est divisé par une cloison intérieure en une sorte de double

(*) Parois osseuses du labyrinthe dégagées des parties adjacentes du rocher F, fenêtre ronde ; — Fv, fenêtre ovale ; — Ha, canal semi-circulaire horizontal — vpa, canal vertical postérieur ; — vo, portion commune de ce canal et du canal vertical supérieur ; — vaa, ampoule de ce dernier ; — L, limaçon.

canal ; il est rempli par un liquide, et communique avec le vestibule par une de ses rampes, tandis que l'autre rampe aboutissant à la fenêtre ronde est séparée de la caisse par la membrane de cette ouverture.

Les nerfs de la huitième paire ou nerfs acoustiques se ramifient dans l'oreille interne et présentent dans l'intérieur du limaçon une disposition très remarquable, car leurs fibres ter-

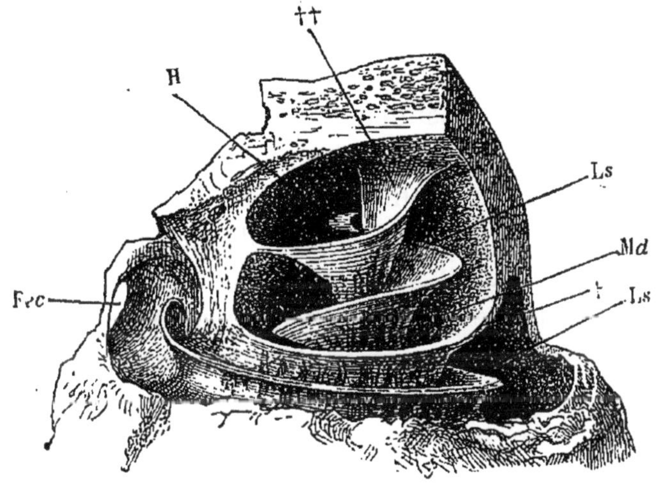

Fig. 217 (*).

minales y sont en rapport avec une série de bâtonnets microscopiques appelés les *fibres de Corti*, et ressemblant beaucoup aux cordes d'un clavier, car elles sont disposées parallèlement et leur longueur diminue progressivement de l'entrée au sommet du limaçon.

MÉCANISME DE L'OUIE ; LIMITE DES SONS PERCEPTIBLES ; ACCOMMODATION DE L'APPAREIL AUDITIF ; PERCEPTION DES INTERVALLES MUSICAUX, ETC.

§ 164. Les vibrations sonores qui nous arrivent par l'intermédiaire de l'air atmosphérique ne peuvent déterminer des

(*) Le limaçon ouvert : *Md*, l'axe de la cloison osseuse ; — *Ls*, *Ls*, †, section de cette cloison entre les tours du limaçon et †† son extrémité supérieure ; — *H*, sommet de la lame spirale ; — *Fec*, fenêtre ronde.

sensations auditives qu'à la condition de faire vibrer les parties de l'organisme qui se trouvent entre ce fluide et l'extrémité périphérique des nerfs acoustiques, d'arriver à ces nerfs et d'avoir assez d'intensité pour y produire des impressions susceptibles d'être transmises au cerveau par ces conducteurs sensitifs. Ces vibrations peuvent y parvenir directement à travers les porois osseuses du crâne ou en passant par l'appareil spécial dont nous venons d'étudier la structure ; ainsi, lors même que l'entrée de cet appareil est bouchée de manière à empêcher le passage des ondes sonores par le conduit auditif, on peut entendre très distinctement le tic-tac d'une montre qui est placée entre les dents, parce qu'alors les vibrations produites dans la montre sont transmises directement et facilement de celle-ci aux parties solides de la charpente osseuse de la tête et de celles-ci au liquide de l'oreille interne qui les communique aux nerfs contenus dans ce milieu. Mais les vibrations sonores qui passent facilement d'un solide élastique à un autre solide ou à un liquide ne sont transmises que très difficilement d'un gaz à un liquide ou à uu corps solide, à moins que celui-ci ne consiste en une lame très mince, très élastique et dont les mouvements de va-et-vient peuvent s'accomplir librement, comme c'est le cas pour une membrane faiblement tendue, telle que la membrane du tympan et la membrane obturatrice de la fenêtre ovale ou de la fenêtre ronde.

L'espèce de cornet constitué par la conque et le conduit auditif dirige les ondes sonores sur le tympan et les mouvements de va-et-vient qu'elles y déterminent sont transmis à la membrane de la fenêtre ovale par la chaîne des osselets suspendue de l'une de ces membranes à l'autre, à peu près comme les vibrations de la table d'uu violon sont transmises à la paroi inférieure de cet instrument par la petite colonnette appelée l'*âme* ; mais c'est principalement par l'intermédiaire de l'air contenu dans la caisse que les vibrations du tympan arrivent à l'oreille interne, et lorsque l'entrée de l'air dans cette cavité est empêchée par l'oblitération de la trompe d'Eustache, la surdité est souvent une conséquence de l'absence de ce fluide élastique dans l'espace compris entre le tympan et la membrane de la fenêtre ronde.

La chaîne des osselets de l'ouïe et les membranes dont nous venons de parler servent aussi à régler, jusqu'à un certain point, le degré d'intensité des vibrations sonores qui arrivent de l'oreille *interne*, car l'amplitude des oscillations exécutées par ces membranes diminue à mesure que la tension de celles-ci augmente, et, ainsi que nous l'avons déjà dit, les osselets sont disposés de manière à pouvoir appuyer plus ou moins fortement sur le tympan d'une part et sur la membrane de la fenêtre ovale d'autre part, lorsque leurs muscles entrent en contraction. Or, tout bruit intense provoque cette contraction et, par cela même, diminue momentanément non seulement la faculté vibrante de ces deux membranes, mais aussi celle de la membrane de la fenêtre ronde; car par l'intermédiaire du liquide renfermé dans l'oreille interne, la pression exercée sur l'étrier par la membrane de la fenêtre ovale détermine un certain bombement de la membrane de la fenêtre ronde. Les osselets de l'ouïe et leurs muscles constituent donc un agent régulateur de la sensibilité de l'appareil auditif, et tendent à préserver celui-ci de l'action nuisible des vibrations trop fortes.

Les ondes sonores se transmettent de la membrane de la fenêtre ovale au liquide du vestibule et des canaux semi-circulaires dans lequel flottent des filaments du nerf auditif, et les impressions produites ainsi sur ces nerfs déterminent à leur tour la sensation des sons confus qui constituent le bruit. Mais le discernement des sons musicaux paraît résulter du fonctionnement des fibres nerveuses du limaçon. En effet, ces fibres, à raison des différences de leur longueur, doivent être chacune particulièrement aptes à entrer en vibration sous l'influence d'un son produit par un nombre d'oscillations sonores en rapport avec ces dimensions et devient par conséquent un conducteur spécialement approprié à la transmission de l'impression déterminée par ce son. Chaque note musicale aurait ainsi un conducteur propre, et on conçoit que les intervalles musicaux perçus par notre oreille pourraient bien dépendre de la spécialité fonctionnelle de divers membres de la série des bâtonnets nerveux, dont se compose l'appareil de Corti. Mais nous devons ajouter que dans l'état actuel de nos connaissances ces explications ne peuvent être données qu'à titre d'hypothèses.

§ 165. Un son, pour impressionner les nerfs de l'ouïe, doit nécessairement avoir un certain degré d'intensité, et cette intensité est dépendante de l'amplitude des oscillations dont le son résulte. Par conséquent la limite de la sensibilité auditive est subordonnée à la facilité avec laquelle les diverses parties de l'oreille interposées entre ces nerfs et le milieu ambiant peuvent vibrer sous l'influence des vibrations de ce milieu. Enfin l'aptitude de l'oreille à percevoir des sons très graves ou très aigus paraît dépendre en partie de la longueur des fibres nerveuses élémentaires par lesquelles les nerfs acoustiques se terminent dans le labyrinthe. Quoi qu'il en soit à cet égard, il est de fait que nous n'entendons pas de son lorsque les vibrations n'ont pas un certain degré de rapidité. Les limites ne sont pas exactement les mêmes pour tous les individus, et, en augmentant l'intensité du son, on peut les reculer; mais en général le son le plus grave que notre ouïe puisse saisir est celui produit par 16 vibrations en une seconde de temps, et d'ordinaire les notes aiguës cessent d'être perceptibles lorsqu'elles résultent de plus de 36,000 oscillations par seconde.

§ 166. La sensibilité auditive n'est ordinairement mise en jeu que par l'action de vibrations sonores venant du monde extérieur, et par conséquent les sensations déterminées par le fonctionnement des nerfs de l'oreille sont généralement objectives, mais des effets analogues peuvent être produits par d'autres causes, telles que l'excitation de ces nerfs par l'électricité ou le développement de vibrations sonores par l'action physiologique des parties diverses de l'organisme, par exemple le frottement du sang contre les parois de l'appareil circulatoire, et on désigne parfois sous le nom de *sensations subjectives* les sensations déterminées de la sorte ; mais l'étude des phénomènes de cet ordre ne saurait trouver place ici.

AUDITION CHEZ LES ANIMAUX.

§ 167. C'est dans la classe des Mammifères que l'appareil auditif est le plus parfait ; le pavillon de l'oreille manque quelquefois (chez les Phoques, par exemple), mais l'oreille externe est toujours représentée, tout au moins par le conduit auditif. Chez les Oiseaux la totalité de l'oreille externe manque presque toujours, et de même que chez les Reptiles, la membrane du tympan est ordinairement à fleur de tête ; enfin le limaçon ou *Cochlée* est fort réduit. Chez les Reptiles et les Batraciens la caisse est largement ouverte du côté du pharynx et la chaîne des osselets de l'ouïe est incomplète. Enfin chez les Poissons, la totalité de l'oreille moyenne ainsi que l'oreille externe manque presque toujours et l'appareil auditif, réduit presque exclusivement au vestibule et aux canaux semi-circulaires, est parfois même dépourvu de ces derniers organes. Enfin, chez les animaux invertébrés, cet appareil n'est que rarement représenté par autre chose qu'une paire de vésicules analogues au vestibule de l'oreille interne des Vertébrés et recevant un nerf particulier. C'est de la sorte qu'il est constitué chez les Mollusques, par exemple.

SENS DE LA VUE ; L'ŒIL ET SES ANNEXES.

§ 168. La sensibilité visuelle ou *photesthésie*, c'est-à-dire l'aptitude à éprouver des sensations par l'action de la lumière sur l'organisme, paraît exister chez tous les animaux, même les plus inférieurs, et elle peut être la propriété de parties très diverses ; mais chez les Vertébrés ainsi que chez la plupart des Mollusques et des animaux articulés, elle est localisée dans un appareil spécial dont la partie fondamentale est constituée par les nerfs optiques. Chez les Vertébrés ce sont les nerfs de la seconde paire, et c'est sur la partie terminale de ces nerfs que la lumière doit frapper pour qu'il y ait vision. La partie terminale des nerfs optiques qui possède cette faculté est désignée sous le nom de *rétine*, et pour que l'Être animé puisse obtenir, à l'aide des sensations déterminées par l'action de cet agent, des notions relatives à la forme et aux autres propriétés organoleptiques des objets extérieurs, il faut que les rayons de lumière venant de ceux-ci soient rassemblés de manière à former sur cette rétine une image de ces corps, à peu près comme dans l'appareil optique employé par les photographes et désigné sous le nom de *chambre obscure*. Or, l'instrument physiologique qui détermine la formation de ces images est le globe de l'œil, mais l'appareil de la vue se compose aussi de parties accessoires dont les unes servent à protéger cet organe, d'autres à en faire varier la direction.

CONSTITUTION DE L'OEIL.

§ 169. Les principales parties protectrices des yeux sont : 1° les *fosses orbitaires*, cavités à parois osseuses situées de chaque côté de la face, immédiatement sous le front, largement ouvertes sur le devant, et communiquant en arrière avec l'intérieur du crâne par un trou qui livre passage au nerf optique (fig. 174).

2° Les *paupières*, espèces de voiles mobiles qui occupent le devant de l'orbite et qui chez l'Homme sont au nombre de deux, sont constituées extérieurement par la peau et tapissées en dedans par une membrane très mince appelée la *conjonctive* qui se replie sur la partie antérieure du globe de l'œil, la recouvre en grande partie et y adhère. Ces voiles contiennent dans leur épaisseur des fibres charnues, dont les unes constituent une sorte d'anneau appelé le *muscle orbiculaire* des paupières (fig. 168) et d'autres, allant de la paupière supérieure à la voûte de l'orbite, constituent le muscle élévateur de ce rideau mobile. Les paupières sont renforcées intérieurement par de petites lames élastiques appelées *cartilages tarses* et leur bord libre est garni de *cils* ainsi que de petites cavités sécrétoires (*glandes de Meibomius*) servant à produire une matière grasse qui en se desséchant constitue parfois la substance désignée sous le nom de *chassie*; un agrégat d'autres petites glandes occupe l'angle interne des paupières et a reçu le nom de *caroncule lacrymale*. Enfin chez divers Mammifères, le Chien par exemple, il y a une troisième paupière semi-transparente qui se meut horizontalement de dedans en dehors et qui peut recouvrir en partie le devant du globe de l'œil. Ce voile complémentaire est très développé chez les oiseaux, où il constitue l'espèce d'écran translucide appelé la *membrane clignotante*.

L'appareil lacrymal est constitué par des glandes productrices des larmes et par les canaux servant, d'une part, à répandre le liquide aqueux ainsi produit à la surface de la conjonctive, et d'autre part à conduire ce même liquide dans les fosses nasales où il sert à humecter la membrane pituitaire. La *glande lacrymale* est située sous la voûte de la cavité orbitaire au-dessus de l'œil, et ses canaux excréteurs débouchent au dehors au fond du repli formé par la conjonctive en se portant de la paupière supérieure sur le globe oculaire. Les larmes vont de là lubréfier le devant de l'œil, en empêcher la dessiccation et faciliter le glissement des paupières sur cet organe. Puis elles sont pompées par de petits orifices appelés *points lacrymaux* qui se trouvent sur le bord de l'une et l'autre paupière près de leur extrémité interne (fig. 218) et qui donnent dans deux conduits dirigés horizontalement en dedans et se terminant dans un canal vertical (le *canal nasal*) dont l'extrémité inférieure s'ouvre dans les fosses nasales. De telle sorte que quand les larmes sont sécrétées avec abondance, elles coulent rapidement dans ces cavités.

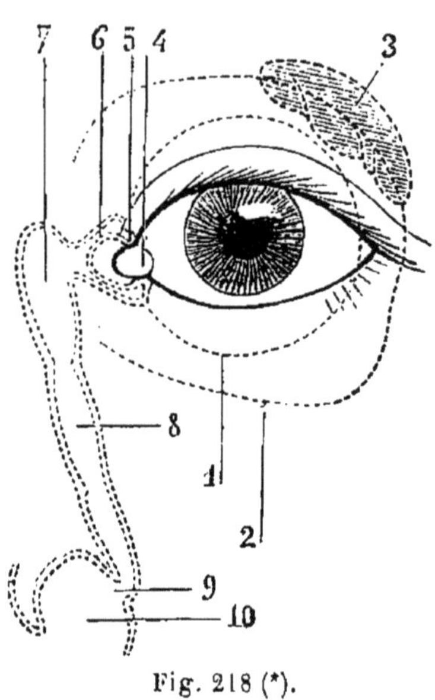

Fig. 218 (*).

Les muscles moteurs du globe de l'œil humain sont au nombre de six (fig. 219), ils s'insèrent antérieurement au pourtour de cet organe, et par leur extrémité postérieure ils sont rattachés aux parois de l'orbite ; quatre d'entre eux appelés *muscles droits* de l'œil, en se contractant individuellement, portent le globe oculaire vers le haut, vers le bas, en dedans ou en dehors ; les deux autres ou *muscles obliques* sont disposés obliquement et font pivoter l'œil en haut et en dedans ou en sens contraire. Chez la plupart des Quadrupèdes il y a un autre muscle qui tire l'œil vers le fond de l'orbite et qui est désigné sous le nom de *muscle conoïde*.

§ 170. Le globe de l'œil est une sphère creuse dont les parois sont formées essentiellement par une membrane très résistante, qui est transparente sur le devant de cet organe et opaque dans le reste de son étendue. Cette portion opaque appelée communément le *blanc de l'œil* est désignée dans le langage

(*) Appareil lacrymal : 1, contour du globe oculaire ; — 2, contour de l'orbite ; — 3, glande lacrymale ; — 4, caroncule lacrymale ; — 5, tubercule et point lacrymal supérieur ; — 6, conduit lacrymal supérieur ponctué ; — 7, sac lacrymal ou réservoir formé par la jonction des deux conduits lacrymaux ; — 8, canal nasal ; — 9, ouverture inférieure du canal nasal ; — 10, méa férieur des fosses nasales.

anatomique sous le nom de *sclérotique*. C'est sur elle que s'insèrent les muscles moteurs dont nous venons de parler; postérieurement elle est percée pour livrer passage au nerf optique, et en avant elle présente une grande ouverture dans laquelle est

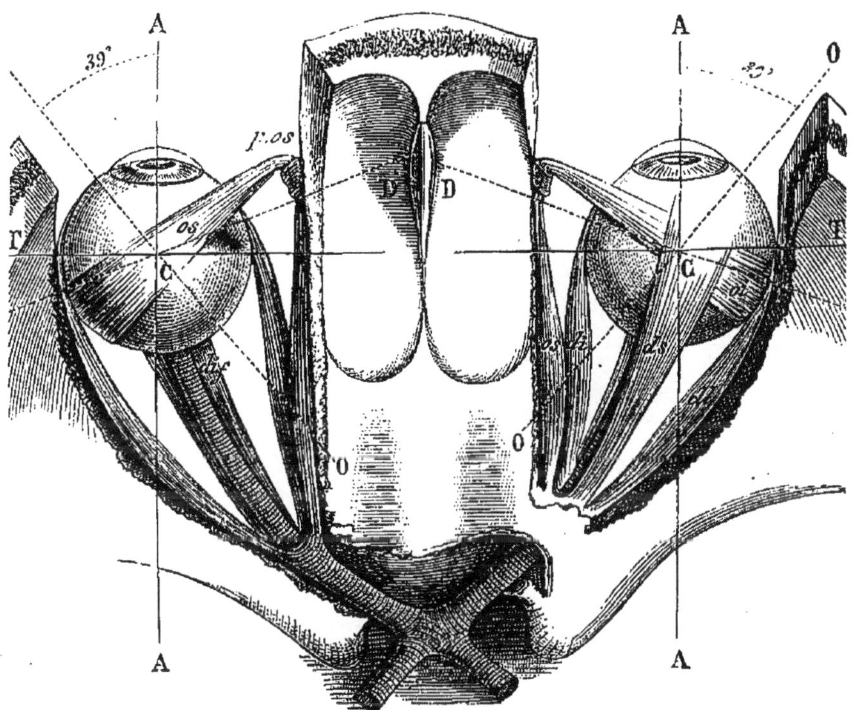

Fig. 219. — Muscles de l'œil (*).

reçue la portion transparente de la tunique externe de l'œil appelée la *cornée transparente* (fig. 220). Celle-ci est plus convexe que le reste du globe oculaire et ressemble à un verre de montre qui serait serti dans l'espèce de lucarne circulaire pratiquée dans la sclérotique.

Une cloison verticale appelée l'*iris* est placée à peu de dis-

(*) Coupe horizontale à travers les orbites montrant la disposition des muscles de l'œil; — *ds*, muscle droit supérieur; — *dl*, muscle droit externe; — *di*, muscle droit interne; — *os*, muscle grand oblique; — *pos*, sa poulie de renvoi; — *oi*, insertion oculaire du muscle petit oblique; — AAT, axes de l'œil.

tance en arrière de la cornée transparente et présente au milieu une ouverture nommée la *pupille* ou *prunelle de l'œil*. Ce diaphragme, coloré de diverses manières, est pourvu de fibres musculaires dont les unes sont disposées circulairement

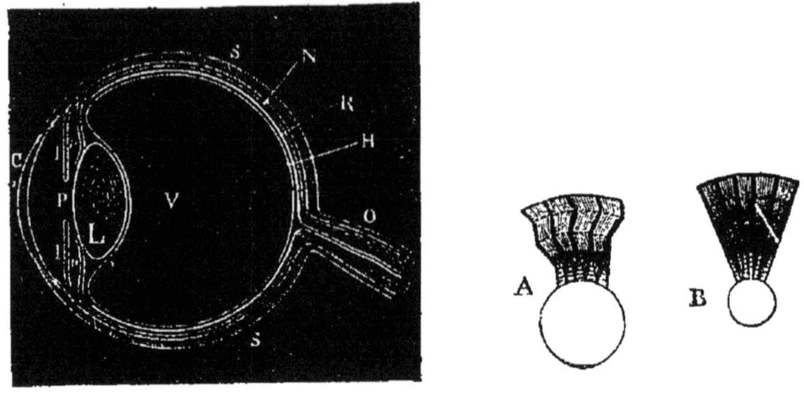

Fig. 220 (*). Fig. 221 (**).

autour de la pupille, tandis que les autres rayonnent du bord libre de cette ouverture vers le bord externe de la cloison, et il résulte de la contraction des unes ou des autres que l'orifice pupillaire peut être ou agrandi ou contracté (fig. 221).

L'espace compris entre la cornée transparente et l'iris est appelé la *chambre antérieure* de l'œil, celle-ci est remplie d'un liquide transparent nommé l'*humeur aqueuse* et, par l'intermédiaire de la pupille, elle communique librement avec une seconde loge occupée par le même liquide, située en arrière et appelée la *chambre aqueuse* postérieure.

Derrière cette dernière chambre se trouve une grosse lentille nommée le *cristallin* (fig. 220 et 222), qui est contenue dans une capsule membraneuse transparente dont la périphérie est

(*) Section théorique du globe de l'œil : C, cornée transparente ; — S, la sclérotique ; — O, le nerf optique ; — I, l'iris ; — P, la pupille ; — *p*, la chambre aqueuse postérieure ; — L, le cristallin ; — V, le corps vitré ; — H, la membrane hyaloïde ; — R, la rétine ; — N, la choroïde.

(**) A, fibres de l'iris contractées ; — B, fibres de l'iris au repos.

reliée au bord antérieur de la sclérotique, ainsi qu'au bord correspondant de l'iris, par l'intermédiaire d'un anneau contractile appelé le *corps ou muscle ciliaire* (fig. 223).

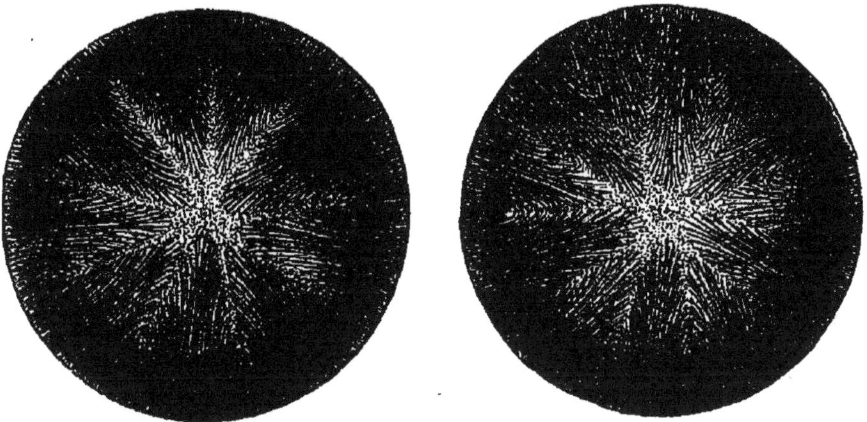

Fig. 222. — Cristallin.

Derrière le cristallin, l'intérieur du globe de l'œil est occupé par une substance gélatineuse et transparente appelée le *corps vitré* et contenue dans une tunique membraneuse parti-

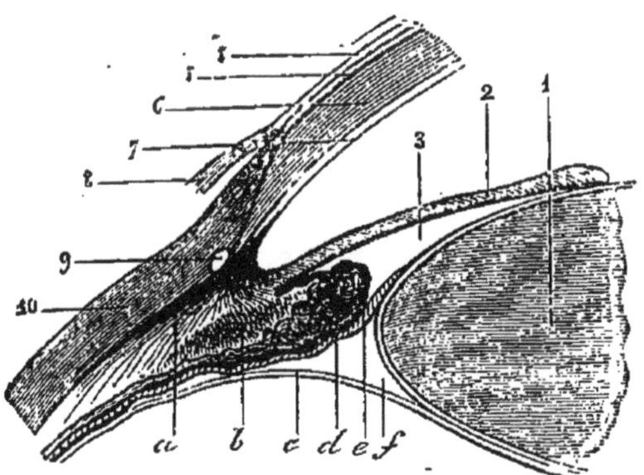

Fig. 223. — Muscle ciliaire (*).

culière qui est très délicate et que les anatomistes désignent sous le nom de *membrane hyaloïde.*

(*) 1, cristallin ; — 2, iris ; — 3, chambre postérieure ; — 4, 5, 6, 7, cornée transparente ; — 8, conjonctive ; — 9, canal ; — 10, sclérotique ; — *ab*, muscle ciliaire ; — *c*, membrane hyaloïde ; — *d*, procès ciliaire.

Le corps vitré est à son tour revêtu par la *rétine* qui tapisse tout le fond du globe oculaire et qui est en continuité avec le nerf optique (fig. 224).

Enfin, entre cette tunique nerveuse et la sclérotique se trouve une tunique très riche en vaisseaux sanguins et chargée d'un pigment noir (fig. 225). Elle a reçu le nom de *Choroïde* et elle constitue la seconde enveloppe du globe de l'œil.

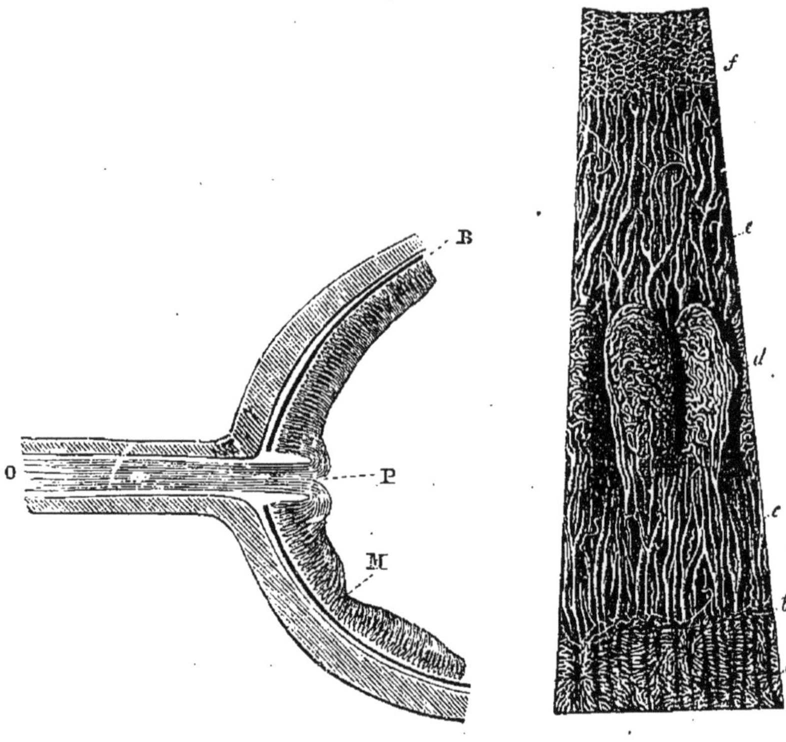

Fig. 224. — Coupe de la rétine (*).

Fig. 225. — Vaisseaux de la choroïde (**).

§ 171. Chez les Oiseaux, l'œil est plus volumineux que chez les Mammifères. La sclérotique s'est ossifiée en avant autour de

(*) O, nerf optique se continuant en P avec la rétine ; — B, couche des bâtonnets et des cônes.

(**) Cette figure est très grossie ; — *a* et *f*, réseau capillaire ; — *c*, artères de la couronne ciliaire ; — *d*, procès ciliaires ; — *e*, iris.

la cornée, de façon à constituer un anneau solide (fig. 226). Dans l'intérieur de l'œil on voit une partie surajoutée : c'est une membrane plissée qui traverse l'humeur vitrée ; elle porte le nom de *peigne de l'œil*. Enfin, on observe chez ces animaux une troisième paupière à l'angle interne de l'œil.

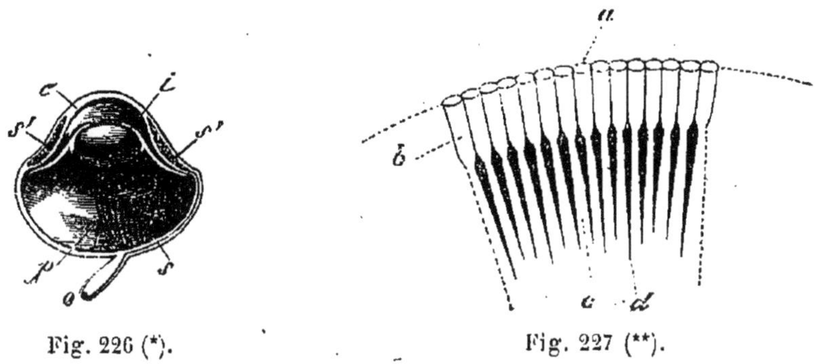

Fig. 226 (*). Fig. 227 (**).

Chez les animaux articulés, on distingue deux sortes d'yeux : 1° les yeux simples ou lisses ; 2° les yeux composés. — Les premiers, constitués par une cornée dont la face postérieure est enduite de pigment, sont en nombre variable (voy. 1re partie, fig. 308).

Les autres sont formés par la réunion d'un grand nombre d'yeux simples ; aussi leur surface semble composée d'une foule de petites facettes (fig. 227).

THÉORIE OPTIQUE DE LA VISION.

§ 172. La lumière, pour déterminer les sensations visuelles, doit traverser toutes les parties transparentes de l'œil dont nous venons de parler, et aller frapper la rétine. La quantité de cet agent physique qui arrive à la cornée transparente est subordonnée à la grandeur de l'espace laissé libre entre les paupières, et en tombant sur cette tunique elle est en partie

(*) Coupe de l'œil d'un oiseau : *c*, cornée transparente ; — *i*, iris ; — *o*, nerf optique ; — *p*, peigne ; — *s*, sclérotique ; — *s'*,*s'*, cercle osseux de la sclérotique.

(**) Yeux composés des insectes ; — *a*, facettes de la cornée ; — *b*, cônes transparents ; — *c*, fibres du nerf optique ; — *d*, pigment qui les sépare.

réfléchie, circonstance dont dépend le brillant de l'œil; mais la majeure partie des rayons la traverse, ainsi que l'humeur aqueuse contenue dans la chambre antérieure, et arrive de la sorte à l'iris. Là, les rayons qui correspondent à la pupille continuent leur route vers le cristallin, mais ceux qui tombent sur l'iris sont arrêtés en route et renvoyés vers l'extérieur; ils ne servent donc pas à la vision, et la quantité de lumière utilisable pour le travail visuel est proportionnelle à l'état de dilatation ou de contraction de la pupille qui fait fonction de fenêtre contractile. Or, les mouvements de l'iris sont réglés par des nerfs particuliers (*les nerfs ciliaires*) qui sont reliés à des centres nerveux en connexion avec la rétine par l'intermédiaire de l'axe cérébro-spinal, et par suite de ces connexions ils sont mis en action par les excitations déterminées dans la rétine par la lumière. Il en résulte que la pupille se contracte dès que la rétine est fortement impressionnée par la lumière, et qu'au contraire cette ouverture se dilate par suite de la contraction des fibres radiaires de l'iris, dès que l'obscurité se fait dans le fond de l'œil. Ces mouvements ne sont pas soumis à l'influence de la volonté et, par suite des actions nerveuses réflexes produites de la sorte, l'iris devient un régulateur automatique placé sur le passage de la lumière vers la rétine.

La physique nous apprend que les mouvements vibratoires, dont dépendent les phénomènes lumineux, tendent toujours à se propager en ligne droite, mais qu'un rayon de lumière, en passant obliquement d'un milieu dans un autre milieu dont la densité est différente, est réfracté, c'est-à-dire dévié de sa route primitive et qu'il se rapproche alors de la normale au point d'immersion lorsque ce second milieu transparent est plus dense que le premier, ou s'éloigne de cette normale lorsque ce dernier milieu est plus dense que l'autre. La réfraction est d'autant plus forte que l'angle compris entre cette normale et la surface du milieu réfringent est plus ouvert; par conséquent la forme de cette surface influe beaucoup sur la direction des rayons déviés de la sorte, et c'est ainsi que des rayons parallèles ou même divergents en traversant une lentille convexe peuvent être rendus convergents et réunis tous en un point que l'on appelle le *foyer* de la lentille. En se concentrant ainsi sur un écran placé au fond d'une chambre noire, ils y produisent une image du corps dont les rayons proviennent, et pour qu'il y ait vision distincte il faut que les choses se passent de la même manière dans l'intérieur de notre œil. Or, c'est ce qui a lieu par suite des actions réfringentes exercées sur les rayons lumineux pendant leur passage à travers les diverses parties transparentes du globe de l'œil ; l'instrument d'optique qui contribue le plus à l'obtention de ce résultat est le cristallin qui a la forme d'une lentille biconvexe, et dans un œil bien conformé, le foyer se trouve correspondre à la surface de l'espèce d'écran constitué par la rétine.

§ 173. Pour faciliter autant que possible l'étude des phénomènes optiques dont nous avons à nous occuper ici, nous ne prendrons d'abord en considération que la vision monoculaire et monochromatique, ou en d'autres mots la vision s'effectuant avec un seul œil et à l'aide d'une seule espèce de rayons lumineux.

D'après les lois de la physique que nous supposons connues, nous savons que les rayons venant d'un point situé à peu de distance de l'œil et arrivant sur la cornée transparente, constituent un cône lumineux dont le sommet correspond à ce point et la base à la surface de cet organe, et pour nous rendre compte de la marche ultérieure de tous ces rayons, il suffit de prendre en considération deux d'entre eux occupant un même plan sur les deux côtés opposés du cône. Soit les rayons *ad* et *ag* de la figure 228 ; chacun de ces rayons, le rayon *ad*, par exemple, en pénétrant dans la cornée transparente *bb*, dont la surface est convexe, sera dévié de sa route et au lieu de progresser en ligne droite vers *d*, *g*, se rapprochera de la normale *e* abaissée sur le point d'immersion et se dirigera sur un point que nous supposerons situé en *f*; le rayon *ag* se comportera de la même manière, ainsi que tous les autres rayons du cône ; ils se rapprocheront de l'axe de ce cône, soit de la ligne *ac*, et à une certaine distance ils se rencontreront sur un point de cette ligne qui sera le point focal de la lentille *bb*, mais en sortant de la substance de la cornée pour entrer dans l'humeur

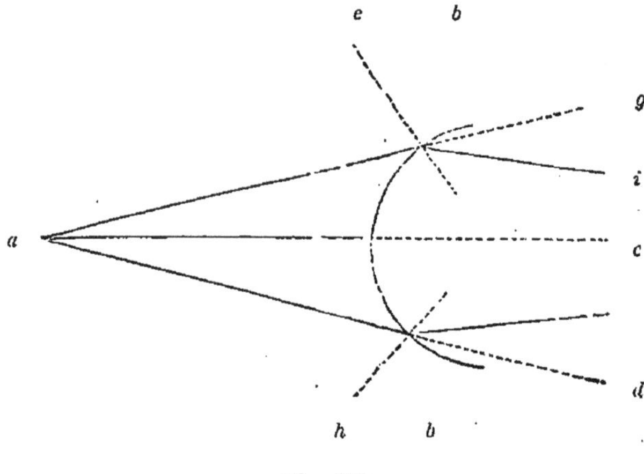

Fig. 228.

aqueuse contenue dans la chambre antérieure de l'œil, ces rayons passeront dans un milieu moins dense et seront réfractés en sens contraire, c'est-à-dire qu'ils s'écarteront de l'axe du cône; seulement l'humeur aqueuse étant un fluide plus dense que l'air, la déviation sera moindre que lors de leur pénétration dans la substance de la cornée. Suivons maintenant le faisceau lumineux *a* (fig. 229) après qu'il aura traversé la pupille et qu'il sera arrivé sur la surface antérieure du cristallin, lentille diaphane dont la densité est considérable. Là ces rayons seront réfractés de nouveau, comme lors de leur passage dans la cornée, et en quittant ensuite la surface postérieure de cette lentille ils rencontreront une surface concave constituée par la partie adjacente du corps vitré dont le pouvoir réfringent est moindre que celui du cristallin ; ils se rapprocheront par conséquent davantage encore de l'axe lumineux qui alors aura pour base cette surface et pour sommet un certain point que nous supposerons représenté par le point *b* dans la figure ci-jointe, et ils y formeront une image lumineuse correspondant à leur point de départ en *a* situé à l'extrémité de la flèche représentée dans cette même figure. Tous les autres faisceaux lumineux arriveront de cet objet dans l'intérieur de l'œil et par conséquent ils y donneront naissance à une

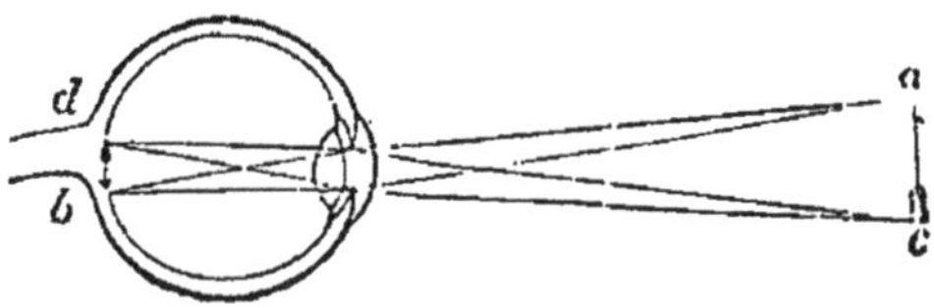

Fig. 229.

image qui sera la représentation exacte de la flèche en question, seulement cette image sera renversée ; la pointe de la flèche au lieu d'être dirigée vers le haut comme dans l'objet sera dirigée vers le bas. Effectivement, c'est de la sorte que dans l'intérieur de l'œil, comme dans la chambre noire, les figures se présentent, et pour constater expérimentalement qu'il en est ainsi, il suffit d'observer l'image projetée par la flamme d'une bougie au fond du globe de l'œil d'un animal dont la sclérotique est translucide, par exemple l'œil d'un Pigeon ou mieux encore l'œil d'un Lapin albinos.

Pour que l'image produite de la sorte soit nette, condition nécessaire pour toute vision distincte, il faut que le foyer du cristallin, c'est-à-dire le point occupé par le sommet du cône lumineux transmis au fond de l'œil par cette lentille et ses annexes, coïncide exactement avec la surface de l'espèce d'écran situé en arrière de celle-ci et constitué par la rétine. Or, la longueur focale d'une lentille convexe dépend de deux choses : du pouvoir réfringent de la substance constitutive de cet instrument d'optique et du degré de courbure de ses deux surfaces. On conçoit donc que la vue ne puisse être bonne que lorsque l'harmonie est complète entre la puissance réfringente du cristallin et sa position par rapport à la rétine. Or, cette condition n'est pas toujours remplie, et lorsque le cristallin réfracte trop fortement la lumière, les rayons lumineux qui le traversent

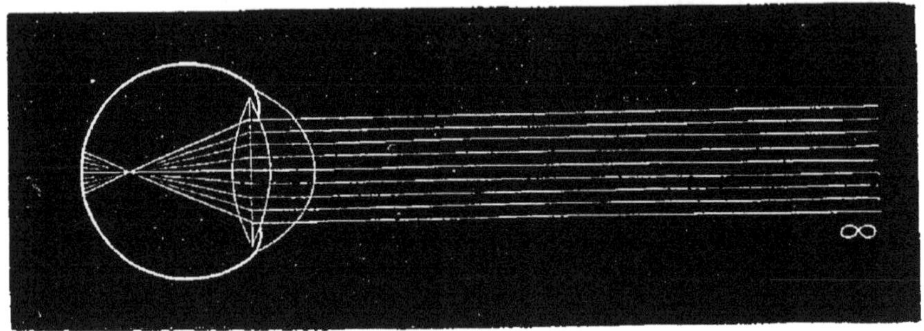

Fig. 230. — Œil myope.

sont réunis avant d'avoir atteint la rétine et, en s'entre-croisant, sont divergents lorsqu'ils arrivent sur cet écran comme dans la figure 230 ; tandis que dans le cas contraire ces rayons ne sont qu'incomplètement rassemblés lorsqu'ils rencontrent la

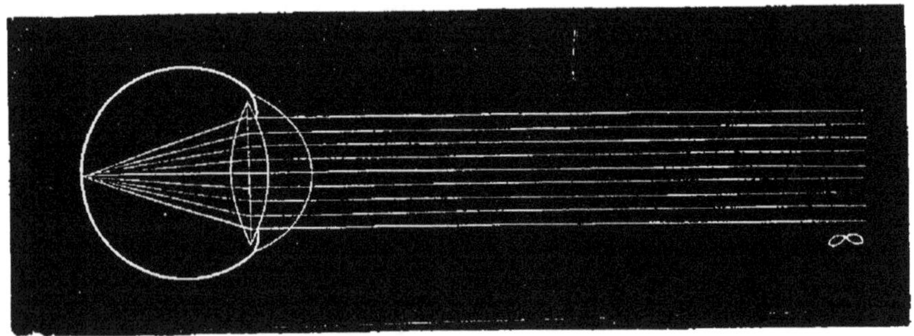

Fig 231. — Œil presbyte.

rétine, ainsi que cela se voit dans la figure 231. Si le pouvoir réfringent de l'œil restait toujours le même, la vision ne pourrait être distincte que lorsque les rayons arrivent à cet organe, soit parallèlement, comme cela a lieu quand ils viennent d'un objet très éloigné, ou en divergeant de façon à former entre eux un angle donné, et la personne dont les yeux seraient organisés ainsi ne verrait que fort mal les objets situés près d'elle, si elle voyait les objets lointains *et vice versa.*

§ 174. Ces deux défauts constituent l'un le *presbytisme*, l'autre la *myopie*. Mais ils n'existent pas chez les personnes dont l'appareil visuel est bien organisé, car alors l'œil est apte à changer automatiquement sa puissance réfringente et à s'adapter ainsi alternativement à la vision distincte d'objets dont la distance varie.

Le mécanisme par lequel cette *accommodation* de l'appareil visuel s'effectue n'est connu des physiologistes que depuis peu d'années et a été découvert au moyen d'observations minutieuses faites sur les images produites dans l'intérieur de l'œil par un objet très lumineux, tel que la flamme d'une bougie.

En employant à cet usage un appareil très simple appelé *ophthalmoscope* qui permet de voir le fond de l'œil, et en disposant l'expérience convenablement, on aperçoit très bien dans l'œil trois images de cette flamme ; l'une est située sur la surface externe de la cornée transparente qui renvoie une partie de la lumière dont elle est frappée et qui fait ainsi office de miroir. La seconde image est produite de la même manière par la surface antérieure du cristallin, et la troisième image résulte du renvoi d'une certaine quantité de lumière par la paroi postérieure de la capsule de ce dernier organe. Or, on peut constater au moyen de l'ophthalmoscope que la position de la seconde image change toutes les fois que la personne soumise à ce genre d'investigation regarde alternativement un objet placé loin de l'œil ou très près de cet organe. Cela implique un changement correspondant dans le cristallin qui fait en ce cas office de miroir, et on a reconnu ainsi que la courbure de cette lentille diminue lorsque l'œil s'accommode pour la vue longue, tandis qu'au contraire la convexité de sa surface augmente lorsque l'observateur fixe un objet placé très près de lui. L'aplatissement du cristallin est déterminé par la contraction des fibres musculaires situées dans l'espèce de cadre annulaire constitué par le corps ciliaire (voyez fig. 232), et l'aplatissement de la lentille cristalline a pour effet de diminuer le pouvoir réfringent de cet instrument d'optique, ce qui entraîne un allongement correspondant de la distance à laquelle son foyer se trouve placé. Par conséquent ce changement de courbure ap-

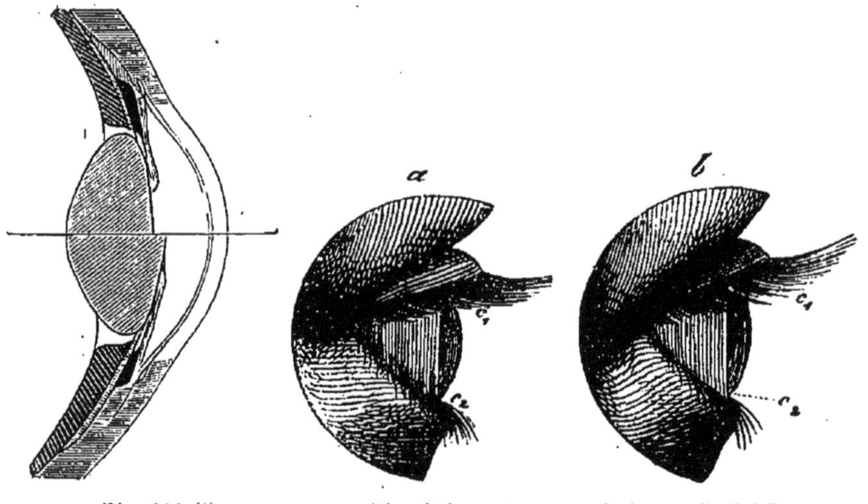

Fig. 232 (*). Fig. 233. — Accommodation de l'œil (**).

proprie le cristallin à la vision des objets qui envoient à l'œil des rayons lumineux parallèles ou peu divergents, tandis qu'en se bombant par suite du relâchement du muscle ciliaire cette même lentille devient apte à réfracter suffisamment les rayons très divergents arrivant d'un objet situé à une petite distance.

§ 175. La **myopie** résulte donc d'un excès du pouvoir réfringent de l'œil, et pour y remédier on se sert utilement de lunettes à verres concaves qui ont pour effet de diminuer la divergence

(*) Dans la moitié inférieure de cette figure le cristallin est représenté pendant que le muscle ciliaire est en repos et dans la moitié supérieure cette lentille est aplatie par la contraction du muscle susnommé.

(**) *a*, œil regardant au loin ; — *b*, œil regardant de près.

des rayons lumineux (fig. 234). Dans le cas de **presbytisme** le défaut contraire est corrigé par l'emploi de lunettes à verres convexes, et c'est de la même manière que l'emploi d'une loupe

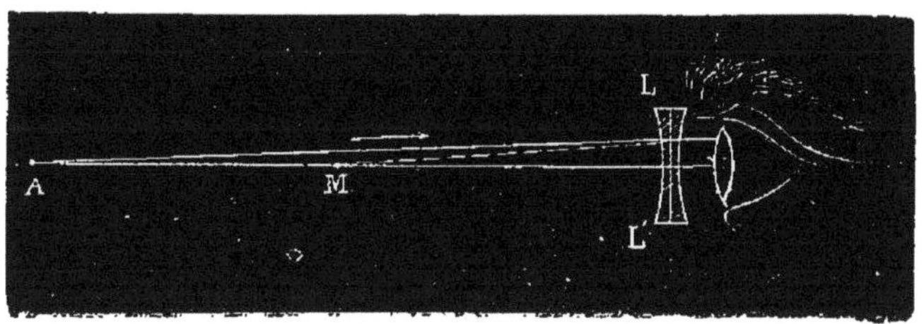

Fig. 234. — OEil myope (*).

ou d'un microscope permet de distinguer des objets trop petits pour être aperçus à l'œil nu (fig. 235).

Quelquefois, par suite de certaines irrégularités dans la conformation du cristallin, le pouvoir réfringent n'est pas le même dans toutes les directions, et il en résulte un défaut dans la

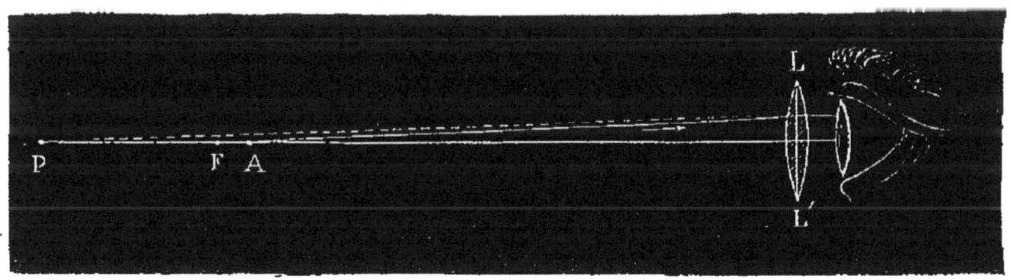

Fig. 235. — OEil presbyte (**).

vision appelé *aberration de sphéricité* ; l'image rétinienne d'un cercle, par exemple, devient plus ou moins ovalaire, et la di-

(*) A est un point lumineux placé sur l'axe d'un œil myope, mais trop loin pour être vu distinctement ; si entre ce point et l'œil on interpose une lentille biconcave L, L', les rayons incidents deviendront plus divergents et ils sembleront partir d'un point M placé plus près de l'œil, à une distance convenable pour la vision distincte.

(**) A est un point lumineux placé sur l'axe d'un œil presbyte, mais trop près pour être vu distinctement; si entre ce point et l'œil on interpose une lentille biconvexe L, L', dont la distance focale soit assez grande pour que le foyer principal F se trouve au delà de A, elle diminuera la divergence des rayons incidents, comme si ces rayons émanaient d'un point P situé de l'autre côté de F et à une distance convenable pour la vision distincte.

rection de la déviation varie avec la position de l'œil. Mais d'ordinaire ce défaut n'est pas assez grand pour nuire notablement à la vision.

Enfin il est également à noter que le cristallin peut perdre sa transparence et, en devenant opaque, faire obstacle au passage de la lumière vers la rétine. Cette altération est une cause de cécité et constitue l'état pathologique appelé *cataracte* : on peut y remédier en enlevant le cristallin, de façon à permettre aux rayons lumineux d'atteindre le fond de l'œil.

§ 176. La rétine sur laquelle viennent se peindre en quelque sorte les images des objets qui envoient de la lumière dans l'œil est une membrane sensible à l'action de la lumière et mise en relation avec le cerveau par l'intermédiaire du nerf optique dont elle est une dépendance (fig. 236). Elle tapisse tout le fond du globe oculaire et, ainsi que nous l'avons déjà dit, elle est séparée de la sclérotique par la choroïde, membrane imprégnée d'une substance noire qui la rend opaque et absorbe

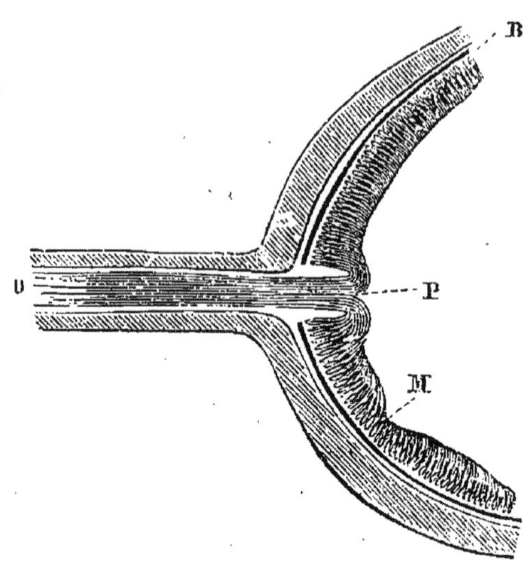

Fig. 236. — Coupe de la rétine (*).

(*) B, couche des bâtonnets et des cônes ; — M, tache jaune et fossette centrale ; — O, nerf optique ; — P, papille.

la lumière, de sorte que celle-ci en arrivant là n'est pas réfléchie sur d'autres parties de l'appareil visuel, circonstance qui est très favorable à la netteté de la vision, mais qui n'est pas toujours réalisée, car chez les *albinos* ce pigment noir fait défaut.

Le nerf optique pénètre dans la partie postérieure du globe de l'œil en traversant la sclérotique ainsi que la choroïde pour gagner la rétine, et ce sont ses fibres élémentaires qui en se dispersant constituent la couche interne de la rétine. Une autre couche de la même membrane est formée par une multitude incalculable de corpuscules nerveux qui ont la forme de cônes ou de bâtonnets microscopiques placés parallèlement les uns à côté des autres et allant aboutir à la choroïde (fig. 237). Ces corpuscules sont en connexion avec les fibres élémentaires dont il vient d'être question et avec une matière colorante particulière appelée *erythropsine* ou *rouge visuel* qui blanchit sous l'influence de la lumière, mais reprend promptement, à l'obscurité, sa teinte pourpre. Cette réaction est accompagnée d'un développement de courants électriques très faibles et elle a pour effet de dessiner momentanément en blanc sur un fond rouge les images formées par la lumière au fond de l'œil.

Chacun des points de la rétine correspondant à l'image fugace ainsi développée est occupé par un des cônes ou des bâtonnets optiques qui se trouve relié par une fibre spéciale du nerf optique, et chacun de ces corpuscules sensitifs stimulés par les réactions que détermine la lumière transmet à l'encéphale l'impression qu'il a reçue. Le cerveau ressent donc autant d'excitations distinctes qu'il y a de bâtonnets rétiniens ou de cônes optiques mis en jeu par la lumière et le *Conscient*, ou le *Moi*, perçoit ces impressions et les apprécie. Si deux ou plusieurs rayons lumineux vont frapper un même bâtonnet optique, il n'en résulte qu'une seule sensation, mais les impressions produites sur divers bâtonnets déterminent autant de sensations individuelles et par conséquent, pour que nous puissions distinguer entre eux deux points objectifs, il faut que l'image de ces points occupe tout au moins sur la rétine l'espace correspondant à deux bâtonnets. De là l'utilité de verres grossissants pour la vision d'objets très petits.

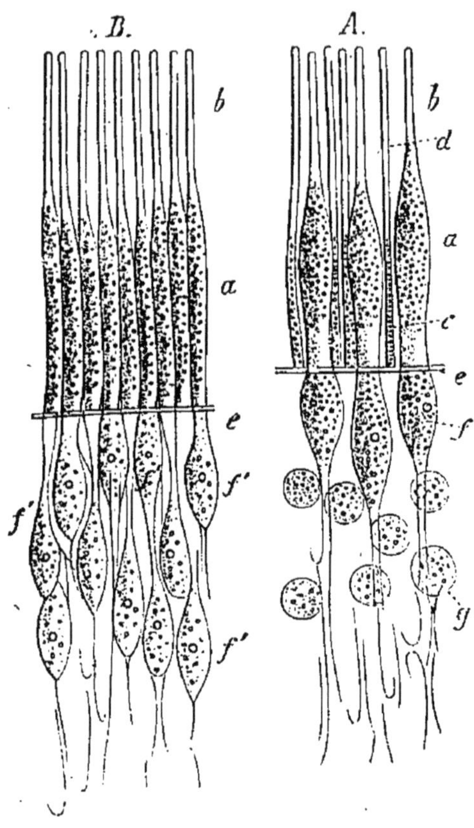

Fig. 237 (*).

§ 177. Les récepteurs nerveux élémentaires dont nous venons de parler manquent dans le point de la rétine qui correspond à l'entrée du nerf optique, et la sensibilité visuelle fait également défaut dans cet endroit appelé pour cette raison le

(*) Éléments de la couche des bâtonnets et couche granuleuse externe de la rétine grossie 500 fois et prise en A au bord de la tache jaune et en B au milieu de cette tache ; — *a*, corps du cône ; — *b*, bâtonnet du cône ; — *c*, *d*, segments interne et externe du bâtonnet.

punctum cæcum. On peut facilement reconnaître à l'aide de l'expérience suivante qu'il est un point de la rétine qui n'est pas impressionné par les images qui s'y forment. Que l'on fixe avec l'œil droit, l'œil gauche étant fermé, la croix blanche de la figure 238 et que tenant le livre verticalement on l'éloigne

Fig. 238. — Démonstration du punctum cæcum.

lentement à 30 centimètres environ ; on remarquera que dans une certaine position le cercle blanc disparaît complètement et le fond semble d'un noir continu ; cela dépend de ce que, dans cette position, l'image du cercle blanc se forme sur le *punctum cæcum*.

§ 178. L'impression produite sur la rétine par la lumière dure pendant un certain temps après que cet agent physique a cessé d'agir et lorsque le même point sensitif de cette membrane vient à être excité avant l'extinction de l'excitation précédente (soit environ 1 dixième de seconde), les sensations visuelles déterminées ainsi se confondent. Il en résulte des illusions d'optique par suite desquelles des objets discontinus peuvent paraître continus. Si on fait tourner rapidement un disque mi partie blanc, mi partie noire (fig. 239), il paraîtra d'un gris uniforme. C'est ainsi qu'en décrivant rapidement un cercle avec un corps lumineux on produit sur la rétine l'image d'un cercle non interrompu, et c'est par suite de phénomènes analogues qu'en faisant tourner rapidement de-

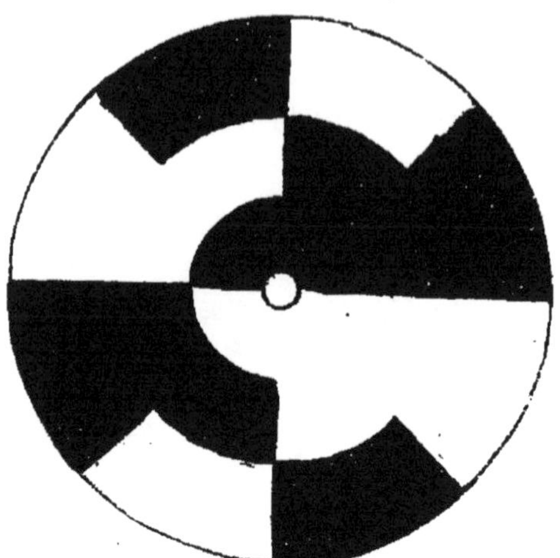

Fig. 239. — Disque rotatif.

vant l'œi une série d'images représentant un objet dans diver-

Fig. 240. — Toupie portant le disque rotatif.

ses positions on produit sur la vue le même effet que si cet objet était lui-même en action. L'instrument appelé *phénakisticope* est fondé sur ce fait.

Quand, après avoir regardé un objet éclairé, on couvre rapidement l'œil, on continue à voir l'objet, c'est ce que l'on appelle les **images consécutives** ou **accidentelles** ; elles peuvent être *positives* ou *négatives :* dans les premières les parties claires et obscures de l'objet paraissent telles qu'elles sont en réalité, dans les secondes les parties blanches se dessinent en noir et les parties noires en blanc.

Enfin la persistance d'une excitation portant sur un même point de la rétine détermine plus ou moins promptement de la fatigue dans la partie nerveuse ainsi impressionnée et peut la mettre momentanément hors d'état de fonctionner ; elle perd alors de son excitabilité et il en résulte souvent divers phénomènes optiques dont l'explication est facile lorsqu'on tient compte de l'espèce d'incapacité temporaire, produite soit par une excitation trop prolongée, soit par une excitation trop forte.

VISION DES COULEURS. PHOSPHÈNES. CONTRASTES DES COULEURS.

§ 179. Jusqu'ici nous n'avons pris en considération que la vision monochromatique, c'est-à-dire la vision produite par de la lumière homogène ; mais dans les circonstances ordinaires, ce n'est pas cette espèce de lumière qui arrive dans l'œil et ce que l'on appelle la lumière blanche est en réalité le résultat produit sur la rétine par l'action simultanée d'un faisceau de rayons diversement colorés qui, en agissant isolément, produiraient la sensation d'autant de couleurs distinctes appelées le rouge, l'orangé, le jaune, le vert, le bleu, l'indigo et le violet. Or le degré de réfrangibilité de ces différents rayons n'est pas le même et lorsqu'ils passent obliquement d'un milieu transparent dans un autre milieu dont le pouvoir réfringent est différent, ils sont déviés d'une manière inégale de façon que dans certaines circonstances, au lieu d'être parallèles, ils deviennent divergents. C'est de la sorte qu'en décomposant la lumière blanche on produit l'image colorée qui est connue sous le nom de *spectre solaire*, et c'est parce que la rétine est excitable par chacun de ces rayons élémentaires que nous pouvons percevoir les diverses couleurs sus-nommées, ainsi que les teintes intermédiaires.

Pour que la lumière nous paraisse incolore, il n'est pas nécessaire que le faisceau lumineux soit composé de tous les rayons lumineux dont le spectre solaire nous offre le spectacle ; il suffit que deux rayons d'une certaine réfrangibilité soient associés entre eux en proportion convenable, par exemple le rouge et le vert, l'orangé et le bleu cyanique, le jaune et l'indigo. On appelle couleurs complémentaires les deux couleurs spectrales qui en s'unissant cessent de paraître colorées ; mais il est à noter que le même résultat ne s'obtient pas par le mélange de substances colorantes, qui produisent cependant sur la vue des effets analogues à ceux dus à l'action isolée de chacun des rayons en question.

§ 180. Les illusions d'optique appelées **phosphènes** peuvent être dues à l'excitation de la rétine par suite d'une compression mécanique : ainsi quand on appuie avec le doigt sur l'œil fermé on perçoit une image lumineuse dont la forme varie suivant la surface comprimée et l'intensité de la compression. Un choc violent sur le globe oculaire détermine des sensations lumineuses qui font dire dans le langage populaire que « l'on a vu 36 chandelles » au moment où l'œil a été frappé.

D'autres phosphènes dépendent de l'insensibilité temporaire pour un certain rayon coloré déterminée dans la partie de la rétine qui a été fortement ou longtemps impressionnée par ce rayon ; la lumière composée blanche agit alors sur ce point comme si elle avait été dépouillée du rayon en question, et c'est son rayon complémentaire qui seul impressionne la rétine. Ainsi, lorsqu'on a fixé le soleil, la partie de la rétine correspondante à l'image rouge de cet astre devient insensible aux rayons rouges, aussi la lumière blanche qui y arrive ne produit-elle d'effet qu'à raison de l'action de son rayon complémentaire et au lieu d'être rouge devient verte.

Chez quelques personnes l'incapacité de la rétine à être impressionnée par un ou par plusieurs rayons du spectre solaire, tout en restant sensible à d'autres rayons, est permanente et constitue une infirmité appelée *daltonisme* ou *dyschromatopsie*. Le plus ordinairement c'est le rayon qui cesse d'être apte à impressionner la rétine et les objets ayant cette couleur paraissent verts ; mais dans certains cas l'insensibilité pour une certaine couleur est relative à d'autres rayons chromatiques.

§ 181. Nous devons ajouter que le voisinage ou que la succession rapide de deux images colorées sur une même partie de la rétine influent beaucoup sur la sensation visuelle produite par chacune d'elles, et les phénomènes d'optique physiologique désignés sous le nom de **contraste simultané** et de **contraste successif** sont dus à cette circonstance. Ainsi un morceau d'étoffe, dont la couleur reste la même, peut affecter alternativement des teintes très variées suivant la couleur du fond sur lequel il est placé. On doit à M. Chevreul beaucoup d'expériences très curieuses sur les phénomènes visuels de cet ordre. Ainsi lorsque vous posez sur une feuille de papier blanc un morceau de papier rouge et qu'après l'avoir regardé fixement vous le retirez avec rapidité, l'espace qu'il occupait vous paraît pendant quelques instants coloré en vert, couleur complémentaire du rouge. Il s'est produit un phénomène de contraste successif. Si au contraire sur un papier coloré on place un morceau de papier blanc ou gris, celui-ci présentera la couleur complémentaire par un effet de contraste simultané. Les artistes doivent tenir compte de ces impressions optiques qui modifient quelquefois beaucoup les effets qu'ils croyaient obtenir par la réunion de diverses couleurs.

Quelques physiciens, pour expliquer l'aptitude de la vue à

distinguer les couleurs entre elles, ont supposé qu'il y a dans la rétine trois sortes de récepteurs nerveux particuliers qui seraient chacun impressionnable par une couleur déterminée, par exemple, le rouge, le vert et le violet, et que les sensations dont résulte la notion des autres couleurs résulteraient de la superposition en proportion variable des impressions reçues par ces trois récepteurs spéciaux ; mais cette hypothèse, qui est adoptée par beaucoup d'auteurs, n'est pas en accord avec un grand nombre de faits physiologiques et par conséquent nous ne nous y arrêterons pas.

VISION BINOCULAIRE.

§ 182. Lorsque la vision s'effectue simultanément par les deux yeux, les images produites sur les parties correspondantes de la rétine donnent lieu à une sensation unique dont l'intensité est plus grande que celle résultant d'une seule de ces images ; mais lorsque l'axe optique de l'un de ces organes vient à être dévié, les foyers auxquels se réunissent les rayons venant du même objet n'occupent plus les parties de la rétine dont les fonctions sont similaires et il en résulte la perception de deux images distinctes. On peut produire à volonté cette double vision en pressant légèrement sur l'un des côtés du globe oculaire, et la même imperfection visuelle existe chez les personnes qui louchent, à moins que l'un des yeux ne soit beaucoup moins impressionnable que l'autre, de manière que les excitations optiques dont il est le siège passent inaperçues et que la vision s'exerce comme si un seul œil fonctionnait.

Dans l'état normal la vision binoculaire a pour effet de nous permettre d'apprécier la forme des corps solides mieux que nous ne le ferions avec un seul œil et aussi de juger de la distance à laquelle se trouvent les objets qui ne sont pas très éloignés de nous.

Le premier de ces résultats dépend de ce que les images du même solide qui sont produites dans les deux yeux ne correspondent pas à la même portion de la surface de l'objet, comme cela aurait lieu si on regardait une surface plane. Effectivement, si l'objet n'est pas très éloigné, la distance comprise entre les deux yeux suffit pour que la portion de la surface saillante aperçue par l'un de ces organes ne soit pas complètement la même que celle aperçue par l'autre œil, et de cette différence résulte la notion du relief.

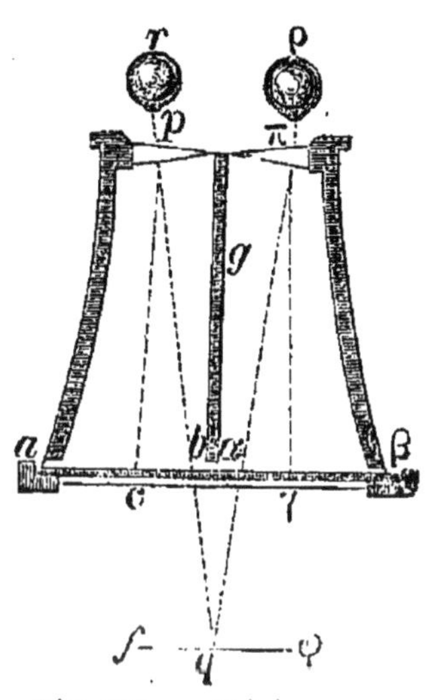

Fig. 241. — Stéréoscope.

§ 183. Pour s'assurer qu'il en est ainsi, il suffit de regarder avec les deux yeux à l'aide du **stéréoscope** deux images d'un même objet saillant prises à des points de vue différents (fig. 241).

L'appareil contient deux prismes destinés à réfracter les rayons émis par les deux dessins *ab*, *a'b'* suivant les directions *pr'* et *p'r'*, les prolongements de ces rayons réfractés se coupent en *q*; le dessin paraît avec son relief en *ff*.

Le **pseudoscope** est une modification du stéréoscope destinée à renverser le relief stéréoscopique, les objets placés à gauche paraissent à droite et réciproquement; des pièces de monnaie éclairées de face semblent être des empreintes en creux. Cette illusion d'optique est due à la marche des rayons lumineux émanés de l'objet que l'on regarde à travers des prismes rectangulaires dont les arêtes sont perpendiculaires au plan de visée et à travers lesquels l'observateur regarde suivant une direction parallèle à leur hypoténuse; la figure 242 fait bien comprendre le résultat, au premier abord très singulier, qui est ainsi obtenu.

§ 184. Enfin l'angle plus ou moins grand que forment entre eux les axes visuels des deux yeux suivant que ces organes se dirigent simultanément vers un même point situé à peu de distance nous permet de juger automatiquement de cette distance. Mais lorsque le point visé est très éloigné, la différence angulaire entre les axes visuels devient insignifiante et on ne peut apprécier le degré d'éloignement de l'objet que parla petitesse de l'image rétinienne lorsque la grandeur réelle de l'objet est connue ou par l'affaiblissement de la lumière qu'il nous envoie; cela nous donne la notion de la perspective aérienne, mais ne peut fournir que des notions très incertaines.

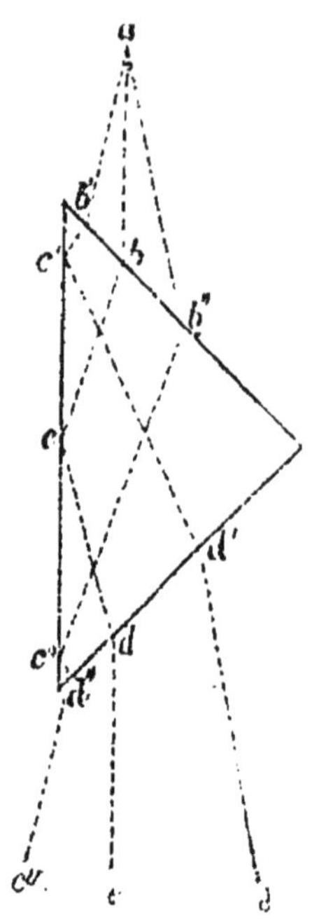

Fig. 242. — Marche des rayons lumineux dans le Pseudoscope (*).

§ 185. Les **illusions d'optique** sont de deux sortes; les unes sont dues à des erreurs de jugement plus qu'à des défauts dans le mode de fonctionnement de l'appareil visuel, les autres résultent des propriétés physiques ou des propriétés physiologiques de cet appareil. Comme exemple des premiers, nous citerons la notion de déplacement de l'objet aperçu lorsque l'image de cet objet se déplace sur notre rétine pendant que nous nous supposons immobiles, tandis qu'au contraire c'est nous qui nous déplaçons, erreur de jugement qui nous fait croire que le soleil tourne autour de la terre, tandis qu'en réalité c'est nous qui, emportés par le mouvement rota-

(*) Le rayon *a*, *b*, partant de l'œil au moment au moment où il pénètre dans le prisme est réfracté et dévié il se réfléchit au *c* sous un angle égal à celui de son incidence sur la surface et il émarge du prisme en *d* si *b* et *d* sont à égale distance de l'hypoténuse, le rayon *a*, *b*, reprend alors sa direction primitive. Mais les rayons, qui comme *a b'* et *a b"* ne pénètrent pas parallèlement à l'hypoténuse et s'y réfléchissent en *c'* et *c"* après leur réfraction, émergent de telle sorte que le rayon incident *a b'* ou *a b"* forment des angles égaux avec l'hypoténuse.

toire de la terre, tournons autour de l'axe de notre globe. Les surfaces fortement éclairées nous paraissent plus grandes que celles qui sont sombres ; dans un damier les carrés

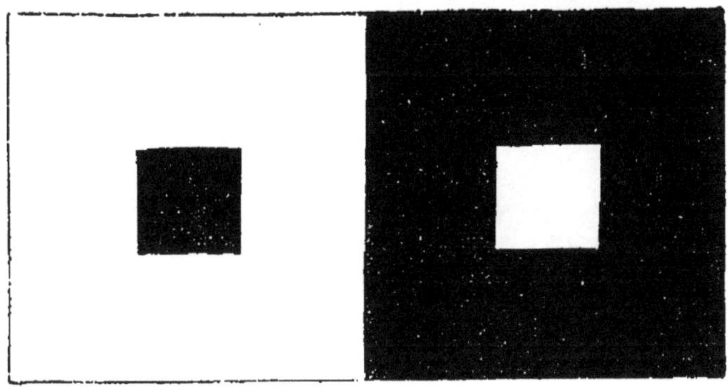

Fig. 243.

blancs semblent plus grands que les noirs, et dans la figure 243 le carré noir sur fond blanc apparaît plus petit que le carré blanc sur fond noir : ils sont cependant de même dimension. La figure 244 nous offre un autre exemple des mêmes phénomènes : de petits ronds blancs sont disposés à côté les uns des autres sur un fond noir, ils paraissent par irradiation avoir une forme hexagonale.

Dans la figure 245 les bandes noires verticales sont parallèles entre elles, cependant on croirait qu'elles sont convergentes et divergentes de manière à s'écarter de la verticale suivant une direction inverse des traits obliques qui les coupent. Comme exemple des illusions du second ordre, nous citerons les phosphènes dont il a été question précédemment et les déformations des images dues à des défauts de structure de l'appareil optique constitué par nos yeux ou à l'interposition de certains instruments d'optique entre notre œil et l'objet visé.

§ 186. C'est par l'intermédiaire des nerfs optiques et uniquement par ces conducteurs que les impressions sensitives produites sur la rétine par l'action de la lumière sont trans-

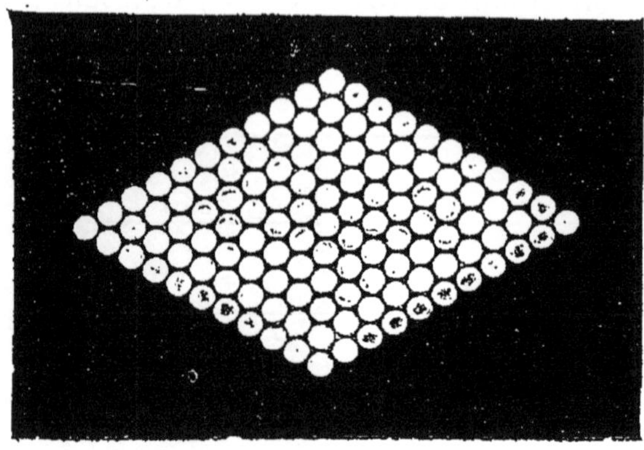

Fig. 244. — Effet d'irradiation.

mises à l'encéphale où elles donnent naissance à des sensa-

Fig. 245. — Illusion d'optique: les lignes noires sont en réalité parallèles.

tions. Avant d'y arriver, les nerfs optiques des deux côtés

se réunissent et s'entre-croisent d'une manière incomplète. Le point où cet entre-croisement a lieu porte le nom de *chiasma* des nerfs optiques (fig. 219 et 246). Une partie des fibres de chacun d'eux continuent directement leur route vers le côté correspondant de l'encéphale, mais les

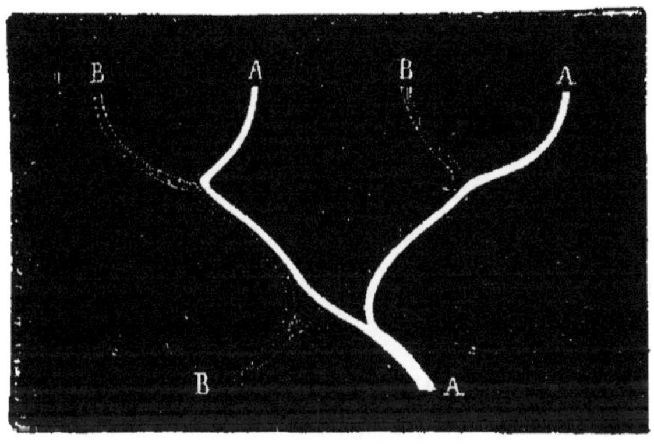

Fig. 246 (*).

autres s'entre-croisent de sorte qu'au delà de ce point chacun de ces cordons contient des fibres provenant des deux yeux (fig. 246). Ils aboutissent à la portion moyenne de l'encéphale qui chez l'homme et les autres Mammifères est désignée sous le nom de *tubercules quadrijumeaux* et que l'on appelle d'une manière plus générale les *lobes optiques*. Là ces excitations se comportent à peu près comme nous avons vu les excitations sensitives ordinaires se comporter dans la moelle épinière ; elles peuvent y provoquer des actions nerveuses réflexes, analogues notamment à celles dont dépend la contraction de l'iris, mais pour que nous en ayons conscience, il faut qu'elles mettent en jeu le cerveau, partie du système nerveux, dont nous allons étudier maintenant les fonctions.

(*) Figure théorique représentant le *chiasma* ou entre-croisement des nerfs optiques : A représente le nerf du côté droit et B celui du côté gauche.

FONCTIONS DES CENTRES NERVEUX CÉRÉBRO-SPINAUX. — ENCÉPHALE. — HÉMISPHÈRES CÉRÉBRAUX ; SUBSTANCE GRISE ET SUBSTANCE BLANCHE ; LEURS FONCTIONS. TENTATIVES DE LOCALISATIONS CÉRÉBRALES.

§ 187. L'encéphale, c'est-à-dire la portion du grand centre nerveux cérébro-spinal qui est logée dans la tête et qui est en continuité avec la moelle épinière, se compose, comme nous l'avons vu précédemment, de plusieurs parties bien distinctes entre elles, savoir le *bulbe rachidien* ou *moelle allongée*, les *lobes optiques*, le *cervelet* et le *cerveau* proprement dit.

La substance constitutive du cerveau, ainsi que nous l'avons déjà dit, n'est pas sensible ; elle peut être lésée sans qu'il en résulte ni douleur, ni sensation quelconque. Mais chez l'homme ainsi que chez tous les autres Vertébrés supérieurs l'activité fonctionnelle du cerveau est nécessaire pour la manifestation de la faculté de sentir et de la faculté de vouloir ; la désorganisation de cette partie du système nerveux entraîne la cessation de tout mouvement volontaire dans l'ensemble de l'organisme et la perte de l'aptitude à avoir conscience des impressions sur une partie quelconque du corps ; toute manifestation de la puissance mentale est également subordonnée à son activité fonctionnelle ; cette activité est liée à l'accomplissement du travail nutritif dont son tissu est le siège et ce travail est accompagné des mêmes phénomènes chimiques et thermiques qui l'accompagnent dans tous les autres tissus vivants. Ainsi la circulation du sang dans son intérieur est nécessaire à son fonctionnement ; la combustion physiologique caractérisée par la production d'acide carbonique est aussi une condition de ce fonctionnement et son activité vitale y détermine un dégagement de chaleur.

Le rôle physiologique du cerveau a été mis bien en évidence par des expériences faites sur des Poules et sur d'autres Oiseaux par Flourens, il y a environ soixante ans. Ces animaux peuvent continuer à vivre pendant fort longtemps après que la totalité de leur cerveau a été enlevée et mutilée de la sorte ; leur circulation, leur respiration, leur digestion s'effectuent comme d'ordinaire ; ils peuvent sous l'influence d'excitations nerveuses réflexes exécuter des mouvements ; mais rien ne révèle en eux la faculté de sentir ou de vouloir et ils ressemblent à des êtres profondément endormis. D'autres expériences dues à un physiologiste du commencement de ce siècle, Bichat, prouvent également que l'activité vitale du cerveau dépend de l'action du sang artériel sur son tissu, car en empêchant l'arrivée du sang vermeil dans les artères de la tête d'un chien vivant et en faisant circuler dans ces vaisseaux du sang noir fourni par les veines d'un autre animal de même espèce, il a constaté que cette substitution détermine l'engourdissement, la perte du sentiment et la cessation des mouvements volontaires, comme dans le cas ordinaire d'asphyxie par arrêt de la respiration.

La destruction du cervelet n'a pas les mêmes conséquences, et lorsqu'au moyen de la respiration artificielle on entretient la vie d'un chien dont la moelle épinière a été divisée à sa sortie du crâne, on voit que toutes les parties du corps dont les nerfs naissent au-dessous de la section sont devenues insensibles et cessent d'obéir à la volonté, tandis que les parties de la face dont les nerfs sont restés en connexion avec le cerveau conservent le pouvoir d'exciter des sensations et d'exécuter des mouvements spontanés.

L'exercice des facultés intellectuelles est également dépendant de l'activité fonctionnelle du cerveau et il y a des relations constantes entre la grandeur de cette activité et le développement de la puissance mentale.

§ 188. En résumé, chez l'homme ainsi que chez les Vertébrés

supérieurs, le cerveau est l'organe ou instrument physiologique à l'aide duquel s'accomplit le travail vital dont dépend la puissance intellectuelle, ainsi que la conscience et la faculté de vouloir, et dans le cerveau c'est la substance grise ou substance corticale qui paraît être particulièrement le siège de ce travail. La substance blanche qui occupe l'intérieur du cerveau sert à mettre la substance grise en communication avec le reste du système nerveux et à établir des relations entre les diverses parties de l'espèce d'écorce constituée par le premier de ces tissus. Enfin toutes les parties de la couche corticale fournies par la substance grise du cerveau ne possèdent pas les mêmes propriétés physiologiques. On s'en est assuré récemment en soumettant différentes parties de la surface du cerveau à l'action stimulante de l'électricité. En excitant ainsi la région moyenne des hémisphères cérébraux on provoque dans diverses parties du système musculaire des mouvements analogues à ceux que la volonté y détermine, tandis qu'en agissant de la même manière sur la portion postérieure du cerveau on ne met en action aucun muscle. On s'est assuré aussi expérimentalement que dans la zone excitable de la substance corticale du cerveau il y a des points dont la mise en action par l'électricité détermine le fonctionnement des muscles de l'un ou de l'autre bras, ou seulement des muscles des membres inférieurs, tout en laissant en repos ceux des autres parties de l'organisme et même d'un muscle en particulier sans faire contracter ses voisins.

§ 189. Il y a donc là bien évidemment une certaine localisation des diverses aptitudes excito-motrices possédées par le cerveau, et les expériences dont nous venons de faire mention ainsi que beaucoup de faits constatés au moyen des vivisections ou de l'observation de cas pathologiques prouvent que la puissance nerveuse développée ainsi dans l'un des hémisphères cérébraux agit sur les muscles du côté opposé du tronc et des membres, tandis qu'elle agit sur les muscles de la face qui sont situés du même côté. Cette différence dans le mode d'action des hémisphères du cerveau est d'ailleurs facile à expliquer par la disposition anatomique des fibres blanches qui mettent les deux moitiés du cerveau en connexion avec les nerfs excito-moteurs. Pour les nerfs céphali-

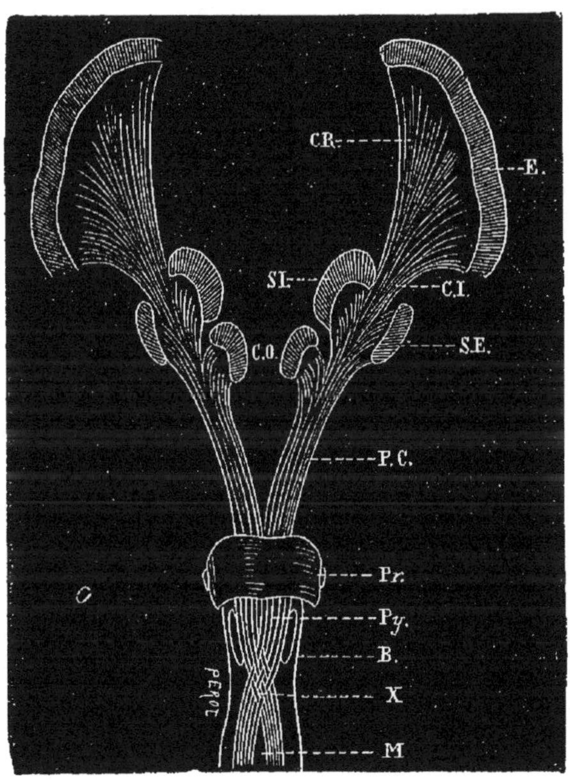

Fig. 247 (*).

ques ces connexions sont directes entre l'hémisphère et les nerfs du même côté ; tandis que les conducteurs analogues qui rattachent chaque hémisphère aux nerfs rachidiens s'entre-croisent dans la partie antérieure de la moelle allongée de

(*) SI, SE, corps strié ; — CO, couche optique ; — PC, pédoncule cérébral ; — *Pr*, protubérance annulaire ; — B, bulbe rachidien ; — *Py*, pyramide antérieure ; — CC, CR, fibres rayonnantes du cerveau.

manière que les fibres constitutives des racines antérieures des nerfs rachidiens du côté droit sont en continuité avec les fibres blanches de l'hémisphère cérébral du côté gauche et *vice versa* (fig. 247). Ces faits nous permettent aussi de comprendre pourquoi une lésion qui a son siège dans l'un des hémisphères du cerveau peut déterminer une **hémiplégie**, c'est-à-dire la paralysie d'une moitié du corps seulement, et pourquoi la moitié du corps paralysée est du côté opposé de celle où se trouve la lésion encéphalique.

§ 190. Beaucoup de faits fournis par l'anatomie comparée ainsi que par l'anatomie humaine tendent à prouver que la proportion de substance grise existant dans le cerveau par rapport à la masse générale du système nerveux exerce une influence considérable sur le développement de la puissance mentale. Ainsi dans l'espèce humaine la *microcéphalie* (ou petitesse extrême de l'encéphale) est une cause d'idiotisme, et d'autre part on a eu souvent l'occasion de constater que chez les hommes remarquables par leurs facultés intellectuelles le cerveau était plus grand ou plus pesant que d'ordinaire. Il est aussi à noter que le cerveau est beaucoup moins développé chez les Poissons, les Batraciens et les Reptiles que chez les Oiseaux, que c'est dans la classe des Mammifères que son volume relatif est le plus grand, et que chez les Mammifères dont l'intelligence est la plus faible, le cerveau est généralement plus petit que chez les espèces mieux partagées sous le rapport des facultés mentales (voyez page 174). Mais les règles que quelques auteurs ont cru pouvoir établir à ce sujet souffrent trop d'exceptions pour que nous ayons à nous y arrêter.

Chez les différents individus de l'espèce humaine, toutes les facultés et toutes les tendances mentales ne sont pas développées simultanément, et tantôt c'est l'une d'elles qui se développe plus que les autres, tantôt cette prédominance appartient à une de ces dernières. Cela a conduit quelques physiologistes à penser que chaque aptitude spéciale était sous la dépendance d'un instrument physiologique particulier, que ces divers organes devaient être des parties différentes de l'encéphale et que la puissance fonctionnelle de chacun de ces organes était en rapport avec le volume de cette partie de l'encéphale. L'hypothèse désignée sous le nom de « système du Dr Gall » reposait sur ces suppositions ; mais rien ne la justifie et jusqu'ici toutes les tentatives faites pour découvrir le siège particulier de l'une quelconque des facultés mentales n'ont conduit à aucun résultat digne de confiance.

Chez les animaux invertébrés la localisation de la puissance volitionnelle et de la perception des sensations ne paraît pas être aussi complète que chez les animaux supérieurs. Ainsi beaucoup d'Insectes après avoir été décapités peuvent continuer à exécuter des mouvements qui paraissent être volontaires, et un Ver de terre peut être coupé en deux, sans que cette division entraîne dans l'un ou l'autre tronçon la perte d'aucune des facultés dont jouissait l'animal entier.

§ 191. Le **Cervelet** a moins d'importance physiologique que n'en a le cerveau ; sa destruction n'amène ni la perte de la faculté de sentir, ni l'abolition des manifestations volitionnelles, mais elle a pour conséquence l'incapacité de régler les mouvements locomoteurs ; et la plupart des physiologistes, à l'exemple de Flourens, considèrent cet organe comme étant préposé à la coordination des actions musculaires.

Si on enlève le cervelet par couches successives, l'ablation des premières couches est suivie d'un peu de faiblesse et de désharmonie dans les mouvements. Aux couches moyennes, il se manifeste une agitation générale, mais sans convulsions ; l'animal voit et entend, mais exécute des mouvements brusques et déréglés. Quand on arrive aux dernières couches, l'animal perd la faculté de marcher ou de voler, de rester debout ou en équilibre ; placé sur le dos, il s'agite sans pouvoir se relever : il voit le corps qui le menace, mais ne peut l'éviter ; donc la volonté, le sentiment et la conscience persistent, la *coordination des mouvements* est abolie.

Le cervelet est bien développé chez les Oiseaux, les Reptiles et les Poissons, mais il est fort réduit chez les Batraciens et c'est chez les Mammifères seulement que ses parties latérales sont reliées entre elles par une bande de fibres blanches passant sous la moelle épinière et formant la partie de l'encéphale appelée *protubérance annulaire* ou *pont de Varole*.

§ 192. La substance grise contenue dans la partie centrale de la moelle allongée ou **bulbe rachidien** constitue plusieurs foyers d'innervation excito-motrice donnant naissance à divers nerfs céphaliques ainsi qu'à des faisceaux de fibres conductrices qui vont s'unir à certains nerfs rachidiens. La partie appelée le *nœud vital* qui détermine les mouvements automatiques de l'appareil respiratoire est le plus important de ces foyers d'activité nerveuse. Nous avons déjà eu l'occasion d'en parler ; toute lésion grave qui s'y produit entraîne rapidement la mort et c'est pour cette raison que les coups portant sur la nuque ou toute autre action amenant la dislocation de la tête sont ordinairement mortels ; une excitation forte de cette région de l'axe cérébro-spinal ou des nerfs pneumogastriques qui en partent peut déterminer aussi un arrêt brusque des contractions du cœur et empêcher ainsi la circulation du sang de s'effectuer.

Une autre paire de foyers d'innervation excito-motrice située également dans le bulbe rachidien donne naissance aux nerfs hypoglosses, qui sont les nerfs excito-moteurs des muscles de l'arrière-bouche, et c'est par suite d'actions nerveuses réflexes provoquées dans ces foyers de substance grise, que les mouvements automatiques de déglutition sont produits.

ACTIONS RÉFLEXES ET SYMPATHIQUES. MORT. RÊVES. HALLUCINATIONS. ETC.

§ 193. C'est par l'intermédiaire de la substance grise située dans l'axe de la moelle épinière que des actions nerveuses réflexes déterminées par l'arrivée d'impressions sensitives dans cette partie de l'axe cérébro-spinal se produisent et que les muscles du tronc et des membres peuvent être mis en jeu sans l'intervention de la volonté et sans que ces impressions aient été transmises au cerveau où il faut qu'elles arrivent pour donner naissance à des sensations. Or, les relations établies de la sorte entre certaines parties de l'organisme sont plus intimes et plus faciles à mettre en jeu que celles existant entre l'une de ces parties et le reste du corps ; il en résulte des phénomènes que l'on appelle des **actions sympathiques**; parfois même les mouvements automatiques provoqués de la sorte par *voie réflexe* sont coordonnés de manière à satisfaire à des besoins dont l'individu qui les exécute n'a pas conscience. Nous citerons comme exemple des mouvements automatiques dus à des actions nerveuses de ce genre, les contractions convulsives des muscles expirateurs qui produisent la toux et qui peuvent être provoqués par l'excitation sensitive de la tunique muqueuse des voies aériennes; les hauts de corps déterminés par le chatouillement du voile du palais et la contraction spasmodique des muscles rétracteurs des membres inférieurs qui sont souvent la conséquence du chatouillement de la plante des pieds, enfin le clignement des yeux quand ils sont irrités par le contact d'un corps étranger, ou simplement menacés de ce contact.

On remarque souvent chez les enfants que l'irritation produite par la présence de vers dans l'intestin détermine par action sympathique des troubles cérébraux plus ou moins graves. Certains bruits aigres comme ceux qui résultent du frottement du doigt sur le bord d'un verre ou sur la surface d'un carreau irritent les nerfs dentaires et, suivant l'expression consacrée, font grincer des dents. On pourrait multiplier beaucoup les exemples de ces actes sympathiques, mais ceux qui viennent d'être donnés suffisent pour faire comprendre la nature de ces phénomènes.

§ 194. En résumé nous voyons donc que toutes les fonctions de relation ou fonctions de la vie animale dépendent directement ou indirectement du système nerveux cérébro-spinal, et que l'activité physiologique de ce système est subordonnée à l'accomplissement du travail dont il est le siège.

Sous ce dernier rapport, le système nerveux ne diffère pas des autres parties de l'organisme ; pourtant l'activité physiologique, quelque soit le caractère particulier qu'elle revêt, est liée au développement des phénomènes chimiques et physiques qui constituent une partie essentielle du travail appelé nutrition, mais les forces dont le jeu détermine ces effets ne sont pas susceptibles de fonctionner indéfiniment et la **mort** est une conséquence de leur épuisement aussi bien que des désordres matériels par suite desquels la machine vivante devient inapte à agir. Ainsi que chacun le sait, la durée extrême de la vie est limitée pour toute espèce animale et on voit qu'en général sa durée est d'autant moins longue que l'être animé est plus petit et use davantage en un temps donné. L'influence de la dépense physiologique sur l'aptitude fonctionnelle de l'organisme est mise en évidence par la *fatigue* résultant de tout emploi excessif de force vitale, et elle est rendue encore plus manifeste par la prolongation possible de l'existence de certains animaux chez lesquels l'activité vitale peut être ralentie ou arrêtée temporairement sans être irrévocablement abolie. Ce fait, ainsi que j'ai eu l'occasion de le dire précédemment, a été observé chez les Rotifères (Voy. 1re partie, p. 331) ; on l'a constaté aussi chez d'autres animalcules dont la **réviviscence** est possible après un état de mort apparente très prolongé, notamment chez les Anguillules qui se trouvent dans le blé niellé.

§ 195. Le **sommeil** est la conséquence d'un état intermédiaire à la vie latente et à la vie active qui s'établit périodiquement dans le système nerveux et qui est nécessaire pour la réparation des forces dont dépend l'aptitude fonctionnelle de cet appareil. On ne sait rien concernant la cause immédiate de ce phénomène ; quelques auteurs l'attribuent à un ralentissement du cours du sang dans les vaisseaux capillaires du cerveau, ralentissement qui, à son tour, dépendrait de la contraction de ces canaux résultant de l'insuffisance de l'action nerveuse vaso-motrice nécessaire pour provoquer leur dilatation. Cela n'est pas démontré et, quoi qu'il en soit à cet égard, le sommeil est une incapacité fonctionnelle plus ou moins grande qui peut affecter certaines parties du système nerveux sans s'étendre à toutes. Ainsi les parties de ce système servant à la perception des excitations sensorielles peuvent être endormies sans que celles qui président au travail mental cessent de fonctionner, et il y a lieu de croire que les **rêves** ainsi que le *somnambulisme* sont des conséquences de la persistance de certaines facultés, telles que la volition, la mémoire et l'imagination après que la sensibilité a cessé temporairement de se manifester.

Dans le rêve, par exemple, le Moi continue à percevoir des impressions laissées par des sensations passées et à les combiner de diverses manières tout en étant peu ou point sensible aux excitations produites sur l'organisme par les agents extérieurs. Dans le somnambulisme à cet état peut se joindre la persistance de la faculté excito-motrice. Mais les phénomènes de cet ordre ne sont pas assez bien connus pour qu'il nous paraisse utile d'y insister ici. Nous ajouterons seulement qu'il ne faut pas les confondre avec les **hallucinations**, car celles-ci peuvent être le résultat d'une fausse interprétation de sensations réellement perçues et analogues à celles déterminées d'ordinaire par l'action de certains objets extérieurs mais dépendant, dans ces cas particuliers, de causes différentes. Par exemple les sensations dites *subjectives* qui résultent d'une excitation mécanique de la rétine et qui produisent en nous le même effet que celui que déterminerait l'action de la lumière sur cette partie de l'organe de la vue.

§ 196. L'extinction de la vie n'entraîne pas naturellement la destruction du corps qui a vécu ; le cadavre, s'il est soustrait à l'action des agents extérieurs, peut se conserver pendant un temps dont la limite nous est inconnue ; les momies des anciens Égyptiens nous en fournissent la preuve ; mais dans les circonstances ordinaires le corps des animaux privés de vie s'altère promptement par l'effet d'actions chimiques exercées sur sa substance par des agents extérieurs et, parmi ces agents, les plus puissants sont les petits êtres vivants appelés *ferments* qui sont charriés par l'atmosphère et qui se nourrissent aux dépens des matières organiques sur lesquelles ils se déposent et se reproduisent. Certains organismes microscopiques de cet ordre en agissant sur les substances animales y déterminent une décomposition particulière appelée **putréfaction**, et par suite de ce travail chimique les principes albuminoïdes ainsi que les autres matières analogues donnent naissance à des composés nouveaux, dont les plus remarquables sont des produits ammoniacaux.

La connaissance de ces faits nous permet de comprendre comment la décomposition d'un cadavre ou d'une substance animale quelconque peut être accélérée ou empêchée, soit par une séquestration qui la met à l'abri des atteintes des ferments, soit par l'action de divers agents chimiques aptes à rendre ces substances impropres à la nutrition de ces organismes microscopiques, résultat qui peut être obtenu par l'opération appelée embaumement.

TROISIÈME PARTIE

NOTIONS DE ZOOLOGIE GÉNÉRALE

L'INDIVIDU. — PROBLÈME DE L'ESPÈCE. — CLASSIFICATION, ETC.

§ 197. En exposant les premiers éléments de la zoologie méthodique, puis en étudiant sommairement l'anatomie et la physiologie considérées principalement chez l'Homme, j'ai dû laisser de côté beaucoup de questions relatives à l'histoire générale du règne animal qui m'ont paru trop abstraites pour être examinées utilement au début des études zoologiques, mais qui ne doivent pas être négligées et, pour remplir le cadre tracé par le programme universitaire, je me propose d'en traiter brièvement ici.

La première de ces questions touche à ce que les naturalistes appellent le *problème de l'espèce* et ce que j'aurai à en dire s'applique aux végétaux aussi bien qu'aux Êtres animés.

§ 198. Les animaux et les plantes constituent autant d'*individus*, c'est-à-dire autant d'Êtres dont la division mécanique portée à un certain degré est incompatible avec leur existence, et, sous ce rapport comme sous beaucoup d'autres, ils diffèrent essentiellement des minéraux.

Un corps appartenant au règne minéral, un diamant par exemple, peut être divisé en un nombre incalculable de morceaux sans qu'aucun de ces fragments cesse d'avoir les caractères essentiels du corps dont il faisait partie ; chaque fragment est encore un diamant et c'est par une conception de l'esprit seulement que nous pouvons nous représenter un corpuscule non sécable ou *atome* de ce corps, en d'autres mots un individu minéral de cette nature. Mais pour les corps biologiques, animaux ou plantes, il en est autrement, la séparation des parties constitutives de ces corps, quand elle atteint certaines limites, entraîne leur destruction, et par leur association ces parties forment un seul tout, distinct de ce qui l'entoure, ayant des propriétés que n'a pas chacun des fragments résultant de sa division mécanique et ayant par conséquent son individualité propre. J'ajouterai que l'individu minéral peut être une molécule indécomposable chimiquement ou une molécule composée d'un nombre plus ou moins grand d'atomes qui sous le rapport chimique diffèrent entre eux, molécule qui est alors une unité chimique, ou un individu chimique, mais que l'association d'un certain nombre de ces unités n'est pas nécessaire à son existence ; tandis que l'individu biologique est nécessairement une association de molécules dissimilaires et complexes, dont les unes sont de l'eau et les autres des composés chimiques d'un ordre particulier, dans la constitution desquelles entrent nécessairement du carbone, de l'hydrogène, de l'oxygène et souvent de l'azote.

§ 199. Le nombre des individus biologiques ou des corps vivants qui sont répandus à la surface de notre globe est incalculable et beaucoup de ces corps diffèrent extrêmement les uns des autres, mais parmi ces Êtres il en est aussi beaucoup qui, sans être identiques entre eux, se ressemblent tellement qu'ils constituent pour ainsi dire autant d'exemplaires d'un seul et même produit. Cette similitude existe chez les Êtres qui sont nés d'une mère ou de mères qui se ressemblent entre elles à peu près autant que se ressemblent les descendants de chacune de celles-ci ; elle porte sur la structure intime et sur les propriétés physiologiques aussi bien que sur les formes extérieures ; elle indique l'identité de la nature essentielle de ces individus, et elle implique que ceux-ci peuvent tous être issus d'une seule souche.

En effet, on n'a jamais vu un corps vivant se constituer tout seul, naître sans avoir été produit par un corps doué de vie, et l'observation nous apprend que les générateurs ou parents de l'individu nouveau, en transmettant à celui-ci la faculté de vivre, lui communiquent aussi l'aptitude à réaliser peu à peu la forme et le mode de constitution qu'eux-mêmes possèdent. Ainsi personne n'a jamais vu un Chêne naître d'un Orme, d'un Roseau ou d'une plante quelconque qui ne fût pas un Chêne. Jamais on n'a vu une Poule sortir d'un œuf qui n'eût pas été pondu par une autre Poule, ni une Chatte donner naissance à un Chien. Tous les Êtres vivants, en se multipliant, forment ainsi des séries d'individus qui, sans être identiques, se ressemblent beaucoup entre eux, se ressemblent plus qu'ils ne ressemblent à aucun Être provenant d'une souche différente et peuvent ainsi sous l'influence de circonstances favorables perpétuer le type organique réalisé par leurs ancêtres.

§ 200. En zoologie de même qu'en botanique on appelle une **espèce** chacun des groupes d'individus qui ont entre eux cette sorte de similitude et qui, par conséquent, peuvent être considérés comme issus d'une même souche originelle. On désigne chacun de ces groupes sous un nom propre tel que le mot Chêne, Orme, Cheval ou Chien, et afin de pouvoir appliquer ce nom aux objets qu'il est destiné à représenter, on le définit en indiquant les particularités matérielles par lesquelles les animaux formant ce groupe se distinguent de ceux appartenant à d'autres espèces.

Les diverses espèces zoologiques qui peuplent notre globe sont en nombre immense, et en étudiant leur histoire physiologique, les naturalistes ont été conduits à se demander si la cause des différences qui les caractérisent est une propriété primordiale, par suite de laquelle le mode d'organisation de chacune d'elles serait fixe, immuable et se répéterait nécessairement chez tous les individus nés ou à naître d'une même souche primitive et qui seraient toujours constitués de la même manière que l'étaient leurs premiers parents, ou si au contraire les particularités propres aux différentes *lignées* ne seraient pas une conséquence de l'influence modificatrice exercée sur les Êtres vivants par des causes extérieures : notamment par les conditions biologiques variables dans lesquelles ces séries d'individus se trouvent placées ? Cette question constitue ce que nous avons appelé précédemment le *problème de l'espèce*. Les zoologistes sont très partagés d'opinion à ce sujet ; les arguments présentés à l'appui de chacune de ces hypothèses paraissent décisifs lorsqu'il s'agit seulement de certains cas particuliers ; mais lorsqu'on veut généraliser les conclusions tirées de ces faits et se prononcer d'une manière absolue sur la fixité des types spécifiques ou sur l'origine des espèces distinctes par voie de transformation des descendants d'une souche commune, on se trouve dans l'impossibilité de répondre. Dans l'état actuel de nos connaissances les faits nous manquent pour résoudre les questions de cet ordre, et en histoire naturelle, comme dans toutes les autres sciences positives, il faut bien se garder de considérer de simples vues de l'esprit, comme étant des vérités démontrées. Du reste j'aurai bientôt à revenir sur le problème posé de la sorte.

§ 201. Nous avons vu précédemment que les différences existant entre les diverses espèces animales sont loin d'avoir partout le même degré d'importance ; que certaines espèces ont entre elles une apparence de parenté, tandis qu'elles se distinguent d'autres espèces par des caractères dont la valeur est bien plus grande et qu'il existe ainsi parmi les êtres animés beaucoup de degrés, quant à ces dissemblances. Ainsi le Chat, la Panthère, le Tigre et le Lion, tout en étant des animaux d'espèces distinctes, sont conformés à peu près de la même manière et constituent avec d'autres espèces analogues un groupe idéal qui diffère beaucoup de tous les autres quadrupèdes et qui constitue ce que les zoologistes appellent un **genre naturel**, c'est le genre *Felis*.

Les oiseaux d'espèces différentes qui sont désignés sous le nom commun de Faisans, par exemple le Faisan commun, le Faisan doré, le Faisan argenté, sont aussi autant de représentants d'un même type avien plus ou moins diversifié, et constituent également un genre particulier. Il en est de même pour les diverses espèces de Lézards ou les différentes espèces d'Écrevisses, et dans la première partie de ce livre nous avons passé en revue tant de groupes zoologiques du même ordre qu'il serait inutile d'en citer ici d'autres exemples (1re partie, page 3).

Nous avons vu également comment divers genres peuvent, pour des raisons analogues, être réunis en groupes d'un ordre supérieur que l'on appelle des **familles naturelles** et comment, conformément aux mêmes principes, ces familles peuvent à leur tour être rassemblées en groupes appelés **classes**. Les classes peuvent à leur tour être rangées dans un certain nombre de divisions d'un rang encore plus élevé que les zoologistes désignent communément sous le nom **d'embranchements**, ou bien encore on peut établir parmi les genres, parmi les familles et même parmi les classes des distinctions intermédiaires à celles dont je viens de faire mention.

Je n'insisterai pas davantage sur cette manière de répartir les animaux en groupes primaires, qui à leur tour sont divisés en groupes d'un rang secondaire et ainsi de suite jusqu'à ce que l'on arrive aux groupes composés seulement d'Êtres de même espèce. Mais je ferai remarquer que, si ce mode de distribution est judicieusement établi, la classification des animaux devient l'expression des différents degrés de similitude et de dissemblance qui existent parmi eux. Ils se ressemblent d'autant plus qu'ils appartiennent à une même division d'ordre plus inférieur, et les différences à raison desquelles on les sépare ont d'autant plus d'importance qu'elles caractérisent des groupes d'un rang plus élevé. Cette classification, si elle est bonne, n'a donc rien d'arbitraire ; elle repose sur la nature même des Êtres que l'on classe de la sorte et elle constitue par conséquent une **classification naturelle.**

§ 202. Effectivement, lorsqu'on étudie attentivement le mode d'organisation des animaux, on constate que tous les membres d'un même groupe naturel, bien que présentant des particularités plus ou moins importantes et plus ou moins nombreuses, sont à certains égards la réalisation d'un même type, et cette uniformité dans le plan architectural est d'autant plus grande que le type appartient à un groupe placé plus bas dans la série des divisions par lesquelles on passe de l'embranchement à l'espèce. Ainsi non seulement tous les individus d'une même espèce réalisent un même type zoologique, mais il y a un type d'ordre plus élevé qui est commun à toutes les espèces d'un même genre ; il y a également un plan commun d'après lequel tous les membres d'une même famille sont constitués, et cette *unité de plan* est reconnaissable aussi, malgré des variations de plus en plus considérables dans les dispositions d'importance secondaire, jusque dans l'organisation des animaux appartenant à des classes différentes, mais faisant partie d'un même embranchement.

UNITÉ DE PLAN. — TYPES DU RÈGNE ANIMAL.

§ 203. Les zoologistes entendent, par *unité de plan*, la constitution de l'organisme animal, à l'aide de matériaux similaires disposés d'une manière semblable et ayant entre eux des relations constantes. Chez les dérivés d'un même type les parties constitutives du corps peuvent varier en nombre ; certaines d'entre elles peuvent manquer, tandis que d'autres peuvent être en quelque sorte surajoutées à celles dont l'existence est ordinaire ; elles peuvent avoir des proportions très différentes et affecter chacune diverses formes : mais le mode de groupement de ces matériaux, leurs relations mutuelles ne varient pas et tout tend à être réglé conformément à certaines lois.

§ 204. Ainsi chez tous les Vertébrés l'organisme est constitué d'après un même type dont les détails secondaires varient, mais dont le tracé fondamental est à peu près le même. Chez tous ces animaux il y a une tendance bien marquée à la symétrie bilatérale ; des parties similaires sont disposées par paires

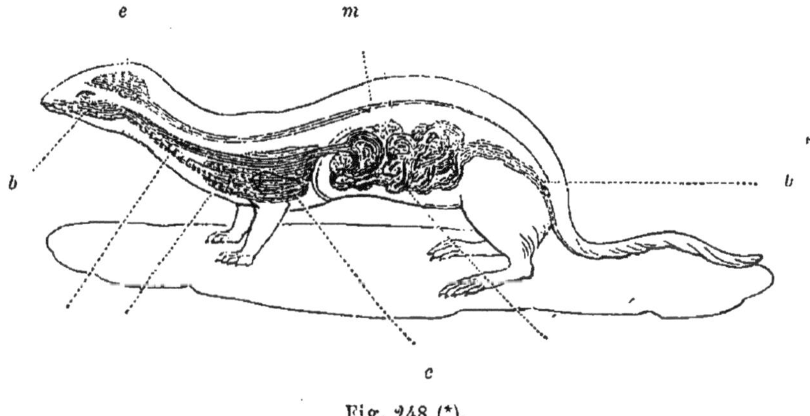

Fig. 248 (*).

à droite et à gauche de la ligne médiane, et beaucoup de ces parties se répètent les unes les autres de façon à former des séries longitudinales ; constamment les grands centres nerveux sont reliés entre eux de manière à constituer un système longitudinal qui est placé tout entier dans la portion dorsale du corps, au-dessus du tube digestif et qui est formé principalement par un axe cérébro-spinal (fig. 248) ; il y a dans l'intérieur du corps une charpente solide dont la partie fondamentale est une sorte de tige située sur la ligne médiane entre

(*) Figure théorique destinée à indiquer la position relative des grands appareils organiques dans l'embranchement des animaux vertébrés, et plus particulièrement dans la classe des Mammifères : — *b*, cavité buccale formant l'entrée du tube alimentaire, dont l'ouverture opposée se trouve à l'extrémité postérieure du corps ; — *i*, intestin ; — *f*, foie ; — *t*, trachée-artère ; — *p*, poumon ; — *c*, cœur ; — *e*, encéphale (cerveau, etc.) ; — *m*, moelle épinière.

l'axe cérébro-spinal et le tube digestif, presque toujours divisée en une série de vertèbres et donnant attache à une multitude d'autres pièces également solides; il y a, outre les muscles sous-cutanés, un système très complexe de muscles dépendant de cette charpente ou squelette intérieur; il y a toujours un cœur situé au-dessous de ce canal, recevant le sang veineux et l'envoyant dans l'appareil respiratoire; ce liquide nourricier charrie des hématies qui lui donnent une couleur rouge; c'est toujours par l'intermédiaire de la portion vestibulaire du tube digestif que le fluide respirable arrive à l'appareil respiratoire. Enfin le tronc est presque toujours pourvu de deux paires de membres aptes à constituer des organes de locomotion et il n'y en a jamais davantage.

§ 205. Le type commun à tous les animaux articulés est très différent; la symétrie bilatérale est non moins marquée que chez les Vertébrés, il y a des parties qui se répètent et sont disposées aussi en une série longitudinale; mais la tendance

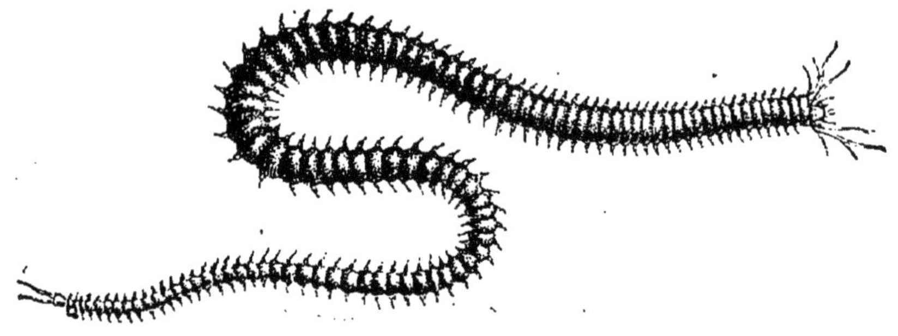

Fig. 249. — Néréide.

à la multiplication des parties similaires est beaucoup plus prononcée que chez ces derniers, et l'animal tout entier est constitué par une série de tronçons construits d'une manière analogue et appelés des *zoonites* parce que chacun d'eux semble être un représentant de l'être tout entier. L'axe cérébro-spinal est représenté par une double chaîne des ganglions nerveux, dont les uns sont situés dans la tête au-dessus du tube digestif et les autres sont placés au-dessus de ce tube qui se trouve ainsi entouré par une sorte d'anneau appelé le *collier œsophagien* (fig. 250 et 251). Il n'y a ni vertèbres, ni aucune autre charpente solide intérieure spéciale, mais il y a généralement un squelette

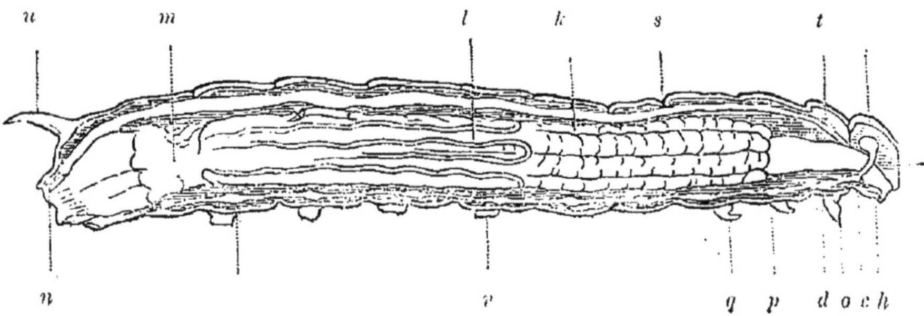

Fig. 250. — Anatomie de la chenille du Sphinx (*).

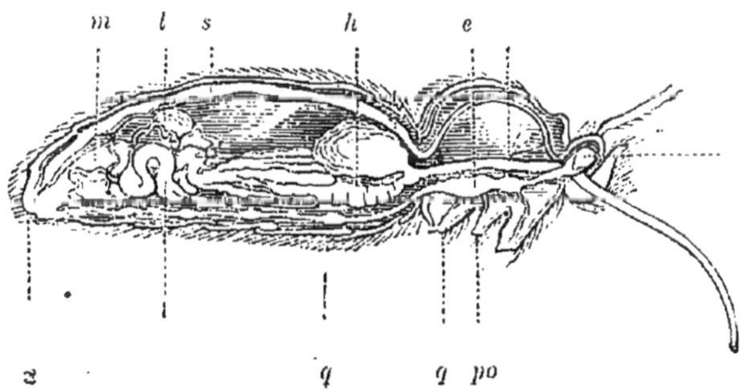

Fig. 251. — Anatomie du papillon Sphinx (**).

(*) Fig. 250 et 251. Sphinx du troëne : ganglions céphaliques, ou cerveau, situés au-devant de l'œsophage et donnant naissance aux nerfs des yeux ; — *b*, cordons qui unissent ces ganglions à ceux de la seconde paire, en passant de chaque côté de l'œsophage, et formant ainsi un collier autour de ce canal ; — *c*, première paire de ganglions postœsophagiens situés derrière la bouche ; — *d*, ganglions du premier anneau du thorax ; — *e* (fig. 251), masse nerveuse formée par les ganglions des deuxième et troisième anneaux thoraciques ; — *f*, sixième paire de ganglions abdominaux ; — *h*, la bouche ; — *i* (fig. 251), la trompe ; — *j*, œsophage ; — *k*, estomac ; — *l*, intestin et vaisseaux biliaires ; — *m*, gros intestin ; — *n*, anus ; — *o*, pattes de la première paire ; — *p*, pattes de la seconde paire ; — *q*, pattes de la troisième paire ; — *r*, première paire de pattes membraneuses de la chenille ; — *s*, vaisseau dorsal ; — *t*, premier anneau du thorax ; — *u*, corne qui surmonte l'extrémité de l'abdomen de la chenille.

(**) Les diverses parties sont indiquées par les mêmes lettres que dans la figure précédente.

extérieur résultant du durcissement de certaines parties de la peau, qui peuvent même se prolonger dans l'intérieur de manière à remplir des fonctions analogues à celles du système vertébral des animaux supérieurs. Les organes locomoteurs sont des appendices constituant autant de leviers articulés disposés par paires sur autant de zoonites différents et presque toujours très nombreux. Enfin le sang n'est jamais chargé d'hématies ou de globules rouges; le cœur ou le vaisseau qui en tient lieu est placé sur le trajet du sang artériel et l'appareil respiratoire n'a jamais pour vestibule la cavité buccale.

§ 206. Un troisième type de premier ordre qui est aussi très nettement défini est celui réalisé par les Mollusques. Ces animaux ont le corps mou et la peau nue ou recouverte d'une sorte d'armure constituée par une coquille formée, soit d'une seule pièce, soit de deux valves réunies par une charnière ou bien de plusieurs pièces non articulées entre elles, et ce revêtement protecteur est produit par une portion spéciale du

Fig. 252. — Limnée des étangs.

système cutané appelé le manteau et dépendant de la région dorsale du corps. Ils n'ont jamais comme organes locomoteurs des leviers articulés, et les instruments qui en tiennent lieu sont des portions du système tégumentaire mis en mouvement par des muscles sous-cutanés et formant, soit à la face ventrale du corps une expansion charnue nommée pied, soit à la partie antérieure de la tête un groupe d'appendices appelés bras ou tentacules. La symétrie bilatérale des divers organes n'est pas aussi parfaite que chez les Vertébrés et les Articulés, et le tube digestif, au lieu de s'ouvrir au dehors près des deux extrémités opposées du corps, est disposé en forme d'anse de façon que l'anus est en général très rapproché de la bouche. Le système nerveux constitue un collier œsophagien comme chez les Articulés, mais la portion ventrale du système ganglionnaire ne

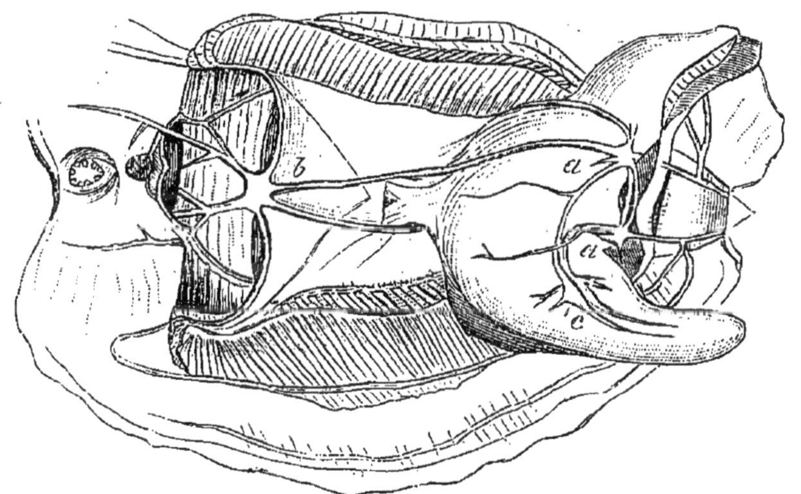

Fig. 253. — Système nerveux d'un mollusque acéphale.

forme pas, comme chez ces derniers animaux, une longue chaîne médiane. Quant au sang, il est dépourvu d'hématies ou globules rouges comme chez ceux-ci ; il est toujours mis en mouvement par un cœur artériel, bien que parfois il y ait aussi des cœurs veineux ; enfin l'appareil respiratoire est complètement indépendant de la cavité buccale.

§ 207. Un quatrième type non moins distinct nous est offert par les Cœlentérés et les autres animaux inférieurs, dont les diverses parties constitutives sont disposées radiairement autour de la cavité digestive. Ce mode d'organisation coïncide avec l'absence plus ou moins complète d'un système nerveux centralisé, et une sorte de dégradation générale de tout l'organisme (fig. 254).

Fig. 254. — Madréporaire.

§ 208. Ni l'un ni l'autre des modes de groupement des instruments physiologiques dont je viens de parler n'existe chez beaucoup d'animalcules d'une grande simplicité organique, tels que les Infusoires, les Microbes en général et les Spongiaires. Chez ces êtres animés, mais dont l'animalité est très obscure, le corps affecte tantôt une forme globulaire ou bacillaire, tantôt n'a pas de forme distincte, et à raison de cette circonstance un zoologiste éminent (Blainville) les a désignés sous le nom commun d'*Amorphozoaires*, mais actuellement on les appelle plus communément les *Sarcodaires* ou les *Protozoaires* (Voy. fig. 255).

§ 209. Enfin, indépendamment de ces types principaux dont les caractères sont bien nettement définis, il y a dans le Règne animal beaucoup de types moins bien caractérisés dont les uns sont à certains égards intermédiaires aux précédents ; les autres ne s'y rattachent que faiblement et sont représentés

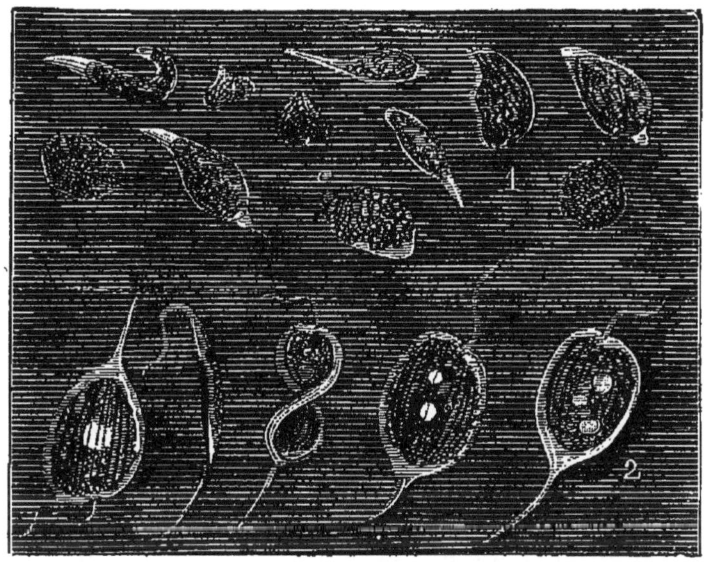

Fig. 255. — Infusoires flagellifères (*).

par des petits groupes particuliers. Tels sont les types dont dérivent : 1° les animaux subvertébrés dont on ne connaît

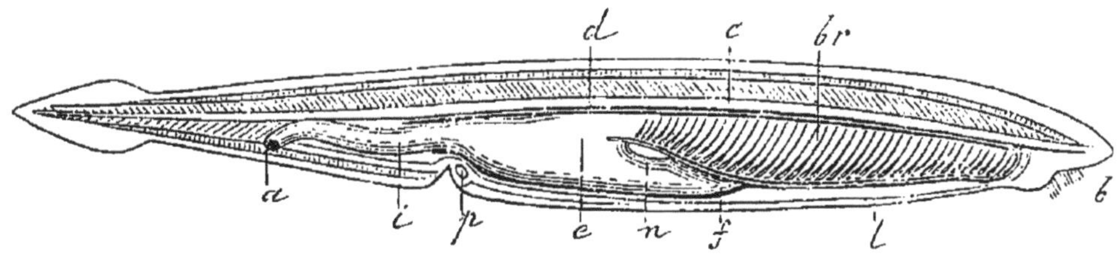

Fig. 256. — Amphyoxus.

qu'une espèce, l'Amphyoxus (fig. 256) ; 2° les Tuniciers et les Bryozoaires (1re partie, p. 365) ; 3° les Vers (1re partie, p. 342 ; 4° les Echinodermes (1re partie, p. 366).

(*) 1, Astasia hœmatodes ; — 2, Phacus longicauda (d'après Perrier, *Colonies animales*).

MULTIPLICATION ET REPRODUCTION DES ÊTRES VIVANTS.

§ 210. Pour bien saisir l'espèce de parenté qui semble exister entre divers animaux constitués d'après un même type primaire, bien qu'appartenant à des familles ou même à des classes différentes, et pour jeter en même temps un peu de lumière sur le problème de l'espèce, il est fort utile d'étudier le mode de développement de ces êtres, car à l'exception de ceux qui restent toujours extrêmement petits et qui sont d'une structure des plus simples, tous, en grandissant, subissent sous le rapport de leur mode de constitution et de leur forme des changements considérables, et les états transitoires par lesquels ils passent peuvent souvent nous éclairer sur leurs affinités naturelles.

§ 211. Beaucoup d'animaux très inférieurs sont susceptibles de se multiplier d'une manière très simple ; pour cela il suffit que leur corps soit divisé en deux ou en plusieurs parties, car chaque fragment peut continuer à se nourrir et, par l'effet du travail vital dont il est le siège, grandir et reproduire le type que réalisait l'être tout entier dont il dérive. Ainsi, lorsqu'on coupe en deux un ver de terre ou Lombric terrestre, on ne tue ni le tronçon antérieur ni le tronçon postérieur du corps. Chacun d'eux continue à vivre comme il vivait avant la section et, en se développant, répare les pertes qu'il a subies, de façon qu'au bout d'un certain temps il y a autant de nouveaux Lombrics qu'il y a eu de fragments provenant de l'individu souche, et chacun de ces fragments réalise complètement le type organique propre aux animaux de son espèce.

Il y a des vers aquatiques chez lesquels cette aptitude à se reproduire par division ou **scissiparité** est poussée si loin que dans l'espace de quelques semaines on peut, en subdivisant les tronçons à mesure qu'ils se développent, fabriquer, pour ainsi dire aux dépens d'un même individu, vingt, trente et même un nombre plus considérable d'êtres semblables à celui dont ils proviennent, et il y a beaucoup d'animaux inférieurs chez lesquels cette division reproductrice se fait spontanément de façon que la scissiparité est pour eux un procédé normal de multiplication.

§ 212. Cette tendance des corps vivants à réaliser un certain type virtuel se manifeste aussi d'une manière différente chez des animaux qui ne sont pas aptes à se multiplier par scissiparité, mais chez lesquels des parties considérables de l'organisme, après avoir été détruites, se reproduisent de façon à amener la **réparation** des pertes subies par l'organisme et à rétablir le type spécifique dans toute son intégrité.

Ainsi chez les Crabes et les Écrevisses les pattes se cassent très facilement, mais la perte que l'animal éprouve de la sorte est temporaire, car le moignon restant en connexion avec le corps de l'animal donne bientôt naissance à une nouvelle patte qui, en se développant, devient semblable à son prédécesseur et rétablit ainsi intégralement le type organique propre à l'Écrevisse ou au Crabe mutilé. Les Lézards reproduisent avec la même facilité la portion caudale de leur corps, et chez divers Batraciens, notamment chez les Tritons ou Salamandres aquatiques, les pattes, la queue ou même des portions de la tête, après avoir été amputées, repoussent rapidement et, malgré ces mutilations, l'ensemble de l'organisme se reconstitue avec sa forme normale. Chez la plupart des êtres animés une pareille propriété n'existe pas, mais on en reconnaît encore des traces dans le travail physiologique par lequel les plaies tendent à se cicatriser, lors même qu'elles ont été produites avec perte de substance, ou par lequel les os fracturés se rétablissent dans leur intégrité.

Le travail vital par l'effet duquel ces réparations s'opèrent est souvent impuissant à donner un résultat complet, et la partie de nouvelle formation, au lieu d'être une imitation parfaite de celle dont elle prend la place, n'en est qu'une sorte d'ébauche. Ainsi dans la queue du Lézard reproduite de la sorte la tige vertébrale reste à l'état cartilagineux et il n'y a pas de vertèbres proprement dites. D'autres fois ce n'est pas seulement par suite d'un arrêt de développement que la réalisation du type organique n'est pas complète ; par l'effet de diverses causes perturbatrices le travail organisateur, au lieu de suivre sa direction normale en imitant ce qui a été fait primitivement, est dévié de manière à donner un résultat différent; par exemple, au lieu d'une seule queue nouvelle, il s'en produit deux ou même trois. On appelle *monstruosités accidentelles* des formations anormales, et j'insiste sur tous ces faits qui au premier abord peuvent paraître de minime importance parce qu'ils nous aideront à comprendre d'autres phénomènes sur lesquels j'aurai bientôt à appeler l'attention.

§ 213. Il y a beaucoup d'analogies entre les phénomènes dont je viens de parler et ceux dont résulte la multiplication des individus zoologiques. Chez divers animaux inférieurs qui sont susceptibles de se reproduire par **bourgeonnement**, les Hydres ou Polypes à bras, par exemple, non seulement chaque fragment du corps est apte à vivre isolément et à se développer de façon à réaliser le type organique propre à son espèce, mais lorsque le travail nutritif s'accélère dans un point quelconque de la surface du corps, il peut s'y former une protubérance qui, en grandissant, devient un nouveau polype à bras semblable en tout à l'individu souche sur lequel il prend naissance (fig. 257).

Chez certains Vers le bourgeonnement se fait à la partie postérieure du corps, et il se produit ainsi une série d'individus nouveaux qui ne tardent pas à se détacher pour vivre d'une vie propre; les Myrianides nous en fournissent un exemple (fig. 258).

Chez ces animaux, les jeunes individus produits de la sorte par bourgeonnement après s'être détachés du corps dont ils procèdent deviennent autant d'animaux complètement indépendants de leur générateur. Mais chez d'autres espèces zoologiques, par suite d'une sorte d'arrêt de développement, cette séparation ne s'effectue pas ; les jeunes restent en continuité de substance avec l'individu souche, et venant à bour-

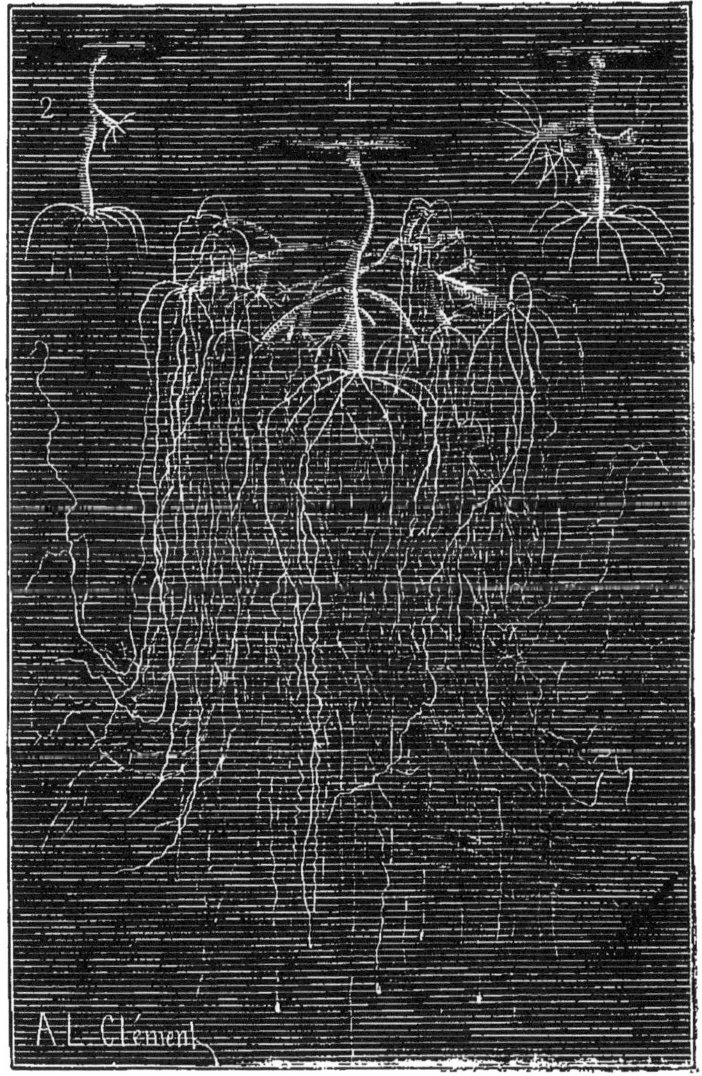

Fig. 257. — Hydres se reproduisant par bourgeonnement.

geonner à leur tour, constituent un agrégat d'animaux comparable à une espèce de colonie dont tous les membres seraient soudés entre eux et vivraient d'une vie commune. Comme exemple de ces **animaux agrégés**, je citerai le Corail, beaucoup de Coralliaires (fig. 259) et les espèces de rubans flottants constitués par les Biphores lorsqu'ils se multiplient par bourgeonnement ou *gemmation*.

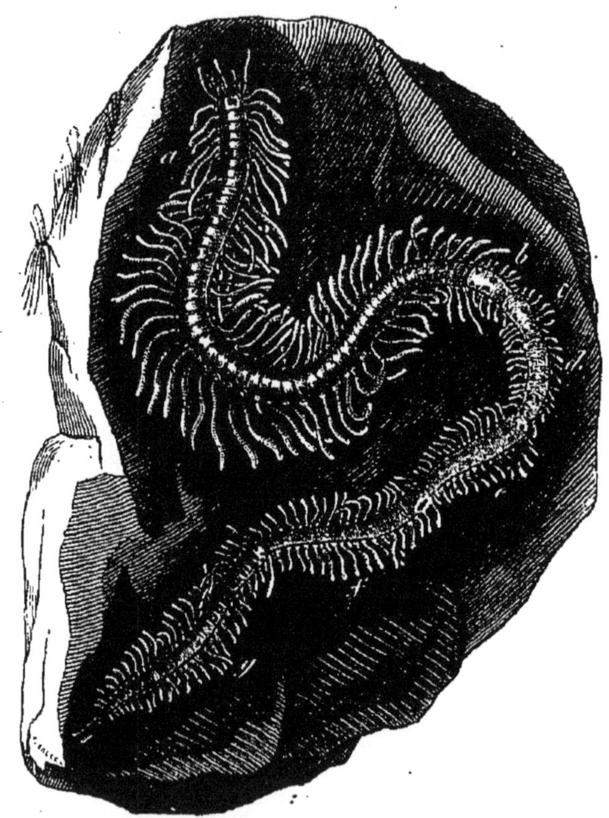

Fig. 258. — Myrianide bourgeonnant.

§ 214. Les Hydres et les autres animaux dont je viens de parler sont aptes à se multiplier aussi au moyen de corpuscules, appelés *germes*, qui, associés à un dépôt de matières nutritives, constituent les corps reproducteurs désignés d'une manière générale sous le nom d'*œufs*.

Chez les animaux les plus inférieurs tels que les Hydres et

Éponges la production d'œufs peut avoir lieu dans presque toutes les parties superficielles du corps; mais d'ordinaire elle est localisée dans un organe spécial appelé *ovaire* et pourvu d'un canal évacuateur, l'*oviducte*. Le germe est d'abord extrêmement petit et d'une structure fort simple; mais il grandit rapidement, et peu à peu, par suite de son développement, son mode d'organisation se complique de plus en plus. Il devient bientôt un embryon qui se nourrit par absorption seulement et qui ne ressemble pas au jeune animal qu'il est destiné à constituer ultérieurement. Il sort de l'œuf lorsque son appareil digestif est devenu capable de recevoir des aliments et de les digérer; mais souvent, au moment de la naissance, il ne possède pas encore les organes de locomotion qu'il est destiné à avoir et, en grandissant, il subit dans sa structure ainsi que dans sa forme extérieure des changements qui le rendent méconnaissable. Comme exemple de ces *métamorphoses* s'effectuant après la naissance nous citerons la transformation du Ver à soie en Papillon (1), celle des Têtards en Grenouilles et celle des Zoés en Crabes (2). D'ailleurs ces métamorphoses sont des phénomènes du même ordre que ceux réalisés avant la naissance chez l'Em-

Fig 259 — Vérétil

1 Voyez 1re partie, page 279.
(2 Voyez 1re partie, page 340.

bryon pendant les premières périodes de son existence.

§ 215. Les particularités organiques à raison desquelles un animal appartient à telle ou telle espèce, à telle ou telle famille, ou même à telle ou telle classe, n'existent pas encore chez l'individu à l'état de germe, et les embryons provenant d'êtres d'un même embranchement se ressemblent d'autant plus entre eux que leur développement est moins avancé ; ainsi, au début de son existence, l'embryon d'un Poisson ne diffère par aucun caractère appréciable de l'embryon d'un Reptile, d'un Oiseau ou d'un Mammifère; pendant la première période de la vie tous les Vertébrés sont constitués de la même manière, mais dès cette période initiale ils se distinguent des embryons d'Articulés, de Mollusques ou de Radiaires, et le degré de parenté zoologique que les divers Vertébrés ont entre eux concorde avec les modifications subies ultérieurement par ce type commun.

Pour apprécier les affinités zoologiques, il est donc très utile de connaître les formes successives que revêtent les animaux pendant la période embryogénique, et, pour en donner une idée, je prendrai comme exemple le Poulet pendant qu'il se développe dans l'intérieur de l'œuf.

DÉVELOPPEMENT DU POULET COMPARÉ A CELUI DES AUTRES ANIMAUX.

§ 216. La partie la plus importante de l'œuf des Oiseaux est le globe central qui se fait remarquer par sa couleur jaune et qui est désigné sous le nom de *vitellus*. Le blanc ou *albumine* contribue à la nutrition de l'embryon, mais ne remplit qu'un rôle très secondaire et disparaît rapidement (fig. 260). Le vitellus est constitué par un sac membraneux très délicat dans l'intérieur duquel se trouve un amas de matières nutritives et une substance amorphe, mais apte à s'organiser et à former le corps du futur embryon. Elle se présente d'abord sous l'aspect d'une tache blanchâtre, appelée la *cicatricule*, qui est située sur un point très circonscrit de la surface de la substance jaune du vitellus (fig. 260), et lorsque la température n'est pas suffisamment élevée, elle ne donne primitivement aucun signe d'activité vitale; mais sous l'influence d'une douce chaleur (d'environ 38 ou 40 degrés) un mouvement organisateur s'y manifeste bientôt, et c'est pour y maintenir cette température que l'*incubation*

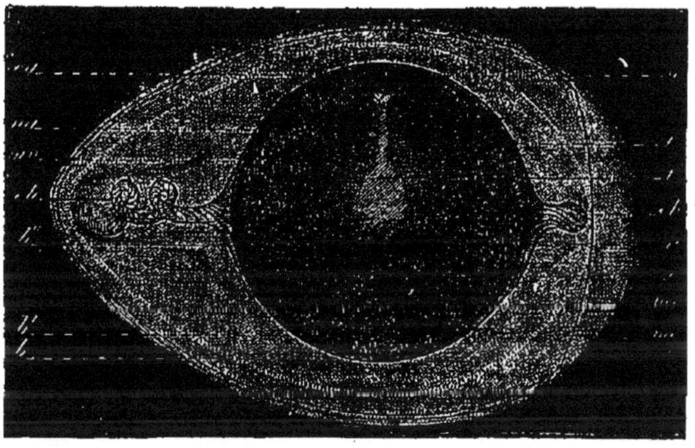

Fig. 260. — Œuf d'oiseau (*).

est nécessaire au développement du jeune individu. D'ordinaire, pour remplir cette condition, la Poule pondeuse se tient accroupie sur ses œufs pendant vingt et un jours, mais le même effet peut être produit artificiellement en plaçant les œufs dans une sorte d'étuve, et il y a des oiseaux qui dans les pays très chauds, au lieu de couver, abandonnent leurs œufs dans des trous exposés aux rayons du soleil, où l'incubation s'effectue sans leur concours; les Autruches sont dans ce cas. Certains oiseaux de l'ordre des Gallinacés, les Talégalles, les enfouissent dans des tas de fumier qu'ils réunissent à cet effet; mais chez d'autres animaux le travail embryogénique s'achève dans l'œuf

(*) *a*, chambre à air; — *b*, *b'*, couches albumineuses; — *c*, coquille; — *ch*, chalazes; — *g*, cicatricule; — *j*, jaune; — *mc*, membrane coquillière; — *vg*, vésicule germinative.

avant la ponte, et on appelle *vivipares* les animaux dont les jeunes, en naissant, ne sont pas renfermés dans un œuf. Lorsque le travail embryogénique commence, la substance constitutive de la cicatricule appelée *protoplasme* ou *protoblaste* se fractionne de diverses manières et change ainsi d'aspect à plusieurs reprises avant de produire la première ébauche du corps de l'embryon qui, en se développant ultérieurement, constituera le jeune animal. Cette segmentation transforme peu à peu le protoblaste en un amas de cellules (fig. 261).

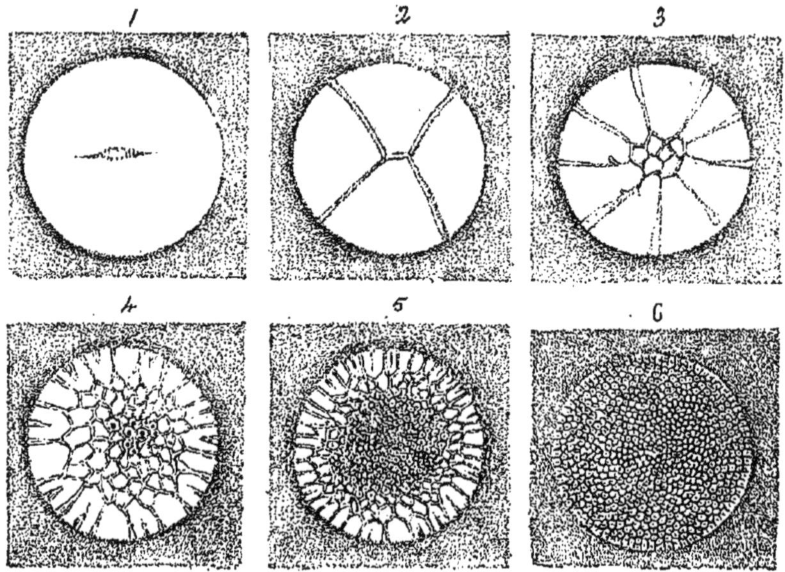

Fig. 261. — Segmentation de la cicatricule (*).

§ 217. Lorsque cet embryon commence à se montrer, il occupe la partie centrale d'une couche membraniforme qui remplace la cicatricule et qui est désignée sous le nom de *blastoderme*. Il ne ressemble en rien à ce qu'il deviendra plus tard et il ne consiste encore qu'en une couche mince de substance amorphe

(*) États successifs par lesquels passe la cicatricule en voie de segmentation depuis le n° 1 où on ne voit aucune trace de fractionnement jusqu'au n° 6 où la masse entière est transformée en une réunion de cellules.

(ou blastème) au milieu de laquelle se dessine bientôt une ligne médiane (ou ligne primitive) qui marque la place où vont se développer le système nerveux cérébro-spinal et la portion céphalo-rachidienne du squelette (fig. 262); mais bientôt le blastème s'élève de chaque côté de cette ligne longitudinale et y forme ainsi une gouttière, dont la partie antérieure s'élargit beaucoup. Les bords de ce sillon, en s'élevant et en se rapprochant ensuite entre eux, transforment la gouttière primitive, dont je viens de parler, en un canal, tubulaire dans la plus grande partie de son étendue, et évasé à sa partie antérieure. La portion

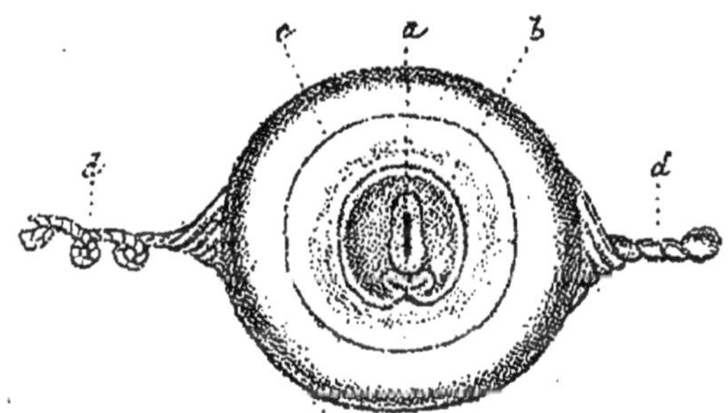

Fig. 262. — Développement de l'œuf (*).

postérieure et moyenne de cette cavité va former le canal rachidien et contiendra la moelle épinière ; la portion antérieure, qui s'élargit de plus en plus, correspond à la région céphalique de l'animal en voie de formation, et c'est dans son intérieur que se constituent le cerveau, le cervelet, les lobes optiques et le bulbe rachidien, en un mot : l'encéphale (fig. 263 et 264).

Au-dessous de ces parties on voit naître aussi sur la ligne médiane un corps styliforme et longitudinal appelé la *corde dorsale*, autour duquel se développeront les vertèbres et les autres pièces principales de la portion rachidienne du squelette. Dès ce premier moment de son existence, le jeune être en

(*) Jaune de l'œuf *c*, pourvu de ses chalazes *d* ; — *b*, aire vasculaire ; — *a*, ligne primitive.

voie de formation est donc caractérisé comme étant un animal vertébré. En même temps le blastoderme, dans la couche

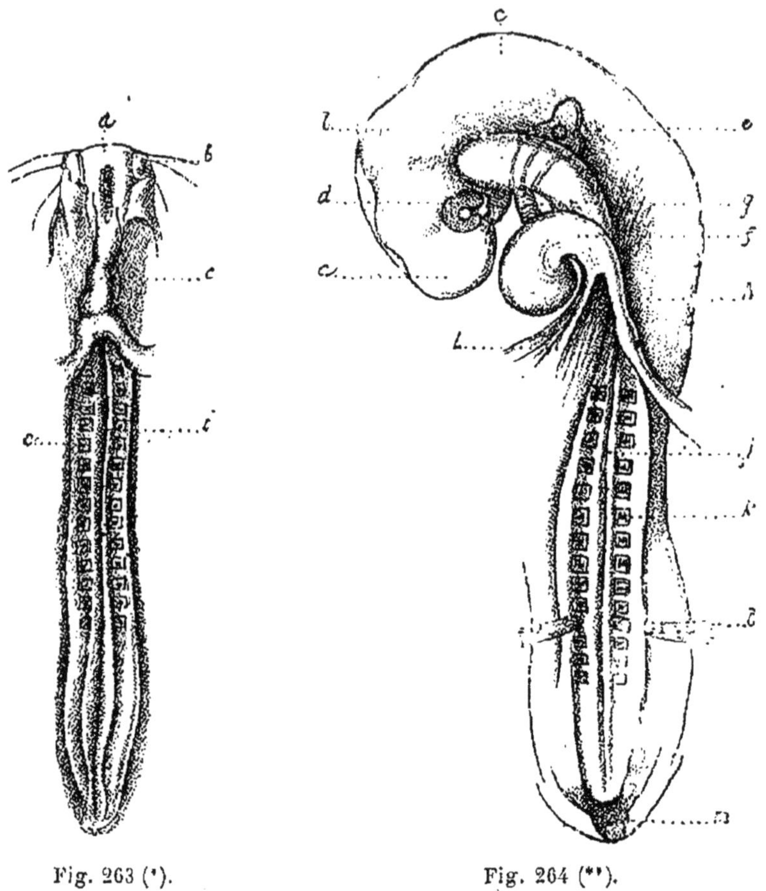

Fig. 263 (*). Fig. 264 (**).

superficielle de laquelle le système céphalo-rachidien se développe ainsi, se divise en deux feuillets superposés, et la couche

(*) Développement du poulet après 36 heures d'incubation : *a*, cellule cérébrale. — *b*, vésicules optiques ; — *c*, bulbe artériel ; — *d*, corde dorsale ; — *e*, premiers rudiments vertébraux.

(**) Développement du poulet après trois jours d'incubation (grossi) : *a*, première cellule cérébrale formant les hémisphères et les couches optiques ; — *b*, seconde cellule cérébrale formant les tubercules quadrijumeaux ; — *c*, troisième cellule cérébrale formant le cervelet et la moelle allongée ; — *d*, yeux ; — *f*, cœur replié sur lui-même ; — *g*, bulbe aortique se terminant en *e* ; — *h*, *i*, veines vitellines ; — *i*, corde dorsale ; — *k*, vertèbres ; — *l*, artères vitellines.

interne en s'étendant peu à peu sur la surface du vitellus ne tarde pas à envelopper complètement ce globe de substance nutritive et à l'enfermer dans un sac membraneux appelé *vésicule vitelline* ou *vésicule ombilicale*. La portion dorsale de cette même couche du blastoderme donne ensuite naissance au tube digestif qui communique d'abord librement avec la cavité de la vésicule vitelline, mais s'en sépare ensuite peu à peu et n'y est reliée que par un cordon suspenseur.

Pendant que le travail embryogénique débute de la sorte, le feuillet superficiel du blastoderme forme de chaque côté du système rachidien un épaississement qui s'étend latéralement, puis se recourbe en dessus, de manière à circonscrire dans cette partie du corps de l'embryon une fosse qui va constituer la cavité viscérale et se fermer peu à peu en dessous. Mais à cette période elle est encore largement ouverte et ne loge que partiellement le tube digestif.

Chez le Poulet, de même que chez l'embryon de tout autre Vertébré, le cœur commence aussi à se constituer de très bonne heure et du sang rouge apparaît dans son intérieur (fig. 264 et 265). Mais la structure de cet organe est très simple et il n'est pas inclus dans la cavité viscérale comme il le sera bientôt après. Enfin son extrémité antérieure se prolonge sous la forme d'un tronc artériel, dont partent de chaque côté des arcs vasculaires (ou crosses aortiques) qui remontent vers la colonne vertébrale en voie de formation et, en s'y réunissant sur la ligne médiane du corps, reconstituent un tronc médian qui est l'artère aorte dorsale et qui donne naissance à diverses branches, dont les principales vont se distribuer à la vésicule vitelline ou vésicule ombilicale (fig. 265).

§ 218. Pendant cette première période de son existence l'embryon du poulet ne diffère pas notablement du jeune embryon de tout autre Vertébré. En effet, au début de leur existence, les Poissons, les Batraciens, les Reptiles, les Oiseaux et les Mammifères sont organisés de la même manière et réalisent seulement un type commun à tous les Vertébrés.

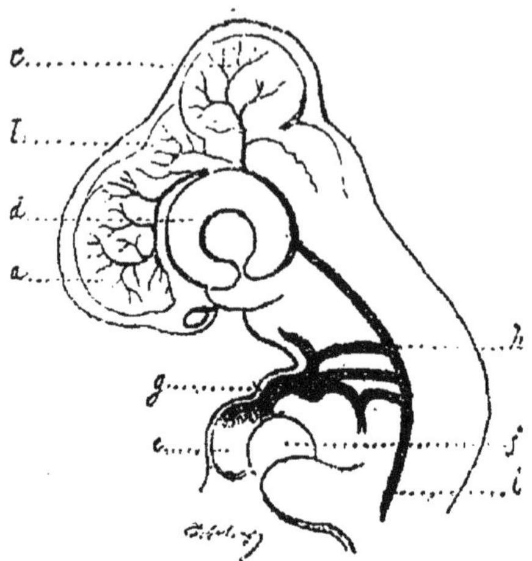

Fig. 265. — Cœur de poulet (*).

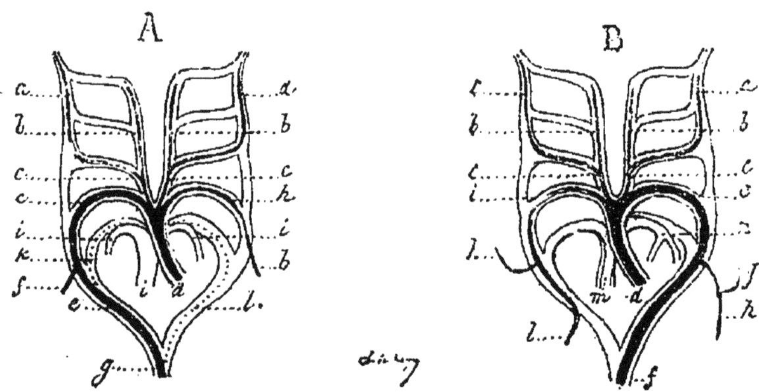

Fig. 266. — Arcs aortiques (**).

(*) *a*, première cellule cérébrale ; — *b*, deuxième cellule cérébrale ; — *c*, troisième cellule cérébrale ; — *d*, œil ; — *e*, ventricule du cœur ; — *f*, oreillette ; — *g*, bulbe artériel d'où se détachent les crosses aortiques ; — *i*, aorte dorsale.

(**) A, arcs artériels d'un poulet dans l'œuf ; — *a*, carotide interne ; — *b*, carotide externe ; — *c*, carotide ; — *d*, aorte ; — *e*, quatrième arc aortique du côté droit (racine de l'aorte dorsale) ; — *f*, sous-clavière droite ; — *g*, aorte dorsale ; — *h*, sous-clavière gauche ; — *i*, artère pulmonaire ; — *k*, *l*, canal réunissant les artères pulmonaires à l'aorte. — Les parties teintées en noir sont celles qui seules persistent, les parties au trait n'existent que chez l'embryon.

B, arcs aortiques d'un embryon de Mammifère : *a*, carotide interne ; — *b*, carotide externe ; — *d*, aorte ; — *e*, l'arc aortique du côté gauche ; — *f*, aorte dorsale ; — *g*, artère vertébrale gauche ; — *h*, *i*, artères sous-clavières gauche et droite ; — *k*, artère vertébrale droite ; — *l*, artère axillaire ; — *m*, artère pulmonaire ; — *n*, canal allant des artères pulmonaires à l'aorte.

Mais bientôt certaines différences de structure s'y manifestent suivant que l'être en voie de développement est, d'une part, un Poisson ou un Batracien, d'autre part, un Reptile, un Oiseau ou un Mammifère. Chez ces derniers Vertébrés les arcs aortiques conservent leur forme tubulaire; tandis que chez les autres ils donnent naissance à des houppes vasculaires qui, en se développant, constituent des branchies (fig. 266).

Chez ces Vertébrés branchifères la totalité de la portion périphérique et post-céphalique du blastoderme sert à constituer les parois de la cavité viscérale, tandis que chez les Reptiles, les Oiseaux et les Mammifères elle se développe de manière à constituer aussi une tunique transitoire qui acquiert la forme d'une poche membraneuse nommée *amnios*, dans l'intérieur de laquelle le corps du jeune embryon se trouve logé. Enfin chez les Vertébrés qui acquièrent ce revêtement temporaire, l'organisme du jeune embryon s'enrichit aussi d'un autre organe dont les Poissons et les Batraciens sont entièrement privés, savoir : un *allantoïde* et cet organe, qui affecte la forme d'un sac membraneux, devient un appareil respiratoire tenant lieu de poumons. En effet, l'embryon du Poulet de même que tous les autres animaux vertébrés a besoin de puiser dans l'atmosphère, directement ou indirectement, de l'oxygène destiné à entretenir la combustion physiologique dont son organisme est le siège, et pendant la seconde période de son existence qui précède l'éclosion, l'allantoïde devenu très vasculaire et, recevant le contact de l'air au moyen des pores dont la coquille de l'œuf est pourvue, fonctionne à la manière d'un appareil respiratoire.

§ 219. Nous voyons donc que, de très bonne heure, l'embryon des Vertébrés, qui était d'abord conformé de la même manière chez tous ces animaux, réalise deux types secondaires très différents suivant qu'ils appartiennent à l'un ou à l'autre des groupes naturels désignés sous les noms de sous-embranchement des *Anallantoïdiens* ou Vertébrés branchifères et de sous-embranchement des *Allantoïdiens*.

Les embryons de Poissons et de Batraciens continuent pen-

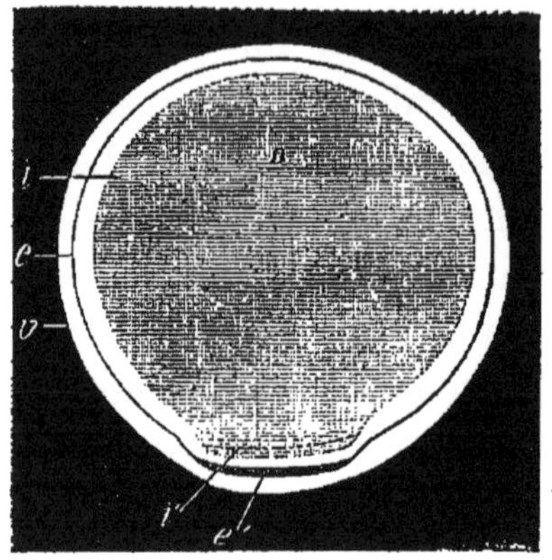

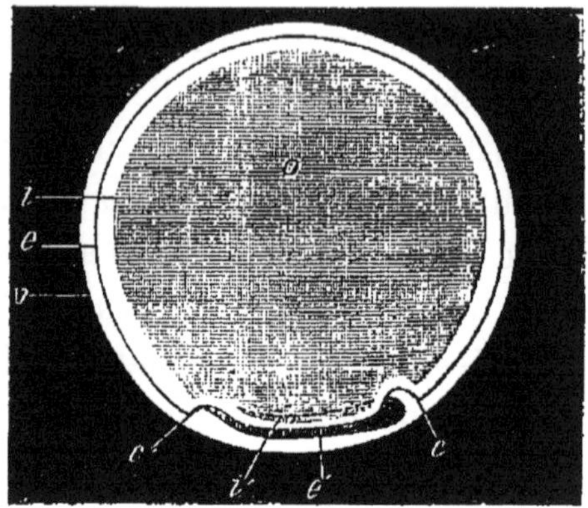

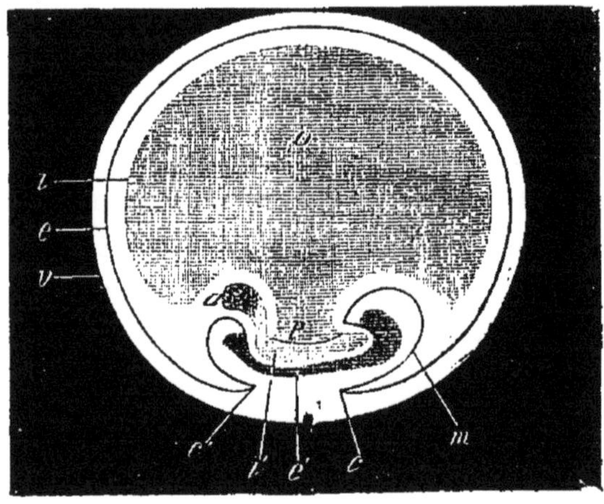

Fig. 267 (*).

dant un certain temps à se développer sans cesser de se

(*) A, e', embryon; — i, partie du blastoderme qui concourt au développement de l'intestin; — e, feuillet externe du blastoderme; — i, feuillet interne du blastoderme; — O, vitellus. Dans ces figures l'embryon devrait occuper la partie supérieure de la sphère vitelline.

B, mêmes lettres de renvoi. Le feuillet externe e commence à former à l'embryon un capuchon céphalique c et un capuchon caudal.

C, mêmes lettres de renvoi. Le capuchon caudal et le capuchon céphalique m se développent pour former la poche amniotique : a, origine de l'allantoïde; — o, vésicule ombilicale; — p, son pédicule.

ressembler sous presque tous les rapports, et, ainsi que nous

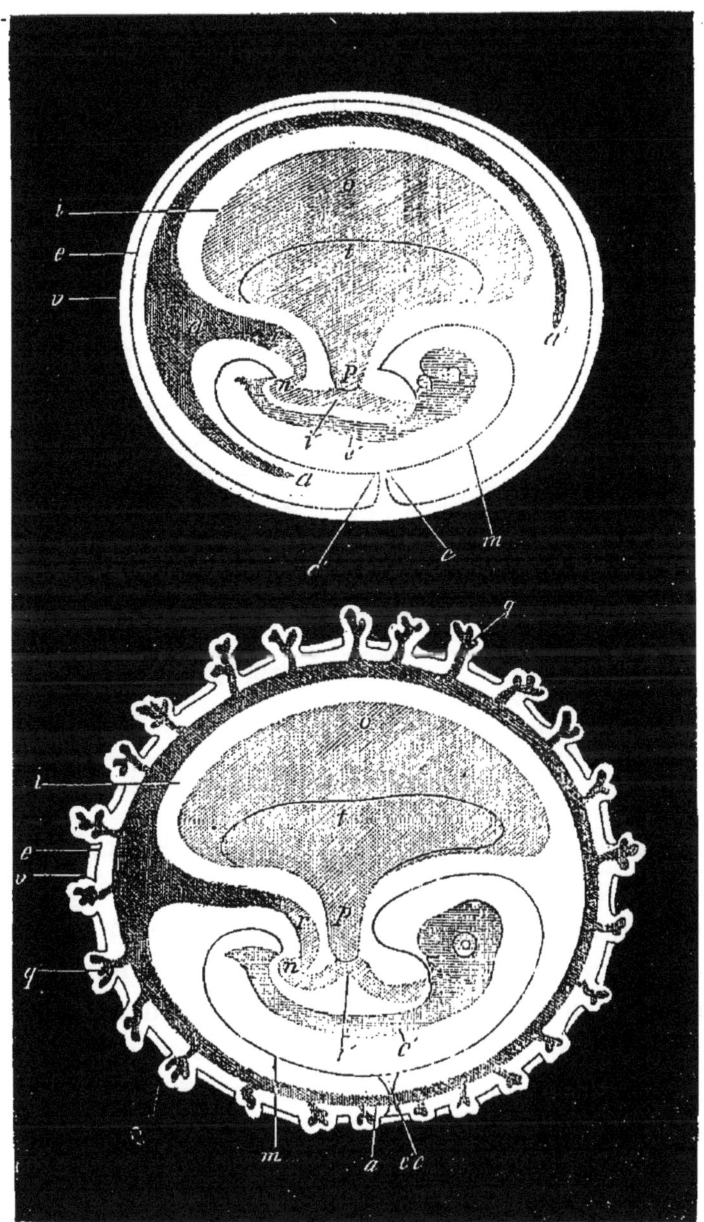

Fig. 268. — Développement de l'œuf (*).

(*) Les lettres de renvoi sont les mêmes que pour la figure 267. L'amnios *m* forme un sac fermé, l'allantoïde *a* s'est beaucoup développée.

l'avons vu dans la première partie de ce livre, ces derniers animaux en sortant de l'œuf sont semblables aux premiers ; ce sont des Vertébrés pisciformes appelés Têtards, mais qui ne conservent pas toujours ce mode d'organisation et, en se métamorphosant, acquièrent des poumons et, presque toujours en même temps perdent leurs branchies.

Les Vertébrés allantoïdiens, comme je viens de le dire, pré-

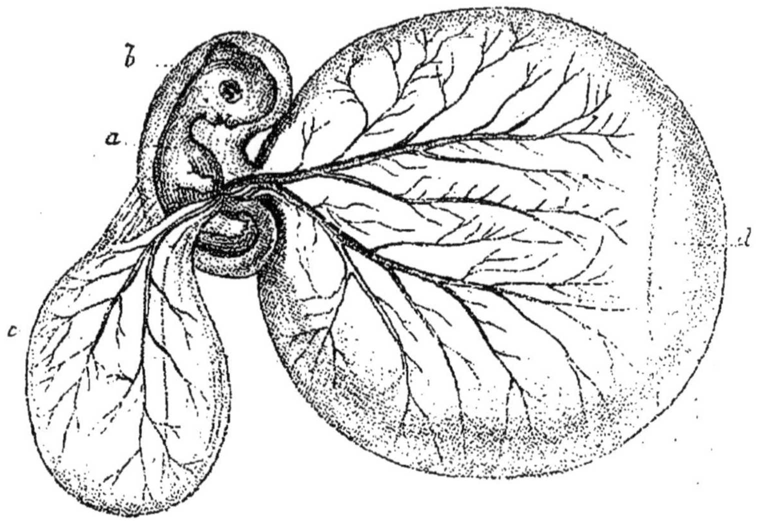

Fig. 269. — Développement du poulet (*).

sentent tous les mêmes caractères essentiels lorsqu'ils se sont déjà distingués des Anallantoïdiens, mais, en se séparant davantage, ils se différencient entre eux d'une manière importante suivant que ce sont des embryons de Mammifères ou des embryons, soit d'Oiseaux, soit de Reptiles ; dans ce dernier cas la surface de l'espèce de poche membraneuse dans laquelle ils se développent tous ne donne pas naissance à des prolongements vasculaires ; tandis que chez les Mammifères elle se couvre de villosités qui acquièrent en général une grande importance physiologique, deviennent très vasculaires et constituent un

(*) Embryon du poulet *a* contenu dans l'amnios *b* : — *c*, allantoïde ; — *d*, vésicule ombilicale.

appareil transitoire, ou placenta, au moyen duquel la combustion respiratoire est entretenue jusqu'à ce que les poumons soient en état de fonctionner.

§ 220. Les changements effectués ainsi dans le mode d'organisation des Vertébrés pendant qu'ils sont à l'état d'embryon ne sont pas les seuls phénomènes du même ordre que l'on y observe. Ainsi dans le très jeune âge la tête ne consiste que dans la portion crânienne, et c'est après que les yeux se sont constitués que les autres parties de la face commencent à se développer ; toute la portion moyenne et inférieure de cette région est alors occupée par une fosse commune qui ne communique pas encore avec le tube digestif. Les mâchoires se développent ultérieurement, ainsi que les parois des orbites et des fosses nasales ; mais le degré de perfectionnement auquel ils arrivent varie beaucoup suivant les classes, les familles et même les genres.

Il est également à noter que, chez tous les Vertébrés, l'embryon à une certaine époque de son existence n'est constitué que par la tête et le tronc ; les membres se forment plus tardivement, et parfois même ne prennent pas naissance, ainsi que cela se voit chez quelques Batraciens et chez les Serpents parmi les Reptiles ; quelquefois aussi l'embryon n'acquiert qu'une seule paire de ces appendices (chez les Cétacés par exemple) ; il n'y en a jamais plus de deux paires, et lorsque ces appendices commencent à se développer, ils ne diffèrent pas entre eux et ressemblent à de simples moignons, mais peu à peu ils acquièrent les particularités de structure que nous leur voyons finalement dans telle ou telle classe, telle ou telle famille, etc.

§ 221. En résumé, tous les Vertébrés encore à l'état d'embryon se ressemblent entre eux d'autant plus qu'ils sont plus jeunes, et c'est peu à peu que surgissent les particularités organiques à raison desquelles ils sont d'abord des Reptiles, des Oiseaux ou des Mammifères et non des Batraciens ou des Poissons ;

puis des Reptiles ou des Oiseaux et non des Mammifères, et beaucoup de ces particularités sont dues à un développement plus ou moins complet de tel ou tel appareil physiologique. Mais en se perfectionnant de la sorte, les Vertébrés inférieurs ne réalisent pas d'une manière permanente l'une quelconque des formes zoologiques par lesquelles les espèces supérieures passent pour arriver à l'état complet; ainsi un embryon de Mammifère ne représente à aucune période de son développement ni un Poisson, ni un Reptile, ni un Oiseau, et un embryon de Quadrumane ou de Carnassier ne représente, à aucune époque de son développement, le mode de structure réalisé par un Rongeur ou par un Insectivore adulte. Chacun de ces animaux a en lui, dès son origine, une puissance organisatrice en vertu de laquelle il devient un Mammifère et non un Reptile, un Chien et non un Chat ou un Mammifère d'un autre genre. Or, cette fixité de sa destinée est une conséquence de son mode d'origine ; l'être vivant qui donne la vie à l'individu nouveau communique aussi à celui-ci l'aptitude à réaliser un certain type et à prendre successivement les diverses formes par lesquelles il a lui-même passé, de telle sorte que les divers membres d'une même lignée sont en général des représentants plus ou moins exacts les uns des autres.

§ 222. Lorsque l'œuf, au lieu de provenir d'un Vertébré, a été produit par un Insecte ou par un autre animal articulé, l'embryon dès son plus jeune âge diffère de tous ceux dont je viens de parler. Il se constitue toujours d'une manière progressive et, en se développant, son organisme se complique de plus en plus, mais ses rapports avec le vitellus sont différents, car c'est la face dorsale et non la face ventrale du corps du jeune être en voie de formation qui repose sur ce globe nutritif; il ne présente ni ligne primitive, ni corde dorsale, ni aucun autre rudiment du système rachidien, mais de très bonne heure la division du corps en une série longitudinale de zoonites se manifeste, de sorte que dès ce moment il est caractérisé comme *Entomozoaire*.

D'autres particularités organiques distinguent aussi des Vertébrés et des Annelés, d'une part les Mollusques, d'autre part les animaux radiaires, de façon que les quatre types principaux du règne animal sont nettement marqués presque au début de l'existence de ces êtres, et que le Vertébré, pour se constituer, ne passe par aucune des formes caractéristiques de l'un quelconque des groupes zoologiques inférieurs dont je viens de parler. Il ne commence jamais par être un Mollusque, un Insecte, un Ver ou un Radiaire.

MÉTAMORPHOSES, MIGRATIONS, GÉNÉRATIONS ALTERNANTES.

§ 223. Les métamorphoses que beaucoup d'animaux inférieurs subissent pendant le jeune âge ne consistent jamais en changements de cet ordre et ne résultent que du développement tardif de certaines parties de l'organisme ou de l'atrophie et de la disparition d'autres parties, ou de la substitution d'un organe nouveau à un organe dont l'existence n'est que temporaire. Je n'ai pas à revenir ici sur les changements extérieurs qui surviennent aux différents âges chez les Insectes, caractérisant les états de larve ou chenille, de chrysalide ou nymphe et d'insecte parfait; j'ai aussi indiqué plus haut quelles étaient les métamorphoses des Batraciens et comment les membres se constituent peu à peu pendant que la queue s'atrophie ; d'autres changements organiques très importants ont aussi lieu, les branchies extérieures se flétrissent et les poumons se constituent.

Les Langoustes en sortant de l'œuf ne ressemblent en rien à leurs parents, à tel point que les naturalistes qui ne connaissaient pas les relations existant entre la forme de l'adulte et la forme du jeune, avaient désigné cette dernière sous le nom de Phyllosome (fig. 270) et ils la rangeaient dans un groupe zoologique très éloigné de celui où les Langoustes prennent place. Mais si on suit le développement du Phyllosome on voit peu à peu les formes changer, à la suite des diverses mues de l'animal qui de-

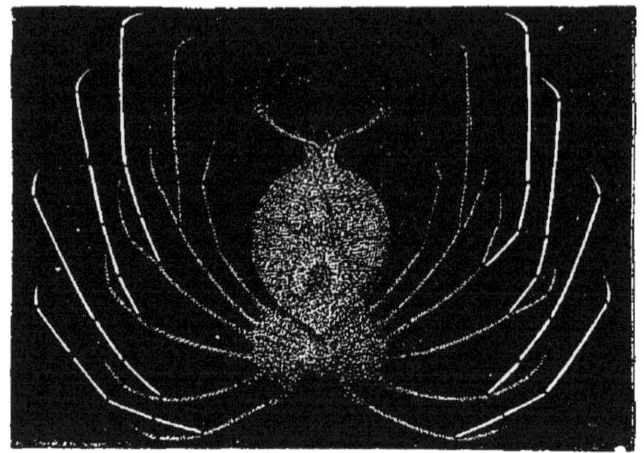

Fig. 270. — Larve de Langouste.

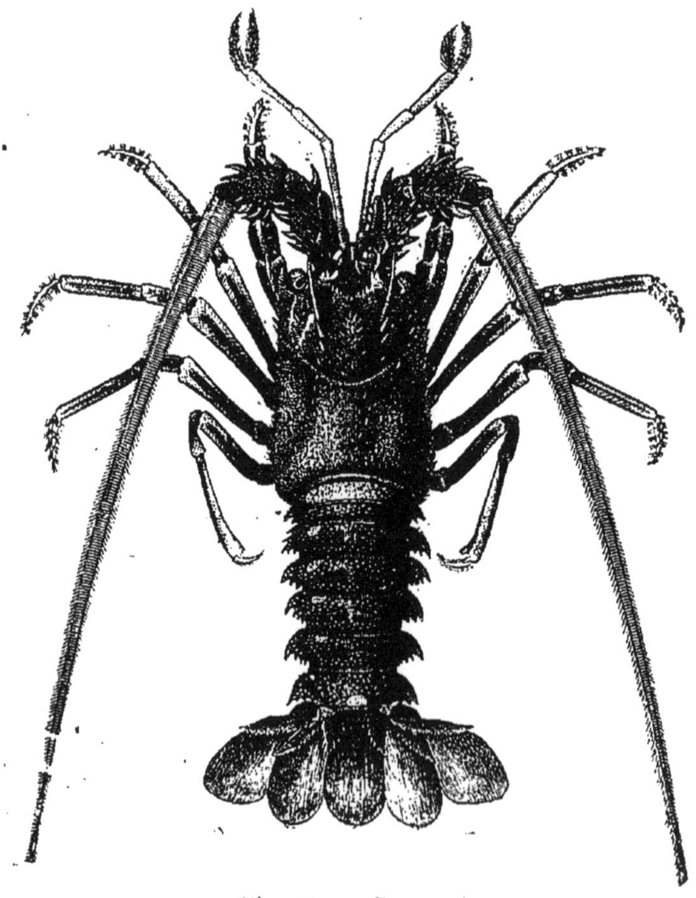

Fig. 271. — Langouste.

vient ainsi une Langouste (fig. 271). J'ai déjà parlé des métamorphoses non moins remarquables que subissent les Crabes (1)

Chez divers animaux inférieurs, la nature du milieu dans lequel ces êtres habitent exerce une grande influence sur le développement de leurs organes. Ainsi beaucoup de Vers restent incapables de se multiplier tant qu'ils vivent dans les conditions biologiques au milieu desquelles ils sont nés, et pour compléter leur développement ils ont besoin de changer de résidence. En étudiant l'histoire naturelle des Vers, nous avons vu plusieurs exemples des migrations de ce genre.

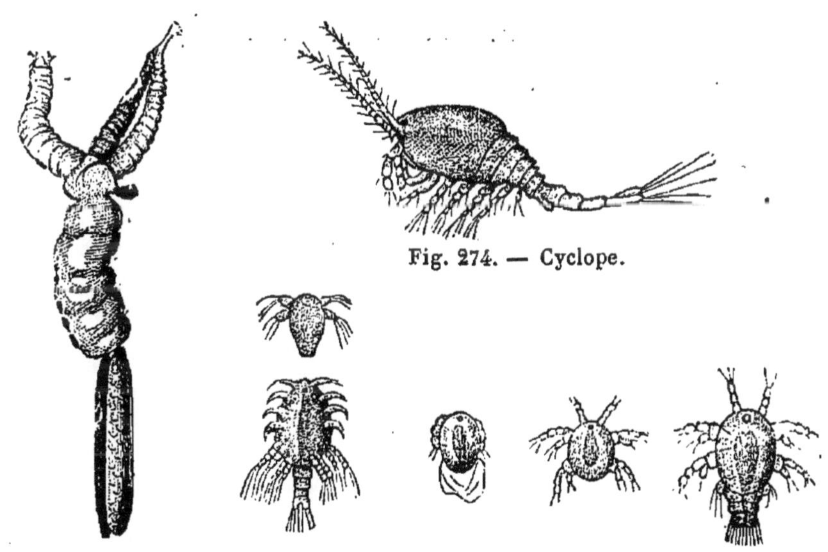

Fig. 274. — Cyclope.

Fig. 272. — Lernée. Fig. 273. — Larves de Lernée. Fig. 275. — Larves de Cyclope.

Beaucoup de Crustacés qui, dans leur jeune âge, nagent librement ne tardent pas à se fixer sur un animal dont ils sucent les humeurs, ils se déforment alors et perdent leurs appendices locomoteurs comme les Lernées qui dans le jeune âge ressemblent beaucoup aux Cyclopes (fig. 273) ; d'autres s'attachent aux rochers comme les Balanes et les Anatifes (2).

(1) Voyez Ire partie, page 340.
(2) Voyez Ire partie, fig. 434 et 435.

§ 224. Les individus issus de mêmes parents et qui se développent dans l'intérieur d'un œuf réalisent ordinairement le même type

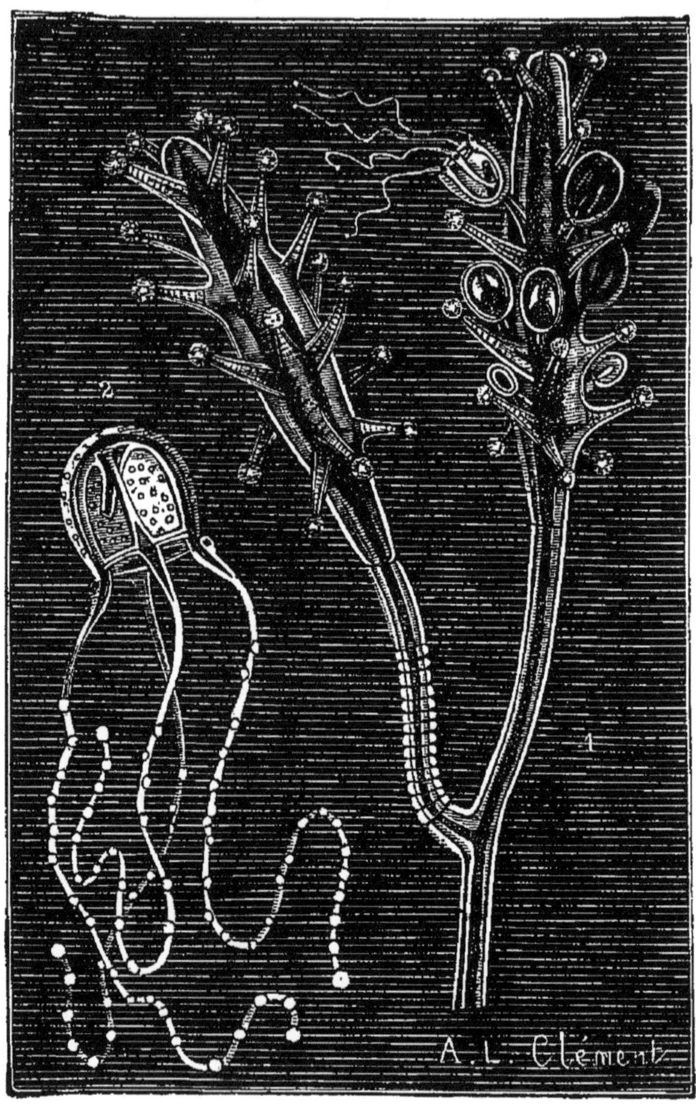

Fig. 276. — Générations alternantes (*).

organique et constituent par conséquent une série d'exemplaires

(*) 1, un Hydraire marin produisant par bourgeonnement des Méduses; — 2, l'une de ces Méduses libres (d'après M. Perrier).

différents de ce type; mais les animaux qui sont susceptibles de se multiplier par bourgeonnements ou par scissiparité aussi bien que par oviparité affectent souvent deux formes plus ou moins différentes suivant qu'ils ont été constitués par l'un ou par l'autre de ces procédés zoogéniques. Or, dans la plupart des cas, ces modes de reproduction alternent et par conséquent on voit apparaître de génération en génération l'un ou l'autre de ces types. On désigne, sous le nom de *générations alternantes*, ces successions d'individus hétéromorphes issus d'une souche commune, et comme exemple de ces espèces dimorphes je citerai les Salpas. Les Salpas ou Biphores, lorsqu'ils naissent d'œufs, sont inaptes à en produire eux-mêmes et vivent solitaires, mais se multiplient par gemmation ; et les individus qui naissent ainsi par bourgeonnement restent unis entre eux de façon à constituer de longues chaînes vivantes dont chaque anneau est formé par un individu apte à donner des œufs et se distinguant de celui dont il descend par diverses particularités de structure.

Les alternances de conformation dans une même lignée d'individus ont été constatées aussi chez quelques Cœlentérés du groupe des Acalèphes qui sont aptes à se multiplier au moyen d'œufs ainsi que par bourgeonnement ou par scissiparité. Ainsi certains Zoophytes de ce groupe affectent la forme de Polypes hydraires lorsqu'ils naissent d'un œuf, tandis que les individus produits par bourgeonnement peuvent, en se développant, devenir des Méduses (fig. 276).

En étudiant divers Vers intestinaux, nous avons vu des exemples de générations alternantes encore plus remarquables. (Voy. Ire partie, page 340.)

VARIABILITÉ DES FORMES ANIMALES; HÉRÉDITÉ, SÉLECTION NATURELLE, ETC.

§ 225. Le travail organisateur qui a pour résultat la production d'un animal, de même que celui dont dépend la réintégration d'un individu vivant, dans la possession de toutes les parties nécessaires à la réalisation de son type primordial, tend, comme nous venons de le voir, à s'opérer de manière à effectuer cette réalisation, soit directement, soit indirectement et par conséquent le type se perpétue, quoique les individus qui le représentent n'aient qu'une existence limitée.

Mais la puissance imitative qui imprime au produit de ce travail la forme de son ancêtre n'agit pas seule, et par l'action de diverses causes perturbatrices, la marche de ce travail peut être troublée de manière à donner à l'Être en voie de formation, une structure anormale. On désigne communément, sous le nom de **monstres**, les individus à conformation exceptionnelle qui naissent ainsi.

En général, c'est par défaut de développement de certaines parties de l'organisme seulement, que ces anomalies ont lieu, mais parfois c'est au contraire par excès et, dans ce cas, des parties surnuméraires analogues à celles dont la formation est normale, se constituent à côté de celles-ci, à peu près comme nous avons vu la queue d'un Lézard devenir double ou triple, au lieu de se reconstituer sous sa forme ordinaire. Il peut arriver aussi que des individus en voie de formation ou des parties d'un même individu, en se rencontrant, lorsque leur développement est très peu avancé, se soudent l'une à l'autre et se confondent plus ou moins complètement entre eux. Enfin d'autres modifications tératologiques peuvent résulter de l'atrophie et de la disparition d'une partie de l'organisme après qu'elle s'est constituée d'une manière plus ou moins complète, phénomène comparable à ceux dont nous avons vu des exemples pendant la métamorphose du Têtard en Grenouille anoure ou pendant la transformation de la région abdominale du corps d'une Chenille à pattes membraneuses qui, en devenant Papillon, cesse d'avoir des membres locomoteurs, ailleurs qu'au thorax.

Lorsque la perturbation déterminée par une cause quelconque dans la marche régulière du travail organisateur est très considérable, les Êtres difformes ainsi produits sont inaptes à vivre longtemps et meurent en bas âge ou tout au moins avant d'arriver à l'état adulte ; mais lorsque l'anomalie est peu importante sous le rapport physiologique, elle n'empêche pas l'individu de vivre de la manière ordinaire et de se multiplier. Parfois même les particularités de structure qui caractérisent la monstruosité, réapparaissent chez les descendants des individus affectés d'un vice de conformation. Ainsi, dans quelques familles, on a constaté l'existence de doigts surnuméraires à l'une des mains ou au pied (fig. 277), pendant plusieurs générations successives, et chez certaines lignées de l'espèce bovine ou de l'espèce caprine (fig. 278 et 279), l'absence de cornes est devenue un caractère de race; mais, en général, l'influence du type primordial l'emporte plus ou moins promptement et les organismes y font retour.

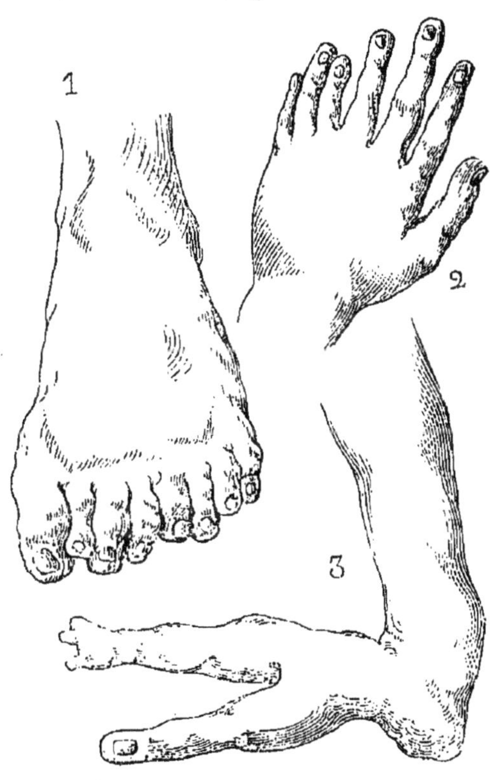

Fig. 277. — Monstruosités de la main et du pied.

§ 226. On ne sait presque rien, relativement à la nature de ces causes perturbatrices; mais on a constaté que des différences dans les conditions extérieures, dans lesquelles les jeunes animaux se trouvent placés pendant leur développement, peuvent déterminer certaines particularités dans leur mode de conformation, par exemple, influer sur leur taille, sur les proportions de diverses parties du corps, sur la coloration des téguments et sur d'autres choses d'une importance minime; que ces modifications, en se répétant de génération en génération, peuvent s'accentuer de plus en plus, et que de la sorte des **races** ou **variétés** constantes, ayant chacune ses caractères propres, se forment parfois aux dépens de lignées collatérales issues d'une souche commune.

Les éleveurs de bétail ont constaté qu'en plaçant dans les mêmes conditions biologiques les animaux domestiques, chez lesquels une ou plusieurs particularités de conformation se sont produites, et en excluant du troupeau tous les individus qui n'offrent pas ces particularités, on peut à volonté créer des races dans lesquelles ces caractères spéciaux se prononcent de plus en plus fortement, et deviennent de plus en plus indélébiles, à mesure que le nombre des générations ainsi modifiées augmente. Cette **sélection** leur a permis de se procurer des races bovines dont la conformation est telle que les parties charnues du tronc se sont développées beaucoup plus que d'ordinaire, en même temps que les os des membres sont devenus plus petits, ou dont la précocité est telle qu'on peut avec profit livrer les jeunes individus à la boucherie, sans attendre l'âge que doivent avoir les individus non perfectionnés sous ce rapport, pour être employés de la sorte. Pour les bêtes ovines, il en a été de même, et par voie de sélection les agronomes sont parvenus à obtenir des Moutons particulièrement aptes à donner de la viande, de la graisse, de la laine fine ou de la laine longue.

Les différences qui existent entre les races d'une même espèce peuvent être si grandes qu'au premier abord on serait tenté de les considérer comme spécifiques. Ainsi la Chèvre de Cachemire (fig. 278) forme une race bien distincte de la Chèvre d'Égypte (fig. 279), la première a les pattes courtes et le poil très long, très fin et très fourni, la seconde a les jambes longues, la tête busquée et le poil presque ras ; toutes deux appartiennent cependant à la même espèce.

§ 227. Or, ce qui se produit chez les animaux élevés en domesticité, doit pouvoir, par l'effet d'influences analogues, se produire chez les animaux sauvages. Suivant les climats et les autres conditions biologiques, l'organisme de ces Êtres doit pouvoir se modifier à certains égards, et on conçoit même que les effets dus à des influences de cet ordre puissent, à la longue, être augmentés par suite d'une sorte de *sélection naturelle* qui serait la conséquence de l'existence de particularités de conformation favorables à la vigueur ou à la longévité des individus chez lesquels elles existeraient ; ces individus, en effet, deviendraient prédominants et tendraient de plus en plus à imprimer à leurs descendants les caractères auxquels ils doivent leur supériorité.

C'est de la sorte qu'on peut se rendre compte de l'existence de races distinctes, représentant une même espèce dans des contrées différentes ; la ligne de démarcation entre ces *variétés locales* issues d'une souche commune, et les groupes naturels qui représentent un même type générique et qui sont considérés comme constituant autant d'**espèces** particulières, est souvent fort difficile à déterminer. Pour en juger d'une manière absolue, il faudrait connaître le degré de variabilité des formes organiques qui serait compatible avec la perpétuation d'une lignée zoologique, et les faits bien constatés nous manquent pour en juger. Aussi les naturalistes sont-ils très divisés d'opinion à cet égard, et suivant les uns, les transformations de types réalisables de la sorte seraient presque illimitées ; tandis que, suivant d'autres, elles seraient toujours de minime importance.

§ 228. Pour jeter un peu de lumière sur cette question, il est utile d'examiner tout d'abord ce qui peut être constaté par l'observation, lorsque des animaux issus d'une même souche ou de parents similaires, sont placés dans des conditions biologiques dissemblables ou, en d'autres mots, il faut étudier les

Fig. 278. — Chèvre de Cachemire.

Fig. 279. — Chèvre d'Égypte.

rapports qui peuvent exister entre le mode d'organisation de ces individus et les variations dans le milieu ambiant, dans le régime alimentaire de ces Êtres et les autres circonstances dans lesquelles ils se trouvent placés.

DES RAPPORTS DE L'ORGANISME AVEC LE MILIEU AMBIANT.

§ 229. La constitution des animaux est toujours appropriée aux conditions biologiques dans lesquelles ces Êtres vivent, car, sans cela, ils périraient; mais cette adaptation est-elle une conséquence de l'influence exercée sur les organismes par ces conditions, ou la conséquence d'une disposition originelle, ou en d'autres mots, les animaux sont-ils aptes à vivre de telle ou telle manière, parce qu'ils ont été créés originairement de manière à pouvoir vivre de la sorte, ou cette aptitude est-elle une conséquence des modifications apportées à leur mode d'organisation par l'action des causes extérieures?

L'observation nous apprend que, dans l'état actuel des choses, les différences de climat, de régime alimentaire, d'exercice ou d'activité fonctionnelle, ne déterminent chez les animaux, dont l'histoire naturelle nous est bien connue, que des différences d'ordre très secondaire. Quelques espèces ont été transportées par l'homme sur presque tous les points du globe sans éprouver, dans leur structure ou dans leurs facultés, aucun changement radical; elles cessent de se perpétuer et s'éteignent là où les conditions nouvelles ne sont pas en harmonie avec leurs besoins physiologiques, et nulle part on ne les voit subir des changements de l'ordre de ceux qui seraient nécessaires pour que le type réalisé actuellement par les Chevaux devienne par exemple, le type représenté par les Bœufs, les Moutons, les Cerfs ou des animaux de tout autre genre, ou bien encore pour que les descendants de Rats communs de nos pays puissent devenir des Marmottes, des Castors ou des

Rongeurs quelconques, autres que ceux du genre Rat. Nous avons vu précédemment que le climat peut déterminer des changements considérables dans le pelage des Mammifères (des Ecureuils par exemple), dans la taille des individus ; mais

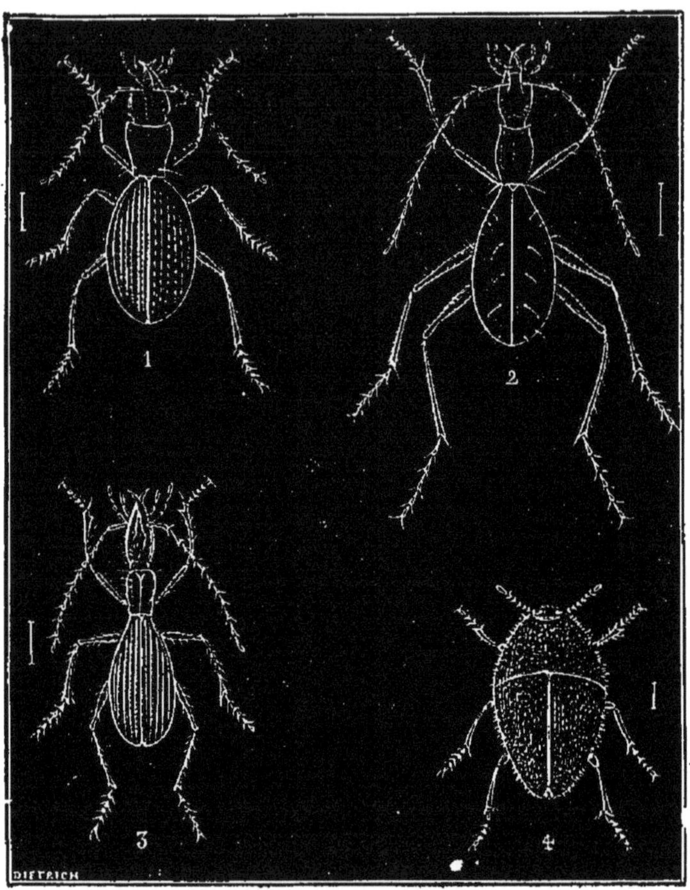

Fig. 280. — Insectes aveugles (*).

le mode de conformation générale reste partout à peu près le même. Un long séjour dans l'obscurité paraît amener la cécité par atrophie progressive des yeux toujours inactifs (fig. 280) ;

(*) 1, 2, 3, Anophthalmes des cavernes de l'Ariège ; — 4, Adelops de la grotte d'Estellas (Ariège).

ainsi divers Insectes qui vivent dans des cavernes profondes, et des Écrevisses dont la demeure est également souterraine, sont aveugles. Il est probable que la cécité de certains Vertébrés et de beaucoup d'Invertébrés a été déterminée par les conditions biologiques dans lesquelles ils vivent; mais ces modifications organiques n'entraînent aucun changement dans le plan général de leur organisme.

En résumé, aucun fait connu ne nous autorise donc à croire que dans l'état actuel de notre globe, les espèces zoologiques puissent se transformer de manière à passer d'un type bien caractérisé à tout autre type ou à réaliser un type nouveau.

Mais en a-t-il été toujours de même, et, à d'autres périodes géologiques, des transformations d'un ordre plus élevé ont-elles eu lieu de manière à ce que des animaux anciens, dont les types n'ont plus de représentants de nos jours, puissent être les ancêtres des animaux qui vivent actuellement?

C'est envisagée à ce point de vue, que la question appelée le *problème de l'espèce*, occupe depuis quelques années l'attention des naturalistes, mais elle est loin d'être résolue et elle est même entourée de trop d'obscurité pour que je puisse en traiter utilement ici. Je ne discuterai donc pas le mode d'origine des espèces animales, et, sans chercher à deviner comment l'organisation des Êtres animés a pu acquérir ses caractères actuels, je passerai à l'examen de ce que l'on pourrait appeler les *procédés de différenciation* employés par la nature pour varier, comme elle l'a fait, les espèces animales.

§ 230. Le nombre des formes organiques caractéristiques d'autant d'espèces zoologiques est immense; on les évalue par centaines de mille, mais cette diversité est soumise à des règles et elle semble avoir toujours été obtenue d'une manière très économique. En effet, les choses se présentent comme si la production de ces espèces avait été obtenue principalement par l'emploi de trois moyens : 1° l'adoption d'un petit nombre de types primordiaux; 2° le perfectionnement progressif des représentants spécifiques de chacun de ces types ; 3° leur adaptation à des genres de vie différents.

DE L'ÉVOLUTION DES TYPES ZOOLOGIQUES ET DU PERFECTIONNEMENT DES REPRÉSENTANTS DE CHACUN D'EUX. DIVISION DU TRAVAIL PHYSIOLOGIQUE.

§ 231. Dans chacune des grandes divisions du Règne animal qui sont constituées par les représentants d'un même type primordial, ou même de rang secondaire, il existe des espèces qui sont plus parfaites les unes que les autres, c'est-à-dire, dont les facultés physiologiques sont plus puissantes et plus variées. On appelle communément *animaux supérieurs*, ceux qui sous ce rapport sont les mieux constitués, et *animaux inférieurs*, ceux qui le sont moins bien. Dans le Règne animal considéré dans son ensemble, on constate à cet égard des différences immenses, et parmi les espèces appartenant à un même embranchement ou à une même classe, il y a des inégalités analogues.

Le perfectionnement de l'organisme des animaux résulte principalement de la **division progressive du travail physiologique** effectué par ces Êtres. Le corps d'un animal est une association de parties aptes chacune à exécuter certains actes, et il est comparable à une fabrique dans laquelle un grand nombre d'ouvriers travaillent à côté les uns des autres, dans un intérêt commun. Chez les animaux très inférieurs, tous ces ouvriers font les mêmes choses (fig. 281), et par conséquent leur nombre influe sur la puissance productrice de la fabrique, ou, en d'autres mots, sur la quantité des produits fournis par le travail général, mais non sur la qualité de ces produits. Chacune de ces individualités physiologiques est apte à accomplir tous les actes nécessaires à l'entretien de la vie (nutrition, respiration, etc.), à l'exercice de la faculté de sentir et de se mouvoir, et même de se multiplier; elle fonctionne comme le font ses coassociés, et c'est à cause de cette circonstance que chez beaucoup d'animaux inférieurs, les fragments du corps de l'individu zoologique peuvent vivre isolément, et reconstituer un Être semblable à celui dont ils étaient primitivement

Fig. 281. — Éponges calcaires.

des parties intégrantes, ainsi que nous l'avons vu chez les Hydres. Mais, lorsqu'on compare entre eux des animaux d'espèces différentes qui sont de mieux en mieux doués, on voit que ces cumuls fonctionnels cessent de plus en plus et que des agents spéciaux concourent de manières différentes à l'obtention du résultat voulu. La division du travail physiologique, entre ces différents ouvriers, s'établit de plus en plus ; l'organisme de l'animal, au lieu d'être seulement une association de parties ayant toutes les mêmes propriétés, devient une machine de plus en plus complexe, dans laquelle chaque organe travaille à sa façon, et contribue d'une manière spéciale à la production du résultat que doit fournir le travail commun de l'association.

Ces différents ouvriers deviennent alors de plus en plus indépendants les uns des autres, et la constitution anatomique du corps de l'animal se complique de plus en plus, car chaque instrument physiologique, en devenant particulièrement apte à fonctionner de telle ou telle manière, devient aussi par sa structure ou sa forme de plus en plus différent de ceux dont le mode d'action est autre.

§ 232. Un premier degré de perfectionnement zoologique peut donc résulter de la multiplication des parties similaires qui a pour effet d'augmenter le nombre des travailleurs, mais les perfectionnements plus considérables nécessitent l'existence d'ouvriers physiologiques dissemblables, ayant chacun un rôle spécial à remplir, et ils nécessitent aussi la coordination des actions partielles, dont l'ensemble constitue le travail vital de l'ensemble.

L'obtention de ces agents spéciaux se fait comme si, de prime abord, un fond commun d'instruments similaires était utilisé pour la constitution de ceux-ci, et comme si, plus tard, leur conformation était modifiée dans tel ou tel sens déterminé ; parfois même ce mode d'appropriation d'organes similaires à des usages différents, a lieu chez un même animal à mesure que le développement de son corps s'avance. L'Écrevisse nous fournit un exemple remarquable de ces appropriations. Lorsque ce Crustacé commence à se constituer dans l'intérieur de l'œuf à l'état d'embryon, on voit apparaître à la face sternale de son corps une double série de petits tubercules qui, en s'allongeant, deviennent autant d'appendices semblables entre eux; mais, à mesure que leur développement progresse, ils

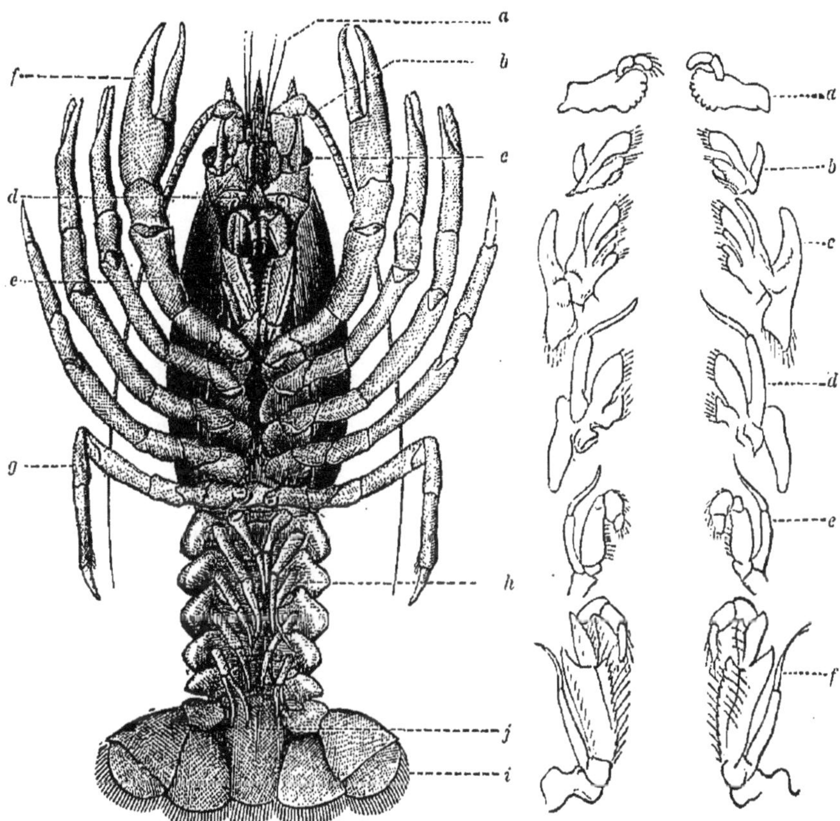

Fig. 282. — Écrevisse (*). Fig. 283. — Appareil masticateur (**).

deviennent de plus en plus différents les uns des autres. Ceux de la première paire deviennent des pédoncules oculaires; ceux de la deuxième et troisième paire deviennent des an-

(*) L'Écrevisse vue en dessous : *a*, antennes de la première paire; — *b*, antennes de la deuxième paire; — *c*, yeux; — *d*, tubercule auditif; — *e*, pattes-mâchoires externes; — *f*, pattes thoraciques de la première paire; — *g*, pattes thoraciques de la cinquième paire; — *h*, fausses pattes abdominales; — *i*, nageoire caudale; — *j*, anus.

(**) Les six paires de membres qui composent l'appareil masticateur de l'Écrevisse isolées : *a*, mandibules; — *b*, *c*, première et deuxième paires de mâchoires; — *d*, *e*, *f*, les trois paires de mâchoires auxiliaires ou pattes-mâchoires.

tennes; ceux des six paires suivantes sont affectés au service du travail digestif et, à cet effet, deviennent des mandibules,

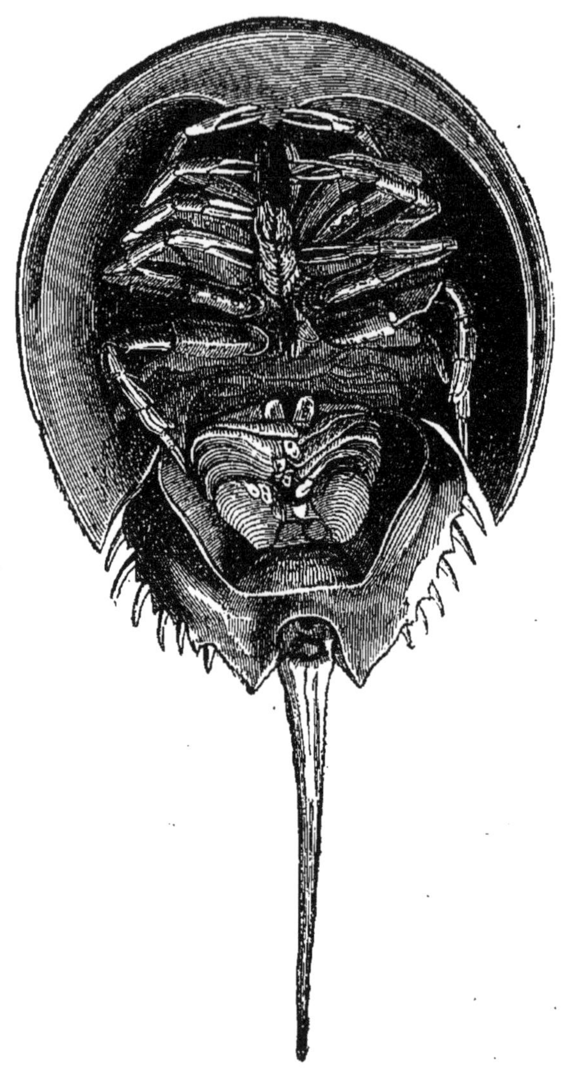

Fig. 284. — Limule vue en dessous.

des mâchoires ou des pattes-mâchoires; ceux des cinq paires suivantes acquièrent la forme de pattes préhensiles ou ambulatoires, d'autres deviennent de petites rames propres à agiter l'eau ou à servir de suspension pour les œufs ; enfin ceux de la dernière paire s'élargissent de manière à former, avec l'anneau terminal du corps, une nageoire à cinq rames disposée en éventail. Ces appendices ont à peu près les mêmes destinations chez tous les Crustacés décapodes, tels que les Crabes et les Langoustes, mais chez les Édriophtalmes, le partage entre l'appareil buccal et l'appareil de la locomotion se fait autrement, et les pattes, au lieu d'être au nombre de cinq paires, sont au nombre de sept paires, parce que les membres qui forment chez les Décapodes les pattes-mâchoires des deux dernières paires, cessent d'être attribués à l'appareil buccal et deviennent des pattes proprement dites.

C'est par suite de transformations analogues, quoique donnant des résultats différents, que chez d'autres animaux de la même classe quelques-uns des appendices, dont je viens de parler, deviennent des membres foliacés aptes à remplir les fonctions de branchies et contribuent ainsi à augmenter la puissance fonctionnelle de la respiration ; mais chez les Crustacés les plus parfaits, le travail respiratoire effectué de la sorte serait insuffisant pour répondre aux besoins de la vie, et l'organisme s'enrichit d'instruments, qui semblent avoir été créés *ad hoc*, savoir : les branchies thoraciques des Décapodes.

Chez les Limules cette distinction entre les pièces masticatrices et les membres servant à la locomotion n'existe pas. On remarque en effet que les pattes entourent la bouche et que leur hanche est hérissée d'aspérités de façon à pouvoir servir comme le feraient de véritables mandibules, il faut donc que pour mâcher l'animal fasse remuer ses pattes et chaque fois qu'il marche ses mâchoires frottent les unes contre les autres (fig. 284).

ADAPTATIONS DE L'ORGANISME AUX CONDITIONS BIOLOGIQUES.

§ 233. Ce n'est pas seulement par suite des perfectionnements de l'organisme à divers degrés et se réalisant, tantôt dans une partie de la machine vivante, tantôt dans une autre partie du corps, que les différences caractéristiques des espèces dérivées d'un même type s'établissent; la diversité résulte aussi d'autres causes, par exemple, de l'adaptation de certains organes à des fonctions spéciales.

Pour nous rendre compte de ce mode de production d'instruments physiologiques plus ou moins divers, chez des animaux dont le corps est composé de matériaux similaires, et dont le type essentiel est le même, il nous suffit de voir comment chez les Mammifères, les membres, sans changer de caractère anatomique et sans cesser d'affecter partout la même conformation, au début de leur existence chez les jeunes embryons deviennent, soit des pattes appropriées à la marche ou à la course, soit des ailes, des nageoires ou des instruments préhensiles.

§ 234. C'est principalement dans la portion terminale des membres qne les modifications de ce genre s'opèrent. Ainsi les os de la cuisse et de la jambe ne varient que peu, si ce n'est sous le rapport de la longueur des leviers. Ceux-ci, en se raccourcissant, deviennent aptes à agir avec plus de puissance, mais plus lentement et en s'allongeant ils utilisent moins bien sous ce rapport la force mécanique déployée par leurs muscles, mais ils deviennent susceptibles de donner une vitesse plus grande au déplacement de leur extrémité libre. La conformation du pied de l'homme est très bien appropriée à la réalisation des conditions de stabilité dans la locomotion bipède, mais serait défavorable à la rapidité de la course chez les quadrupèdes, où la longueur de cet organe en contact avec le sol, n'exerce que peu d'influence sur la stabilité, à raison de la grande étendue du périmètre de la base de sustentation comprise entre les quatre pattes. D'autre part, la grandeur du pied augmente le poids de l'extrémité du levier locomoteur et par conséquent elle est nuisible à la rapidité des mouvements exécutables par ce levier sous l'influence d'une force motrice donnée. Par conséquent une des conditions de l'adaptation à la course des membres d'un quadrupède doit être l'allègement du pied, résultat qui peut être obtenu par la diminution du nombre des doigts et des os métatarsiens correspondants. Or, cette diminution est effectivement réalisée chez les quadrupèdes coureurs tels que les Cerfs et les Antilopes, où le pied n'est pourvu que de deux

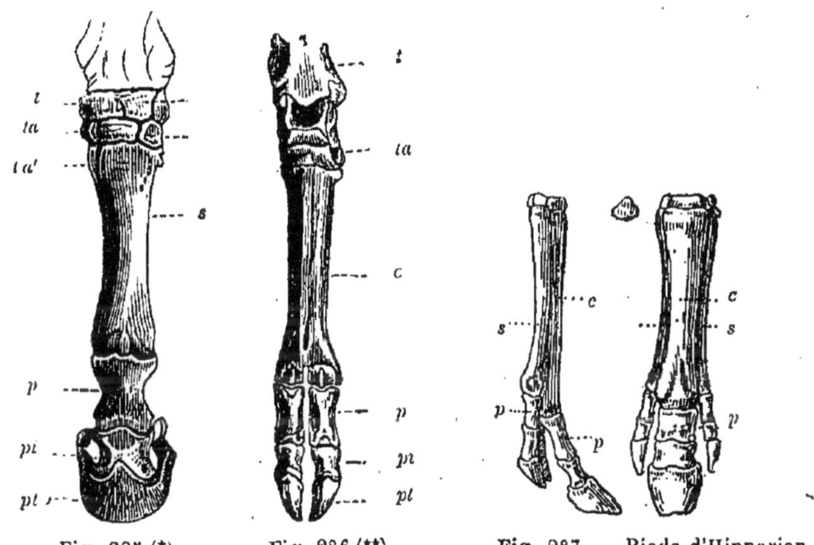

Fig. 285 (*). Fig. 286 (**). Fig. 287. — Pieds d'Hipparion.

doigts assez grands pour toucher à terre (fig. 286), et mieux encore chez les différentes espèces chevalines de l'époque actuelle, dont les pattes ne sont terminées que par un doigt unique (fig. 285), disposition qui a valu à ces animaux le nom de *Solipèdes*; mais le type chevalin n'a pas toujours été aussi perfectionné sous ce rapport, et ses représentants les plus anciens désignés par les paléontologistes sous le nom d'*Hipparions* avaient à chaque jambe trois doigts (fig. 287).

(*) Fig. 285. Jambe du cheval : *t*, tibia ; — *ta*, première rangée des os du carpe ; — *ta'*, deuxième rangée de ces os ; — *c*, métacarpe ou *canon* ; — *s*, stylet formé par un rudiment de doigt latéral ; — *p*, phalange ; — *pi*, phalangine ; — *pt*, phalangette enveloppée par le sabot.

(**) Fig. 286. Jambe du cerf (mêmes lettres de renvoi que pour la figure précédente).

§ 235. Lorsque le pied d'un quadrupède est à la fois un organe ambulatoire et un instrument approprié à la natation, les doigts, au lieu d'être libres comme d'ordinaire chez les animaux essentiellement marcheurs, sont réunis entre eux par une palmure, c'est-à-dire, par une expansion de la peau qui ne les alourdit pas notablement et ne les empêche pas de s'écarter ou de se rapprocher, mais leur permet dans le premier cas d'agir sur le liquide ambiant par une surface étendue et de constituer ainsi une rame puissante.

Chez quelques Mammifères, dont les mœurs sont plus aquatiques que terrestres, les pattes ne sont pas seulement palmées; elles sont en même temps très courtes, ce qui leur permet de presser sur le milieu ambiant avec plus de force que si elles étaient allongées. Ce résultat est obtenu très économiquement, car les différents instruments employés de la sorte sont tous construits

ig. 288. — Phoque.

avec les mêmes matériaux combinés suivant un même plan, mais un peu modifiés quant à leurs proportions, leur forme et parfois aussi leur nombre. Ainsi, pour que la patte d'un Mammifère puisse tour à tour bien fonctionner comme levier ambulatoire dans la locomotion terrestre et comme rame propre à la natation, il suffit que les doigts médiocrement allongés et en nombre ordinaire soient réunis entre eux par un prolongement de la peau qui ne les empêche ni de se rapprocher ni de s'écarter les uns des autres. La *palmure* ainsi constituée ne les empêche pas de servir efficacement à la marche ou à la course et, en se tendant à la manière d'un éventail, devient apte à appuyer sur l'eau par une large surface, condition qui

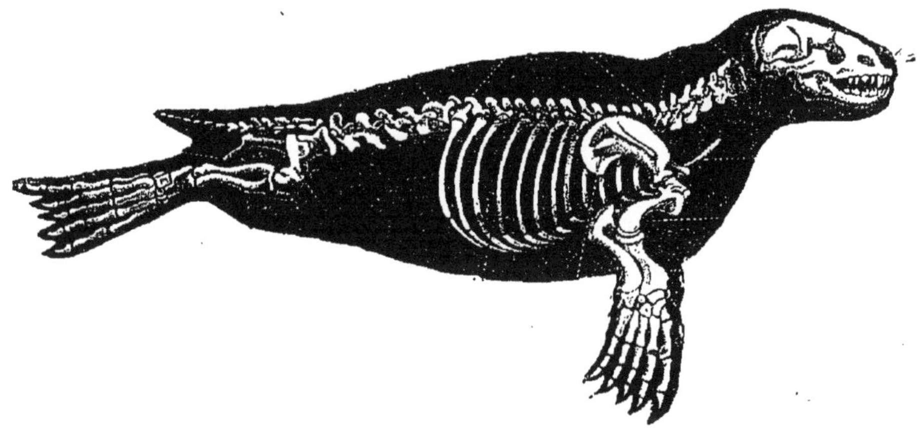

Fig. 289. — Squelette de Phoque.

est nécessaire à la progression dans ce milieu mobile (fig. 288 et 289).

§ 236. Enfin, lorsque les membres d'un Mammifère sont

Fig. 290. — Chauve-souris.

uniquement affectés au service de la natation, ils sont encore plus courts et le pied est complètement transformé en une sorte de large palette par la réunion des doigts sous une peau commune qui les enserre, ainsi que cela se voit chez les Cétacés et les autres Mammifères pisciformes.

Le vol est un mode de locomotion dont le mécanisme ne diffère que peu de celui de la natation, si ce n'est que les rames, à raison de la grande mobilité des molécules de l'air, doivent agir sur ce fluide par une surface très grande et avec beaucoup de rapidité. Pour que les pattes antérieures d'un quadrupède puissent constituer une rame de ce genre, c'est-à-dire une aile, il faut que les doigts soient à la fois très longs et munis d'une palmure très grande, comme cela se voit chez les Chauves-souris (fig. 290).

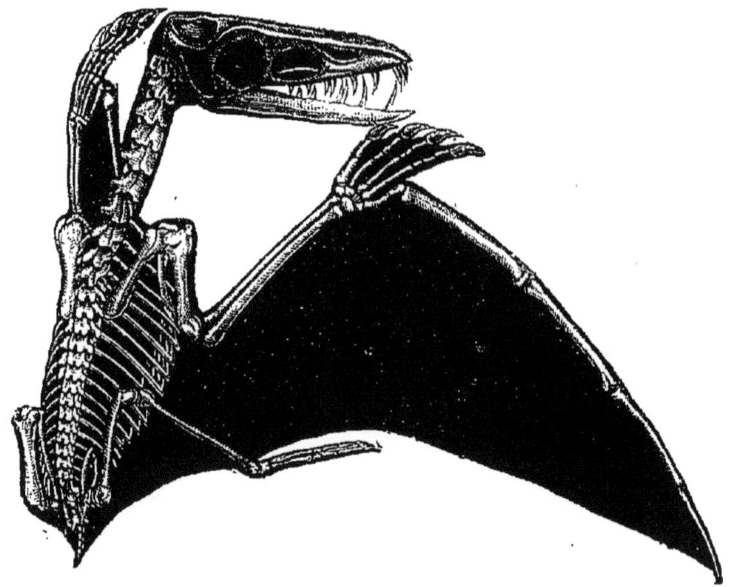

Fig. 291. — Ptérodactyle.

Une disposition organique semblable a été réalisée chez quelques Reptiles de l'époque jurassique qui étaient pourvus d'ailes conformées à peu près comme celles des Chauves-souris, mais dont la membrane tenant lieu de palmure n'était soutenue que par un seul doigt excessivement long. Ces reptiles volants sont désignés sous le nom de *Ptérodactyles* (Voy. fig. 291).

La charpente osseuse de l'aile des oiseaux est constituée d'après le même type essentiel que celle des membres thoraciques des Mammifères et des Reptiles, mais la rame, au lieu d'être formée par une palmure cutanée, est composée de longues plumes rigides disposées en éventail et ces appendices tégumentaires sont solidement fixés à l'avant-bras et à la main qui est représentée

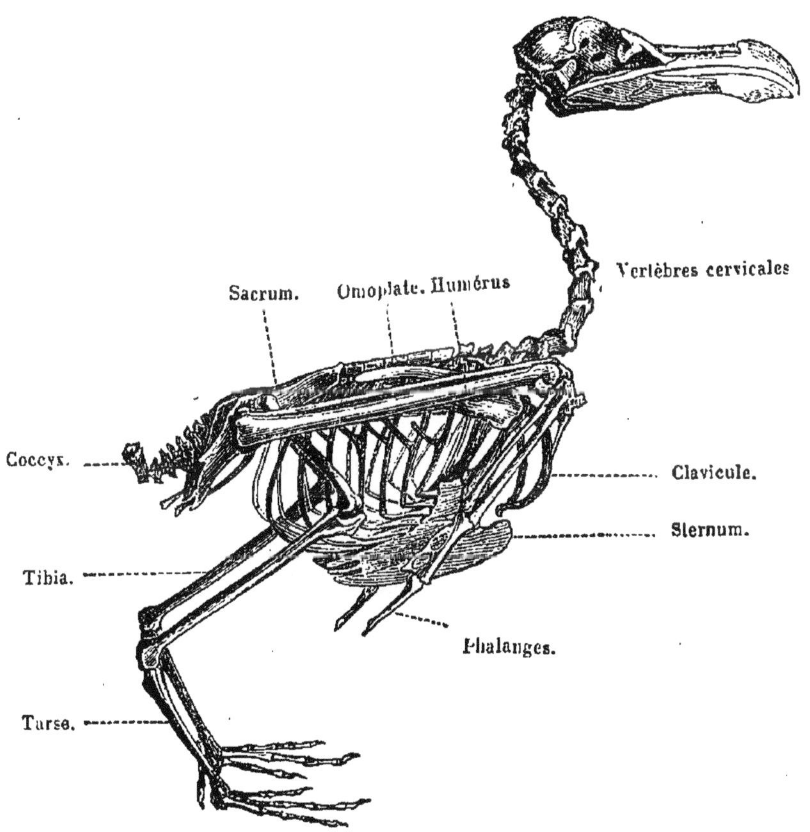

Fig. 292. — Squelette du Goëland.

principalement par une espèce de moignon court dont les os métacarpiens sont soudés entre eux (fig. 292). En même temps la charpente solide du thorax acquiert beaucoup plus de solidité que chez les animaux terrestres ; le sternum s'élargit en forme de bouclier et une forte crête nommée bréchet se développe au-dessous de façon à donner de larges surfaces d'insertion aux muscles pectoraux. Les os de l'épaule sont au nombre de trois, l'omoplate, la fourchette représentant les deux clavicules soudées sur la ligne médiane et l'os coracoïdien qui s'appuie aussi sur le sternum (fig. 293).

Quand un oiseau veut s'élever dans les airs, il élève l'humérus, l'avant-bras étant ployé, puis il étend ce dernier, et abaisse vigoureusement le bras. L'air, refoulé par ce mouvement, oppose une certaine résistance et fournit un point d'appui à l'aile. L'oiseau est ainsi soulevé. En répétant rapidement ce mouvement, il peut se mouvoir avec une grande vitesse dans le fluide ambiant. — La puissance musculaire que l'oiseau doit développer dans le mécanisme du vol entraîne différentes modifications dans la structure, non seulement de ses membres antérieurs et de sa charpente osseuse, mais aussi de l'appareil respiratoire. Comme nous l'avons déjà dit, des sacs aériens se développent entre les viscères et les muscles, afin de diminuer le poids spécifique du corps (fig. 117).

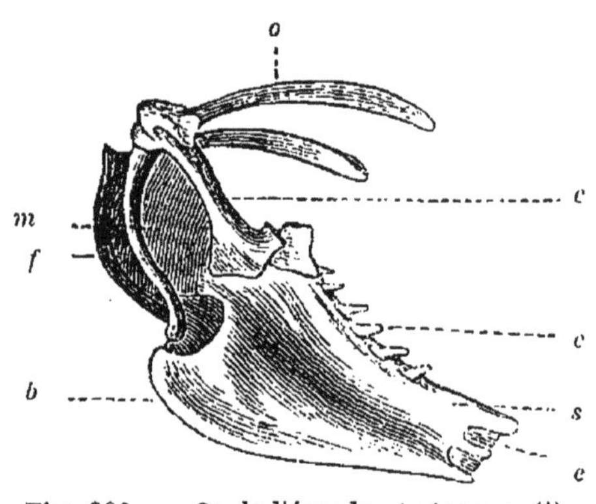

Fig. 293. — Os de l'épaule et sternum (*).

De même que les Oiseaux, certains Insectes peuvent se soulever dans les airs. Leurs ailes se présentent sous la forme d'appendices lamelleux, composés d'une double membrane, soutenus à l'intérieur par des nervures cornées.

§ 237. La transformation des organes locomoteurs d'un

(*) *s*, sternum ; — *e*, échancrure du sternum ; — *co*, origine des côtes sternales ; *b*, bréchet ; — *f*, fourchette ou clavicules furculaires ; — *c*, os coracoïdien ; — *o* omoplate ; — *m*, membrane fibreuse qui s'étend de la fourchette au sternum.

Mammifère en organes préhensiles ne nécessite aucun changement radical dans le mode de construction des membres. Pour l'effectuer il suffit que les doigts s'allongent un peu, deviennent très flexibles, indépendants dans leurs mouvements et susceptibles de se placer de manière à ce que l'un d'eux (le pouce) puisse s'opposer aux autres, et représenter avec eux une sorte de pince, ainsi que nous l'avons vu chez l'Homme et chez les Quadrumanes.

C'est par des procédés plus ou moins analogues que les pattes des Insectes, des Crustacés et des autres animaux articulés sont appropriées au service de la marche, de la nage ou de la préhension. Au sujet des adaptations des organes à des usages différents, je rappellerai aussi les modifications diverses, dont nous avons constaté l'existence dans le système dentaire des Mammifères, suivant le régime alimentaire de ces animaux (Voy. page 30).

§ 238. En résumé nous voyons que la diversité des formes zoologiques dépend principalement de l'existence d'un certain nombre de types organiques, du perfectionnement progressif des représentants de chacun de ces types et de l'adaptation de ces dérivés à des conditions biologiques différentes.

Ces adaptations tendent à amener des résultats similaires chez les dérivés de types zoologiques très divers lorsque ceux-ci vivent dans des conditions biologiques analogues, et c'est de la sorte qu'on peut s'expliquer les ressemblances extérieures qui existent souvent entre des animaux dont la nature est très différente : un Poisson et un Mammifère par exemple. Effectivement les conditions de perfectionnement d'un appareil physiologique varient suivant les circonstances dans lesquelles cet appareil fonctionne, et lorsque ces circonstances sont semblables, l'harmonie entre elles et l'organisme tendent à s'établir de la même manière.

Ainsi les Mammifères et les Poissons sont des animaux vertébrés dont la nature essentielle est très différente, car aucune des fonctions physiologiques les plus importantes ne s'accomplit de la même manière, ni au moyen des mêmes instruments chez les uns et chez les autres ; néanmoins quand ils vivent dans des conditions biologiques analogues, ils offrent des traits de ressemblance en rapport avec ces conditions spéciales et les particularités organiques qui leur sont communes s'expliquent par leur utilité. Les Mammifères les mieux appropriés à la vie aquatique, tout en ayant besoin de respirer l'air atmosphérique, sont des animaux pisciformes, parce que les dispositions organiques qui contribuent le plus à rendre les Poissons agiles et qui déterminent la forme extérieure de ces êtres sont également propres à donner les mêmes aptitudes à un Mammifère. Cela est facile à comprendre.

Les conditions mécaniques favorables à la natation sont de deux ordres ; les unes ont rapport à la résistance que le corps doit vaincre, soit pour ne pas rester au fond de l'eau, soit pour progresser dans le sein de ce liquide ; les autres sont la conséquence du mode de fonctionnement des organes moteurs dont il est pourvu. Or, la forme générale d'un corps flottant influe beaucoup sur la dépense de la force nécessaire pour le faire avancer. L'observation journalière nous apprend qu'un bateau ventru et à large proue, est beaucoup moins propre à naviguer rapidement qu'un bateau long, étroit et atténué vers ses deux bouts. Les Poissons bons nageurs ont cette dernière forme, et on conçoit qu'un Mammifère doive l'avoir également si son organisme est approprié à une manière de vivre analogue à celle des Poissons, ainsi que cela a lieu pour les Dauphins, les Marsouins et les Baleines. La nudité de la peau s'explique aussi par l'adaptation de leur organisme à la vie aquatique, car tout appendice de ce genre nuirait à la rapidité de la nage, comme une corde traînant dans l'eau sur le bord d'un bateau, en ralentit la marche. Il est également à noter que l'abondance des matières grasses qui se fait remarquer chez les Mammifères pisciformes, est moins favorable à la réalisation des conditions mécaniques nécessaires pour la locomotion de ces animaux, car ces matières ayant une densité inférieure à celle de l'eau, tendent à compenser la pesanteur spécifique beaucoup plus grande des autres parties de l'organisme, et à diminuer d'autant la dépense de force musculaire nécessaire pour faire flotter ces corps. Enfin la transformation des pattes d'un Mammifère en nageoires plus ou moins semblables à celles des Poissons, s'explique d'après la même loi d'économie, et les différences qui existent entre la conformation de la nageoire caudale d'un Cétacé et d'un Poisson, est en quelque sorte commandée par le mode de respiration du premier. Effectivement pour le Cétacé qui a besoin de venir fré-

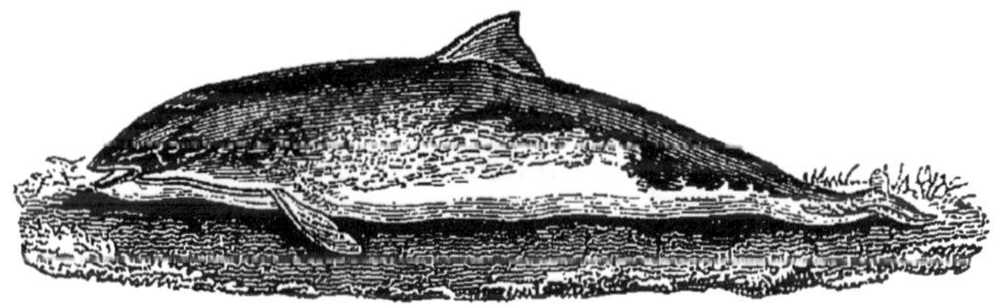

Fig. 294. — Marsouin commun.

quemment à la surface de l'eau, chercher dans l'atmosphère l'air nécessaire à son existence, une nageoire horizontale très puissante est bien plus utile que ne le serait une nageoire verticale (fig. 294) : tandis que pour le Poisson qui a besoin surtout de s'avancer rapidement afin d'échapper à ses ennemis ou de s'emparer de sa proie, une nageoire verticale susceptible de battre l'eau latéralement et d'être mise en jeu par les masses musculaires situées de chaque côté de la colonne vertébrale est un moteur préférable.

§ 239. Comme exemples de l'adaptation d'organismes très dissemblables à des conditions d'existence similaires, au moyen de modifications analogues, je citerai aussi le mode de coloration qui est propre aux animaux crépusculaires de types très différents, tels que les Oiseaux et les Papillons. Chez les uns et les autres, les teintes grisâtres, faibles et confuses, prédominent et, en rendant ces animaux moins faciles à distinguer dans une demi-obscurité, les favorisent, soit qu'ils aient besoin de se dérober à la poursuite de leurs ennemis, soit qu'ils cherchent à surprendre leur proie.

L'utilité des particularités propres à chaque espèce animale, est en général facile à découvrir, et pour se rendre compte de l'harmonie existant ainsi entre le mode de constitution des Êtres vivants et les conditions biologiques dans lesquelles ils se trouvent, les naturalistes ont recours à deux hypothèses opposées. Les uns pensent que ces particularités utiles sont toujours préétablies, et dépendantes de la destination primordiale de l'espèce zoologique ; les autres supposent qu'elles sont la conséquence de l'influence exercée sur l'économie animale par les circonstances dans lesquelles chaque lignée s'est trouvée.

Nous sommes ainsi ramenés encore une fois au problème de l'espèce pour la solution de laquelle les données nous manquent, et comme nous avons à nous occuper ici de science positive et non de science conjecturale, je ne discuterai pas la question en litige, et je passerai immédiatement à un autre sujet dont l'étude est plus instructive.

DES MŒURS, DES INSTINCTS ET DE L'INTELLIGENCE DES ÊTRES ANIMÉS.

§ 240. Les différences qui existent entre les espèces animales ne consistent pas seulement dans le mode d'organisation de ces Êtres et dans la manière dont s'effectuent les diverses fonctions physiologiques que nous venons de passer en revue. Il y a aussi une grande variété en ce qui est relatif à leurs mœurs et à leurs facultés mentales ; mais le cadre assigné à l'étude de l'histoire naturelle par le programme universitaire ne permet pas d'accorder beaucoup de place à l'étude de sujets de cet ordre, et je me bornerai à présenter ici quelques considérations sur la part attribuable à l'instinct ou à l'intelligence dans la détermination des actions des animaux.

Pour faciliter l'étude de ces phénomènes variés et complexes, il faut en premier lieu distinguer entre elles les actions qui sont *automatiques* seulement, et celles qui sont déterminées par la puissance mentale appelée *volonté.*

Les premières sont de deux sortes ; elles peuvent être *spontanées*, c'est-à-dire dépendre uniquement de la force nerveuse produite par le seul fait du fonctionnement d'un foyer excito-moteur, ou *induites*, c'est-à-dire provoquées par des excitations d'origine étrangère. Comme exemple de mouvements complètement spontanés, je citerai les contractions du cœur, et comme exemple de mouvements automatiques induits, je citerai les mouvements involontaires provoqués par des actions nerveuses réflexes (Voy. page 291).

Parmi les actions qui dépendent du travail mental, il importe aussi de distinguer celles qui sont déterminées directement par un besoin physique immédiat, la faim par exemple; celles qui sont déterminées par l'intelligence pour l'obtention d'un résultat prévu, et celles qui sont appropriées à l'obtention d'un résultat dont l'individu qui les exécute n'a pas conscience.

§ 241. On appelle *instinct*, l'impulsion mentale qui détermine es actions de cette dernière catégorie et qui, pour se produire n'a besoin ni d'éducation ni d'expérience acquise, mais résulte du seul fait du fonctionnement physiologique de la machine animée, ou, en d'autres mots, est une *faculté innée.*

Les actes instinctifs ressemblent beaucoup à ceux qui, tout en étant involontaires et même inconscients, sont souvent la conséquence de la répétition fréquente d'actes volontaires et rationnels, c'est-à-dire des effets d'habitudes acquises. Parfois même des sentiments développés par l'expérience individuelle ou par certaines habitudes, sont transmis héréditairement de manière à présenter chez les descendants des individus qui ont contracté ces habitudes mentales tous les caractères de l'instinct. On en a la preuve par les changements de mœurs observés chez certains animaux, lorsque ceux-ci se trouvent exposés à de nouvelles causes de danger; par exemple chez des Oiseaux qui vivaient dans des îles désertes et qui, lors de la première arrivée de l'Homme dans ces stations, se sont montrés sans méfiance à son égard, mais qui ont promptement appris à le redouter, et sont devenus craintifs et prudents, non seulement par suite de leur expérience individuelle, mais de naissance. Quelques physiologistes pensent que tous les instincts innés ont une origine analogue, et sont la conséquence de dispositions acquises primitivement par des habitudes individuelles, puis transmises héréditairement de génération en génération et développées par les effets de la sélection naturelle résultant à la longue du rôle prépondérant des individus les mieux doués. Cette théorie est en défaut lorsqu'on cherche à expliquer l'origine de beaucoup d'instincts, par exemple de ceux dont les Abeilles ouvrières sont douées, car les Reines, dont ces ouvrières descendent, n'exécutent jamais les travaux que celles-ci savent faire en naissant, et par conséquent n'ont pu leur transmettre des habitudes qu'elles n'ont pas.

Dans l'état actuel de nos connaissances, il est impossible d'expliquer l'origine des facultés de cet ordre, ni même de saisir aucune relation entre l'une d'elles et une particularité de forme ou de structure dans l'organisme des Êtres qui en sont pourvus. Il serait donc inutile de nous arrêter aux questions soulevées de la sorte, et nous devons nous contenter d'examiner quels sont les principaux instincts qui régissent les actions des Êtres animés, quelles sont les espèces zoologiques chez qui ces dispositions mentales sont les plus remarquables, et quelle est la part attribuable à la raison considérée comme mobile de ces actions.

§ 242. Pour mettre bien en évidence les caractères essentiels des actions instinctives, je citerai comme exemple, les travaux exécutés dans l'intérêt de leur progéniture par les Insectes de la famille des Abeilles, appelés *Xylocopes* (Voy. Ire partie, page 291).

Ces animaux meurent presque tous, immédiatement après la ponte des œufs dont naîtront leurs jeunes ; au moment de leur éclosion aucun individu de la génération précédente n'existe; par conséquent ils ne peuvent rien apprendre de ceux-ci, et d'ailleurs, ils sont dans un tel état d'imperfection que l'exemple d'autrui ne pourrait leur être utile. Ils n'ont encore ni yeux ni pattes, ce sont des larves vermiformes qui vivent complètement sédentaires et seules, dans un réduit obscur dont elles ne sortent qu'au bout d'un an, après avoir achevé leurs métamorphoses. Néanmoins, aussitôt après leur apparition au dehors, on les voit se mettre activement au travail, non pour satisfaire à leurs besoins personnels, mais pour préparer tout ce qui sera nécessaire au bien-être de la génération qui naîtra ultérieurement d'œufs que ces Insectes vont pondre.

A cet effet, le Xylocope fait choix d'un vieux poteau ou de quelque autre grosse pièce de bois mort, placé verticalement, et à l'aide de ses mandibules y perce un trou horizontal, puis en rongeant davantage, dirige vers le bas l'excavation pratiquée de la sorte, et creuse ainsi une longue galerie verticale terminée inférieurement en cul-de-sac tout près de la surface. Ce travail terminé, l'Insecte prend son vol et va ramasser sur les fleurs de la poussière pollinique dont il ne fait pas usage comme aliment, mais qu'il emmagasine au fond de sa galerie, et dès que le dépôt de matières nutritives ainsi formé est suffisamment volumineux, il y pond un œuf et ferme ensuite le nid préparé de la sorte, en y établissant une espèce de plafond avec les râpures de bois précédemment détachées du bois et agglutinées par de la salive. La cloison horizontale ainsi constituée sert de plancher pour une seconde loge incubatrice, dans laquelle le Xylocope apporte du pollen et dépose un œuf comme dans le nid sous-jacent; puis il la ferme comme il avait fermé celui-ci, et ainsi de suite jusqu'à ce que la totalité du boyau soit divisée en une série d'étages formant autant de chambres, dans l'intérieur desquelles éclôt bientôt une larve ayant à sa portée la provision de matière alimentaire dont elle aura besoin pour se nourrir, pendant que son organisme se développera. Lorsque la construction de ce nid multiloculaire est achevée, les Xylocopes ne s'occupent plus de leur progéniture et ne tardent pas à périr. Mais les larves qui vont naître de leurs œufs sont pourvues de tout ce qui est nécessaire à leur existence, et après avoir épuisé la provision de nourriture préparée par leur mère, se transforment en Nymphes, puis en Insectes parfaits, et alors, dirigés par un nouvel instinct, percent successivement le plancher de leur nid pour se frayer un chemin au dehors et effectuer à leur tour la série d'actes exécutés précédemment par leurs ancêtres.

De génération en génération, tous les Xylocopes se comportent de la même manière ; chacun, sans avoir appris à le faire, exécute les mêmes travaux, sans qu'il lui soit possible de savoir quel sera le résultat immédiat des opérations auxquelles il se livre, ni quelle en pourra être l'utilité pour ses descendants dont il ne peut prévoir ni les besoins ni même la naissance. Le mobile de ces actions si complexes et si bien combinées, ne saurait être un raisonnement, lors même que l'insecte serait doué d'une intelligence humaine, et ne peut être attribué qu'à une disposition innée, dont rien dans son mode d'organisation ne nous donne l'explication.

§ 243. Si les limites assignées à ce traité me le permettaient, je pourrais multiplier beaucoup les exemples d'actions instinctives non moins compliquées et non moins remarquables ; mais je me bornerai à ajouter que c'est principalement dans la classe des Insectes et dans la classe des Oiseaux qu'on les observe.

Il est évident que l'intelligence et le raisonnement ne jouent qu'un rôle très secondaire dans la détermination des actions chez les divers animaux, mais c'est à tort que beaucoup de naturalistes nient l'existence des facultés mentales de cet ordre chez tous les Insectes, car quelques-uns de ces Êtres n'agissent pas toujours en aveugles, et modifient parfois leurs travaux, lorsque les circonstances dans lesquelles ils se trouvent accidentellement motivent des innovations. En voici une preuve. Les Abeilles, comme nous l'avons vu précédemment (Ire partie, page 285), font pendant l'été de grandes provisions de miel destiné à les nourrir pendant l'hiver, mais quelquefois d'autres Insectes, tels que les gros Papillons nocturnes appelés Sphynx tête-de-mort, viennent les piller. Or, un été, aux environs de Genève, ces Lépidoptères étant en nombre beaucoup plus grand que d'ordinaire, nuisirent beaucoup aux ruches appartenant à un naturaliste éminent appelé Hubert, et celui-ci constata qu'au bout de quelque temps ses Abeilles se livrèrent à des travaux inusités, dont l'utilité était évidente. Avec de la cire elles rétrécirent l'entrée de leur demeure, de manière à empêcher les Sphinx d'entrer, mais dès que la saison pendant laquelle ces Lépidoptères vivent fut passée, les Abeilles gênées dans leurs mouvements par la petitesse de leur porte, démolirent la construction qu'elles avaient élevée temporairement. L'année suivante, les Sphynx furent peu nombreux, et les Abeilles ne changèrent rien à la disposition ordinaire de leur ruche; mais au bout de deux ans, les pillards revinrent à la charge en nombre considérable, et Hubert vit alors les Abeilles rétrécir de nouveau l'entrée de leur demeure, puis rétablir les choses dans l'état ordinaire dès que le danger était passé. Des faits non moins significatifs ont été constatés chez les Bourdons et chez d'autres animaux.

§ 244. L'éducabilité suppose l'existence d'une certaine aptitude à juger et à faire des raisonnements simples. Or, beaucoup d'animaux sont susceptibles d'éducation, et même chez quelques-uns d'entre eux, les Chiens par exemple, cette faculté est très développée; il est facile de voir que dans diverses circonstances, leurs actions sont la conséquence d'un travail intellectuel.

Sous le rapport intellectuel, l'homme a une supériorité immense sur tous les animaux, et la plupart de ses actions sont la conséquence d'un travail mental rationnel; cependant des dispositions innées de l'esprit ont aussi une influence notable sur ses résolutions et parfois même sont les principaux mobiles de ses actions. Ainsi l'impulsion mentale qui porte une mère à aimer, à soigner, à protéger son enfant, n'est pas la conséquence d'un raisonnement, mais d'une disposition mentale innée, d'un instinct.

§ 245. Les principaux instincts se rapportent à la satisfaction des besoins physiques de l'être vivant, à sa conservation et au bien-être de sa progéniture ou à ses relations avec ses semblables, et dans chacune de ces catégories ces dispositions mentales innées peuvent présenter divers caractères et être la cause d'actes de différentes sortes.

Comme exemple de l'adaptation de l'instinct de constructivité au service de l'alimentation, je citerai le fait suivant: les Insectes appelés Fourmis-Lions (parce que à l'état de larve ils vivent de Fourmis), sont incapables de prendre à la course des animaux agiles; mais ils savent creuser dans un terrain mouvant une fosse en forme d'entonnoir et à pente rapide dans laquelle les fourmis qui arrivent sur les bords de ce précipice tombent presque toujours, et lorsque leur chute n'est pas complète, la larve carnassière qui se tient blottie au fond du piège, les fait choir en projetant sur eux une pluie de grains terreux.

Les toiles que la plupart des Araignées tissent et tendent avec un art admirable, sont aussi des pièges disposés en vue de la capture des Insectes ailés dont ces animaux se nourrissent. Le travail exécuté à cet effet par l'Araignée de jardin, appelée *Epeire* géométrique, est très complexe. L'animal fait usage du fil soyeux sécrété par l'appareil glandulaire situé à l'extrémité de son abdomen (Voy. Ire partie, p. 326), et commence par fixer aux corps circonvoisins une corde transversale qu'elle double et redouble à plusieurs reprises jusqu'à ce qu'elle lui ait donné la solidité voulue; elle y ajoute alors d'autres fils disposés de manière à encadrer l'espace qu'elle destine à l'établissement de sa toile; puis elle y place diagonalement et à distances égales, un certain nombre de fils qui se rencontrent au centre et constituent ainsi une sorte de charpente radiaire qui tient

Fig. 295. — Nid de Rat des moissons.

lieu de chaîne pour le tissu qu'elle va fabriquer; enfin en décrivant sur cet édifice une série de cercles à peu près concentriques, elle y place la trame qui en fait un réseau à claire-voie comparable à un filet de pêcheur. Le plan de construction de ces pièges à mouches varie suivant l'espèce à laquelle appartient le constructeur, mais est toujours le même pour chacune d'elles.

L'instinct architectural est en général appliqué à l'édification d'un bâtiment destiné à servir de demeure, soit pour l'animal qui le construit, soit pour sa progéniture.

Dans la première partie de ce livre, j'ai parlé de l'industrie déployée de la sorte par les Oiseaux, par beaucoup d'Insectes (t. I, p. 285) et par quelques Arachnides (t. I, p. 327), ainsi que par certains Mammifères tels que les Castors (t. I, p. 78), ou les Rats des moissons qui construisent de véritables nids (fig. 295) et même par des Poissons, par conséquent je n'y reviendrai pas en ce moment. Mais j'ajouterai que chez divers animaux, ces aptitudes innées sont remplacées par un instinct différent qui porte ces êtres à profiter des dépouilles laissées par d'au-

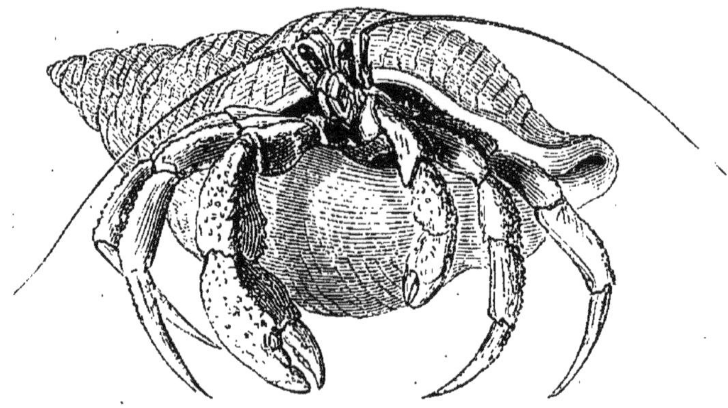

Fig. 296. — Bernard l'Ermite.

tres animaux pour s'en revêtir ou à chercher refuge dans l'intérieur de ces demeures artificielles. Comme exemple des emprunts de ce genre, je rappellerai le mode d'habitation des Pagures qui vivent dans l'intérieur des coquilles vides (Voy. fig. 296).

PARASITES. — COMMENSAUX. — SOCIÉTÉS ANIMALES.

§ 246. Parmi les instincts qui contribuent à assurer l'existence de l'individu, je citerai en première ligne celui qui porte les animaux à choisir certaines matières alimentaires de préférence à d'autres, à s'en emparer et même à les rechercher.

Chez les animaux les plus inférieurs il n'y a rien de semblable ; par l'action mécanique de cils vibratiles ou d'autres instruments analogues, les matières étrangères en suspension dans le liquide ambiant sont amenées dans la cavité digestive, et utilisées par l'organisme, si elles sont susceptibles de l'être, mais l'animal ne les choisit pas. A un degré moins bas dans la série animale, l'Être vivant s'empare de certains corps et repousse les autres, mais ne prend que ce qui se présente à lui et ne va pas à la recherche de ce dont il a besoin. Lorsque ses facultés sont plus développées sous ce rapport, il se déplace pour se les procurer, et à un degré encore plus avancé de perfectionnement, il fait instinctivement des actes préparatoires pour en obtenir la possession, par exemple il tend des pièges pour en faire la capture, ou il poursuit à la chasse les animaux dont il veut se repaître.

§ 247. Un instinct dont le but est analogue, mais dont le mode de manifestation est différent, porte des animaux inférieurs à s'établir d'une manière permanente sur le corps d'un autre être vivant et à s'en nourrir, sans cependant amener d'ordinaire sa destruction. Le **Parasite** se distingue en cela du Carnassier qui tue sa proie pour s'en nourrir.

Nous avons déjà fait connaître dans la première partie de ce traité un grand nombre de Vers qui vivent, soit dans l'intestin, soit dans d'autres organes (1), où ils subissent souvent des transformations remarquables et où ils arrivent après des migrations parfois fort curieuses. D'autres espèces ne s'enferment pas ainsi mais restent libres, telles sont les Sangsues qui ne s'attaquent que de temps en temps à leurs victimes ; d'autres encore les suivent partout, comme les Sarcoptes de la gale, les Poux, etc.

Dans le jeune âge, les parasites sont souvent pourvus de moyens de locomotion comme les animaux ordinaires ; mais

(1) Voyez Ire partie, page 346.

lorsqu'ils se sont fixés définitivement, leurs organes moteurs s'atrophient souvent, et parfois, sous l'influence de la nourriture surabondante qu'ils puisent dans l'organisme de leur hôte, leur corps se déforme d'une manière bizarre. Ainsi chez beaucoup de petits Crustacés suceurs, tandis que les individus mâles continuent à mener une vie errante et conservent leur forme typique, les femelles, se fixant sur les branchies ou sur d'autres parties du corps d'un Poisson, d'un Homard ou d'une Crevette, grandissent démesurément et changent de forme au point d'être tout à fait méconnaissables. On peut juger de la singularité de ces métamorphoses en observant à différents âges, une Lernée, un Nicothoé ou un Bopyre. Il est aussi à noter que l'instinct des Parasites guide chacun de ces animaux suivant l'espèce à laquelle il appartient, à choisir pour hôte un animal d'une certaine espèce, de manière qu'il y a des relations spécifiques constantes entre les individus enchaînés de la sorte.

§ 248. On a souvent désigné à tort sous le nom de Parasites des êtres qui ne vivent pas aux dépens de leurs voisins, mais qui s'installent sur eux ou à côté d'eux pour y chercher un abri, une protection ou pour se nourrir des aliments qu'ils ne consomment pas. On doit plutôt leur appliquer le nom de **Commensaux**, et les animaux invertébrés en fournissent de nombreux exemples. Les petits Crabes que les naturalistes appellent des Pinnothères, cherchent un refuge dans la coquille des Moules et vivent de leurs restes sans nuire d'aucune sorte au Mollusque. Un autre Crabe du genre Fabia, s'installe dans le rectum d'un Oursin ; d'autres espèces du même groupe dans la cavité respiratoire des Ascidies. Certains Poissons choisissent pour demeure le tube digestif d'une Holothurie, et dans la chambre branchiale de la Baudroie on trouve souvent un autre Poisson qui s'y met à l'affût pour profiter de sa pêche. Quelques espèces d'Anémones de mer ou Actinies s'attachent à la coquille qui sert de demeure au Bernard-l'Ermite et se font transporter ainsi par ces animaux dont ils masquent l'apparence, leur permettant de s'approcher de leur proie sans défiance. Nous pourrions multiplier ces exemples, mais ceux que nous venons de citer suffisent pour bien faire comprendre la nature de ces sortes d'associations.

§ 249. L'instinct de la **sociabilité** joue un rôle important dans le Règne animal, et les Êtres qui en sont doués ont en général une supériorité très marquée sur ceux qui vivent solitaires. Le *conjuganisme* ou tendance des individus de même espèce à vivre réunis en troupes plus ou moins nombreuses, est un premier degré de sociabilité qui se fait remarquer chez certains Insectes, tels que les Ephémères ; mais dans les bandes ainsi formées il n'y a pas association, tandis que chez d'autres espèces les individus rassemblés de la sorte se rendent service mutuellement et parfois même se partagent les travaux de divers genres dont l'accomplissement est nécessaire à la prospérité de la communauté.

Les sociétés animales les plus remarquables sont celles formées par les Abeilles, par les Fourmis et par les Termites (Voy. Ire partie, p. 283), et je rappellerai également à ce sujet la manière de vivre des Castors, des Chevaux et des Hirondelles.

§ 250. En résumé plusieurs des facultés mentales qui dépendent de l'intelligence, la mémoire, le discernement, l'aptitude à réfléchir et à juger, le besoin de savoir et de remonter des effets à leurs causes, le pouvoir de faire certains raisonnements et d'en déduire des motifs de conduite, ne sont pas la propriété exclusive de l'espèce humaine ; elles existent à un certain degré de développement chez divers animaux plus ou moins inférieurs, chez le Chien, par exemple ; mais beaucoup d'entre elles y sont en quelque sorte à l'état rudimentaire et ne sont pas susceptibles de perfectionnement, tandis que chez l'Homme elles peuvent acquérir une puissance incalculable.

Le pouvoir de faire connaître à autrui les sentiments ou les pensées de l'individu est arrivé, chez l'Homme, à un degré de perfection incomparablement plus élevé que chez tous les autres êtres animés ; mais lorsqu'on observe attentivement les actes de certains Quadrupèdes, de quelques Oiseaux et de plusieurs Insectes sociaux, on ne tarde pas à acquérir des preuves de l'existence d'une sorte de langage chez ces êtres. L'histoire naturelle des Abeilles et des Fourmis en donne des preuves, mais l'espace nous manque ici pour exposer les faits particuliers sur lesquels cette conclusion est fondée, et pour plus de renseignements à ce sujet, je dois même renvoyer à des ouvrages spéciaux dont le cadre est plus large.

§ 251. Les mœurs des animaux sont déterminés principalement par leurs instincts, par leur mode de respiration, par leur régime alimentaire et par leurs aptitudes locomotrices ; mais, pour nous rendre compte des particularités qu'ils offrent à cet égard, il est nécessaire de prendre en considération leur mode de distribution géographique. En effet les représentants des divers types zoologiques ne sont pas répartis uniformément sur tous les points de la surface du globe, chacun de ces types a pour domaine une certaine région, et la composition des Faunes locales varie beaucoup. Il n'est donc pas inutile d'envisager à ce point de vue l'histoire naturelle du Règne animal.

NOTIONS SOMMAIRES DE ZOOLOGIE GÉOGRAPHIQUE ET PALÉONTOLOGIQUE.

§ 252. Lorsqu'on étudie le mode de distribution des animaux à la surface du globe, il convient d'établir entre eux une première distinction fondée sur leur résidence à terre ou dans l'eau.

Cette différence dans leurs mœurs dépend principalement de leur mode de respiration et de leur manière de se mouvoir. Nous avons vu précédemment comment les divers types zoologiques peuvent être adaptés à un mode d'existence aquatique ou à un mode d'existence terrestre ; je n'y reviendrai donc pas ici, et je passerai immédiatement à l'examen de la composition de la population zoologique des diverses parties du globe, en prenant d'abord en considération les animaux terrestres.

§ 253. Il n'y a parmi ces êtres que peu d'espèces qui soient cosmopolites ; le domaine de chacune d'elles est plus ou moins limité et ce ne sont pas seulement les formes spécifiques qui varient suivant les régions ; il en est de même pour les représentants de plusieurs types zoologiques des plus importants. Ainsi les Mammifères terrestres qui abondent en Europe, en Asie, en Afrique, en Amérique et sur le grand continent australien, manquent dans la région antarctique et dans les îles océaniennes, et ne sont représentés que par des espèces voilières aptes à se répandre au loin en traversant l'air ou bien par des Mammifères aquatiques, dont les migrations ne sont pas arrêtées par les eaux de l'Océan. Ceux-ci s'avancent vers le Sud jusque dans le voisinage de la barrière opposée par les glaces éternelles, mais les Mammifères ailés sont beaucoup moins répandus dans l'hémisphère austral, et les Mammifères essentiellement terrestres manquent également sur les îles qui sont très isolées et situées très loin du continent dont je viens de parler ; par exemple les îles qui sont disséminées vers le milieu de l'océan Atlantique à mi-distance entre l'ancien continent et le nouveau monde. Néanmoins la plupart de ces terres sont très propres à servir d'habitation à des animaux de cette catégorie, car lorsque ceux-ci y ont été transportés par les navigateurs ils y ont prospéré et même s'y sont multipliés d'une manière remarquable. Ainsi la Nouvelle-Zélande avant l'arrivée de l'Homme, événement qui est de date récente, ne possédait aucun Mammifère terrestre, à l'exception de quelques Chauves-Souris, mais les Chèvres, les Porcs, les Chevaux et les Ruminants qu'on y a introduits il y a peu d'années y sont devenus presque innombrables et il en est de même pour nos Rats que nos navires transportent partout où ils abordent. Il y a donc lieu de penser que le type mammalien est originaire soit des grandes terres de l'hémisphère Nord, soit du continent australien et que c'est par émigration que ses représentants se sont répandus plus ou moins loin du berceau primitif de leur race.

La localisation de certains types zoologiques d'un rang moins élevé est également remarquable. Ainsi les Monotrèmes, les Kanguroos et la plupart des autres Marsupiaux ne se trouvent qu'en Australie et sur les terres adjacentes. Dans l'Amérique méridionale et dans les parties voisines de l'Amérique du Nord, le type marsupial est représenté par une famille particulière, celle des Sarigues, mais il n'y a actuellement ni en Asie, ni en Europe, ni sur aucun point du globe un Marsupial quelconque. D'autre part, les quadrupèdes ordinaires manquent presque complètement en Australie; on y rencontre quelques Rongeurs ainsi que des Chiroptères, mais ce grand continent n'est habité par aucun grand Ruminant, aucun Pachyderme, aucun Carnassier, aucun Singe, si ce n'est pas ceux que l'Homme y a introduits. Je ferai remarquer que la Nouvelle-Guinée qui touche presque à l'Australie possède des Marsupiaux comme ce dernier continent.

Certaines grandes familles mammaliennes sont également cantonnées d'une manière non moins remarquable dans une région géographique bien délimitée. Ainsi l'île de Madagascar a une faune spéciale, c'est là seulement que vivent les Ayes-Ayes (Ire partie, fig. 48), les Makis (Ire partie, fig. 47), la plupart des autres Lémuriens; les Tanrecs (Ire partie, page 63), etc.

Beaucoup de genres appartiennent exclusivement, soit à l'Afrique, soit à la région indienne, à la région européo-asiatique, à l'Amérique méridionale ou à l'Amérique du Nord, et lorsqu'un même type générique ou un groupe de rang plus élevé est représenté dans deux ou plusieurs de ces régions zoologiques, c'est presque toujours par des espèces différentes. Ainsi nous avons vu précédemment que les Singes de l'ancien continent diffèrent tous des Singes américains, et que les espèces de cette famille qui habitent l'Afrique diffèrent de celles de l'Inde et de la Malaisie. Les grandes espèces félines sont représentées dans les deux mondes, mais les espèces qui vivent sur le nouveau continent sont très distinctes de celles de l'ancien continent. La famille des Caméliens compte des membres dans l'une et l'autre de ces grandes divisions géographiques; mais tandis qu'en Afrique et en Asie ces animaux appartiennent au genre Chameau, ceux de l'Amérique constituent le groupe naturel des Lamas. Enfin dans l'hémisphère sud où les continents sont séparés entre eux par des mers d'une étendue immense, il n'y a aucune espèce de Mammifère terrestre qui soit commune aux deux mondes; tandis que dans la région arctique où l'Amérique n'est séparée de l'Asie que par le détroit de Behring, plusieurs quadrupèdes de même espèce ou d'espèces extrêmement voisines habitent les deux mondes.

§ 254. La classe des Oiseaux est représentée sur tous les points de la surface du globe et beaucoup d'espèces à vol puissant sont répandues presque partout; cependant la distribution géographique de ces animaux présente la même tendance que celle des Mammifères, et la faune avienne de chaque région est caractérisée par l'existence d'espèces, de tribus, ou même de familles particulières. Ainsi le groupe naturel des Gallidés, qui comprend le genre Coq et les Faisans, appartient à l'Inde et aux pays circonvoisins; il en est de même des Paons; tandis que les Pintades sont propres à l'Afrique, et les Dindons ainsi que les Alectors sont tous américains. La famille des Colibris et des Oiseaux-Mouches n'habite aussi que le nouveau continent, mais elle est représentée dans l'Inde et en Afrique par les Soui-Mangas et quelques autres petits Passereaux à plumage brillant. Les Paradisiers ne vivent qu'à la

Nouvelle-Guinée et les Manchots sont confinés dans la région australe où ils font le tour du globe, car ils sont bons nageurs. Les Oiseaux qui ne peuvent ni voler ni nager sont cantonnés d'une manière beaucoup plus étroite ; ainsi les Autruches habitent l'Afrique seulement ; les Nandous appartiennent exclusivement à l'Amérique du Sud, les Casoars sont confinés dans la région australienne; les Aptéryx ne se trouvent qu'à la Nouvelle-Zélande ; les Dinornis dont la destruction paraît être de date récente n'ont laissé de traces de leur existence que dans ces îles, et le Dronte qui vivait encore aux îles Mascareignes il y a moins de deux siècles n'a jamais été trouvé ailleurs.

Je pourrais multiplier beaucoup plus les exemples de ces localisations de types aviens, et si nous prenions en considération les espèces ou les races bien caractérisées, nous constaterions des différences innombrables suivant les pays habités par ces animaux.

§ 255. L'étude du mode de distribution géographique des Reptiles et des autres animaux terrestres fournit des résultats du même ordre ; les espèces, les genres, souvent même les familles naturelles varient suivant les régions habitées par ces êtres, et d'après l'ensemble des faits connus, les naturalistes sont conduits à penser que la population animale existant actuellement à la surface du globe provient de plusieurs centres de création ou foyers zoogéniques distincts dont des émigrants se sont peu à peu répandus au loin et auront formé des colonies là où les moyens de locomotion dont ils disposaient leur permettaient d'aller et où ils trouvaient toutes les conditions biologiques nécessaires à leur existence.

En effet, d'une part, des obstacles mécaniques tels que ceux constitués par l'océan ou par les hautes chaînes de montagnes paraissent avoir limité l'existence des représentants de chaque type zoologique originaire d'une région particulière, et d'autre part, l'extension de cette sorte de colonisation est évidemment subordonnée aux conditions de climat favorable ou contraire à l'existence et à la multiplication des animaux voyageurs.

Quelques espèces animales peuvent s'accommoder de climats très différents et prospèrent à peu près de même dans les régions tropicales, dans les régions tempérées et dans les régions glaciales qui avoisinent les pôles, le Chien par exemple ; mais d'autres espèces sont délimitées par des différences climatologiques et ne franchissent pas une certaine ligne isotherme. Ainsi, d'une part, le Renne ne prospère et ne se perpétue que dans les pays très froids, et d'autre part, ni les Singes ni la plupart des autres Mammifères de la zone torride ne peuvent résister aux froids de nos hivers. Les relations qui existent entre la température et la distribution géographique de certains animaux sont également mises en évidence par le mode de cantonnement de l'Ours commun qui est répandu abondamment dans les parties froides de notre continent et habite chacune des régions montagneuses de l'Europe, de l'Asie où, à raison de l'altitude, le climat est semblable à celui de la Scandinavie ou de la Sibérie ; il habite par exemple, dans les Pyrénées, les Alpes, les Carpathes, etc., mais il ne vit dans aucun des pays intermédiaires où la température est plus élevée.

§ 256. La distribution géographique des animaux aquatiques paraît être soumise aux mêmes lois ; ainsi les espèces marines varient en général suivant les régions et suivant la profondeur des couches qu'elles habitent, mais nos connaissances relatives à la composition des diverses faunes de cet ordre sont trop incomplètes pour qu'il me paraisse opportun d'en traiter ici.

§ 257. Quoiqu'il en soit des causes dont peuvent dépendre les différences existant actuellement dans la population zoologique des diverses parties de la terre, ces différences sont telles que l'on peut caractériser par leurs faunes les grandes divisions naturelles de notre globe aussi bien que par leur configuration, et les résultats obtenus de la sorte sont en accord avec ceux fournis par l'étude comparative des flores.

Ainsi l'Europe, la partie cissaharienne de l'Afrique comprenant le Maroc, l'Algérie et la Tunisie, tout le nord de l'Asie jusque vers la Perse et le massif himalayen au sud, la majeure partie de la Chine et le Japon constituent une même région zoologique où les Mammifères, les Oiseaux, les Reptiles et les Insectes sont à peu de chose près les mêmes, mais diffèrent beaucoup de ceux du Thibet, de l'Inde et de la Malaisie. La faune Européo-Asiatique est caractérisée principalement par certains grands Ruminants, notamment par des espèces particulières de la famille des Bœufs, de la famille des Moutons, de la famille des Chèvres et de la famille des Cerfs, par l'existence du Cheval et de plusieurs genres de Rongeurs, par l'absence presque complète d'Antilopes et de Singes et par la possession d'une multitude de Passereaux qui ne vivent pas ailleurs. La faune de la partie sud de l'Afrique, de la partie tropicale du même continent, de l'Égypte et de l'Arabie diffère à la fois de la faune Européo-Asiatique et de la faune Indo-Malaisienne. Une troisième région zoologique comprend : la Nouvelle-Guinée et les îles adjacentes, l'Australie et la Tasmanie. La Nouvelle-Zélande, la Nouvelle-Calédonie et les îles voisines constituent une cinquième région naturelle, et Madagascar, quoique très voisin de l'Afrique, en est complètement indépendant sous le rapport zoologique et se distingue également de toutes les autres parties du globe. La région antarctique ne possède qu'une faune très pauvre, mais elle est très bien caractérisée par les Oiseaux qui lui appartiennent en propre. L'Amérique du Sud et l'Amérique centrale forment aussi une région zoologique particulière. Enfin il en est encore de même de l'Amérique septentrionale, qui cependant offre certains rapports de faune avec l'Europe et l'Asie septentrionale.

Dans leurs points de rencontre, ces diverses faunes empiètent plus ou moins sur leurs domaines respectifs ; certaines espèces s'avancent parfois au delà des limites que d'autres espèces ne dépassent pas et il en résulte sur ces frontières des populations mixtes. On constate aussi que dans les régions zoologiques dont l'étendue est très grande, les représentants d'un même type spécifique présentent souvent des différences notables suivant les localités qu'ils habitent, et il en résulte des races particulières que beaucoup de naturalistes considèrent comme étant autant d'espèces distinctes. Enfin les différences de climat qui peuvent exister dans une même région naturelle y déterminent aussi une répartition très inégale des espèces, dont les unes ne s'accommodent que d'une température élevée, tandis que d'autres ne prospèrent que dans les lieux froids, et il en résulte que chacune de ces régions peut être subdivisée en provinces zoologiques plus ou moins distinctes entre elles.

§ 258. En parlant de la distribution géographique des animaux, je ne me suis occupé jusqu'ici que de l'état actuel des choses ; mais la composition d'une faune peut varier avec le temps, soit par l'extinction de certaines espèces, soit par l'apparition d'espèces qui n'existaient pas auparavant.

La disparition complète de quelques formes animales a pu être constatée récemment. Ainsi jusqu'au commencement du siècle actuel il y avait dans le voisinage de l'Islande un oiseau nageur de grande taille et d'une structure très particulière appartenant à la famille des Pingouins et appelé l'*Alca impennis*. La dépouille, le squelette et les œufs en ont été conservés dans plusieurs musées, au Jardin des Plantes par exemple, mais aujourd'hui cette espèce a complètement disparu, et, malgré les recherches les plus actives et les plus persévérantes, on n'a pu en découvrir un seul individu depuis la submersion d'un petit îlot qui paraît avoir été le dernier refuge de ce Pingouin. L'examen des débris de cuisine, laissés sur les bords de la mer par les anciens habitants du Danemarck prouve que jadis l'*Alca impennis* était loin d'être rare dans cette partie de l'Europe. Cette disparition eut lieu vers 1830.

Aux îles Mascareignes comprenant les îles Maurice, Rodrigues et la Réunion, il existait autrefois une faune très riche constituée par des oiseaux dont la plupart ne pouvaient voler, le Dronte (Ire partie, page 192) et le Solitaire en étaient les représentants les plus remarquables ; ils ont été entièrement anéantis vers la fin du XVIIe siècle.

L'extinction du Dinornis (Voyez Ire partie, page 204) à la Nouvelle-Zélande ne remonte pas à une époque bien ancienne puisqu'on trouve encore aujourd'hui des parties du corps de ces oiseaux encore revêtues de peau et de plumes.

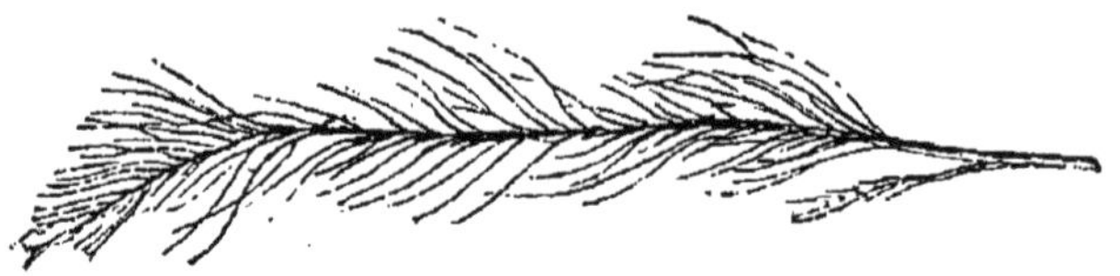

Fig. 297. — Plume de Dinornis.

§ 259. La destruction d'un grand Mammifère pisciforme de l'ordre des Siréniens, le Rytina, n'est pas ancienne. Le voyageur Steller trouva cet animal dans l'océan Pacifique boréal vers le milieu du XVIIe siècle et il en publia une description très complète ; mais depuis cette époque il a été impossible de rencontrer un seul individu de cette espèce ni dans ces mers, ni ailleurs.

D'autres changements dont l'importance est moins grande, mais dont l'influence sur la composition de certaines faunes locales est également digne d'attention, ont eu lieu également dans les temps historiques. Ainsi au moyen âge de vraies baleines abondaient dans le golfe de Gascogne et les Basques se livraient à la pêche de ces grands Cétacés qui aujourd'hui ont complètement disparu de nos mers tempérées et ne se retrouvent plus que dans le voisinage du pôle.

Du temps des Romains et peut-être même jusqu'au temps de Charlemagne les forêts de la Germanie étaient habitées par des sortes de Bisons : les Aurochs, qui y ont été entièrement exterminés. On n'en trouve plus qu'un petit nombre dans les forêts du Caucase et de la Lithuanie où des lois sévères protègent leur existence (Voyez Ire partie, page 147). Enfin dans l'antiquité il y avait des Lions dans les montagnes de la Macédoine, tandis que de nos jours ces carnassiers ont disparu de l'Europe et sont même très rares dans le nord de l'Afrique.

Je rappellerai aussi la diminution progressive du nombre des Castors non seulement en Europe, mais aussi dans l'Amérique du Nord.

§ 260. D'autre part, certaines espèces qui jadis n'existaient pas en Europe y sont actuellement très communes, et ces nouveaux venus ne sont pas toujours des animaux importés par l'homme tels que les Bœufs, les Moutons, les Chiens, les Chats, les Porcs, les Poules et les Faisans ; ils ont gardé une complète indépendance et leur émigration ne saurait être expliquée par aucune cause connue : par exemple le Rat noir et le Surmulot (Voyez Ire partie, page 72).

§ 261. A une époque préhistorique dont la date est inconnue, les habitants de ce qui est aujourd'hui la France vivaient dans des cavernes où ils ont laissé des produits de leur industrie primitive mêlés à des débris d'animaux qui ont permis de constater que le Renne était alors très commun (Voyez Ire partie, page 136), tandis que maintenant ce Quadrupède ne vit plus que dans le voisinage de la zone glaciale et dans quelques parties montagneuses de l'Asie septentrionale. Le Mammouth ou Éléphant à longs poils (*Elephas primigenius*) fréquentait aussi à cette époque reculée la France et les pays adjacents. On a découvert récemment jusqu'en Bretagne, près de Mont-Dol, les ossements d'un troupeau de ces grands animaux ; on en rencontre aussi des débris dans la plupart des dépôts de graviers des environs de Paris. La représentation d'un Mammouth gravé sur un fragment d'ivoire a été trouvée parmi les instruments en os et en silex laissés par les anciens habitants des cavernes du Périgord et indique qu'ils étaient contemporains de cet Éléphant.

Au même âge géologique vivait dans l'Europe tempérée un

Fig. 208. — Cervus megaceros.

Cerf à cornes gigantesques (*Cervus megaceros*, Ire partie, page 136) qui n'existe plus aujourd'hui mais qui a laissé ses ossements enfouis dans les tourbières. Enfin parmi les animaux remarquables dont se composait alors la faune de l'Europe je citerai également un Ours gigantesque appelé l'Ours des cavernes (*Ursus spelæus*), des Lions de grande taille, des Hyènes et des Rhinocéros bicornes et à corps velu.

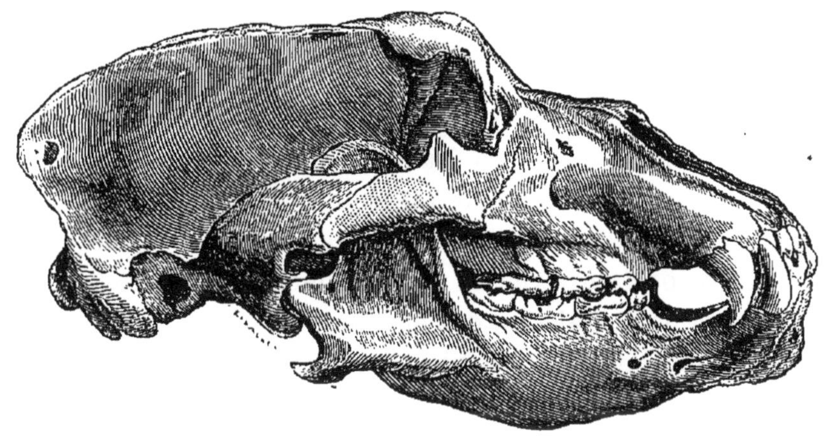

Fig. 299. — Crâne de l'ours des cavernes.

§ 262. Lorsqu'on remonte plus haut dans l'histoire de la terre, on acquiert la preuve de changements beaucoup plus considérables dans la constitution de la faune, non seulement d'une même région, mais aussi de toute la surface du globe : cela est mis en évidence par les débris laissés par les êtres vivants dans les diverses couches de son écorce solide et conservés là à l'état fossile. Il résulte aussi de cette étude que la dissemblance est en général d'autant plus grande que la faune fossilisée est plus ancienne. Ainsi les terrains tertiaires les plus récents ou terrains pliocènes contiennent des coquilles très variées, dont environ les deux cinquièmes ne diffèrent que peu ou point de celles provenant de Mollusques vivant actuellement dans nos mers, tandis que dans les dépôts miocènes la proportion des formes spéciales s'élève à plus de 4/5es des coquilles, et que dans les couches de la période éocène presque toutes diffèrent si notablement de celles de l'époque actuelle que les naturalistes les considèrent comme en étant distinctes.

§ 263. Les différences se prononcent encore davantage lorsqu'on compare aux animaux actuellement vivants ceux dont les débris ont été conservés dans les terrains de la période crétacée, de la période jurassique, et des temps géologiques encore plus reculés. Cependant elles sont moins profondes qu'on ne le supposait généralement il y a quelques années, car les découvertes récentes tendent à montrer qu'aucun de nos principaux types zoologiques n'est d'origine moderne. Ainsi on a constaté l'existence des Mammifères dès l'époque triasique ; beaucoup de faits tendent à établir que la classe des Oiseaux, celle des Reptiles et celle des Batraciens sont non moins anciennes ; on a des preuves de l'existence de Poissons, de Mollusques, de Radiaires à des époques encore plus reculées ; enfin dès que des Insectes apparaissent dans les couches les plus anciennes de la croûte solide du globe, non seulement ils réalisent le type commun au groupe des Insectes, mais ils présentent à peu de chose près le mode d'organisation caractéristique de types secondaires actuellement existants. Ainsi on a trouvé dans les terrains dévoniens de véritables Névroptères, et dans les terrains carbonifères, des Orthoptères, des Coléoptères, etc...

Parmi les Mollusques, la famille des Térébratules est encore plus ancienne, et cependant elle a des représentants qui vivent actuellement dans nos mers.

§ 264. Lorsqu'au lieu de s'en tenir à l'examen de types zoologiques d'ordre très élevé, on compare entre eux les animaux d'un même genre, d'une même famille ou d'une même classe qui ont existé aux diverses époques géologiques, on voit qu'en général ces êtres diffèrent beaucoup entre eux, et cela d'autant plus que la date de leur existence est séparée par un laps de temps plus long : on remarque que progressivement ils sont devenus plus différents entre eux et qu'en général ils ont acquis des caractères indicatifs d'un perfectionnement plus marqué.

Ainsi les Mammifères les plus anciens paraissent avoir appartenu tous au groupe naturel des Marsupiaux, et les premiers représentants connus du type des Mammifères ordinaires datent du commencement de la période tertiaire.

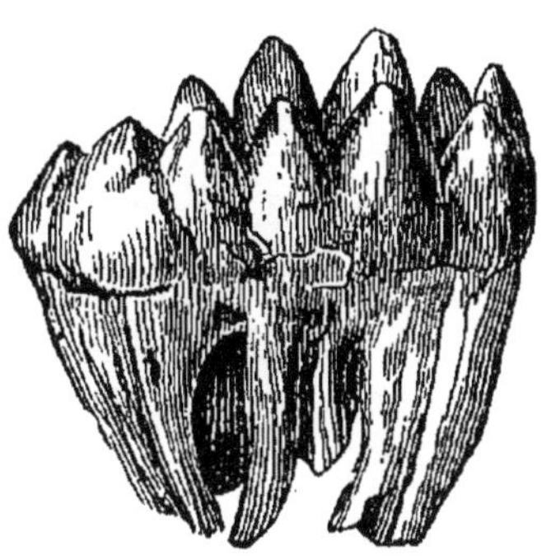

Fig. 300. — Dent de Mastodonte.

Les oiseaux les plus anciens dont on ait trouvé les ossements à l'état fossile se rapprochaient des Reptiles par certains caractères; tels sont l'*Hesperornis* (Voy. t. I, page 162) qui était dépourvu d'ailes et avait les mâchoires armées de dents, à peu près comme un Saurien (t. I, fig. 161) et l'*Archæopteryx* que l'on a découvert dans le terrain calcaire lithographique de Solenhofen. La queue de ce dernier animal, tout en étant garnie de plumes, ressemble à celle d'un Lézard et le squelette de ses ailes est constitué comme celui des pattes de Sauriens.

Fig. 301. — Dinotherium (restauré).

§ 265. Pour mieux faire comprendre les changements successifs survenus dans la population zoologique du globe, il est utile de jeter un coup d'œil rapide sur la composition de quelques-unes des principales faunes anciennes dont l'existence nous a été révélée par l'étude des fossiles.

A l'époque du dépôt des couches pliocènes les animaux terrestres qui habitaient le sol de l'Europe se rapprochaient déjà beaucoup des espèces actuelles. C'étaient des Eléphants, des Antilopes, des Cerfs, des Ours, des Hyènes, des Singes. Mais pendant la période miocène nous trouvons les traces d'une faune très particulière et qui, sans être identique avec celle de l'Afrique, offre avec elle d'assez grandes ressemblances. A Sausan dans le département du Gers, à Saint-Gérand le Puy dans le département de l'Allier, au Mont-Léberon près de Vaucluse, à Pikermi en Grèce, on a exhumé de nombreux débris indiquant l'existence de Mammifères fort différents de ceux qui habitent aujourd'hui l'Europe. On y trouve des Dinotherium dont la taille dépassait celle de tous les Mammifères connus ; ils devaient avoir au moins six mètres de long ; leur tête est remarquable par l'existence de deux défenses recourbées vers le bas, qui arment sa mâchoire inférieure (fig. 301 et 302) ; on y rencontre des Mastodontes, animaux analogues à l'Eléphant, mais dont les dents (fig. 300) sont hérissées de pointes

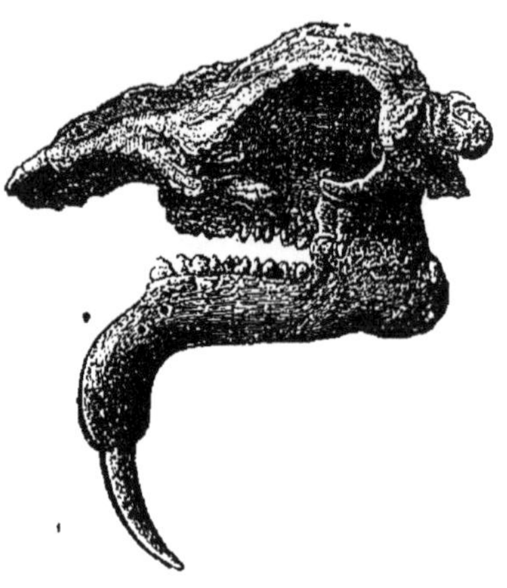

Fig. 302. — Tête de Dinotherium.

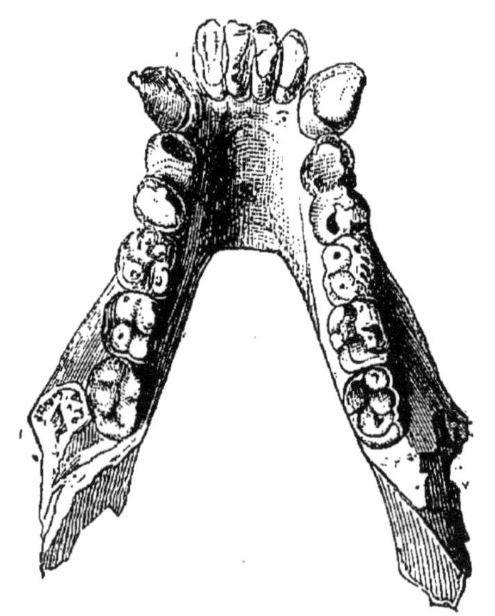

Fig. 303. — Mâchoire du Singe de Sansan.

coniques au lieu d'être plates; des Rhinocéros, de grands Edentés, des Girafes, des Antilopes, de nombreux Herbivores et même des Singes (fig. 303 et 304). Parmi les oiseaux je citerai des Perroquets, des Couroucous, des Salanganes, des Secrétaires, des

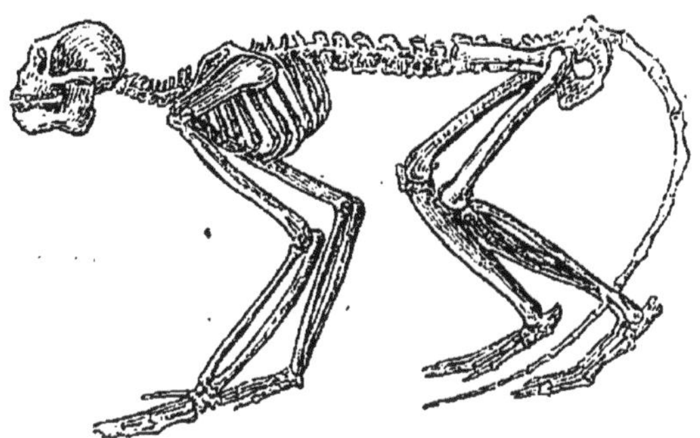

Fig. 304. — Squelette du Singe fossile de Pikermi.

Ibis, des Flamants, des Marabouts, des Pélicans. Les Crocodiles et les Tortues abondaient aussi à cette époque.

Les Mammifères de la partie supérieure du terrain éocène sont fort nombreux, mais ils n'appartiennent pas aux mêmes es-

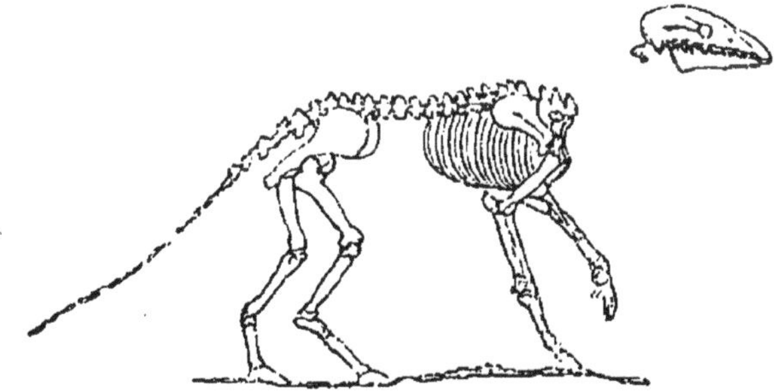

Fig. 305. — Squelette d'Anoplotherium.

pèces que ceux dont je viens de parler. Ainsi dans les dépôts de gypse on rencontre principalement des débris d'Anoplotherium et de Paleotherium. Les Anoplotherium (fig. 305) sont intermédiaires entre les pachydermes et les ruminants ; ils avaient une queue longue et des pieds formés par un *canon* analogue à celui de ces derniers animaux. Quelques espèces devaient être aussi sveltes que nos Cerfs, d'autres étaient plus massives. Quelques-unes ne dépassaient pas la taille d'un Lapin.

Les Paleotherium (fig. 306) étaient des Pachydermes voisins des Tapirs. Comme ces Pachydermes, ils devaient être pourvus d'une courte trompe. Les plus grandes espèces étaient de la taille d'un Cheval, les plus petites étaient de la grosseur d'un Mouton.

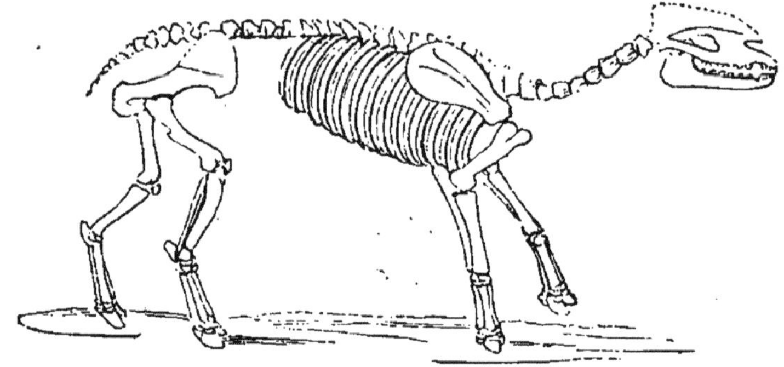

Fig. 306. — Squelette de Paleotherium.

Plus anciennement c'étaient des Coryphodons et des Lophiodons, gros Pachydermes dont quelques-uns avaient la taille des Rhinocéros et des Oiseaux gigantesques, mais probablement dépourvus d'ailes : les Gastornis.

§ 266. Dans les terrains crétacés on n'a encore signalé en France aucun débris de Mammifères. Cette absence peut être attribuée au peu de développement des couches d'eau douce datant de cette époque, mais elle ne prouve pas que cette classe d'animaux n'ait pas été représentée, car on sait qu'elle existait déjà à une période plus reculée ; or, ainsi que je l'ai déjà dit, quand un type zoologique a été créé, nous le voyons toujours persister jusqu'au moment de son extinction définitive ; jamais on n'a constaté des réapparitions successives des mêmes êtres. Des Oiseaux variés datant du dépôt des terrains crétacés ont été trouvés en Amérique. Des Reptiles de grande taille, les Iguanodons, les Mosasaures (fig. 308), montrent le développement que ces animaux avaient acquis à cette époque.

Dans les terrains jurassiques les Mammifères ne sont représentés que par de petites espèces du groupe des Marsupiaux (fig. 307); les Oiseaux par l'être singulier dont j'ai parlé plus haut sous le nom d'Archæopteryx et les Reptiles par des êtres très

Fig. 307. — Didelphis Bucklandi.

remarquables qui rappellent à la fois les Lézards, les Crocodiles et les Poissons. Les principaux sont connus sous les noms d'Ichthyosaures, de Plésiosaures et de Ptérodactyles.

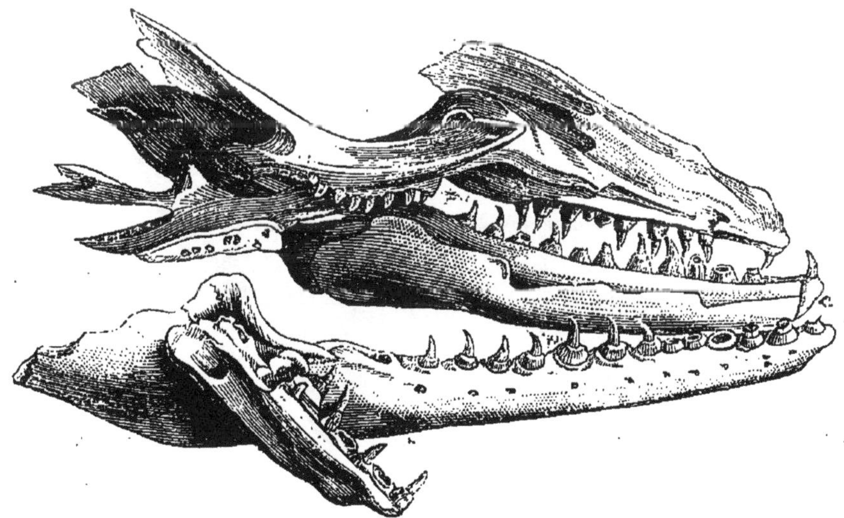

Fig. 308. — Crâne de Mosasaurus.

Les Ichthyosaures (fig. 309) ont le museau et l'aspect général d'un Marsouin, et au premier abord ils semblent avoir la tête d'un Lézard, les dents d'un Crocodile, les vertèbres d'un Poisson, les nageoires d'une Baleine. Le nombre et la forme des dents en faisaient des animaux redoutables.

Les Plésiosaures (fig. 310) étaient remarquables par la longueur démesurée de leur cou, ressemblant à celui d'un serpent, et composé quelquefois de trente-trois vertèbres. Leurs na-

Fig. 309. — Ichthyosaure.

geoires étaient construites sur le même type que celles de l'espèce précédente. Ce devaient être des animaux aquatiques marins.

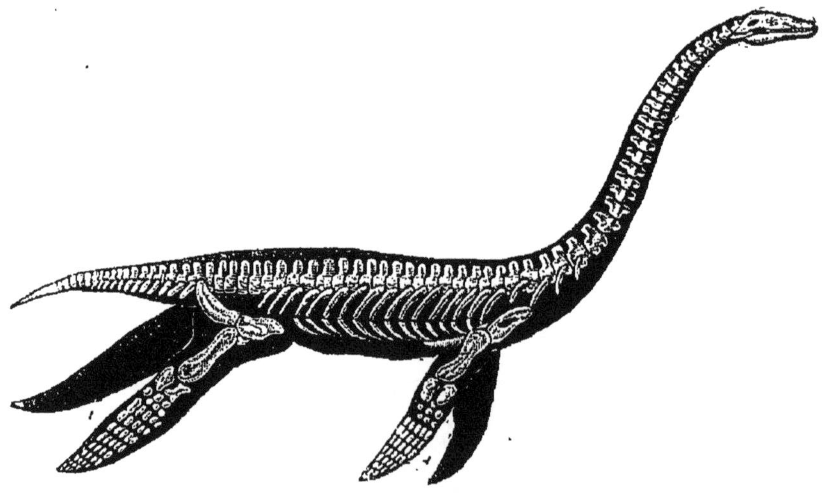

Fig. 310. — Plésiosaure.

Les Ptérodactyles offrent des rapports de formes avec les Reptiles et les Chauves-Souris ; en effet, ils étaient pourvus d'ailes qui leur permettaient de se soutenir dans les airs. Ces ailes étaient formées par un repli de la peau des flancs, qui s'étendait sur l'un des doigts très allongé à cet effet (fig. 291).

§ 267. A l'époque triasique une végétation puissante couvrait la terre qui était habitée, ainsi que les mers, par de nombreux animaux. — C'est dans le trias qu'a été trouvé le premier Mammifère. On en découvrit quelques dents dans le Wurtemberg, et on lui donna le nom de *Microlestes* (de μίκρος petit, et λήστης, bête de proie). Bien que le Microlestes soit le plus ancien Mammifère que l'on connaisse, il ne faut pas en conclure que ce soit seulement à cette époque que cette classe ait été créée; peut-être existait-elle longtemps avant, et peut-être en découvrira-t-on un jour des représentants dans des terrains d'une époque plus reculée.

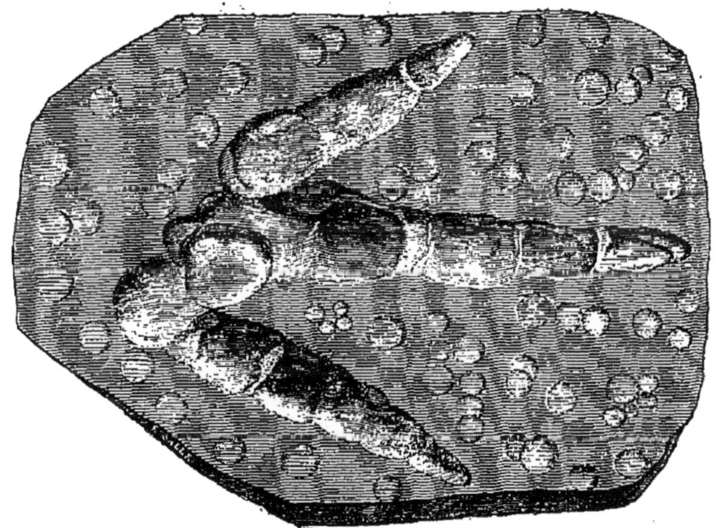

Fig. 311. — Empreintes de pied d'oiseau et de gouttes de pluie.

Des empreintes de pas découvertes principalement en Amérique prouvent que déjà existaient des Oiseaux (fig. 311) et des Reptiles de très grande taille. Parmi ces dernières, je citerai le Labyrinthodon dont les affinités avec les Batraciens sont incontestables.

Dans les terrains plus anciens nous voyons de nombreux Poissons et des Reptiles appartenant à des groupes peu perfectionnés. Mais les Vertébrés supérieurs font défaut. La faune marine y est au contraire d'une extrême richesse et son étude conduit à des considérations du même ordre que celles qui résultent de l'examen de la faune terrestre.

§ 268. Dans l'état actuel de la science on ne peut former que des conjectures plus ou moins plausibles relativement aux causes qui ont déterminé tous ces changements dans le mode d'organisation des êtres animés aux diverses époques géologiques, et les naturalistes sont partagés d'opinion à ce sujet. Les uns pensent que les espèces actuellement existantes sont les descendants d'animaux dont la structure pouvait être très différente et que des transformations très considérables ont pu s'accomplir dans une même lignée d'individus par suite de l'influence des conditions d'existence diverses et des effets de la sélection naturelle ; c'est l'hypothèse soutenue par Darwin et par les partisans de sa doctrine ; d'autres soutiennent qu'il n'a pu y avoir aucune filiation entre des êtres dont le mode d'organisation est très dissemblable ; que les espèces qui sont actuellement bien distinctes entre elles l'ont été dès leur origine et qu'il a dû y avoir soit une série de créations zoologiques distinctes et successives, soit un certain nombre de faunes locales diverses et contemporaines qui auraient envahi successivement des régions différentes, s'y seraient substituées les unes aux autres et auraient complètement disparu de leur patrie primordiale par suite des modifications survenues dans la conformation de la croûte solide du globe. C'est, comme on le voit, le problème de l'espèce qui se présente de nouveau ici et le cadre assigné à ce livre ne me permet pas de discuter la valeur des arguments présentés à l'appui des hypothèses soutenues, d'un côté, par les partisans de la fixité des types zoologiques, de l'autre côté, par les partisans du transformisme.

NOTIONS COMPLÉMENTAIRES D'ANATOMIE ET DE PHYSIOLOGIE COMPARÉES.

§ 269. En traitant successivement de chacune des fonctions

de l'économie animale chez l'homme, nous avons signalé brièvement les principales modifications qu'elles offrent chez les Mammifères ainsi que chez les animaux plus inférieurs. Nous avons aussi passé rapidement en revue les principaux types du règne animal (Voyez p. 300), mais ces indications ne suffisent pas pour donner une idée nette du mode d'organisation des différents êtres et nous devons maintenant examiner comment sont constitués, les Oiseaux, les Reptiles, les Poissons, les Insectes ou tout autre représentant des types zoologiques les plus importants. Dans la première partie de ce cours nous avons vu quels sont les caractères extérieurs par lesquels les différentes classes zoologiques se distinguent entre elles; nous ne reviendrons pas sur ce sujet, mais nous signalerons les principales particularités anatomiques et physiologiques qui sont propres à ces types.

Tous les Animaux de la classe des **Mammifères**, groupe qui fait partie de l'embranchement des Vertébrés (1), ont, de même que l'Homme, un cœur à quatre cavités (2 ventricules et 2 oreillettes), une circulation double et complète, la respiration pulmonaire, le sang chaud et à globules rouges biconcaves et presque toujours circulaires, l'encéphale pourvu d'une protubérance annulaire ou pont de Varole et d'une commissure transversale ou corps calleux, unissant entre eux les hémisphères du cerveau. L'encéphale de ces animaux est beaucoup plus développé que celui des autres Vertébrés, et c'est chez eux seulement que le cerveau présente des circonvolutions ; mais ce dernier caractère manque chez beaucoup d'entre eux, notamment chez les Chiroptères, les Insectivores, les Rongeurs et les Marsupiaux. La peau est presque toujours garnie de poils ; enfin il existe des glandes mammaires. J'ajouterai qu'ils sont vivipares. L'appareil de la locomotion se compose ordinairement de deux paires de membres constitués à peu près de la même manière,

(1) Voir pour les caractères généraux des vertébrés, p. 301.

bien que pouvant être appropriés à des usages différents. Il est aussi à noter que la tête s'articule sur la colonne vertébrale au moyen d'une paire de condyles et que la mâchoire inférieure s'articule directement avec la base du crâne.

§ 270. Dans la classe des **Oiseaux**, par exemple chez la Poule, le cœur est constitué comme chez les Mammifères, si ce n'est que la valvule auriculo-ventriculaire du côté droit est charnue ; la crosse aortique est tournée à droite au lieu d'être tournée à gauche, la circulation est également double et complète ; le sang est chaud ; les hématies sont biconvexes et elliptiques ; les poumons sont traversés de part en part par une partie des bronches qui vont déboucher dans un système de sacs membraneux en communication avec des cellules creusées dans l'intérieur des os. Il n'y a ni protubérance annulaire ni corps calleux ou mésolobe, ni glandes mammaires ; la peau est garnie de plumes, enfin les membres postérieurs sont ambulatoires tandis que les membres antérieurs constituent des rames qui sont presque toujours des ailes propres au vol. La tête s'articule sur la colonne vertébrale au moyen d'un condyle médian et la mâchoire inférieure s'articule au crâne par l'intermédiaire des os carrés ou os tympaniques. Les Oiseaux sont tous ovipares.

§ 271. La classe des **Reptiles** comprend tous les Vertébrés dont la circulation est incomplète et dont la respiration est pulmonaire, même dans le jeune âge. En général leur cœur n'est divisé qu'en trois cavités, deux oreillettes et un seul ventricule, mais dans une des familles de ce groupe zoologique il existe deux ventricules. Il y a une paire de crosses aortiques qui se réunissent dans la région dorsale. Le sang est froid et les hématies sont elliptiques ; les poumons ne sont pas perforés ; l'encéphale n'est pourvu ni d'une protubérance annulaire, ni d'un mésolobe ; la peau est couverte d'écailles et ne porte ni poils ni plumes, les membres varient quant à leur mode de conformation et parfois manquent complètement ; la mâchoire inférieure est suspendue à une paire d'os tympaniques et la tête s'articule avec la colonne vertébrale au moyen d'un condyle médian trilobé. Enfin l'embryon, de même que dans les deux classes précédentes, est pourvu d'un amnios et d'un allantoïde. Les principaux représentants de cette classe sont les Crocodiles, les Lézards, les Serpents et les Tortues.

§ 272. Les **Batraciens** et les **Poissons** constituent une division naturelle de l'embranchement des Vertébrés qui diffère du groupe des *Vertébrés allantoïdiens* (comprenant: les Mammifères, les Oiseaux et les Reptiles) par l'existence de branchies dans le jeune âge, sinon pendant toute la durée de la vie, et par l'absence d'un amnios ainsi que d'un allantoïde chez l'embryon. On les désigne d'une manière générale sous le nom commun de *Vertébrés anallantoïdiens.*

Les **Batraciens** acquièrent des poumons avant d'achever leur développement et en général perdent en même temps leurs branchies. Leur cœur est composé essentiellement de deux oreillettes et d'un ventricule; leurs crosses aortiques sont paires ; leur sang est froid et chargé de globules elliptiques ; leur peau est nue ou écailleuse ; enfin leur encéphale est constitué à peu près comme chez les Oiseaux, mais est beaucoup moins développé. Presque tous sont des quadrupèdes ; mais quelques-uns sont Apodes et ressemblent à des serpents par leur conformation extérieure. Enfin ils subissent des métamorphoses après leur sortie de l'œuf, et dans le jeune âge ils sont désignés sous le nom de *Têtards.*

Les représentants principaux de ces types sont : les Grenouilles et les Crapauds, les Salamandres et les Tritons, les Axolotls et les Protées.

§ 273. Les **Poissons** sont des Vertébrés dont la respiration est, à toutes les époques de la vie, branchiale ; dont la peau ne porte ni poils ni plumes, mais est garnie d'écailles; dont le cœur n'est pourvu que d'une seule oreillette ainsi que d'un seul ventricule et ne reçoit que du sang veineux; dont l'encéphale est très peu développé, dont les membres constituent des rames natatoires, et dont l'appareil locomoteur est formé presque toujours par une ou plusieurs nageoires impaires et médianes ainsi que par les nageoires paires dont il vient d'être fait mention. Tous, comme les Batraciens et les Reptiles, sont des animaux à sang froid, à hématies elliptiques, et ils se reproduisent au moyen d'œufs.

§ 274 On désigne sous le nom de **Subvertébrés** des animaux dont l'organisme est constitué à peu près sur le même plan général que les vertébrés proprement dits, mais qui n'ont pas l'axe cérébro-spinal composé d'un encéphale et d'une moelle épinière distincts ; chez lesquels il n'y a pas de vertèbres ; dont le squelette n'est constitué que par un stylet subcartilagineux, des expansions fibreuses et quelques pièces circumbuccales ; dont le sang est incolore et mis en mouvement, non par un cœur, mais par les contractions d'une multitude de bulbes vasculaires et dont l'appareil branchial est situé dans l'intérieur de la cavité buccale. Ce type zoologique n'est représenté que par les *Amphyoxus* (Voy. fig. 256, page 306).

§ 275. Dans l'embranchement des animaux annelés (1) les **Insectes** constituent la classe la plus importante. Ce sont les seuls animaux invertébrés qui aient des ailes, mais parfois ces organes leur manquent et ils n'existent jamais pendant la première période de la vie, c'est-à-dire chez la larve. Le corps des Insectes est divisé en trois régions distinctes, la tête, le thorax et l'abdomen. La tête porte les yeux, une paire d'antennes et l'appareil buccal qui se compose essentiellement de trois paires d'appendices appelés mandibules, mâchoires et lèvre inférieure. Dans le jeune âge les pattes peuvent manquer complètement ou exister sur les anneaux abdominaux aussi bien que sur les anneaux thoraciques ; mais chez l'animal adulte ces organes, au nombre de trois paires, appartiennent exclusivement

(1) Voyez pour les caractères généraux de cet embranchement, p. 301.

au thorax et sont formés d'une série de leviers articulés entre eux bout à bout. Lorsqu'ils sont à l'état de larves quelques-uns d'entre eux vivent dans l'eau, mais à l'état parfait leur respiration est toujours aérienne et s'effectue à l'aide d'un système de tubes appelés *trachées* qui communiquent directement au dehors, sur les côtés, et qui se ramifient dans la profondeur de tous les organes. Le sang est incolore. Ce liquide est mis en mouvement par un vaisseau dorsal qui fait fonction de cœur et la circulation est essentiellement lacunaire. Il est aussi à noter qu'à l'état adulte ils ont des yeux composés.

§ 276. Dans la classe des **Myriapodes** la tête est distincte du corps comme chez les Insectes et ne porte aussi qu'une seule paire d'antennes, les yeux et les appendices buccaux ; mais les anneaux postcéphaliques ne forment pas deux groupes distincts et rien ne distingue la région thoracique de la région abdominale ; les pattes, articulées comme chez les Insectes, sont toujours en grand nombre. La respiration est trachéenne comme chez les Insectes et le sang est mis en circulation par un vaisseau dorsal; mais cet organe n'est pas simple comme dans la classe précédente et donne naissance à des artères.

§ 277. Dans la classe des **Arachnides** le thorax est confondu avec la tête, mais distinct de l'abdomen. Les pattes sont au nombre de quatre paires et les antennes sont remplacées par une paire de pinces monodactyles ou didactyles. L'appareil respiratoire est constitué tantôt par des trachées, tantôt par des poumons, et il communique avec l'extérieur par des orifices situés à la face inférieure du corps. L'appareil circulatoire est composé d'un cœur tubiforme, d'un système de vaisseaux artériels et d'un système de lacunes tenant lieu de veines. Ce sont des animaux qui se nourrissent d'aliments liquides et leur estomac est souvent garni de grands cæcums. Enfin leurs yeux sont nombreux, mais simples.

§ 278. Les **Crustacés** sont, comme les précédents, des Arthropodaires, ou annelés à pattes articulées, mais leur respiration au lieu d'être aérienne est aquatique et s'effectue à l'aide de branchies ou de pattes foliacées. Le squelette extérieur de ces animaux, au lieu d'être seulement de consistance cornée, est en général consolidé par beaucoup de chaux carbonatée et sa conformation varie beaucoup. Parfois il y a comme chez les Insectes une tête, une région thoracique et une région abdominale distinctes entre elles (par exemple chez les Amphipodes et les Isopodes), d'autres fois la tête est confondue avec le thorax et couverte ainsi que celui-ci par une sorte de bouclier appelé carapace. Les pattes sont généralement au nombre de 5 ou de 7 paires et il y a presque toujours deux paires d'antennes. L'appareil circulatoire se compose d'un cœur, d'un système de vaisseaux artériels très bien constitués, de lacunes interorganiques contenant le sang veineux et d'un système de canaux branchio-cardiaques qui porte le sang artériel des branchies à la chambre péricardique, d'où ce liquide passe dans l'intérieur du cœur par des ouvertures en forme de boutonnières. Comme chez les autres animaux articulés, la portion sous-intestinale du système nerveux se compose d'un nombre considérable de paires de ganglions disposées tantôt en une longue chaîne comme chez l'Ecrevisse, tantôt réunies en une seule masse vers le milieu du thorax, ainsi que cela se voit chez les Crabes. L'appareil buccal est en général composé de 4 ou 6 paires de membres masticateurs ; mais il est quelquefois transformé en un suçoir, et parmi les représentants inférieurs de cette classe il y a beaucoup de Parasites qui vivent sur des Poissons et qui ont le corps bizarrement déformé. Il est aussi à noter que chez les Crustacés supérieurs les yeux sont placés à l'extrémité de pédoncules mobiles et à facettes.

§ 279. Chez les autres animaux annelés désignés d'une manière générale sous le nom de **Vers**, les pattes au lieu d'être articulées comme chez les Insectes, les Myriapodes, les Arachnides et les Crustacés, sont constituées par des tubercules charnus, armés de poils roides, ou manquent complètement ;

quelquefois aussi les organes locomoteurs sont remplacés par des ventouses, le système cutané est mou et le système nerveux est peu développé ou même rudimentaire.

Dans la classe des **Annélides** le sang est souvent rouge et ce liquide circule dans un système de vaisseaux à parois propres et en partie contractiles de façon à pouvoir tenir lieu de cœur; la respiration est quelquefois cutanée seulement, mais en général il y a sur le dos ou à la base des pattes des branchies filiformes, ou en panaches. Chez les Annélides appelés *Chétopodes* parce qu'ils sont pourvus de poils roides qui font fonction de leviers locomoteurs, la bouche est d'ordinaire armée d'une trompe protractile et de mâchoires cornées, mais chez d'autres espèces qui sont apodes et qui composent la famille des Sangsues elle a la forme d'une ventouse. Enfin chez tous ces Vers le système nerveux est constitué par une longue chaîne ganglionnaire située sur la ligne médiane du corps, et le tube digestif est toujours ouvert à ses deux extrémités.

Chez les Vers de la classe des **Nématoïdes** il n'y a ni pattes ni ventouses; le système nerveux est rudimentaire, et il n'y a jamais de sang rouge, mais le tube digestif est encore ouvert aux deux extrémités du corps.

Enfin chez les Vers de la classe des **Trématodes** et de la classe des **Cestoïdes** le système nerveux est encore plus rudimentaire. Il y a souvent des ventouses, mais l'organisation intérieure est très dégradée.

§ 280. Dans l'embranchement des Mollusques, la classe des **Céphalopodes** est caractérisée de la manière suivante: la tête est distincte du tronc et l'appareil locomoteur consiste en un groupe d'appendices charnus insérés autour de la bouche. Chez la plupart de ces Mollusques ces tentacules ou bras, au nombre de huit ou de dix, sont garnis de ventouses et l'appareil respiratoire se compose d'une paire de branchies logées dans une grande chambre cloacale située à la face ventrale du corps, constituée par un manteau charnu en forme de sac et pourvue antérieurement d'un tube expirateur médian appelé entonnoir.

Ces Mollusques ont des yeux organisés à peu près sur le même plan que ceux des Vertébrés. Exemple : les Poulpes, les Seiches et les Calmars. Enfin chez les Céphalopodes dibranchiaux, il y a une paire de cœurs branchiaux aussi bien qu'un cœur aortique et le système veineux est en grande partie vasculaire. Exemple : les Nautiles.

§ 281. Chez les **Gastéropodes**, l'appareil de la locomotion est constitué par un disque charnu situé à la face ventrale du corps et disposé en général horizontalement en manière de pied, mais quelquefois verticalement de façon à fonctionner comme une rame natatoire. La tête est bien distincte, garnie de tentacules et porte des yeux simples. Les viscères occupent la région dorsale du corps qui est en général contournée de façon à constituer un tortillon et garnie d'un manteau qui à son tour est recouvert par une coquille. Le cœur, composé d'un ventricule et d'une ou de deux oreillettes, est situé dans la région dorsale du corps et le système artériel est bien constitué, mais le système veineux est souvent presque exclusivement lacunaire. La respiration est le plus ordinairement aquatique et les branchies sont placées sur le dos ou sur les côtés du corps et en général cachées dans une chambre cloacale et dorsale située à peu de distance en arrière de la tête. Dans un des groupes naturels de cette classe comprenant les Limaces et les Colimaçons, la respiration est aérienne et s'effectue au moyen d'un poumon occupant la voûte de la chambre cloacale sus-mentionnée et communiquant au dehors par une ouverture située dans la région cervicale.

§ 282. Chez les **Mollusques acéphales** (les Huîtres par exemple), il n'y a pas de tête et le corps tout entier est caché entre deux grands voiles constitués par le manteau, réunis entre eux sur le bord dorsal, plus ou moins largement séparés l'un de l'autre sur le reste de leur pourtour et recouverts par une coquille bivalve à charnière dorsale; un ou deux muscles transversaux s'étendent entre les deux valves et les rapprochent. Le système nerveux est formé essentiellement par trois paires de petits ganglions très distincts entre elles, et le collier œsophagien est fort lâche. Le cœur situé sur le dos près de la charnière est pourvu d'un ventricule et ordinairement d'une paire d'oreillettes. La respiration est aquatique et en général il y a deux paires de branchies foliacées. Le tube digestif, le foie et quelques autres viscères forment sous le cœur une masse arrondie au-dessous de laquelle est placé d'ordinaire un pied charnu, mais inapte à servir comme organe de reptation. Enfin la bouche n'est garnie ni d'une bouche, ni de mâchoires ou autres organes sécateurs et la préhension des aliments n'est effectuée qu'au moyen de courants établis par des cils vibratiles et servant aussi à la respiration.

§ 283. Chez les **Molluscoïdes** le système nerveux est rudimentaire, il n'y a qu'un seul ganglion et les nerfs qui en partent ne forment pas un collier œsophagien.

Dans la classe des **Tuniciers** comprenant les Ascidies simples et composées, les Biphores et les Pyrosomes, la circulation est alternante et le cœur est représenté par un sac tubuliforme dont les mouvements sont péristaltiques et se renversent périodiquement. La respiration est aquatique et l'appareil branchial est logé dans la cavité buccale. Il n'y a ni coquille ni pied charnu ; ces animaux flottent dans la mer ou vivent fixés sur les corps étrangers, en général ils se multiplient par bourgeonnement aussi bien qu'au moyen d'œufs, et dans le premier cas ils peuvent rester unis entre eux de manière à constituer des colonies animées.

Les **Bryozoaires** sont des Mollusques d'une structure beaucoup plus simple, qui respirent à l'aide d'une couronne de tentacules filiformes protractiles ciliés et insérés autour de la bouche; ils n'ont ni cœur, ni vaisseaux sanguins et leur manteau en forme de bourse est en général revêtu d'une coque solide; de même que les Tuniciers, ils se reproduisent par bourgeonnement ainsi qu'au moyen d'œufs et ils constituent en général des colonies agrégées.

§ 284. Dans l'embranchement des **Zoophytes ou animaux radiaires**, nous savons que les organes, au lieu d'être disposés par paires de chaque côté de la ligne médiane, sont groupés circulairement autour d'une ligne verticale représentant l'axe du corps (1). Le système nerveux est rudimentaire, et par l'ensemble de leur organisation ces animaux diffèrent beaucoup de classe à classe.

§ 285. Chez les **Echinodermes** le tube digestif est suspendu dans une grande cavité dont les parois sont formées par l'appareil cutané qui est très solide, souvent garni de plaques calcaires formant une sorte de squelette extérieur qui porte une multitude de piquants ou même de baguettes calcaires ainsi que des tentacules protractiles et qui est en rapport intérieurement avec un système vasculaire spécial. Enfin la cavité digestive est en général un canal ouvert à ses deux extrémités. Les principaux représentants de cette classe sont les Étoiles de mer, les Oursins et les Holothuries.

§ 286. Les **Cœlentérés** sont des animaux radiaires dont la cavité digestive creusée directement dans la substance du corps n'est pas logée dans une chambre viscérale et ne communique directement au dehors que par la bouche dont les bords sont généralement entourés d'une ou de plusieurs couronnes de prolongements tentaculiformes.

Dans la classe des **Acalèphes** le corps est en général mou, ombelliforme et disposé pour la natation. Dans la classe des **Coralliaires** il se fixe à des corps étrangers par son extrémité inférieure et sa portion basilaire, en s'épaississant et en se calcifiant, constitue une loge solide appelée *polypier*. Les organes reproducteurs sont logés en général dans l'estomac et la

(1) Voyez page 304.

multiplication s'effectue d'ordinaire par bourgeonnement aussi bien qu'au moyen d'œufs. Exemple les Actinies ou Anémones de mer.

§ 287. Enfin chez les Spongiaires et les autres animaux **Sarcodaires**, le corps n'est constitué que par une substance d'apparence gélatineuse dans la profondeur de laquelle se développent en général des spicules ou des filaments, tantôt calcaires ou siliceux, tantôt de consistance cornée et groupés de manière à former une sorte de charpente solide. Il y a dans la substance molle dont nous venons de parler des cavités en général très rameuses et garnies de cils vibratiles, mais pas d'autres organes spéciaux.

L'organisation intérieure des animalcules microscopiques désignés sous le nom d'Infusoires n'est pas assez bien connue pour qu'il soit utile d'en parler et par conséquent nous terminerons ici cette revue du Règne animal.

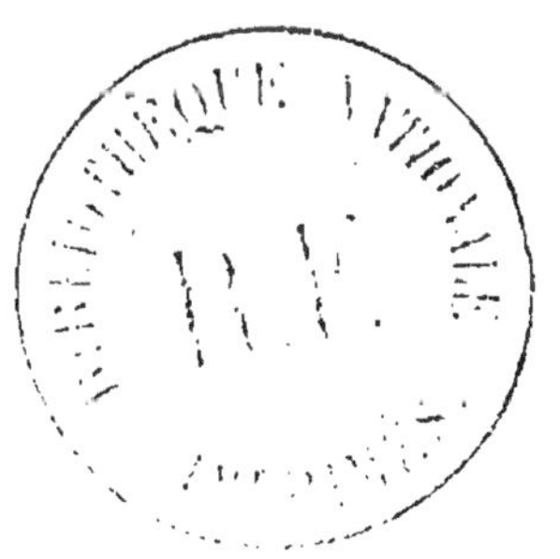

FIN.

TABLE DES MATIÈRES

DEUXIÈME PARTIE

ANATOMIE ET PHYSIOLOGIE ANIMALES

TROISIÈME PARTIE

NOTIONS DE ZOOLOGIE GÉNÉRALE

FIN DE LA TABLE DES MATIÈRES.

CORBEIL. Typ. et stér. CRÉTÉ.

www.ingramcontent.com/pod-product-compliance
Ingram Content Group UK Ltd.
Pitfield, Milton Keynes, MK11 3LW, UK
UKHW012005240726
13965UKWH00001B/167

9 782013 368148